임상영양학

CLINICAL NUTRITION

●●● 머리말

현대에는 식생활의 서구화와 인구의 고령화로 인해 여러 가지 만성질환이 발생하고 있으며, 그에 대한 관심 또한 높아지고 있다.

질환이란 건강과 반대되는 개념으로 건강한 신체의 밸런스가 깨지면서 일어난다. 대부분 긴 시간 동안 자각 증상 없이 진행되다가 임상적 증상이 나타나는 경우는 대부분이 이미 많이 진행된 시점이므로 치료나 예방을 위해 이러한 질환에 대해 이해하고, 질환에 의해 변화하는 신체의 대사, 생리적, 생화학적 변화 등에 대해 아는 것이 무엇보다 중요하다.

임상영양학은 영양과 질병의 관계, 그리고 질병 상태에서 영양적 지원을 다루고 공부하는 학문으로 당뇨, 심장질환, 신장질환, 위장질환 등의 만성질환 상태에서의 여러 대사와 생리적 변화에 대한 전문적 지식을 바탕으로 식이조절을 통해 정상적인 상태로 회복하도록 돕는 것을 목적으로 한다.

이러한 임상영양학을 제대로 이해하기 위해서는 여러 질환에서의 병리 과정에 대한 이론적인 지식과 현장에서 수행되고 있는 영양관리의 현황 등과 더불어 식사, 영양보충제, 약물, 운동처방 등에 대한 충분한 숙지가 필요하다.

이 책은 식품영양학을 전공하는 학생뿐만 아니라 보건소나 병원에서 임상치료를 수행하고 있는 임상영양사, 그리고 의사, 간호사 등의 임상전문가들에게 이론적 지식뿐 아니라 실제적인 도움을 주기 위하여 기획되었다. 따라서 영양관리가 필요한 다양한 질환에 대한 병리학적 지식, 질환 시의 영양관리, 약물과 영양소와의 관계 등에 대해 폭넓게 다루었으며, 특히 각 질환과 관련하여 현장에서 직접 적용하고 있는 임상영양사에 의한 영양치료 사례를 수록함으로써 이 분야 관련 업무의 활용상황을 생생하게 전달하고자 하였다.

가능한 한 최근 지식과 정보를 빠짐없이 수록하고, 적절한 예시를 포함하여 이해하기 쉽게 전달하려고 여러모로 노력하였으나, 출간을 앞두고는 여전히 미진한 부분에 대한 아쉬움이 없지 않다. 하지만 추후 더 보완할 기회를 기대하면서, 부디 같은 분야의 전공자, 관련 종사자들의 임상영양에 대한 이해와 실제적 응용에 도움이 되기를 기대해본다.

책을 기획하고 구상할 때부터 편집의 지난한 과정마다 수고를 아끼지 않은 분들과 파워북에 감사의 마음을 전한다.

2021. 6.
저자 일동

●●● 차례

CHAPTER 6 비만과 섭식장애

CHAPTER 7 당뇨병과 영양

CHAPTER 8 심혈관 질환과 영양

CHAPTER 9 신장 질환과 영양

CHAPTER 10 암과 영양

CHAPTER 11 신경계 및 골격계 질환과 영양

CHAPTER 12 면역 관련 질환과 감염 및 호흡기 질환

CHAPTER 13 수술과 화상

CHAPTER 14 선천성 대사장애

CLINICAL NUTRITION

CHAPTER 1

임상영양 개요

1. 임상영양학의 의의 | 2. 임상영양사의 역할과 업무 | 3. 병리학의 일반 원리 | 4. 영양관리과정 | 5. 환자의 영양소 필요량 산정

용어 정리

- **임상영양학(clinical nutrition)** 영양과 질병의 관계를 연구하는 영양학의 한 분야
- **병리학(pathology)** 질병의 원인, 기전, 양상, 증상 등을 연구하는 학문
- **영양상태 판정(nutrition assessment)** 식이섭취조사, 신체계측조사, 생화학조사, 임상조사 등의 방법을 이용하여 영양상태를 판정하는 것
- **증상(symptom)** 환자가 표현하는 주관적인 증세
- **징후(signs)** 의료진에 의해 판단되는 객관적인 증세
- **영양관리과정(nutrition care process)** 영양전문가가 대상자의 영양과 관련된 문제를 해결하기 위해 과학적 근거를 중심으로 체계적으로 문제에 접근하여 해결하는 종합적인 임상영양 치료과정
- **괴사(necrosis)** 세포의 비가역적 사멸
- **의무기록(medical record)** 환자를 치료하기 위하여 환자의 정보, 질병의 판정, 진단, 검사결과, 처방 등을 기록하는 것으로 전문가 간의 의사소통 역할을 함

1. 임상영양학의 의의

1) 임상영양학의 개념

사회가 발달하고 식생활이 서구화됨에 따라 스트레스 증가, 운동 부족 등 여러 가지 요인에 따라 당뇨병, 심장 질환, 대사증후군, 암 등의 만성 퇴행성 질환이 증가하고 있다. 이러한 만성 퇴행성 질환의 예방과 치료의 중요성이 부각되면서 영양관리를 통한 영양치료의 중요성도 함께 주목받고 있다. 임상영양학이란 영양소, 식사 관련 지식을 토대로 영양과 질병의 관계를 공부하는 학문이며, 질병을 예방, 치료하여 건강을 유지하는 데 그 목적이 있다. 따라서 임상영양학에서는 질병의 원인과 발병 과정, 증상 등을 이해하고 이러한 질병 상태에서의 생리학적, 생화학적 변화와 영양소의 대사를 이해하여 영양판정 과정을 통해 영양상태를 파악한다. 또한 그에 따른 식사 처방을 하여 질병 치료에 도움을 줄 수 있는 여러 가지 영양치료요법에 대해 학습한다.

2) 영양과 질병

질병의 양상은 시대와 환경에 따라 변화한다. 의료기술이 발달하지 않고 위생이 좋지 않았던 과거에는 영양불량이 만연하여 감염성 질환이 많았으나 〈표 1-1〉, 경제가 발전하고 식량이 풍부해지고, 위생환경과 의료기술이 발달함에 따라 감염성 질환보다 만성 퇴행성 질환이 더 많아지게 되었다 〈표 1-2〉.

표 1-1 | 우리나라 주요 사인의 변화 양상(1980년대 이전)

순위	1920년	1953년	1958~59년	1966~67년	1974년	1979년
1	감염성 질환	결핵	폐렴, 천식, 기관지염	폐렴, 천식, 기관지염	악성 신생물	뇌혈관 질환
2	소화기계 질환	장관 감염병	장관 감염병	뇌혈관 질환	뇌혈관 질환	고혈압성 질환
3	호흡기계 질환	뇌혈관 질환	악성 신생물	악성 신생물	고혈압성 질환	교통사고
4	신경계 질환	폐렴, 기관지염	뇌혈관 질환	장관 감염병	사고사	위암
5	정신병	신경계 질환	심장병	사고사	호흡기계 질환	결핵

표 1-2 | 우리나라 주요 사인의 변화 양상(1980년대 이후)

순위	1980년	1990년	2000년	2010년
1	고혈압성 질환	암(악성 신생물)	암(악성 신생물)	암(악성 신생물)
2	뇌혈관 질환	뇌혈관 질환	뇌혈관 질환	뇌혈관 질환
3	위암	심장 질환	심장 질환	심장 질환
4	결핵	운수사고	운수사고	자살
5	중독	고혈압성 질환	간 질환	당뇨병

2. 임상영양사의 역할과 업무

임상영양사는 '영양문제가 있거나 위험요인을 지닌 개인 및 집단을 대상으로 질병 치료와 예방을 위하여 임상영양 치료를 수행하는 전문인'이다. 임상영양사는 질병과 영양의 관계에 관해 연구하고 임상영양과 관련된 병원, 보건소 등의 의료기관 또는 기타 영양상담 분야의 업무를 한다. 대상자의 영양 관련 자료를 수집, 검토, 분석하여 영양상태를 평가, 판정하며, 영양진단 후, 적합한 영양상담, 교육 등의 영양중재를 시행하는 등 질병치료와 예방을 위하여 임상영양 치료를 수행한다.

알아두기

보건의료인력인 영양사

국민영양관리법에 따른 영양사는 보건의료 관계 법령에서 정하는 바에 따라 국민 건강과 생명에 직결된 보건의료서비스를 직접적으로 수행하고 있어 '보건의료인력지원법'상 '보건의료인력 정의'에 영양사를 포함하였다.

• 보건의료인력지원법 제2조(2019년 4월 5일 통과)
'보건의료인력'의 정의
① 「의료법」에 따른 의료인 및 간호조무사
② 「약사법」에 따른 약사 및 한약사
③ 「의료기사 등에 관한 법률」에 따른 의료기사, 보건의료정보관리사 및 안경사
④ 「응급의료에 관한 법률」에 따른 응급구조사
⑤ 「국민영양관리법」에 따른 영양사 등 보건의료 관계 법령에서 정하는 바에 따라 면허 · 자격 등을 취득한 사람으로서 대통령령으로 정하는 사람

• 영양사
개인 및 단체에 균형 잡힌 급식 서비스를 제공하기 위해 식단을 계획하고 조리 및 공급을 감독하는 등 급식을 담당하며, 산업체에서 급식관리 업무 외에 영양교육 및 상담, 영양지원 등 영양서비스를 관리하는 업무를 수행하는 자(통계청 한국표준직업 분류)

• 영양사의 수행직무
① 건강증진 및 환자를 위한 영양 · 식생활 교육 및 상담
② 식품영양 정보의 제공
③ 식단 작성, 검식 및 배식 관리
④ 구매식품의 검수 및 관리
⑤ 급식시설의 위생적 관리

⑥ 집단급식소의 운영일지 작성
⑦ 종업원에 대한 영양지도 및 위생교육
(국민영양관리법 제17조)

• 임상영양사
건강관리를 위하여 영양판정, 영양상담, 영양소 모니터링 및 평가 등의 업무를 수행하는 영양사에게 영양사 면허 외에 임상영양사 자격을 인정함
(국민영양관리법 제23조 제1항 [법률 제13643호, 2015. 12. 29 시행])

• 임상영양사의 업무
① 영양문제 수집 · 분석 및 영양요구량 산정 등의 영양판정
② 영양상담 및 교육
③ 영양관리 상태 점검을 위한 영양모니터링 및 평가
④ 영양불량 상태 개선을 위한 영양관리
⑤ 임상영양 자문 및 연구
⑥ 그 밖에 임상영양과 관련된 업무
(국민영양관리법 시행규칙 22조)

3. 병리학의 일반 원리

1) 병리학의 정의

병리학은 질병의 원인, 기전, 임상 발현 양상, 질병의 진행, 증상, 진단 등을 규명한다. 질병의 원인은 내적 원인과 외적 원인으로 나눌 수 있으며, 내적 원인은 일반적인 연령, 성별 등의 유전적 소인과 후천적 소인이 있다. 외적 요인은 후천적 질병의 원인이 되는 것으로 영양불량, 병원성 미생물, 심리적 원인, 사회환경적 요인 등이 포함된다. 질병의 진단으로는 환자가 표현하는 자각적인 증상symptoms과 의료진 등의 전문가에 의해 발견되는 징후signs, 임상검사에 의해 발견되는 결과 등이 있다.

2) 조직 손상

정상세포는 자극을 받은 경우 항상성을 유지하려고 하나 심한 자극에는 병적 반응인 세포 손상이 일어나기도 한다. 조직 손상은 세포가 감당할 수 있는 범위 이상의 자극을 받는 경우 나타나는 반응으로 생화학적 변화 및 기능적·구조적 변화가 생기기도 한다. 이러한 손상에는 가역적 손상과 비가역적 손상이 있는데, 가역적 손상은 자극이 심하지 않고 기간이 짧은 손상으로 그 원인이 제거되면 세포가 정상으로 회복되며, '변성degeneration'이라고도 한다. 이에 비해 비가역적 손상은 자극이 강하고 오래 지속되며, 원인이 제거되어도 세포가 원래대로 회복될 수 없는 상태이다. 이러한 비가역적 손상을 '괴사necrosis'라고 한다.

3) 상해에 대한 세포와 조직의 반응

조직 손상은 세포의 크기와 숫자의 변화를 동반한다. 세포는 다양한 호르몬, 신경 자극에 의해 크기, 숫자, 기능의 변화 및 위축 등 여러 가지 적응반응을 일으킨다. 적응반응으로는 위축atrophy, 비대hypertrophy, 증식hyperplasia, 화생metaplasia, 변성degeneration, 괴사necrosis 등이 있다〈표 1-3〉.

표 1-3 | 조직 손상의 적응반응

적응반응	의미
위축	세포의 숫자가 감소하여 조직, 장기 등이 크기가 축소되는 것으로 골절에 의한 침대에서의 장기요양에 따른 근육 손실 등이 그 예이다.
비대	세포의 크기가 커지는 것으로 세포 수에는 변화가 없다. 조직 단백질 증가나 장기의 크기 증가 등에 해당된다.
증식	전반적인 세포 수가 증가하는 것으로 총 적혈구 수 증가에 의한 빈혈, 간절제 수술에 대한 적응으로 간세포가 재생되는 경우 등에 해당된다.

적응반응	의미
화생	질병이나 상해에 의하여 한 가지 종류의 세포가 다른 형태의 세포로 바뀌는 것이며, 가역적인 반응이다. 부족 상태의 경우, 좀 더 성숙한 세포가 덜 성숙한 세포를 대체하는 것이 예이다.
변성	정상세포가 변화하여 기능이 점차 쇠퇴하는 것이며 가역적인 반응이다. 괴사에 앞서 발생하는 현상이다.
괴사	세포가 치명적인 손상을 받아 사멸한 상태이다. 이러한 세포의 괴사는 세포구조의 변화를 일으킨다.

4. 영양관리과정

1) 영양관리과정의 개념

영양관리과정Nutrition Care Process, NCP은 2003년 미국에서 시작되었으며, 국제식이요법 용어IDNT, International Dietetics and Terminology가 개발되면서 영양관리과정 용어NCPT, Nutrition Care Process Terminology가 표준화되었다. 영양관리과정은 최근 세계적으로 많이 시행되기 시작했으며, 한국에서는 2012년 대한영양사협회가 국제임상영양 표준용어 지침서를 번역함으로써 임상영양 영역에서 사용되기 시작하였다. 영양관리과정은 영양전문가가 대상자의 영양과 관련된 문제를 해결하기 위해 과학적 근거를 중심으로 체계적으로 문제에 접근하여 해결하는 종합적인 임상영양치료과정이다. 영양관리과정은 판정–진단–중재–모니터링과 평가의 4단계 과정으로 구성되어 있고 영양문제가 해결될 때까지 순환적으로 반복한다[그림 1–1].

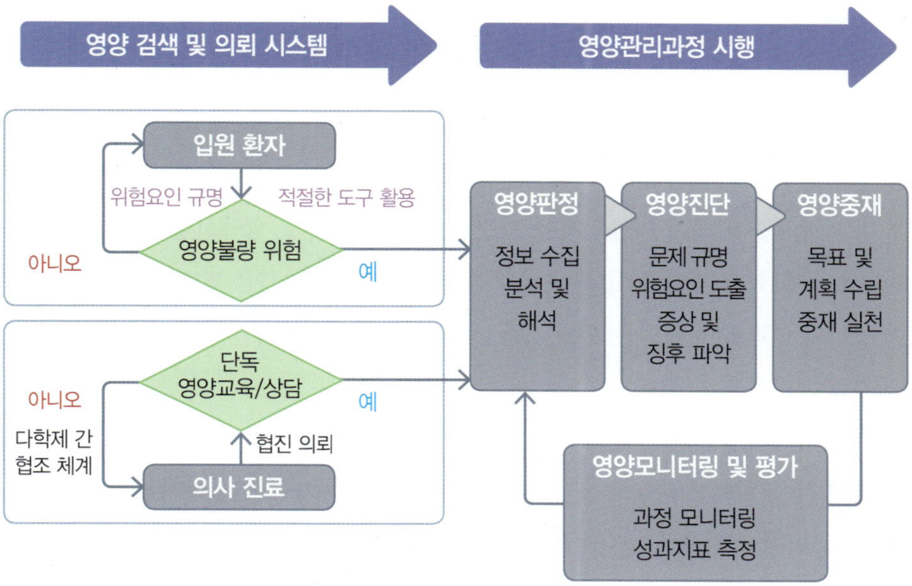

그림 1-1 | 영양관리과정의 모형

출처: Writing Group of the Nutrition Care Process/Standardized Language Committee. Nutrition care process and model part I : the 2008 update. J Am Diet Assoc. 2008; 108:1113-17

2) 영양관리과정의 단계

(1) 영양판정

영양판정nutrition assessment이란 영양 관련 문제와 그 원인 및 중요도를 파악하는 데 필요한 자료들을 수집하고, 분석하는 과정이다. 개인의 영양문제 원인들은 매우 다양하고 또한 다양한 방식으로 영양문제에 영향을 미치므로 영양판정 과정에는 비판적 사고 기술이 필수적이다. 영양판정은 영양사에게 의뢰된 경우, 또는 영양검색을 통해 영양관리가 필요하다고 판단될 경우 시작한다. 영양문제가 있다고 판단될 경우 영양진단nutrition diagnosis 단계에서 문제, 병인, 징후/증상을 기술할 수 있다.

① 영양검색

영양검색nutritional screening은 영양 문제가 있을 수 있거나 영양판정 및 영양중재가 필요할 수 있는 환자를 선별하는 과정으로 간단하면서 빠르게 검색할 수 있는 영양평가 도구를 이용한다. 병원의료기관 평가에서는 모든 입원환자에 대하여 입원 후 24~48시간 이내에 영양검색을 시행하도록 하고 있다. 영양선별의 지표로는 신체계측, 생화학적 검사자료, 환자 과거력 및 의학적 경과, 식품 및 영양소 관련 식사력 등이며 이러한 지표들은 재원 기간, 추후 합병증, 이완율, 사망률을 예상할 수 있는 지표로 이용될 수 있다.

최근 거의 대부분의 병원에서는 전자의무기록을 사용하고 있어 영양검색 프로그램 역시 각 병원에서 타당도 및 신뢰도가 확보된 활용 가능한 검색지표를 기반으로 전산프로그램을 사용하여 다음 〈표 1-4〉와 같은 영양 위험요인이 있는 대상 환자를 선별하고 있다. 영양사는 영양 위험요인이 있다고 판별된 환자에 대하여 심층 영양판정을 수행하며, [그림 1-2]는 심층 영양평가를 위한 대사영양 프로필의 예시이다. 또한 입원환자의 영양검색 및 영양판정에 대한 일련의 과정은 [그림 1-3]과 같다.

표 1-4 | 영양검색지표

항목	영양 위험요인
연령(세)	≥ 70(세)의 고령
신체계측	심한 체중감소 3~6개월 내 > 10% 심한 저체중 %IBW < 70 BMI < 18.5 kg/m^2
식품 및 영양소와 관련된 식사력	요구량의 70% 미만 섭취 경구 섭취 불량 > 5일 등
병력	대사적 요구량 높은 질환 – 주요 복부수술, 뇌졸중, 혈액종양, 두경부 손상, 골수이식 및 중환자 등
생화학적 검사 결과	Albumin < 3.3 g/dL Prealbumin < 20 mg/dL Hemoglobin 남 < 13.6 g/dL 여 < 11.2 g/dL 등

심층 영양평가지(nutritional assessment)

등록번호 ○○○○○○○○ 이름 ○○○ 성별/연령 ○/○
진료과/주치의 ○○○/○○○ 입원일 ○○○○-○○-○○
상병명 ○○○○
수술력 ○○○○
약물 ____________________
평소 식사력 ____________________
____
병원식 및 영양지원 ____________________
신체계측 신장_____cm 체중 ______kg 표준체중_____kg 평소체중_____kg PIBW____%
기간별 평소체중 대비 체중 변화 ☐ 감소 ☐ 증가 _____kg/_____기간
TSF_____ MAMC_____
검사결과 Hgb/Hct __/__ WBC/ANC/TLC __/__/__ FBS/PP2H/HbA1c __/__/__
Total protein/albumin/prealbumin __/__/__
Total cholesterol/HDL-cholesterol/LDL-cholesterol/Triglyceride__/__/__/__
AST/ALT/ALP __/__/__ BUN/Cr/GFR __/__/__
Na/K/Cl/Mg/P __/__/__/__/__
기타 ____________________
영양평가 및 영양중재계획
영양섭취/지원 문제점 ____________________
섭취부족/섭취과다/불균형 ____________________
임상/행동환경 영역 ____________________
대사적 요구량 ☐ 증가 ☐ 감소
영양상태 ARM(Acute disease related malnutrition) ☐ Moderate ☐ Severe
CRM(Chronic disease related malnutrition) ☐ Moderate ☐ Severe
SRM(Starvation related malnutrition) ☐ Moderate ☐ Severe
Kwashiorkor / Nutritional Marasmus / Marasmic kwashiorkor
Unspecified severe protein energy malnutrition
Protein energy malnutrition / Unspecified protein energy malnutrition
영양요구량 ______kcal______g protein/day 기타 영양소 ____________________
영양지원경로 ☐ 경구 ☐ 장관영양 ☐ 정맥영양

그림 1-2 | 심층 영양평가지(대사영양 프로필 서식)의 예

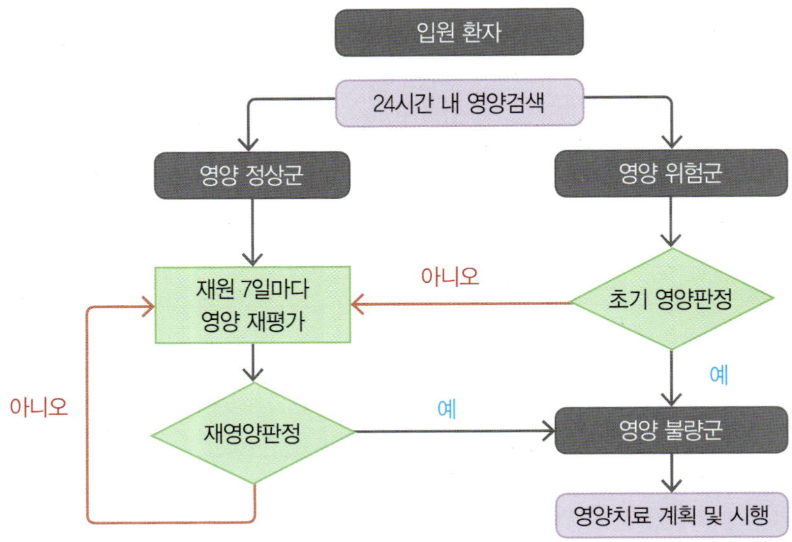

그림 1–3 | 입원환자의 영양상태 검색 과정

② 임상과에서 영양팀에 협진을 하는 의뢰시스템

의뢰시스템referral system은 주치의가 영양사에게 전문적인 임상영양 치료를 받기 위해 환자를 의뢰하는 과정이다. 의뢰 과정은 영양판정을 통해 환자의 영양문제를 파악하고 영양진단을 하여 궁극적으로 영양중재에 임상영양사가 적극적으로 개입하고 책임있게 역할을 수행하도록 한다. 주치의가 협의 진료를 의뢰할 때 특정 진단이나 문제점을 명확하게 제시하고 임상영양사는 치료지침에 따라 임상영양치료를 시행한다.

③ 영양판정을 위한 조사

영양판정을 위한 조사에는 신체계측조사, 생화학적 조사, 임상적 조사, 식이섭취조사 등이 있다. 이 4가지를 모두 활용하여 판정하는 것이 정확한 영양판정을 위해 필요하다.

• **신체계측조사**(anthropometric method)

신체 크기와 구성을 측정하여 영양섭취 결과를 판정하는 방법으로 이러한 체위의 변화는 비교적 영양불량 상태가 심하거나 장기간 지속된 경우에 나타나기 때문에 예민도가 낮다. 체중과 신장은 가장 기본적이며 중요한 신체계측 지표이다. 또한 체지방비율, 머리둘레, 허리둘레, 팔 둘레 등이 사용된다. 근육과 지방 소모를 측정하기 위하여 피부두겹두께(삼두근, 견갑골 하부), 표준과 비교한 피부두겹두께, 상완위/상완근육면적, 표준에 대한 상완근육 면적비율 등이 이용된다.

• **생화학적 조사**(biochemical method)

혈액, 소변, 적혈구 등의 성분에서 영양소나 영양소 대사산물의 농도, 효소의 기능, 농도 등을 측정하여 영양상태를 평가하는 방법이다. 이 방법은 단기간의 영양불량을 반영할 수 있는 예민도와 특이성이 높은 방법이며, 최근 영양상태를 반영할 수 있다. 단백질의 영양상태를 측정하기 위한 지표로 혈장알부민, 트랜스페린, 프리알부민 등을 측정하며, 면역기능의 측정을 위해서는 총 림프구 수를 측정할 수 있다. 빈혈의 판정을 위하여 헤모글로빈, 헤마토크릿, 총 철분 결합능력 등을 측정한다.

• **임상적 조사**(clinical method)

영양상태의 결핍증상이나 과잉증상 등의 임상적 증상으로 판단하며, 장기간의 영양불량 상태를 반영하여 특이성과 예민도가 낮다. 피부, 머리카락, 손톱 등의 기관에서 결핍증상 등을 파악할 수 있다.

• **식이섭취조사**(dietary method)

환자가 섭취한 식이 내용을 조사하여 영양상태를 알아내는 지표로서 식이섭취량을 영양소 섭취량으로 환산한 후 필요량과 비교하여 식이섭취가 적당한지 알아내는 방법이다. 조사방법으로는 회상법recall method, 식이기록법diet record, 식품섭취빈도조사food frequency questionnaire, 식사력법diet history 등이 있다. 대부분 질병 발생 기간이 오래 걸리므로 장기간의 식이섭취 조사방법이 유용하다.

(2) 영양진단

영양진단nutrition diagnosis이란 영양판정에서 수집한 자료를 기초로 영양사가 영양중재를 통해 해결하거나 개선할 수 있는 문제를 표준용어로 기술하는 것이다. 영양진단은 영양관리과정의 핵심 과정으로 영양판정과 영양중재의 연결고리가 된다. 영양진단은 영양진단/문제problem–병인etiology–징후/증상sign/symptom 3가지로 구성되어 있다[그림 1-4]. 적절한 영양진단문은 영양판정 자료에 근거하며 단순, 명확, 간결하다. 해당 환자의 개별적인 문제를 잘 드러내 줄 뿐만 아니라 문제와 병인은 정확하게 인과관계가 성립되고 징후/증상이 이를 객관적으로 뒷받침할 수 있다. 영양문제는 섭취 영역, 임상 영역, 행동/환경 영역의 3개 영역으로 구성되어 총 70여 개의 표준 영양진단문이 있다. 표준화된 영양진단 용어를 사용하는 것은 영양치

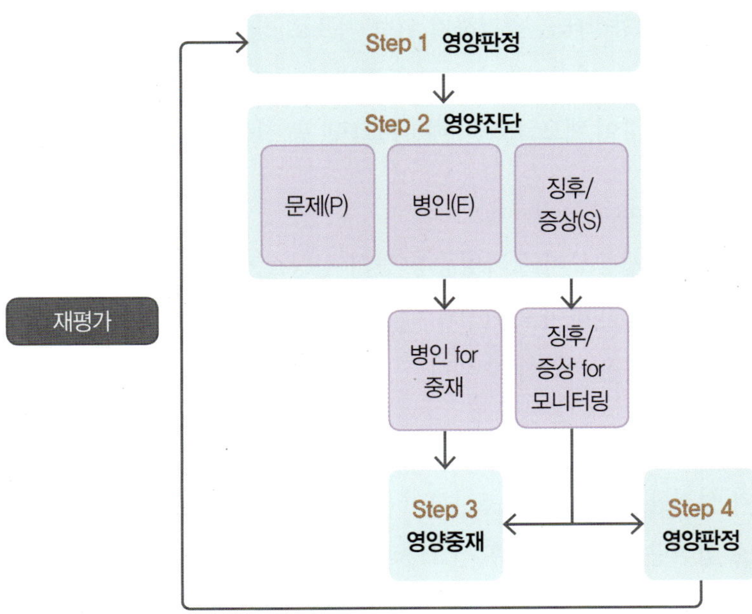

그림 1-4 | 영양관리과정(NCP)에서 영양진단과 다른 단계와의 관계

출처: Lacey K and Pritchett E. Nutrition Care Process and Model: ADA adopts road map to quality care and outcomes management. J Am Diet Assoc. 2003;103:1061–72

료과정에 대한 다른 의료진과 의사소통을 명확하게 해주고 향후 영양 관련 연구를 위한 기초적인 자료의 틀을 마련할 수 있게 해준다.

(3) 영양중재

영양중재nutrition intervention란 영양문제를 해결하기 위해 목표와 구체적인 실행계획을 세우고 실행하는 과정으로 영양처방, 목표 설정, 중재 실시 3가지로 구성된다. 영양처방은 대상자의 가치와 선호도를 반영해야 하며, 영양처방이 시행되면 영양중재 목표와 전략을 정한다. 영양중재는 영양진단에서 규명된 병인에 초점을 맞추어 시행하며, 그 목표는 일정 기간 내 달성하고 측정 가능해야 한다. 영양중재 영역은 식품/영양소 제공, 영양교육, 영양상담, 영양관리를 위한 다분야 협의 4개로 나뉘며, 한 개 이상의 영양중재 영역을 포함할 수 있고, 환자와 일대일로 대면하는 방법 이외에 단체교육이나 이메일, 전화 등을 통해서도 실시될 수 있다.

(4) 영양모니터링 및 평가

영양모니터링 및 평가nutrition monitoring and evaluation는 영양진단과 중재에 따른 영양관리 성과를 측정하고 평가하는 과정이다. 영양중재의 목표 달성 여부를 모니터링하여 계획한 영양중재가 환자의 영양문제를 해결했는지 확인하고 필요시 영양중재 목표 및 계획을 재수립하여 시행한다.

3) 환자의 영양관리를 위한 의무기록

의무기록은 환자가 지니고 있는 문제와 관련이 있는 모든 자료가 기재되어 있는, 환자 치료에 대한 체계적인 기록이며, 치료에 관여하는 의료팀 내 팀원들 사이에 지속적으로 진행되는 의사소통을 반영한 것이다. 의사소통의 목표는 적절한 치료와 처치에 대한 일치된 의견을 모으는 것이다. 의무기록은 환자 치료를 결정하는 근거이며, 환자 치료를 위해 행해진 모든 절차에 대한 명확하고 철저한 기록은 법적인 근거가 된다.

다음은 성인용 영양관리과정에서 사용하는 서식이다 〈표 1-5〉.

표 1-5 | 영양관리과정(NCP) 서식 예시-성인용

1차 영양판정	
환자 과거력 및 의학적인 경과	주증상 및 진단: 병력: 입원 후 경과: 내외과적 처치 및 치료: 약물처방 내역:
신체계측	Ht _____cm, Wt _____kg, IBW _____kg, PIBW _____%, BMI _____kg/m² Usual Wt _____kg, Wt change _____kg(%)/기간 TSF _____mm(%ile), MAC ____cm(%ile), MAMC _____cm(%ile) Body fat _____kg(%), Waist circumference _____cm
생화학적 자료 의학적 검사와 처치	Labs: (/) 영상 검사 및 기능 검사 결과:
영양 관련 신체 자료	소화기 관련 증상: 활력 증후(혈압, 체온 등) 신체조사: □ 정상, □ 비만, □ 근육소실, □ 지방소실, □ 부종, □ 탈수, □ 복수 □ 기타( )
식품/영양소와 관련된 식사력	식사처방 및 식사 섭취량: 영양집중지원(EN/PN 처방 및 실제공급량): 식사 관련 경험 및 환경(이전 처방식사, 이전 교육경험, 식사조절 시도 경험, 식사 제공자 및 식사환경): 평소 식품 및 수분/음료 섭취: 에너지 및 영양소 섭취량(□ 평소 / □ 입원 중): 에너지 ___kcal C:P:F ratio = : : : 당질 ___g, 단백질 ___g, 지방 ___g 기타:

1차 영양판정		
식품/영양소와 관련된 식사력	지식/신념/태도: 자가약, 약용식품 보충제, 생리활성물질: 알코올 섭취 및 흡연: 신체적 활동 및 기능:	
영양상태 평가	□ 급성, □ 만성	
	□ 양호, □ 경증의 영양불량, □ 중등도 영양불량, □ 심한 영양불량	
영양필요량	목표: 체중 □ 유지, □ 감소, □ 증가 에너지 ____kcal(기준체중: ____kg, 산출근거:) 단백질 ____g(기준체중: ____kg, 산출근거:) 기타:	

1차 영양진단		
문제	원인	징후/증상

1차 영양중재			
영양처방	에너지 ____kcal, 단백질 ____g		
영양중재	□ 식품/영양소 제공, □ 영양교육, □ 영양상담, □ 다분야 협의		
	영양진단	중재내용	목표/기대효과
제공 교육자료			
Follow-Up 일정			

2차 영양판정	
의학적인 경과	
신체계측	Ht ______cm, Wt ______kg, IBW ______kg, PIBW ______%, BMI ______kg/m^2 Usual Wt ______kg, Wt change ____kg(%)/기간 TSF ______mm(%ile), MAC ______cm(%ile), MAMC ______cm(%ile) Body fat ______kg(%), Waist circumference ______cm
생화학적 자료 의학적 검사와 처치	Labs: (/) 영상 검사 및 기능 검사 결과:
영양 관련 신체 자료	소화기 관련 증상: 활력 징후(혈압, 체온 등) 신체조사: □ 정상, □ 비만, □ 근육소실, □ 지방소실, □ 부종, □ 탈수, □ 복수 □ 기타( )
식품/영양소와 관련된 식사력	식사처방 및 식사 관련 경험 및 환경: 영양집중지원(EN/PN 처방 및 실제공급량): 식품 및 수분/음료 섭취: 에너지 및 영양소 섭취량: 에너지 ___kcal C:P:F ratio = : : : 당질 ___g, 단백질 ___g, 지방 ___g 기타: 지식/신념/태도: 자가약, 약용식품 보충제, 생리활성물질: 알코올 섭취 및 흡연: 신체적 활동 및 기능:
영양필요량	에너지 ___kcal (기준체중: ___kg, 산출근거:) 단백질 ___g(기준체중: ___kg, 산출근거:) 기타:

2차 영양 모니터링 및 평가		
모니터링 목표	결과	목표 달성 여부
		□ 목표 달성 □ 목표 일부 달성 □ 상태 불변 □ 부정적 결과 도출
		□ 목표 달성 □ 목표 일부 달성 □ 상태 불변 □ 부정적 결과 도출

2차 영양진단		
문제	원인	징후/증상

2차 영양중재			
영양처방	에너지 _____kcal, 단백질 _____g		
영양중재	□ 식품/영양소 제공, □ 영양교육, □ 영양상담, □ 다분야 협의		
	영양진단	중재내용	목표/기대효과
제공 교육자료			
Follow-Up 일정			

알아두기

- NCP(nutrition care process): 최근 영양사협회에서는 영양관리과정(NCP) 단계를 기본으로 하여 새로운 형식의 기록방법을 사용하고 있다. 이 새로운 형식은 ADIM(assessment, diagnosis, intervention, monitoring: 판정, 진단, 중재, 모니터링)이다. PES는 영양진단 서술에 대한 조직적인 체계이다. "문제(problem)는 증상 및 징후(symptom & sign)를 근거로 병인(etiology)과 관련이 있다." 즉, PES는 영양진단이 기록되는 형식을 일컫는다. 실무영양사들이 미국영양사협회의 영양관리과정(NCP)과 표준용어를 사용함으로써 좀 더 효과적이고 효율적인 기록방법으로 발전하였다. 또한 다른 의료인에게 환자에 대한 치료정보를 제공할 뿐만 아니라 지속적인 질 관리를 위한 정보 자료, 데이터 수집, 연구, 지속적인 교육에 표준화된 의무기록으로 사용하고 있다.
- SOAP(subjective, objective, assessment, plan): 주관적 자료, 객관적 자료, 판정과 계획은 네 가지 영역으로 적용되며 비교적 간단하여 자주 사용하는 형태이다.
- 기타 의무기록 형태
  - IER(intervention, evaluation, revision of care: 중재, 평가, 치료수정): SOAP의 단순화된 형태의 의무기록
  - 핵심 노트(data, action, response: 데이터, 활동, 반응): SOAP와 IER 형식을 혼합하고 축소한 형태
  - PIE(problem, intervention, evaluation: 문제, 중재, 평가)는 다른 형식들의 혼합한 의무기록 형태

5. 환자의 영양소 필요량 산정

신체의 에너지원은 탄수화물, 단백질, 지방으로 구성되어 있다. 이 중 탄수화물의 대사산물인 포도당은 식사 후 바로 사용되는 에너지원이 되며, 지방은 대사적 산화를 위해 주로 저장되고 단백질은 신체의 구조적 기능적 역할을 주로 수행한다.

1) 에너지 소비량

건강한 성인에서 총 에너지 소비량은total energy expenditure 기초 대사량 또는 휴식 시 대사량basal energy expenditure or resting energy expenditure, 식품섭취에 의한 열소비thermogenic effect of digestion, 활동 에너지 소비량energy expenditure during physical activity의 3가지로 구성된다.

(1) 기초 및 휴식 시 대사율(basal energy expenditure and resting energy expenditure)

총 에너지 소비량의 60~75%가량을 차지하는 기초대사량basal energy expenditure은 12~14시간 이상 공복 유지 및 활동이 거의 이루어지지 않은 취침상태에서 깨어난 직후의 대사량으로 측정이 쉽지 않다. 따라서 4~6시간의 공복의 유지 및 안정상태에서의 대사량인 휴식 시 대사량resting energy expenditure으로 기초대사량을 대신하여 주로 사용한다.

(2) 식품섭취에 의한 열소비(thermogenic effect of digestion)

식품의 특이동적 작용은 섭취한 음식을 대사시키기 위한 에너지 소비량을 의미하는 것으로 총 에너지 소비량의 5~10%가량을 차지한다. 이는 섭취한 식사량, 탄수화물, 단백질, 지방의 구성비, 섬유소 섭취량 및 섭취에 걸리는 시간, 식품의 섭취 시 심리·정서적 상태와 연령, 흡연 여부 등에 따라 달라질 수 있다.

(3) 활동 및 성장(physical activity and growth)과 질병상태(illness)

일반적으로 침상 안정 중인 환자에서의 활동량에 의한 에너지 소비량은 총 에너지 소비량의 5~10%를 차지한다. 활동량은 총 에너지 섭취량의 가장 큰 변동지수이며, 환자가 침상 안정 중이더라도 각종 대사적 스트레스 상태에서의 짧은 시간의 활동에 대해서도 에너지 소비량이 건강상태일 때보다 높은 경우가 많다.

새로운 조직의 생성을 위한 영양소 요구량이 증가하는 임신, 성장기에는 에너지, 아미노산, 지방산 및 포도당의 충분한 공급이 필요하므로 에너지 소비율이 높은 시기이다.

질병 상태에서의 에너지 소비량은 과대사hypermetabolism 및 과이화hypercatabolism 라는 대사적 스트레스 상황에서 요구량이 증가될 수 있다.

2) 에너지 요구량 산정

환자의 체조직 및 면역기능의 유지를 위한 영양소 요구량을 측정하는 공식이 200가지 이상 도출되고 있으나 환자 개개인이 처한 대사적 상태와 질환의 중증도 및 회복상태에 따라 결과가 달라지므로 정확히 예측하는 것은 쉽지 않다.

(1) 계산공식 이용

① 해리스 베네딕트 공식(Harris Benedict Equation)

개인의 에너지 소비량 추정 공식은 크게 휴식 시 대사량 추정 공식과 총 에너지 소비량 추정 공식으로 나누어 볼 수 있으며 1916년 처음으로 휴식 시 대사량을 산정하는 해리스 베네딕트 공식 개발 후 에너지 소비량 추정 공식들이 도출되어 왔다.

2005년 한국인 영양섭취기준(에너지 필요추정량) 도입 전까지는 에너지 평균 필요량은 세계보건기구 방식으로 산출하였고 〈표 1-5〉의 활동계수를 기초대사량(REE)에 곱하여 계산하였다.

[세계보건기구 방식]

총 에너지 소비량(TEE) = 기초대사량(REE) × 활동계수

[활동계수 = 총 에너지 소비량(TEE) / 기초대사량(REE)]

표 1-5 | 활동계수

활동계수	활동 정도
1.2	누워있는 상태
1.3	거동이 가능한 상태
1.5	보통의 활동 가능 상태
1.75	매우 활동적인 상태

② 미국 영양소 섭취기준에서 제시한 공식(2015년 한국인 영양섭취기준에 반영)

2020년 한국인 영양섭취기준(에너지 필요추정량)에서는 미국 영양소 섭취기준에서 제시한 공식을 사용하기로 하였다. 다음의 공식 및 적용 상수와 계수, 신체활동 단계별 계수는 〈표 1-6, 1-7〉과 같다. 2020년 한국인 영양섭취기준에서는 2020년 우리나라 국민의 체위 참고치를 반영하여 생애주기별 에너지 필요추정량에 대한 제반 고려사항을 감안한 에너지 필요추정량 및 부가량을 산출한 요약표는 〈표 1-8〉과 같다.

에너지 필요추정량(EER) = $\alpha + \beta \times$ 연령(세) + PA[$\gamma \times$ 체중(kg) + $\delta \times$ 신장(cm)]

(PA: 신체활동단계별 계수)

표 1-6 | 생애주기별 에너지 필요추정량 공식 적용 상수

	아동 및 청소년		성인(19세 이상)	
	남자	여자	남자	여자
α(상수)	88.5	135.3	662.0	354.0
β(연령계수)	−61.9	−30.8	−9.53	−6.91
γ(체중계수)	26.7	10.0	15.91	9.36
δ(신장계수)	903.0	934.0	539.6	726.0

표 1-7 | 생애주기별 에너지 필요추정량 계산 공식 적용 신체활동단계별 계수

<table>
<tr><th rowspan="3">신체활동단계</th><th rowspan="3">신체활동 수준
(PAL)</th><th colspan="4">신체활동단계별 계수(PA)</th></tr>
<tr><th colspan="2">아동 및 청소년</th><th colspan="2">성인(19세 이상)</th></tr>
<tr><th>남자</th><th>여자</th><th>남자</th><th>여자</th></tr>
<tr><td>비활동적</td><td>1.00~1.39</td><td>1.00</td><td>1.00</td><td>1.00</td><td>1.00</td></tr>
<tr><td>저활동적</td><td>1.40~1.59</td><td>1.13</td><td>1.16</td><td>1.11</td><td>1.12</td></tr>
<tr><td>활동적</td><td>1.60~1.89</td><td>1.26</td><td>1.31</td><td>1.25</td><td>1.27</td></tr>
<tr><td>매우 활동적</td><td>1.90~2.50</td><td>1.42</td><td>1.56</td><td>1.48</td><td>1.45</td></tr>
</table>

표 1-8 | 생애주기별 에너지 필요추정량

<table>
<tr><th rowspan="2" colspan="2">연령</th><th>에너지 필요추정량(EER)</th><th rowspan="2" colspan="2">생애주기별
부가량</th></tr>
<tr><th>총 에너지 소비량(TEE)</th></tr>
<tr><td rowspan="2">영아
(개월)</td><td>0~5</td><td rowspan="3">89 × 체중(kg) − 100</td><td colspan="2">+115.5</td></tr>
<tr><td>6~11</td><td colspan="2">+22</td></tr>
<tr><td rowspan="2">유아
(세)</td><td>1~2</td><td colspan="2">+20</td></tr>
<tr><td>3~5</td><td rowspan="6">[남자]
88.5 − 61.9 × 연령(세) + PA[26.7 × 체중(kg)] + 903 × 신장(m)
PA = 신체활동계수(남자)
[여자]
135.3 − 30.8 × 연령(세) + PA[10.0 × 체중(kg) + 934 × 신장(m)]
PA = 신체활동계수(여자)</td><td colspan="2">+20</td></tr>
<tr><td rowspan="2">아동
(세)</td><td>6~8</td><td colspan="2">+20</td></tr>
<tr><td>9~11</td><td colspan="2">+25</td></tr>
<tr><td rowspan="2">청소년
(세)</td><td>12~14</td><td colspan="2">+25</td></tr>
<tr><td>15~18</td><td colspan="2">+25</td></tr>
<tr><td rowspan="4">성인
및
노인
(세)</td><td rowspan="4">19 이상</td><td rowspan="4">[남자]
662 − 9.53 × 연령(세) + PA[15.9 × 체중(kg)] + 539.6 × 신장(m)
PA = 신체활동계수(남자)
[여자]
354 − 6.91 × 연령(세) + PA[9.36 × 체중(kg) + 726 × 신장(m)]
PA = 신체활동계수(여자)</td><td rowspan="3">임
신
부</td><td>1기: +0</td></tr>
<tr><td>2기: +340</td></tr>
<tr><td>3기: +450</td></tr>
<tr><td>수
유
부</td><td>+320</td></tr>
</table>

③ 비만도와 활동도를 고려한 계산방법

현재 체중에 활동별 에너지를 곱하여 1일 에너지 필요량을 계산하는 방법이다.

1일 에너지 필요량(kcal)=현재 체중(kg) × 활동별 에너지(kcal/kg)

비만도가 125% 이상인 비만환자: 실제 체중 대신 조정 또는 표준 체중 적용

현재 체중 적용 시: 단위 체중당 16~19 kcal

표준 체중 적용 시: 단위 체중당 30~35 kcal

비만도	활동별 에너지(kcal/kg)		
	가벼운 활동 정도	중등도 활동 정도	심한 활동 정도
과체중	20~25	30	35
정상	30	35	40
저체중	35	40	45

(2) 직접 열량계

직접 열량계direct calorimetry를 통해서 신체로부터 배출되는 열을 측정함으로써 신체가 주요 에너지원로부터 에너지를 생산할 때 배출되는 열을 직접 측정해 에너지 소비량을 측정하는 방법이다. 일반적으로 실험적 상황에서 사용되기는 하나 실제 환자에서는 호흡기 챔버respiratory chamber 내에 의료진 및 간병인의 병행 없이 측정하는 데 한계가 있어 거의 사용하지 않는다.

(3) 간접 열량계(indirect calorimetry)

직접 열량계를 통해 신체로부터 배출되는 열을 측정하는 대신 신체의 산소 소비 및 이산화탄소 생성을 측정해 에너지 소비량을 간접적으로 측정하는 방법으로 이중표식수법doubly labeled water technique과 호흡가스분석방법respiratory gas analysis이 있다.

이중표식수법은 이중표식수($^2H_2{}^{18}O$)의 일정 비율 섭취 후 배출률을 측정해 이산화탄소의 생성량을 계산하여 간접적으로 에너지소비량을 측정하는 방법이며 미국 등지에서는 2002년 이후 이중표식수법을 토대로 한 총 에너지 소비량 계산식을 산출하여 사용하고 있다.

호흡가스분석방법respiratory gas analysis은 호흡 시 산소의 소비율(VO_2)과 이산화탄소의 생산량(VCO_2)의 비를 측정 계산하여 에너지 소비량을 예측하는 방법으로 휴식 시 대사량을 반영한다. 중환자실에서는 에너지 요구량에 대한 예측공식 중 'gold standard'이나 고가의 장비 사용 및 환자의 상태 변화에 따른 부적응증에 해당하는 경우 및 측정자에 따른 측정치 오차 등이 있어 임상에서 모든 환자에게 적용되지는 않고 일부 중환자에서 사용하기도 한다.

3) 단백질 필요량

단백질 필요량은 '정상적인 신체활동을 하면서 에너지 균형을 유지하는 상태에서 식사로 섭취된 질소량과 질소 손실량 사이에 균형을 유지할 수 있는 최소 수준의 단백질량'으로 정의하고 있다(FAO/WHO/UNU, 1985). 건강한 인구집단과 질병상태에 있는 환자에서의 단백질 요구량에는 차이가 있으며, 건강한 인구집단에서의 생애주기별 단백질 요구량은 〈표 1-9〉와 같다.

표 1-9 | 생애주기별 단백질 섭취기준

연령		섭취기준	설정 근거
영아 (개월)	0~5 6~11	충분섭취량 평균필요량	1일평균 모유 분비량 × 모유의 단백질 함량(질소평형을 위한 단백질 필요량 × 성장 시 단백질 축적을 위한 필요량) × 평균체중(kg)
유아 (세)	1~2 3~5	평균필요량	(질소평형을 위한 단백질 필요량 × 성장 시 단백질 축적을 위한 필요량) × 평균체중(kg)
아동 (세)	6~8 9~11		
청소년 (세)	12~14 15~18		
성인 및 노인 (세)	19~29 30~49 50~64 65~74 75 이상	평균필요량	질소평형 유지를 위한 필요량(0.73 g/kg/일) × 평균체중(kg)
임신부	2분기 3분기	부가단백질 필요량	질소평형 유지를 위한 필요량(0.73 g/kg/일) × 체중증가량(kg) + (체단백질 축적량/0.47)
수유부		부가단백질 필요량	(모유의 단백질 함량 × 1일 평균 모유 분비량)/0.47

출처: 2020 한국인 영양섭취기준

(1) 단위 체중 kg당 단백질 필요량

건강한 성인과 달리 환자에게서는 대사적 요구량의 증가와 체단백 이화율의 증가로 질소평형을 유지하거나 양의 질소평형 상태를 유지하기 위해서 충분한 양질의 단백질 공급이 필요하다. 신부전 또는 간부전을 비롯한 단백질 대사 장애가 있는 경우에는 질환을 고려해 단백질 공급량 조절이 필요하며 단위 체중당 단백질 필요량은 〈표 1-10〉과 같다.

표 1-10 | 단위 체중당 단백질 필요량

대상	단백질 필요량
정상 성인	0.8~1.0 g/kg
회복기(환자)	1.2~1.5 g/kg
비만(환자)	1.0~1.7 g/kg
중정도 스트레스(환자)	1.5~2.0 g/kg
심한 스트레스(환자)	2.0~2.5 g/kg

(2) 질소평형을 이용한 단백질 필요량

질소평형nitrogen balance은 섭취한 단백질의 약 80%가량이 소변을 통해 요소질소로 배설되는 원리를 이용하여 섭취한 단백질과 소변 및 피부 등을 통한 단백질 배설량의 차이를 계산하는 방법이다. 질소평형을 계산하기 위해서는 섭취한 단백질 및 24시간 동안의 소변을 측정해 분석이 필요하며 질소배출량의 계산은 〈표 1-11〉과 같이 계산할 수 있다.

표 1-11 | 질소배출량 계산공식

질소배출량[nitrogen output(g/day)] = 소변 내 요소질소[urinary urea nitrogen(mg/dL)] × 소변의 양 [urinary volume (L/day)]/100 + 20% of urinary urea loss + 2 g

출처: Metabolic management of the critically ill. New York, NY: Plenum;1977:193

4) 비타민과 무기질 및 미량원소 필요량

일반인과 달리 특정 질병 상태에서의 비타민, 무기질 및 미량원소에 대한 필요량은 명확히 규명되어 있지는 않으나 질환의 중증도 및 대사적 요구량 증가가 있을 경우를 고려하여 정상치 이하의 검사결과 또는 관련 임상징후와 증상이 확실한 경우 보충을 검토한다. 특히 영양지원에 있어 장기간 경장영양 또는 정맥영양을 공급 중인 경우 공급 부족 여부를 주기적으로 평가 및 모니터링하여 보충한다.

정리하기

1 임상영양사는 질병과 영양에 관해 연구하고, 임상영양과 관련된 의료기관에서 영양상태 평가, 판정, 진단 후 영양상담 등의 영양중재를 시행하여 임상영양치료를 담당하고 수행하는 역할을 한다.

2 최근 영양관리과정(NCP)은 영양전문가가 대상자의 영양과 관련된 문제를 해결하기 위해 과학적 근거를 중심으로 체계적으로 문제를 접근하여 해결하는 종합적인 임상영양 치료과정으로 최근 활발하게 시행되기 시작하였다.

3 영양판정은 영양 관련 문제와 그 원인 및 중요도를 파악하고 필요한 자료를 수집하고 분석하기 위해 식사섭취조사, 신체계측조사, 생화학적 조사, 임상적 조사 방법을 이용한다.

4 영양진단은 영양판정에서 수집한 자료를 기초로 영양사가 영양중재를 통해 개선할 수 있는 문제를 표준용어로 기술하는 것으로 영양진단/문제-병인-징후/증상의 3가지로 구성되어 있다.

5 영양중재는 영양문제를 해결하기 위해 목표와 구체적인 실행계획을 세우고 실행하는 과정으로 영양 처방, 목표 설정, 중재 실시의 3가지로 구성된다.

6 영양모니터링 및 평가는 영양진단과 중재에 따른 영양관리 성과를 측정하고 평가하는 과정이다.

7 환자의 영양소 필요량 산정은 한국인 영양소 섭취기준에 따른 정상인의 영양요구량을 기준으로 하지만, 각 환자의 상황에 맞게 조절한다. 즉 질환의 종류, 영양소 대사능력, 약물과 영양소 간의 상호작용 등의 여러 가지 상황과 조건을 고려하여 에너지, 단백질, 미량영양소 필요량 등을 산출하여 환자의 영양소 필요량을 설정한다.

Case study 1

입원 시점 영양상태는 정상군으로 영양위험 요인이 없었으나 입원 후 진단 결과와 영양관리가 필요해 영양교육이 의뢰된 사례이다.

64세 남자 환자로 평소 건강하였고 기저력이 없었으나 갑작스런 복통과 우측 옆구리 통증을 호소하여 CT(computerized tomography) 판독 결과 심방세동과 신장색증(atrial fibrillation and renal infarction)을 진단받고 입원하였다.
입원일 간호정보 조사를 통한 영양위험 요인은 없어 입원일 기준 키 160 cm, 체중 60 kg, 표준체중 56.3 kg, PIBW 107%, BMI 23.4 kg/m^{2}의 정상체중 상태로 최근 체중의 변화는 없었고, 혈중 영양지표 albumin 3.8 mg/dl, Hgb 13.2 g/dL, total cholesterol 148 mg/dL, TLC 1.74 x 10^3/μL 모두 정상이었다. 평소 식욕상태 또한 양호하였고 입원 일주일 내 섭취량의 변화 없이 유지하여 영양스크리닝 결과 영양위험 요인이 없었다.

신장경색(renal infarction)으로 진단됨에 따라 항응고제 약물치료(와파린, warfarin)가 시작되었고 입원 익일 진료과를 통해 항응고제 약물 복용환자에서 과량의 비타민 K 섭취 주의 및 조절을 위한 영양교육이 의뢰되었다. 의사의 식사 처방에 따라 병원식으로 항응고제식이 제공되었고, 의뢰인 병실로 방문하여 영양교육을 실시하였다.

Case study 2

영양 스크리닝 시 단순 영양위험 요인이 있었고 영양판정 결과 영양불량으로 판정된 사례이다.

74세 남자 환자로 3개월 전 위암 진단 후 아전위절제술(STG, subtotal gastrectomy)을 받고 외래를 통한 주기적 검사 중 CT를 통한 폐결절 크기 증가 소견으로 기관지 내시경(EBUS, endobronchial ultrasound) 통한 폐암을 확진하기 위해 입원하였다. 입원 후 간호정보 조사에 따라 원내 의무기록 입력된 자료를 토대로 24시간 이내 자동 검색 기준에 따라 식욕상태, 연령, 체중상태 및 영양상태에 영향을 미치는 질환 여부, 혈중 영양지표 위험요인들 중 '고형암 진단력', '70세 이상의 고령'으로 2가지 영양위험 요인이 스크리닝되었다.
영양자동검색 프로그램에 따른 영양 스크리닝 결과 영양 위험요인이 있는 대상자임을 확인하고 입원 익일 환자를 면담하였다. 입원일 기준 혈중 일반 영양지표 Albumin 3.9 mg/dl, Hgb 12.5 g/dL, Total cholesterol 153 mg/dL으로 혈중 영양지표는 대체로 양호하였다. 그러나 신체검사 지표에서는 키 172.8 cm, 체중 66.4 kg, 표준체중 65.7 kg로 PIBW 101% BMI 22.2 kg/m^{2}의 정상체중 범위였으나 아전위절제술 전 평소체중이 75 kg으로 3개월간 −12%의 심한 체중감소 진행력이 있었다. 급격한 체중의 감소로 TSF(triceps skinfold thickness)

8.3(15~50 percentile) MAMC 19.5(< 5 percentile)였고 체지방 및 체단백 부족상태임을 확인할 수 있었다. 입원 전 경구섭취량 조사 결과 단기간 급격한 체중감소 원인은 전위절제술로 인한 수술 후 요구량 증가 대비 감소된 위 용적에 따른 수술 전 섭취량 대비 약 50%가량의 감소로, 수주일 이상 지속된 경구 섭취 불량이 주요 원인이었음을 알 수 있었다. 전산을 통한 영양 스크리닝에서는 단순 영양위험 요인이 있었던 것으로 검색되었으나 영양판정 결과 중정도 이상의 영양불량으로 진단되었다.

CLINICAL NUTRITION

CHAPTER 2

병원식, 영양지원, 약물과 영양

용어 정리

- **일반식(general diet)** 병원에서 제공하는 식사 중 질환의 치료와 관리를 위해 별도로 특정 영양소 및 식사 조정을 요하지 않는 일반 영양 섭취기준으로 제공하는 식사
- **치료식(therapeutic diet)** 병원에서 제공하는 식사 중 질환의 치료와 관리를 위해 영양소 및 식사 조정이 적용되는 식사
- **특수영양보충제(oral nutritional supplement)** 경구섭취만으로 영양요구량 충족이 어려워 영양보충을 위해 멸균 처리된 액상, 반액상 또는 파우더 형태의 다량 및 미량영양소가 포함된 경구용 상품형 제제
- **연하곤란(dysphagia)** 선천적, 기계적 또는 치료 또는 수술로 인한 삼킴 기능에 문제가 생긴 상태로 연하장애라고도 함
- **식품교환표** 식품들을 영양소 구성이 비슷한 6가지 식품군으로 나누어 묶은 표
- **혈역학(hemodynamics)** 혈액 흐름의 역학으로 각 장기에 충분한 혈액 흐름이 확보되어야 영양소의 소화, 흡수, 대사가 원활함
- **경장영양(enteral nutrition)** 장을 통해 영양소를 공급하는 방법으로 입으로 섭취하는 경구영양과 소화관으로 튜브를 통해 주입하는 경관영양(tube feeding)을 포함
- **정맥영양(parenteral nutrition)** 정맥을 통해 영양소를 공급하는 방법
- **비위관(nasogastric feeding tube)** 코를 통해 위장까지 영양액을 주입하기 위한 관
- **비공장관(nasojejunal feeding tube)** 코를 통해 공장까지 영양액을 주입하기 위한 관
- **위조루술(PEG, percutaneous endoscopic gastrostomy)** 4~6주 이상의 장기간 경장영양 공급이 필요할 경우 시행하는 경피적 내시경 위루설치술
- **흡인(aspiration)** 구강 내용물이 정상적 이동 경로인 식도가 아닌 기도로 넘어가는 상태
- **중심정맥영양(central parenteral nutrition)** TPN(total parenteral nutrition)이라고도 하며 상대정맥(superior vena cava)과 같은 내경이 큰 정맥을 통한 영양공급 방법
- **말초정맥영양(peripheral parenteral nutrition)** 말초정맥을 통한 영양공급 방법으로 중심정맥영양에 비해 낮은 삼투압으로 공급되므로 공급량 대비 영양소 밀도가 낮음
- **급식재개증후군(refeeding syndrome)** 심한 영양불량 환자에게 영양공급 시 영양소 대사과정에서 인, 칼륨, 마그네슘의 세포 내 급격한 이동으로 인해 발생하는 대사적 및 생리학적 불균형 증상으로 피로, 무기력, 근기능 약화, 부종, 부정맥, 용혈 등의 증상이 발현되는 것
- **티라민(tyramine)** 티로신(tyrosine) 대사산물로 카테콜아민(catecholamine) 분비를 유도해 모노아민 산화 효소억제제 복용환자에서 노르에피네프린 과분비를 일으킴

1. 개요

1995년 의료기관 서비스 평가제도 시행 이후 본격적으로 의료 서비스의 질이 향상됨에 따라 병원식에 대한 서비스 요구 역시 지속적으로 증가하고 있다. 병원식을 구성하는 식단의 기본이 되는 식품교환표는 1988년 이후 2010년까지 3차에 걸쳐 개정 및 정비되었다. 이로써 환자의 영양교육을 위한 개별 영양필요량 계획을 효율적으로 할 수 있게 되었으며, 실무 영양관리 과정 전반에서도 유용하게 활용되고 있다. 2015년에는 질병의 치료와 회복을 목적으로 입원환자에게 제공되는 치료식의 질적 확보를 통한 환자의 건강 증진을 위한 제도를 마련하여 치료식 영양관리료 수가가 신설되었다. 더 나아가 2014년 집중영양치료료therapy by Nutrition Support Team가 급여 고시됨에 따라 다학제 영양지원관리 기반이 마련되었고 입원환자의 영양지원 및 퇴원 이후까지 장기 영양지원 계획 수립이 원활해지고 있다. 뿐만 아니라 질병의 치료 및 관리를 위한 약물과 영양소와의 상호작용에 대한 이해를 통한 적극적 영양관리를 위해 임상영양사의 업무영역 확대 및 해당 직무 수행을 위한 보다 높은 역량 수준이 요구되고 있다.

2. 병원식

병원식은 환자에게 제공하는 식사를 의미하며, 일반식general diet, 치료식therapeutic diet과 경관유동식tube feeding으로 나뉜다.

1) 일반식

일반식general diet은 영양소 섭취기준에 준하여 제공하는 식사로 질병 치료조절

표 2-1 | 일반식의 1일 구성량

종류	일반식 밥	일반식 죽	일반식 미음	일반식 맑은 미음
에너지(kcal)	2,000~2,500	1,600~1,800	1,200~1,400	600~800
당질(g)	300~380	230~250	200~230	160~180
단백질(g)	90~100	80~90	40~50	8~10
지방(g)	50~60	40~50	30~35	2~4

을 위해 필요한 영양소 구성의 변경조절이 필요 없는 환자에게 제공하는 식사이다. 한국인 영양 섭취기준에 근거하여 구성하되 식품의 종류와 성분, 질감을 분류하여 밥, 죽, 미음의 형태로 구성한다.

(1) 일반식 밥(general normal diet)

식품의 종류, 성분, 질감에 제한을 두지 않는 일반적인 균형식사로 성인기준 영양소 섭취기준에 부합하여 약 2,000~2,500 kcal가량으로 제공한다.

(2) 일반식 죽(soft diet)

수술 후 회복기 및 소화 기능 감소, 치아 상태의 불량으로 저작기능이 감소되어 있거나, 전신쇠약이 있을 때 저작 및 삼킴이 용이한 형태로 부드럽고 자극이 없는 식사로 주로 일반식 밥regular diet으로 이행하는 과정에서 제공한다. 맵거나 강한 향신료, 불용성 섬유소가 과량 포함되어 있거나 결체조직이 많은 식재료는 가능한 제외하여 식사를 구성한다. 일반식 밥과 비교해 에너지를 비롯한 영양소가 부족하므로 장기간 제공해야 할 경우 개별 식사 조정이 필요하다.

(3) 일반식 미음(full liquid diet)

수술 전후, 검사 전후, 장기간의 금식 이후 처음 식사를 시작하는 경우 첫 경구섭취 이행시기에 주로 제공한다. 가능한 소화 시 자극을 줄이고 쉽게 영양소의 흡수가 가능하도록 액상 또는 반액상의 상태로 구성된다. 일반식 미음일 경우 1,000 kcal 남짓으로 성인의 개별 영양 요구량 대비 부족하므로 가능한 빨리 죽 또는 밥으로 이행하는 것이 바람직하다.

(4) 맑은 미음(clear liquid diet)

맑은 미음 또는 맑은 유동식은 수술 직후 첫 식사 또는 소화 기능의 급격한 감소로 일반식 미음full liquid diet에 포함되는 반고형 음식도 섭취가 어려울 경우 주로 액상으로만 구성되어 수분 공급 및 경구 섭취의 시도를 위한 목적으로 주로 제공한다. 따라서 1일 600~800 kcal로 에너지를 비롯한 기타 영양소 대부분이 성인 기준 영양소 섭취기준과 비교해 모두 부족하므로 수일 이상 공급해야 할 경우 특수영양보충음료oral nutritional supplement 또는 영양지원의 병행 여부를 검토하는 것이 권고된다.

맑은 유동식에 주로 사용되는 음식의 예

맑은 미음(쌀, 조 등), 맑은국 국물, 맵지 않은 물김치 국물, 고형물을 제거한 과일 주스, 맑은 차류, 고형물이 포함되지 않은 부드러운 푸딩 등

2) 치료식(therapeutic diet)

치료식therapeutic diet은 질병의 치료와 회복을 목적으로 개별 질환과 약물과의 상호작용을 고려하여 영양소 요구량 또는 영양소 비율을 조절하거나 특정 식품 및 영양소의 증량 또는 감량 조절이 필요할 경우에 의사 처방에 따라 제공한다.

(1) 에너지 조절식

에너지 조절식energy modified diet은 바람직한 목표 체중 또는 개별 에너지 요구량을 기준하여 kcal를 기준으로 처방하는 식사이다. 주로 에너지 조절식은 체중감량을 위한 저열량식low calorie diet, 초저열량식very low calorie diet을 의미하며 1일 1,000 kcal 미만의 치료식이 제공될 경우에는 비타민 및 무기질의 공급 부족과 에너지대사 불균형의 가능성이 높아지므로 영양상태 변화에 대한 세심한 관리가 필요하다.

(2) 당질 조절식

당질 조절식carbohydrate modified diet이란 광범위하게는 일반적인 식사 구성에서 당질 함량을 상승 또는 감량 조절하거나 당질을 구성하는 특정 성분만을 제외하여 조절하는 경우를 모두 포함한다. 혈당을 조절하기 위한 kcal별 당질 함량을 조절하고 단순당을 제외 제공하는 당뇨식, 갈락토스혈증으로 인한 갈락토스 포함 식품과 가공식품을 제한하는 갈락토스 제한식, 유전적으로 글리코겐이 주요 장기에 축적되는 소아 당원병glycogen storage disease 환아에서 저혈당 예방과 혈당의 점진적 회복을 유도하도록 생옥수수 전분을 추가 제공하는 소아당원병식 등이 있다.

(3) 단백질 조절식(protein modified diet)

수술 및 상처회복, 치료과정 중 단백질 요구량이 증가되거나 투석을 통해 손실된 단백질 보상이 필요한 경우 단백질을 상향 조정해 제공하기도 하며, 장기의 기능 저하를 고려하고 증상의 완화를 위해 단백질 공급량을 감소시킨 저단백식을 제공하기도 한다. 저단백식이 적용되는 경우는 신기능의 감소로 인한 영양소 조절이 필요할 경우이며, 간기능의 감소로 간성혼수 완화를 위해서는 주로 단백질 과잉 공급을 주의하며 탄수화물과 지방의 구성비를 높여 적정 요구량을 충족하도록 제공한다.

(4) 지방 조절식(fat modified diet)

담도계 및 췌장의 질환으로 지방 소화 흡수불량이 있거나 수술 후 유미흉의 누출로 회복기에서 치료적 장쇄지방의 감량 섭취가 필요할 경우 제공되는 식사로 고지방 어육류, 유지류 및 지방 고함유 유제품 사용을 가능한 줄여 하루 약 10~20 g 이내로 장쇄지방산 공급량을 조절해 제공한다.

(5) 특정 성분 조절식

방사선 동위원소 치료를 받는 갑상선암 환자에서 일정 기간 요오드를 제한하거나, 배변의 용적 및 횟수 조절을 위하여 섬유소를 고함량 또는 저함량으로 조절, 혈중 전해질 및 무기질 조절을 위해 나트륨, 칼륨, 칼슘 함량을 조절, 혈중 요산 상승으로 통풍이 있거나 퓨린 대사장애로 혈중 요산 상승을 조절하기 위해 식사조절이 필요하다고 판단될 경우 식사 구성에서 퓨린의 함량을 감량 조절하기도 한다. 케톤성 영양소와 항케톤성 영양소의 비율을 조절해 항경련 효과를 위한 적정 수준의 케톤증Ketosis 유발식, 항응고제 약물복용으로 비타민 K 과량 섭취 주의가 필요할 경우 비타민 K 고함량 식품을 주의하여 조절 제공한다.

(6) 연하보조식(dysphagia diet)

뇌신경계, 두경부 및 식도 수술 및 연하 부속기관을 포함한 항암 방사선요법 이후 삼킴장애가 발생한 경우 연하 능력 평가에 따라 점도조절제thickener를 사용하여 제공한다.

연하보조식은 음식이 기도로 흡인되는 것을 막아 폐렴을 예방하고자 하는 데 목적이 있으며, 환자의 개별 연하능력에 따라 제공하는 식사의 농도와 질감을 조절하여 제공할 수 있다. 보통은 간grinded 식사 및 국, 음료 등에 점도조절제를 적용하여 연하능력의 개선 여부에 따라 곱게 다진 식사 및 일반 식사의 형태로 이행해 갈 수 있다.

(7) 멸균식(sterile diet)

주로 골수이식, 조혈모세포 이식수술 후 감염에 취약한 상태에서 백혈구와 혈소판의 적정수준 회복까지 식품을 통한 감염을 최소화하기 위해 무균실의 보호적 환경에서 제공하는 식사이다. 이후 면역기능의 회복에 따라 비병원성 미생물을 최소화시켜 제공하는 저균식low microbial diet을 제공할 수 있다.

(8) 기타

혈중 지질 수준의 조절을 위한 콜레스테롤 함량을 조절하거나, 소화기 수술로

1회 식사량을 2회 이상 나누어 식사량의 1회 용량을 줄여 제공하거나, 두경부 수술 및 정맥류 시술로 수술 부위 및 소화기 점막의 자극을 최소화하거나, 인종과 종교적 개별 특성을 고려한 서양식 등을 제공한다. 이외에 연령별 요구량에 준한 소아식 및 각종 분유를 조제하여 제공한다.

3) 식품교환표의 이해와 식단 작성

(1) 식품교환표

식품교환표는 영양소 구성이 비슷한 식품들을 6가지로 나누어 묶은 표로 곡류군, 어육류군, 채소군, 지방군, 우유군, 과일군으로 나뉜다. 식품교환표는 1988년 이후 2010년 3차 개정되었다. 같은 식품군 내에서 서로 바꾸어 먹을 수 있는 기준단위량을 교환단위exchange라고 하며 각 식품군별 영양소 기준은 〈표 2-2〉와 같다.

표 2-2 | 식품군별 영양소 기준

<table>
<tr><th colspan="2">식품군 \ 구성</th><th>열량(kcal)</th><th>당질(g)</th><th>단백질(g)</th><th>지방(g)</th></tr>
<tr><td colspan="2">곡류군</td><td>100</td><td>23</td><td>2</td><td>–</td></tr>
<tr><td rowspan="3">어육류군</td><td>저지방</td><td>50</td><td>–</td><td>8</td><td>2</td></tr>
<tr><td>중지방</td><td>75</td><td>–</td><td>8</td><td>5</td></tr>
<tr><td>고지방</td><td>100</td><td>–</td><td>8</td><td>8</td></tr>
<tr><td colspan="2">채소군</td><td>20</td><td>3</td><td>2</td><td>–</td></tr>
<tr><td colspan="2">지방군</td><td>45</td><td>–</td><td>–</td><td>5</td></tr>
<tr><td rowspan="2">우유군</td><td>일반우유</td><td>125</td><td>10</td><td>6</td><td>7</td></tr>
<tr><td>저지방우유</td><td>80</td><td>10</td><td>6</td><td>2</td></tr>
<tr><td colspan="2">과일군</td><td>50</td><td>12</td><td>–</td><td>–</td></tr>
</table>

출처: 대한당뇨병학회, 2010

① 곡류군

곡류군 1교환단위에는 당질 23 g, 단백질 2 g이 포함되어 있고 100 kcal의 열량을 포함하고 있다.

그림 2-1 | 곡류군의 1교환단위

출처: 대한당뇨병학회, 2010

② 어육류군

어육류군에는 단백질이 많은 고기류, 생선류, 콩류, 알류 및 해산물이 포함되며 어육류군은 지방함량에 따라 저지방, 중지방, 고지방으로 나뉜다. 어육류 1교환단위에는 8 g의 단백질이 들어 있고 저지방, 중지방, 고지방 분류별 각각 지방 2, 5, 8 g으로 각각 열량은 50, 75, 100 kcal이다.

그림 2-2 | 어육류군 1교환단위(저지방)

출처: 대한당뇨병학회, 2010

그림 2-3 | 어육류군 1교환단위(중지방)

출처: 대한당뇨병학회, 2010

그림 2-4 | 어육류군 1교환단위(고지방)

출처: 대한당뇨병학회, 2010

그림 2-5 | 채소군 1교환단위

출처: 대한당뇨병학회, 2010

그림 2-6 | 지방군 1교환단위

출처: 대한당뇨병학회, 2010

표 2-3 | 우유군 식품교환단위표

식품명	무게(g)	목측량
두유(무가당)	200	1컵
락토우유	200	1컵
일반우유	200	1컵
전지분유	25	5큰술
조제분유	25	5큰술

그림 2-7 | 우유군 1교환단위

출처: 대한당뇨병학회, 2010

그림 2-8 | 과일군 1교환단위

출처: 대한당뇨병학회, 2010

(2) 식품교환표를 활용한 식단 작성의 예

에너지 요구량을 산정하고 제공하고자 하는 당질, 단백질, 지방의 비율을 계산하여 각각의 교환단위를 결정한 뒤 교환단위수를 3끼니와 간식으로 나누어 적정 배분하여 식품교환표를 통해 6가지 식품군이 고루 포함되도록 식단을 작성한다.

알아두기

식품교환표를 이용한 1일 2,000 kcal 식단 작성을 위한 교환단위 계산의 예
(당질 : 단백질 : 지방의 비율 60 : 20 : 20)

1. 2,000 kcal를 구성하는 당질 : 단백질 : 지방의 비율을 60 : 20 : 20으로 구성하기로 했으므로 당질 2,000 × 0.6 = 1,200 kcal, 단백질 2,000 × 0.2 = 400 kcal, 지방 2,000 × 0.2 = 400 kcal이다.

2. 당질로부터의 에너지는 1,200 kcal이므로 1,200 kcal/4 kcal = 300 g(당질)
   단백질로부터의 에너지는 400 kcal/4 kcal = 100 g(단백질)
   지방으로부터의 에너지는 400 kcal/9 kcal = 45 g(지방)으로 계산한다.

3. 1일 당질 300 g을 곡류군 10교환단위(10 × 23 g = 230 g), 우유 2교환단위(2 × 10g = 20 g), 과일 (2 × 12 g = 24 g), 채소 (9 × 3 g = 27 g)으로 계산한다.

4. 3에 포함된 단백질을 계산해 1일 단백질 100 g에서 제외한 후 어육류군의 교환단위를 결정한다.
   - 3에 포함된 단백질(g) = 곡류 10교환단위 × 2 + 우유 2교환단위 × 6 + 채소 9교환단위 × 2 = 50 g
   - 어육류군 교환단위 결정 100 − 50 = 50 g / 1교환단위당 8 g 단백질 = 약 6교환

5. 어육류 6교환을 저지방 5교환, 중지방 1교환으로 배분하였을 경우, 우유에서의 지방함량을 계산하여 45 g에서 제외한 후, 지방군 교환단위를 결정한다.
   - 어육류 저지방 5교환의 지방 함량 5 × 2 g = 10 g
     중지방 1교환의 지방 함량 1 × 5 g = 5 g
   - 우유군 2교환(저지방우유 2교환일 경우) 2 × 2 g = 4 g

총 지방 45 g에서 어육류와 우유군에 포함된 지방 19 g을 제외하면 26 g의 지방 함량이 계산되므로 지방군 영양소 기준 1교환의 지방은 5 g으로 계산하면 1일 약 5교환단위 지방군을 배분할 수 있다. 6가지 식품군의 교환단위수는 각각 곡류군 10, 어육류군 6, 채소군 9, 지방군 5, 우유군 2, 과일군 2가 된다.

3. 영양지원

영양지원nutrition support이란 경구 섭취가 불가능하거나 경구 섭취만으로 요구량에 충족하는 영양공급을 할 수 없는 경우 다량 및 미량영양소를 장을 통해 공급하는 경관영양enteral nutrition과 정맥을 통해 공급하는 정맥영양parenteral nutrition으로 구분할 수 있다. 경관영양과 정맥영양의 특징 및 경관영양 공급경로에 따른 특징은 〈표

2–4〉와 〈표 2–5〉에 각각 제시하였다.

표 2–4 | 정맥영양과 경관영양의 비교

정맥영양	경관영양
비용 ↑ 소화기 장애 ↓ 흡수율 – 감염성 합병증 ↑	비용 ↓ 소화기 장애 ↑(오심, 구토, 설사 등) 흡수율 ↓ 감염성 합병증 ↓

표 2–5 | 경관영양 공급경로에 따른 특징

경관영양 공급경로	특징 및 고려 사항
비위관 (nasogastric tube)	• 단기간 공급 시 주로 사용 • 위장을 통한 소화기 장애가 없는 경우에 사용
비공장관 (nasojejunal tube)	• 위 배출 지연이 있는 경우 • 위수술로 위장의 부재 또는 구조 변화가 있는 경우 • 흡인 위험이 높은 경우에 사용
위조루관 (gastrostomy tube)	• 장기간 경관 영양공급이 필요한 경우 • 경피적 위루설치술을 시행하여 사용
소장루관 (jejunostomy tube)	• 식도를 포함한 상부 위장관 수술을 진행할 경우 • 수술적 소장루관을 시행하여 사용
위공장루관 (gastrojejunostomy tube)	• 장기간 경관 영양공급이 필요한 경우 • 위장 기능의 저하로 역류 및 흡인 가능성이 높을 경우 • 소장까지 관을 거치하여 사용

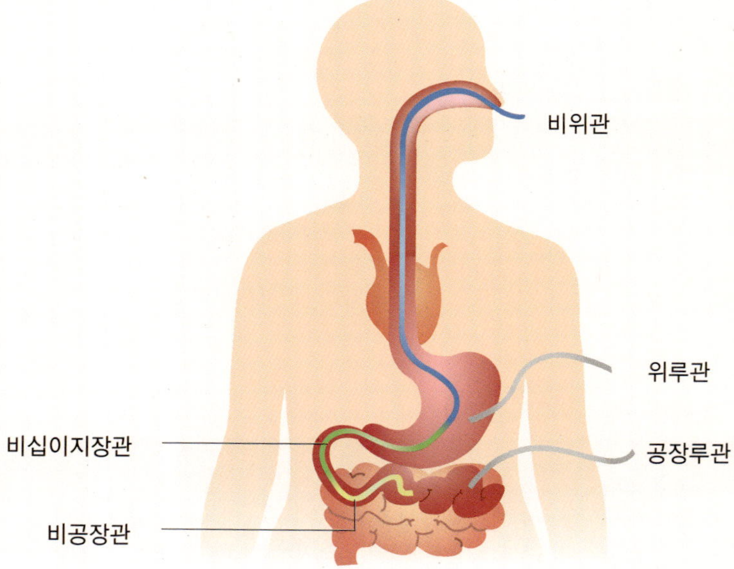

그림 2-9 | 경관영양지원의 경로

1) 경장영양

경장영양enteral nutrition은 소화관에 직접 영양소를 공급하는 경구 또는 경관영양 tube feeding을 포함한다. 장점막의 항상성과 장벽 면역기능을 유지하며, 소화효소 분비의 정상적 기능을 유지할 수 있고, 정맥영양과 비교해 감염 합병증이 낮으며, 비용부담도 적은 이점이 있어 영양지원의 경로를 결정할 때에는 반드시 경장영양의 가능성을 우선 고려한다.

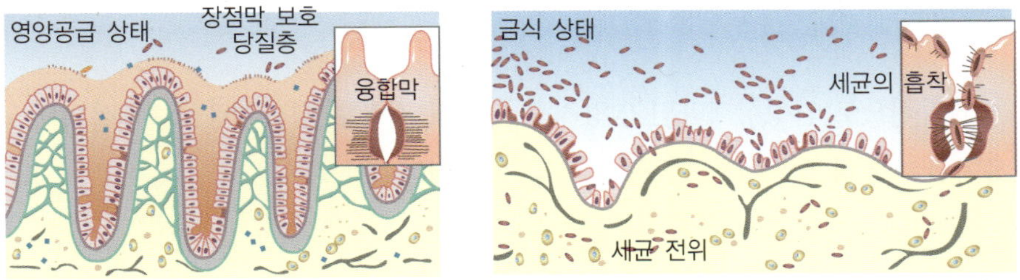

그림 2-10 | 장을 통한 영양소 공급 시와 금식 시에 소장 점막의 상태 비교

출처: Abdul Jabbar et al. Gut immunology and the differential response to feeding and starvation. Nutrition in clinical practice. 2003; 18(6): 461–482

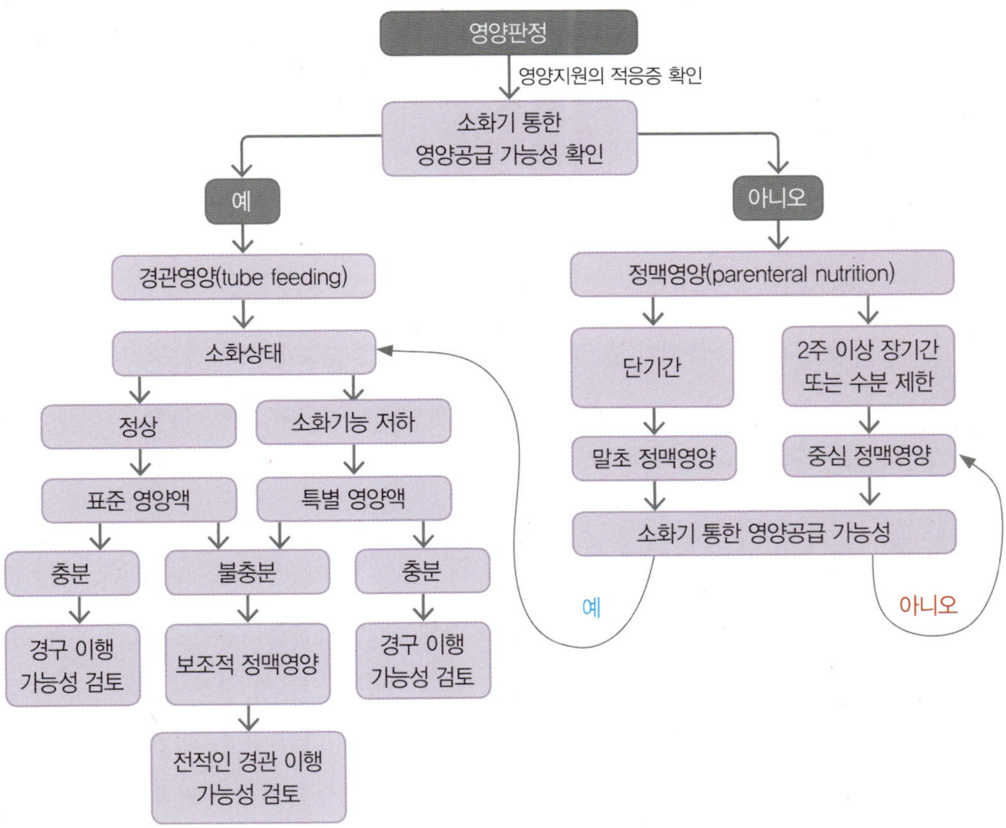

그림 2-11 | 영양지원 경로 결정 알고리즘

출처: Guidelines fot the use of parenteral and enteral nutrition in adult and pedriatric patients. Journal of parenteral and enteral nutrition. 2002; 26(15) : 1SA–138SA

(1) 적응증과 공급경로

혈역학적으로 안정상태라면 영양지원 시작의 경로로 경관영양을 1차적으로 고려하지만 다음의 경우에는 경관영양의 금기가 된다.

표 2-6 | 경관영양의 금기 대상

심한 단장증후군
• 대장이 없으며 남아있는 소장의 길이가 100~150 cm 미만인 경우, 또는 대장이 있더라도 잔여 소장의 길이가 50~70 cm 미만인 경우 • 심한 흡수장애가 있을 경우 • 소화관 출혈이 있을 경우 • 다량의 누공과 배출이 있을 경우 • 장폐색 • 소화관의 기계적 폐쇄 • 조절되지 않는 구토 및 설사

출처: Chales 등(2017). The ASPEN adult nutrition support core curriculum.3rd edition

경관영양의 공급경로는 단기간 공급을 계획할 경우 비위관nasogastric tube, 4~6주 이상 장기간 공급해야 할 경우 경피내시경 위루술 또는 영상유도하 위루술PEG, percutaneous endoscopic gastrostomy, PRG, percutaneous radiologic gastrostomy, 경피내시경 공장조루술PEJ, percutaneous endoscopic jejunostomy을 계획한다.

(2) 경장영양액의 종류와 특성

상품형 영양액이 생산되기 전까지 혼합제조영양액blenderized formula이 흔히 사용되기도 했으나 1960년대 말에서 1970년대 초부터 상품형 경장영양액이 생산되면서부터 현재에 이르기까지 영양소 함량과 농도에 따라 표준 경장영양액general purpose folmula과 농축 경장영양액nutrients dense formula 및 특정 질환과 환자의 상태 변화를 고려한 특수 경장영양액disease specific formula이 출시되고 있다.

표 2-7 | 경장영양액의 분류

경장영양액의 종류	특성
표준영양액 (standard formula)	가수분해되지 않은 다량영양소(탄수화물, 단백질, 지방)로 구성된 영양액
가수분해영양액(elemental and semi-elemental formula)	부분 분해 또는 전 가수분해된 단백질 및 지방으로 흡수효율을 높이기 위한 영양액
혼합조제영양액 (blenderized formula)	일반식품을 갈아 혼합조제한 영양액
질환특화영양액 (disease-specific formula)	특정 장기의 기능 저하 또는 특정 대사적 상태를 고려한 영양액
단일영양보충제 (modular)	경관영양액에 특정 영양소의 함량을 증가시키기 위한 목적으로 사용하는 파우더 또는 액상 제품

출처: Britta Brown 등(2015). Enteral Nutrition Formula Selection: Current Evidence and Implications for Practice. Nutrition in Clinical Practice, 30(1): 72–85

표 2-8 | 국내에서 출시 유통되는 경장영양액의 종류

표준 영양액	
가수분해 영양액	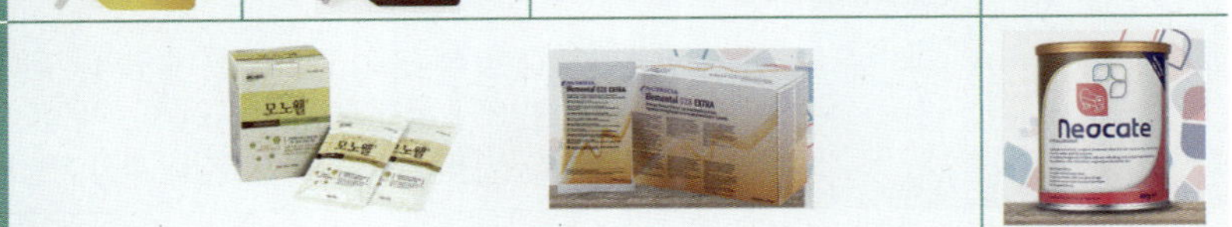
질환특화 영양액	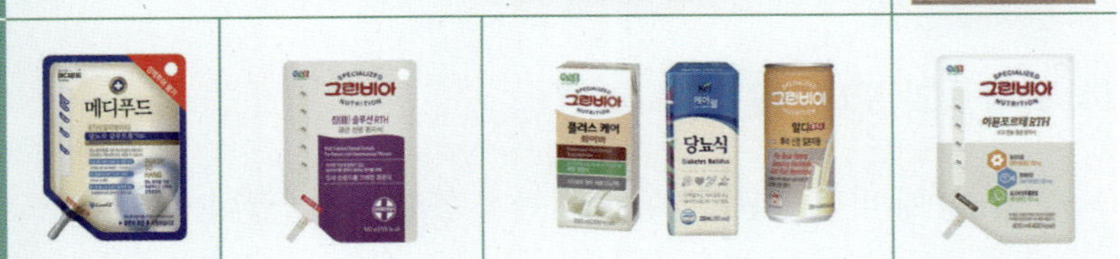
단일영양 보충제	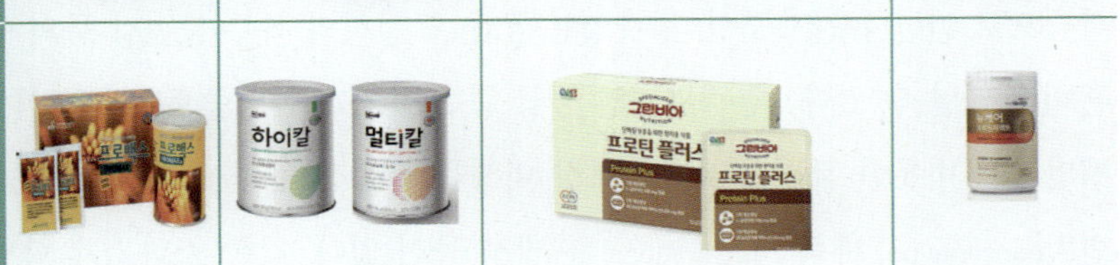

(3) 주입과 모니터링

중환자에서는 매우 낮은 속도로 시작해 적응도를 면밀히 관찰하여 공급속도를 증량하며 피딩용 펌프를 이용해 24시간 동안 연속 주입방법continuous feeding을 1차적으로 고려한다. 이후 경관영양에 대한 적응도가 양호해질 경우 보다 빠른 속도로 간헐적 주입intermittent feeding으로 이행해 갈 수 있다. 다음 〈표 2-9〉는 경관영양의 공급시간에 따른 용어와 의미이다.

표 2-9 | 경관영양 공급방법과 종류

연속 주입방법 (continuous feeding)	연속 주입방법은 주로 기계환기 중인 중환자, 급식재개증후군의 고위험군, 혈당조절이 불량한 경우, 소장루관을 통한 영양공급을 하거나 간헐적 또는 볼러스(bolus) 주입에 대한 순응도가 낮을 경우에 주로 펌프를 이용해 공급한다.
주기적 주입방법 (cyclic feeding)	연속 주입방법에 순응도가 높아 24시간보다 짧은 8시간 동안까지도 경관영양 공급시간을 줄일 수 있을 때 펌프를 사용하거나 점적 주입방법을 통해 주로 야간 취침 중 공급하기도 하나 낮 동안 일정 시간 지속적으로 공급하기도 한다.
간헐적 주입방법 (intermittent feeding)	하루 4~6회, 1회에 약 1~3컵(240~730 mL)가량을 20~60분에 걸쳐 하루 필요한 영양요구량을 공급하는 방법이다.
볼러스 주입방법 (bolus feeding)	경관영양 공급에 대한 적응도가 높아 빠른 속도의 주입에 대하여 부작용이 없는 안정된 외래 환자에서 주로 사용하는 방법이다. 시린지를 통해 240~480 mL 경관영양액을 10~20분 내 주입 가능하다.

(4) 합병증과 모니터링

정맥영양에 비해 경관영양은 소화관을 통해 영양공급이 이루어지므로 위잔류량 상승으로 인한 흡인가능성, 경관영양 공급 후 설사와 복부 불편감 등의 증상이 가장 흔히 나타날 수 있다. 즉 경관영양 공급 중 소화기계 합병증으로는 오심, 구토, 복부 팽만감을 비롯한 불편감, 설사, 소장 미생물 과성장small intestinal bacterial overgrowth, 변비constipation, 매복변fecal impaction 발생 등이 있다. 각종 소화기계 합병증은 경관영양액의 종류, 공급방법, 투약되는 약물의 종류와 투여량, 환자상태의 변화 등 여러 가지 요인과 관련이 있다. 또한 경관영양 공급 중 발생 가능한 대사적 합병증의 주요 위험요인과 중재방법을 다음 〈표 2-10〉에 제시하였다. 이외에 중환자에서 경관영양 공급 중 흡인의 비율은 약 22~31%로 보고되고 있으나 위잔류량과 의미있는 상관관계가 나타나지는 않아 위잔류량 이외의 위험인자로서 경관영양 공급 중 흡인의 가능성에 대해 면밀한 관찰이 필요하다.

표 2-10 | 경관영양 공급 중의 대사적 합병증

합병증	가능한 원인	예방 또는 치료
저칼륨혈증	• 급식재개증후군 • 이화적 스트레스 • 체세포량 손실 • 항이뇨호르몬(antidiuretic hormone, ADH)과 알도스테론(aldosterone) 영향 • 이뇨제, 설사 등의 수분전해질 손실 • 인슐린요법 • 희석성 저칼륨혈증	• 경관영양 공급 전 정상 수준까지 칼륨 보충 • 목표 공급속도까지 매일 칼륨 모니터링 • 칼륨과 염소 보충
고칼륨혈증	• 대사적 산증 • 관류불량(예 심부전) • 신기능 감소 • 경구 및 경관영양, 정맥영양 통한 과량의 K 섭취 및 주입	• 산증의 교정(칼륨 모니터링) • 영양지원 전까지 가능한 K 교정 • 매일 칼륨 모니터링 • 저관류 상태 교정 • 칼륨 결합수지, 포도당, 인슐린 치료 • 공급수액에서의 칼륨 감량 및 제외 • 경관영양 또는 경구섭취 시 칼륨 감량
저나트륨혈증	• ADH 상승으로 인한 희석 • 간, 심장, 신장 기능 부전 • 손실 대비 나트륨 섭취량 감소	• 경관영양에서 염분 추가 • 매일 혈중 나트륨 평가 • 체액상태 평가 • 이뇨제 치료 가능성 검토 • 수분 및 나트륨의 제한

합병증	가능한 원인	예방 또는 치료
고나트륨혈증	• 체액 손실 대비 불충분한 보충(수분 손실, 삼투성 이뇨) • 나트륨의 과공급(정맥 수액) • 세포외액의 나트륨 손실	• 매일 I/O 확인 • 매일 전해질 및 BUN, Cr 확인 • 매일 체중 변화량 확인 • 체액 손실 측정 • 세포외액 보충을 위해 경관 또는 정맥경로 통한 손실 수분 보충
저인혈증	• 급식재개증후군(refeeding syndrome) • 과다한 에너지 공급 • 에피네프린 결합 • 소화성궤양치료제(sucralfate), 제산제(antacids)	• 영양지원 시작 전 정상 수준까지 인 보충 • 매일 혈중 인 모니터링 • 경관 또는 정맥경로를 통한 인 보충
고인혈증	• 신기능 장애	• 인결합제 • 인 함량이 낮은 경관영양액 선택
고탄산혈증	• 에너지 과공급 • 호흡기장애에서 탄수화물 과공급	• 가능한 간접열량계 통한 에너지 측정 및 공급 • 간접열량계 사용 불가 시 고탄산혈증 회복까지만 에너지 공급량 감량 조절 • 탄수화물 공급량 적정성 평가 후 지방을 총에너지의 30~50%로 구성
저아연혈증	• 과도한 손실(비위관 배액, 단백질 소실 장병(protein losing enteropathy, 상처 및 장루 손실)	경관 또는 정맥 경로 통한 보충
비타민 K 결핍	• 비타민 K 섭취량 감소 • 저지방 및 저비타민 K 영양액 사용 장기화 • 항생제, 간경변, 흡수장애, 췌장기능장애	비타민 K 보충 유산균 보충 고려 매일 혈액응고인자[PT, PTT, PT(INR)] 측정
티아민 결핍	• 만성 알코올 섭취 • 고령 • 장기간의 영양불량 • 흡수장애 • 제산제 • 투석	• 3~7일 이상 티아민 보충 • 만성 알코올 섭취 또는 만성질환에서는 엽산과 종합비타민 추가 검토

합병증	가능한 원인	예방 또는 치료
필수지방산 결핍	• 리놀레산(linoleic acid) 섭취 부족	• 총에너지 공급의 4% 이상을 리놀레산으로 공급 • 가능하면 경관영양 통해 단일영양 보충제(지방) 추가 검토 • 경관영양 공급경로를 통한 홍화유(safflower oil) 매일 5 mL 공급
고혈당증	• 급식재개증후군(refeeding syndrome) • 당뇨병, 패혈증(sepsis), 대사적 이화상태, 외상 등의 상태	• 경관영양 전 가능한 고혈당증 교정 • 프로토콜에 따라 혈당 측정(예 6시간마다 측정) • 원인 기저질환 치료 • 적정 혈액량 및 수화상태 유지 • 혈당 유지를 위한 경구혈당강하제 또는 인슐린 치료 • 지방을 총에너지의 30~50%로 구성 • 섬유소의 적절한 활용
저혈당증	• 경구혈당 강하제 또는 인슐린요법 중 갑작스런 경관영양 중단	• 프로토콜에 따라 혈당 측정(예 6시간마다 측정) • 혈당 100 mg/dL 이상 유지하도록 포도당의 추가 공급 • 급격한 중단 대신 점진적 경관영양 감량

ADH, antidiuretic hormone, BUN, blood urea nitrogen, Cr, creatinine, ECF, extracellular fluid, INR, international normalized ratio, I/O, intake/ouput, PT, prothrombin time, PTT, partial prothrombin time

출처: Chales 등(2017). The ASPEN adult nutrition support core curriculum.3rd edition

표 2-11 | 흡인의 위험인자

- 기도 확보 제한요인
  - 의식저하, 신경계 장애
- 위배출 지연 관련 요인
  - 위마비(gastroparesis)
  - 약물: 아편유사제(opioids), 고혈당증, 전해질 불균형
- 경관영양관 삽입상태
- 위식도 역류질환
- 앙와위(supine position)
- 구토
- 빠른 속도의 경관영양 주입(주로 bolus 공급방법)
- 기계적 환기
- 70세 초과 고령
- 중환자실 재원이력
- 간호사 환자비 불균형
- 불량한 구강관리

출처: North American Summit on Aspiration in the Critically Ill Patient: Consensus Statement. Journal of Parenteral and Enteral Nutrition. 2002. 26(6S): S80–S85

(5) 기타 고려사항

경관영양 공급에 대한 개별 환자의 순응도는 환자에게 투약되는 약물의 종류와 투여량에 따라서도 달라질 수 있다. 또한 경관영양 공급관을 통해 영양액 공급 이외의 약물이 투약되기도 하므로 약물의 적정 주입 형태, 주입 시 고려할 점은 〈표 2-12〉와 같다.

표 2-12 | 경관영양 공급관을 통한 약물 주입 시 고려사항

약물의 형태	• 가능하면 액상 또는 현탁액 사용 • 액상일 경우 솔비톨(sorbitol) 또는 고삼투성일 경우 이로 인한 설사 발생 가능성이 있음 • 만일 설사증상이 있다면 대체 약물을 검토해야 함
약물의 주입	• 약물 주입 전 경관영양 중단: 충분한 영양공급을 위해 경관영양은 가능한 바로 재시작함 (단, 약물의 안정성 및 적정 약물효과를 위해 필요한 경우 경관영양 중단시간을 준수함) • 약물 공급 전후 30 mL 이상의 수분공급 • 각각의 약물 주입 시 약물 간 5 mL의 수분공급 • 약물을 혼합해 주입하지 않음 • 12 French 미만의 관 사용 시 관 막힘을 예방하기 위해 가능한 약물을 부수어 공급하지 않도록 함 • 경관영양액에 약물을 혼합해 주입하면 안 됨: 관 막힘 및 약물안정성과 체내 이용률, 소화기능 변화 유발 및 미생물 오염 위험 증가

24시간 연속주입 영양액 시간당 공급량과 수분공급량 계산의 예

1일 영양요구량과 수분요구량 계산결과가 각각 1,500 kcal/day, 1,750 mL/day이며 1 kcal/cc, 800 mL free water/L 표준영양액 1,500 kcal/1,500 mL을 사용하고자 한다.

1. 경관영양액 이외 추가 수분공급량을 계산한다.(예 1,500 kcal/1,500 mL에 포함된 수분량 계산 1,500 × 0.8 = 1,200 mL/d, 추가 수분공급량 = 1일 수분 요구량 1,750 mL − 1,200 mL = 550 mL/day)
2. 경관영양액의 시간당 공급량을 계산한다.(예 1,500 mL ÷ 24 hrs = 62.5 mL/hr)
3. 경관영양액 공급 중 1일 6회 수분 공급 시 1회 공급할 수분을 계산한다.(예 550 mL ÷ 6회 = 92 mL/1회)

2) 정맥영양

정맥영양은 경구섭취가 불가하거나 소화관을 통한 영양공급을 1차적으로 고려할 수 없을 경우 영양공급의 경로로 사용된다. Durick 등은 심한 단백질 영양상태의

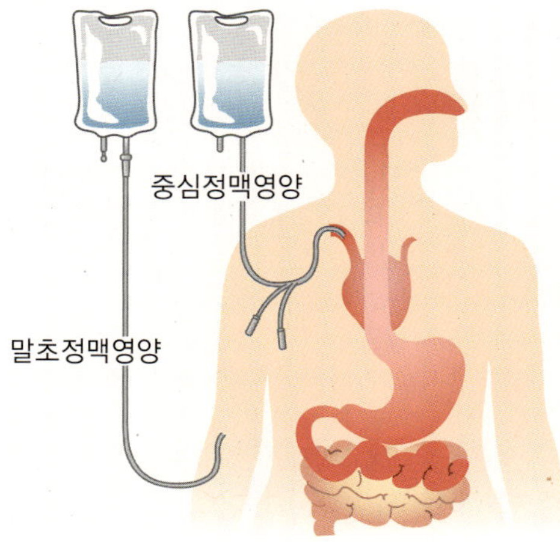

그림 2-12 | 정맥영양지원의 주요 경로

불량에서 수술 후 감염성 및 비감염성 합병증이 높음에 주목하였고, 1960년대에 소화관을 통한 영양공급이 불가한 상태에서 정맥을 통한 영양공급을 처음으로 시작하였다[그림 2-12].

초창기 정맥영양액의 구성은 덱스트로스dextrose, 카제인casein 또는 피브린fibrin과 같은 단백가수분해물protein hydrolysate이었다. 이후 단백가수분해물protein hydrolysate은 크리스탈린 아미노산crystalline amino acids으로 대체되었다. 이후 1980년대부터는 지방유화액IVFEs, intravenous fat emulsions, lipid injectable emulsions이 정맥영양액에 포함되어 생산 유통되면서 3 in 1 TNAtotal nutrients admixture 형태를 갖추게 되었다[그림 2-13].

(1) 적응증과 공급경로

경구 또는 경관영양을 통한 영양공급이 불가능하거나 불충분하여 보조적 또는 전적 영양지원이 필요할 경우를 정맥영양의 적응증이라 하며 〈표 2-13〉과 같다.

표 2-13 | 정맥영양의 적응증

- 수술 불가능한 기계적 장 막힘
- 조절되지 않는 구토와 설사
- 소장의 길이가 100 cm 미만의 단장증후군(short bowel syndrome)
- 마비성 장폐색(ileus)
- 장누공 과다
- 장출혈
- 경관영양만으로 영양요구량 충족이 어려운 상태

(2) 정맥영양액의 종류와 특성

정맥영양액의 삼투압은 체액보다 높은 고장(高張)성으로 구성되기 때문에 말초정맥영양공급액의 최대 삼투압이 약 900 mOsm/L임을 감안했을 때 영양요구량에 준하여 공급하기 위해서는 보다 높은 삼투압으로 공급 가능한 중심정맥을 통한 영양공급이 필요하다.

중심정맥영양CPN, central parenteral nutrition은 한 번에 필요한 모든 영양소를 공급할 수 있어 TPNtotal parenteral nutrition이라고도 한다. 덱스트로스dextrose, 아미노산amino acids, 지방 유화액IVFEs, intravenous fat emulsions, 전해질 및 무기질(칼륨, 마그네슘, 인), 비타민과 미량영양소(아연, 구리, 망간, 크롬, 셀레늄)를 포함한다. 아미노산과 전해질을 포함해 포도당glucose이 약 150~600 g/day일 경우 삼투압은 1,300~1,800 mOsm/L 가량으로 우심방과 인접한 상대정맥superior vena cava과 같은 중심정맥을 통해 공급함으로써 고장성의 정맥영양액을 빠른 속도로 희석되도록

표 2-14 | 말초정맥영양과 중심정맥영양의 적응증과 특성

말초정맥영양	중심정맥영양
• 7~14일 이내 단기간 공급이 예상될 때 (정맥염 발생 예방을 위해 단기간 사용) • 삼투압 < 900 mOsm/L (충분한 용량이어야 영양공급 가능) • 목표 속도에서 시작, 유지, 종료	• 2주 이상의 장기간 공급이 예상될 때 • 삼투압 > 900 mOsm/L 가능 (적은 용량으로 충분한 영양소 공급 가능) • 낮은 속도에서 시작, 점차 감속해 종료

할 수 있기 때문이다. 또한 7~14일 이상의 수주 이상의 장기간 정맥영양 공급이 필요할 경우에는 반드시 중심정맥을 통한 영양공급이 필요하다.

말초정맥영양PPN, peripheral parenteral nutrition은 말초정맥을 통해 영양공급을 하는 것으로 중심정맥영양과 조성이 비슷하나 삼투압은 더 낮아 영양소 공급량이 증량되어야 할 경우 총 다량의 수분 공급이 불가피하게 되므로 수분 제한이 필요한 환자에게는 바람직하지 않다. 말초정맥영양 공급은 공급기간이 2주 이내로 단기간일 경우 주로 사용되며 정맥영양지원의 적응증이면서 영양불량인 환자에서는 중심정맥영양 공급을 하는 것이 바람직하다.

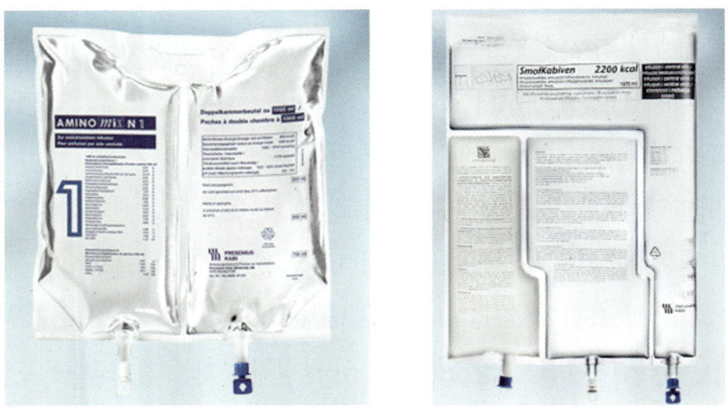

그림 2-13 | 정맥영양제의 형태(2 in 1 vs 3 in 1 admixture)

(3) 정맥영양액의 구성

정맥영양제에는 탄수화물, 단백질, 지방, 전해질, 비타민, 미량영양소 등으로 구성되며 환자 개별 요구량에 준하여 상품형 또는 조제 정맥영양을 공급할 수 있다.

① 탄수화물

탄수화물의 급원은 덱스트로스dextrose로 g당 3.4 kcal의 에너지를 공급해줄 수 있고 12.5~70%의 덱스트로스가 함유되어 있다. 덱스트로스는 pH 3.5~6.5 범위의 산성을 띠고 있어서 농도에 따라 삼투압도 달라진다. 10% 이상일 경우 말초정맥에서 혈전정맥염thrombophlebitis 발생 가능성이 높기 때문에 중심정맥을 통해 주로 공급한다. 이외에 보다 4.3 kcal/g의 에너지를 공급할 수 있는 당알코올인 글리세롤glycerol을 사용함으로써 단백질 절약작용을 할 수 있다. 또한 텍스트로스로 구성된 정맥영양제에 비해 혈당을 낮출 수 있다고 보고된 바도 있다.

② 단백질

크리스탈린 아미노산crystalline amino acid은 g당 4 kcal의 에너지원이며, 8.5~10%가 가장 흔하지만 3~20%까지 상품형 정맥영양액의 단백질 함량은 다양하다〈표 2-15〉.

표 2-15 | 상품형 아미노산 제제

상품명	단백질 함량
Travasol	10%
FreAmine III	10%
Aminosyn	8.5%,10%
Aminosyn II	8.5%,10%,15%
Aminosyn with electrolyte	3.5%, 7%, 8.5% (+전해질)
Clinisol	15%
Plenamine	15%
ProSol	20%
HepatAmine	8%
FreAmine HBC	6.9%
Aminosyn HBC	7%
NephAmine	5.4%
Aminosyn RF	5.2%

출처: Chales 등(2017). The ASPEN adult nutrition support core curriculum.3rd edition

③ 전해질 및 미량 무기질

환자의 요구량에 준하여 정맥영양액에는 나트륨, 염소, 아세테이트, 칼슘, 마그네슘, 인산, 칼륨, 칼슘 및 미량 무기질로 아연, 크롬, 구리, 망간, 셀레늄 등이 포함되어 있으며 정맥영양 내 1일 전해질 및 미량 무기질 요구량은 다음과 같다〈표 2-16〉.

표 2-16 | 정맥영양액의 전해질 및 미량 무기질 함량

전해질	성인 1일 권고 수준
Sodium	1~2 mEq/kg
Chloride	산전해질 균형 요구 정도에 따라 개별 조정
Acetate	산전해질 균형 요구 정도에 따라 개별 조정
Calcium	10~15 mEq
Magnesium	8~20 mEq
Phosphate	20~40 mmol
Potassium	1~2 mEq/kg
Calcium	10~15 mEq
Zinc	2.5~5.0 mg
Chromium	10~15 mcg
Copper	0.3~0.5 mg
Manganese	0.06~0.1 mg
Selenium	20~60 mcg

출처: Chales 등(2017). The ASPEN adult nutrition support core curriculum.3rd edition

④ 비타민

수용성 및 지용성 비타민이 포함된 단일 또는 복합 비타민의 형태로 주입이 가능하며 성인에서 정맥주사 가능한 비타민은 아스코르브산, 레티놀, 에르고칼시트리올, 티아민, 리보플라빈, 피리독신, 니아신아미드, 덱스판테놀, DL-α-토코페릴 아세테이트, 엽산, 시아노코발라민, 비오틴, 필로퀴논 등이다.

(4) 모니터링

정맥영양 공급 중 모니터링해야 할 영양 관련 영양지표, 주의 관찰해야 할 임상적 상태는 〈표 2-17, 2-18〉과 같다.

표 2-17 | 정맥영양 공급 모니터링 지표

모니터링 지표	처음	정맥영양 시작	중환자	일반환자
일반혈액	Yes		매주	매주
PT, PTT, PT(INR)	Yes		매주	매주
전해질 (Na, K, Cl, CO_2, Mg, Ca, P, BUN, Cr)	Yes	매일 3회	매일	주 1~2회
혈청 중성지방(TG)	Yes	시작일	매주	매주
혈청 포도당	Yes	매일 3회	매일	주 1~2회
말초 포도당	Yes	필요시	< 150 mg/dL까지 1일 3회 이상	필요시
체중	Yes	매일	매일	주 2~3회
섭취배설량(I/O)	Yes	매일	매일	매일
ALT, AST, ALP, total bilirubin	Yes	시작일	매주	매월
질소평형(nitrogen balance)	필요시		필요시	필요시

PT, prothrombin time, PTT, partial prothrombin time, PT(prothrombin time and international normalized ratio), BUN, blood urea nitrogen, Cr, creatinine, TG, triglyceride, I/O, intake/ouput, ALT, alanine aminotransferase, AST, aspartate aminotransferase, ALP, alkaline phosphatase

출처: Chales 등(2017). The ASPEN adult nutrition support core curriculum.3rd edition

표 2-18 | 정맥영양 공급 중 주의관찰해야 할 임상적 상태와 참고기준

임상적 상태	참고기준
고혈당증(hyperglycemia)	Glucose > 300 mg/dL
고질소혈증(azotemia)	BUN > 100 mg/dL
고삼투상태(hyperosmolarity)	Serum osmolarity > 350 mOsm/kg
고나트륨혈증(hypernatremia)	Na > 150 mEq/L
저칼륨혈증(hypokalemia)	K < 3 mEq/L
고염소 대사성 산증 (hyperchloremic metabolic acidosis)	Cl > 115 mEq/L
저인혈증(hypophosphatemia)	P < 2 mg/dL
저염소 대사성 알칼리증 (hypochloremic metabolic alkalosis)	Cl < 85 mEq/L

출처: Chales 등(2017). The ASPEN adult nutrition support core curriculum.3rd edition

(5) 정맥영양의 합병증

정맥영양액은 많게는 40가지 종류의 영양소가 포함되어 있어 이로 인한 안정성과 호환성compatibility에 대한 문제들로 조제와 혼합 중 칼슘인산 침전물calcium phosphate precipitate 생성 등 안정성 문제의 가능성이 있다. 또한 경관영양에 비해 정맥염, 카테터 감염, 간담도계 질환hepatobiliary disease 유발, 혈당조절의 불균형 등이 환자의 유병률morbidity 상승의 문제를 유발하므로 정맥영양 공급 모니터링 그리고 경관영양 및 경구섭취 가능성을 재평가하는 지속적 관리가 중요하다〈표 2-19〉.

표 2-19 | 정맥영양과 경장영양의 합병증

정맥영양의 합병증	경장영양의 합병증
혈당조절장애 필수지방산 결핍 고중성지방혈증 고질소혈증 수분 및 전해질, 비타민 및 미량원소 불균형 급식재개증후군(refeeding syndrome) 지방간 담즙 울혈 대사성 골질환	오심, 구토 복부팽만, 소화불량 설사, 변비 흡인 수분 및 전해질 불균형 산염기 불균형

알아두기

급식재개증후군(refeeding syndrome)의 위험요인

급식재개증후군이란 심한 영양불량 환자에게 영양공급 시 영양소 대사과정에서의 인, 칼륨, 마그네슘의 세포 내 급격한 이동으로 인한 대사적 및 생리학적 불균형 증상으로 피로, 무기력, 근기능 약화, 부종, 부정맥, 용혈 등의 증상이 발현되는 것을 말한다.

급식재개증후군의 위험요인은 영양불량, 2주 이상의 불충분한 영양섭취, 조절되지 않는 혈당, 진행성 암 또는 암치료 중인 경우, 신경성 식욕부진(anorexia nervosa), 단장증후군, 염증성 장질환, 독거노인, 출생 시 저체중(low birth weight)과 조산(premature birth) 및 만성감염증(예 HIV) 등이다.

4. 약물과 영양

약물은 주로 소화관의 점막을 통해 흡수되어 체내 대사를 거쳐 배설되므로 섭취하는 식품과 같은 경로를 이용하게 된다. 따라서 소화관의 상태, 식품과의 상호작용에 의해 예측범위를 벗어나는 약물 효과가 나타나기도 한다. 약물과 영양소의 상호작용drug nutrient interaction이란 약물이 영양상태를 비롯한 생체적 측면과 한 개 또는 그 이상의 영양소 또는 섭취한 식품의 물리적, 화학적, 생리학적 또는 병태생리학적 특성 변화를 일으키는 약물 측면적 변화를 말한다.

1) 약동학과 약력학

약동학pharmacokinetics 또는 약물동태학이란 약물을 구성하는 화합물의 흡수, 분포, 대사 및 배설을 포함하는 일련의 과정을 정량적으로 설명하는 학문이다. 예를 들면 정맥으로의 약물 투여는 100% 생체이용률을 나타내지만 경구 또는 소화기를 통한 투약은 불완전한 흡수 및 손실로 이용률이 낮다.

약력학pharmacodynamics은 약물의 임상 또는 생리적 효과를 의미한다. 예를 들어 엽산과 항간질치료제인 페니토인phenytoin을 함께 복용할 경우 혈중 페니토인phenytoin 농도가 낮아지는 약동학pharmacokinetics을 나타내고 이로 인해 발작seizure의 빈도와 지속시간이 더욱 길어질 수 있다.

2) 약물과 영양소의 상호작용

약물과 영양소의 상호작용에 영향을 미치는 인자는 개체 요인, 약물 또는 영양소 요인 두 가지로 요약할 수 있다. 개체 요인에는 연령, 체중, 체성분, 유전적 요인, 생활습관, 기타 동반된 질환이 포함되며 약물영양소 요인에는 약물의 용량, 주입경로,

표 2-20 | 약물 영양소 상호작용 고위험 요인

위험 인자	약물 부작용의 취약 원인 및 특징
유전적 요인	특정인에 대한 약물 독성 효과에 더 취약
영유아	약물대사 및 배출능력이 성인에 비해 낮음
임신 및 수유	• 약물에 따라 임신 초기 또는 말기 • 모유를 통한 약물 전달 위험
고령	• 체내 수분량 감소에 따른 약물 희석률 감소 • 체지방 증가에 따른 지방용해 약물의 체내 축적 증가 • 간의 약물 대사능력 감소 • 신기능 감소로 약물 배출능력 감소 • 고령일수록 약물 복용 종류와 양이 많아 상호작용 위험 증가 • 약물의 혈액뇌장벽 투과율 증가
특정 질환 • 암, 이식 상태 • 소화기 장애 및 소화기 수술 (예 크론병, 비만 대사 수술) • 만성 질환	약물의 흡수, 대사 및 약물 상호작용과 신체반응 변화 유발

출처: A. Catharine Ross et al. Modern nutrition in health and disease. 11th. 2014 Copyright ©2014 Lippincott Williams & Wilkins, a Wolters Kluwer business
Dieter Genser. Food and Drug Interaction:Consequences for the Nutrition/Health Status. Ann Nutr Metab 2008; 52(suppl 1):29−32

주입시간이 포함된다. 약물 영양소의 상호작용에 있어 보다 취약한 고위험 환자군은 면역능 감소, 암, 고령, 영양불량, 소화기 수술, 경관영양 공급, 임산부, 이식환자 등이다.

3) 식사에 따른 약물 영양소 흡수 변화

약물과 영양소의 동시 섭취는 약물의 흡수 속도와 흡수량의 변화에 영향을 주고 그 기전은 여러 가지이며 위산 및 가스트린gastrin 분비 변화와 소화기 체류시간 변화, 약물의 용해 변화, 식품 내 포함된 다량 또는 미량영양소와의 결합 정도, 담즙액의 분비량 변화 등이 영향을 준다.

음식을 섭취하면 위산과 소화액의 분비량이 많아지게 되는데, 예를 들어 고지방식을 섭취할 경우 담즙염의 분비량이 많아지고 지용성 약물의 소화기 흡수율을 상

표 2-21 | 약물 흡수의 최대화를 위해 음식과 함께 복용을 권고하는 약물의 종류

Albendazole	Ketoconazole
Amiodarone	Lithium
Atazanavir	Lopinavir
Atovaquone	Lovastatin
Cefuroxime	Mefloquine
Erythromycin ethylsuccinate	Nelfinavir
Ganciclovir	Rifapentine
Griseofulvin	Ritonavir
Hydralazine	Saquinavir
Itraconazole (capsule only)	

출처: A. Catharine Ross et al. Modern nutrition in health and disease. 11th. 2014 Copyright ©2014 Lippincott Williams & Wilkins, a Wolters Kluwer business

표 2-22 | 약물 흡수의 최대화를 위해 공복을 권고하는 약물의 종류

Ampicillin[a]	Isoniazid[a]
Captopril[b]	Norfloxacin[c]
Ciprofloxacin[c]	Ofloxacin[b]
Didanosine[a, c]	Rifampin[b]
Dicloxacillin[a]	Tetracycline[c]
Doxycycline[c]	Voriconazole[b]
Indinavir[d]	Zafirlukast[b]

[a]acid liability: 식품섭취로 인해 약물활성도 감소될 수 있음

[b]기전이 알려지지 않았음

[c]식품과 킬레이트화 또는 결합함(예 칼슘, 마그네슘)

[d]식품에 의한 침전으로 약물의 비활성화를 유발할 수 있음

출처: A. Catharine Ross et al. Modern nutrition in health and disease. 11th. 2014 Copyright ©2014 Lippincott Williams & Wilkins, a Wolters Kluwer business

승시킨다. 또한 콜레시스토키닌cholecystokinin은 장 운동성gastroinstestinal motility을 상승시켜 약물 분자와 소화기 점막 간 접촉시간을 증가시켜 흡수를 촉진하기도 한다. 복용 시 식품과 함께 복용을 권고하거나 공복을 권고하는 약물을 〈표 2-21, 2-22〉에 제시하였다.

4) 위산 분비 변화와 약물 영양소 흡수

코발라민cobalamin, vitamin B_{12}은 회장 말단에서의 최대 흡수를 위해 위산과 펩신pepsin이 필요하나 제산제acid-reducing agents인 프로톤 펌프 저해제proton pump inhibitors와 type 2 histamine receptor(H2) antagonist의 장기간 투약은 코발라민 흡수불량을 결과적으로 발생시키고 거대적혈모구빈혈megaloblastic anemia을 유발할 수 있다.

5) 특정 영양소의 소화기 효소 유도 또는 억제 및 약물 흡수의 변화

특정 식품 및 식이 보충제는 소화기 시토그롬 P450 3A4(CYP3A4) 활성을 변화시키고 약동학의 변화를 유도할 수 있다. 자몽주스는 대표적인 시토크롬 P450 3A4(CYP3A4) 억제제로 〈표 2-23〉은 자몽주스와 복용 시 흡수율이 증가되는 약물의 예이다.

표 2-23 | 자몽주스와 함께 복용 시 흡수율이 증가되는 약물의 종류

Albendazole[a, b, c]	Nimodipine[j]
Amiodarone[d]	Nicardipine[j]
Artemether[e]	Nislodipine[j]
Atorvastatin[f]	Nitrendipine[j]
Buspirone[g, h]	Praziquantel[b, c]
Carbamazepine[i]	Saquinavir[b]
Carvedilol[e, j]	Scopolamine[i]
Cyclosporine[c, k, l, m]	Sertraline[i]
Diazepam[i]	Sidenafil[b, j, p, q]
Ethinylestradiol	Simvastatin[f]
Erythromycin[b, g, n]	Tacrolimus[g, k]
Felodipine[j]	Triazolam[c, i]
Midazolam[i, o]	Verapamil[d, e, g]
Nifedipine[j, p]	

[a] 간수치 상승(Elevation of liver function test)

[b] 소화기장애(Gastrointestinal discomforts)

[c] 중추신경계 증상(Central nervous system symptoms)

[d] 심장자극전도장애(Heart block)

[e] 서맥(Bradycardia)

[f] 횡문근융해증(Rhabdomyolysis)

[g] 심혈관 증상(Cardiovascular symptoms)

[h] 근긴장(Dystonic reactions)

[i] 의식저하 및 회복지연(Drowsiness, prolonged sedations)

[j] 저혈압(Hypotension)

[k] 급성신손상(Acute renal failure)

[l] 두통(Headache)

[m] 발작(Seizure)

[n] 부정맥(QT prolongation, torsades de pointes)

[o] 호흡기능 저하(Respiratory depression)

[p] 심근경색(Myocardial infarction)

[q] 음경강직(Priapism)

6) 티라민에 의한 약물 생리활성 변화 유발

특정 식품성분이 약물의 부작용과 심각한 독성을 유발할 수 있다. 대표적 예가 모노아민 산화억제제monoamine oxidase inhibitor로 티라민tyramine 함량이 높은 식품의 섭취 시 카테콜아민catecholamine의 과잉 분비로 인한 두통, 환각, 구토, 급격한 혈압 상승과 사망에 이르는 심각한 부작용을 유발할 수 있다.

〈표 2-24〉는 티라민 함량이 높은 식품의 종류이며 모노아민 산화억제제의 투약 및 복용 시 주의가 필요하다.

표 2-24 | 티라민 고함량 식품

발효식품(된장 등 콩발효식품류 등)
멸치
아보카도
콩류(특히 잠두)
맥주효모
치즈(크림치즈 또는 커티지 치즈는 제외)
초콜릿
파스퇴르유를 이용한 크림
수화 단백 추출물
액상 또는 가루 형태의 단백질 보충제
육류 추출물
가공육류(예 소시지 및 내장 부산물 가공육)
라스베리
사우어 크림(sour cream, 생크림 발효 크림)
수제 요구르트

알아두기

의약품 – 식품 간 상호작용 요약서

질환군	의약품 군	의약품 예	상호작용		
			피해야 할 음식	알코올	기타
알레르기	항히스타민제	브롬페니라민, 클로르페니라민, 세티리진 등	과일주스	중추신경 억제, 졸음 배가	
천식	기관지 확장제	알부테롤, 밤부테롤, 테오필린 등	고지방 · 고탄수화물 식이, 카페인 함유 식품	부작용 증강	세인트존스워트 병용 금기
관절염, 통증 및 발열	해열진통제	아세트아미노펜			
	비스테로이드성 진통제	아스피린, 아세클로페낙, 이부프로펜 등	우유와 복용 권장, 카페인 함유 식품	위출혈, 간 손상	
	마약성 진통제	코데인, 히드로코돈, 옥시코돈 등		부작용 증강 혼수, 사망	
통풍	소염 요산 배설 촉진제	콜키신, 알로푸리놀, 프로베네시드 등	퓨린 함유 식품, 과당 첨가 식품		다량의 물로 복용, 알칼리성 식품 권장
골다공증	비스포스포네이트	알렌드로네이트, 이반드로네이트 등	카페인 함유 식품, 탄산 음료, 고지방 식이	칼슘 배설 촉진	
심혈관계 질환	앤지오텐신 전환 효소 저해제	캅토프릴, 모엑시프릴, 라미프릴 등	매실, 바나나, 오렌지, 녹황색 채소, 저염소금(칼륨 함유 식염 대용물)	기립성 저혈압	고칼륨혈증 초래
	앤지오텐신 II 수용체 길항제	칸데사르탄, 에프로시트탄 등			
	베타 차단제	아테놀롤, 나도롤, 메토프로롤 등		혈압 강하, 이상반응	
	알파 차단제	독사조신, 페콕시벤자민, 라조신 등	음식과 함께 복용		
	칼슘 채널 차단제	암로디핀, 니페디핀, 니카르디핀 등	자몽주스(포멜로 포함)	저혈압	

질환군	의약품 군	의약품 예	상호작용		
			피해야 할 음식	알코올	기타
심혈관계 질환	이뇨제	고리(loop)계: 부메타니드, 푸로세미드 등	알로에 (저칼륨증)	기립성 저혈압	과일, 야채 식이 권장(칼륨 보충)
		치아지드계: 히드로클로로치아지드 등	알로에, 조미료 MSG		
		칼륨 보존성: 아밀로라이드, 트리암테렌 등	매실, 바나나, 토마토, 오렌지, 녹황색채소, 저염소금(KCl 대용)		
	강심 배당체	디곡신	식이섬유가 많은 음식		센나염, 세인트존스워트, 감초 금기
	콜레스테롤 저하제	로바스타틴, 프라바스타틴, 심바스타틴 등	자몽주스 (포멜로 포함)	간 손상	
	혈관확장제	이소소르비드, 니트로글리세린 등		위험한 저혈압	
	비타민 K 길항제	와파린	비타민 K 함유식품, 크랜베리 주스, 비타민 E(400 IU 이상)	용량에 따라 영향, 출혈 초래	
위식도 역류 질환	히스타민 길항제	시메티딘, 파모티딘, 니자티딘 등	카페인 함유 식품	위염 악화	
	프로톤펌프 억제제	덱스란소프라졸, 에스오메프라졸			
	프로스타글란딘 제제	미소프로스톨, 레바미피드 등	카페인 함유 식품, 자극적인 음식	위염 악화	위염 악화
	제산제	알마게이트, 보에마이트, 디오마그나이트 등	오렌지 주스 등 과일주스 및 콜라		알루미늄(Al)
갑상선 기능 저하	갑상선 치료제	레보티로신	콩식품, 목화씨 가루, 호두 및 식이섬유, 자몽주스나 커피		칼슘, 철 보충제 금기
감염증	항균제 퀴놀론계	오플록사신, 시프로플록사신, 레보플록사신, 에녹사신, 목시플록사신 등	유제품(우유, 요구르트), 무기질 강화음료		카페인 배설 억제

<table>
<tr><th rowspan="2">질환군</th><th rowspan="2" colspan="2">의약품 군</th><th rowspan="2">의약품 예</th><th colspan="3">상호작용</th></tr>
<tr><th>피해야 할 음식</th><th>알코올</th><th>기타</th></tr>
<tr><td rowspan="6">감염증</td><td rowspan="3">항균제</td><td>테트라사이클린계</td><td>독시사이클린, 미노사이클린 등</td><td>유제품, 제산제</td><td>약효 소실</td><td>철 함유 비타민 금기</td></tr>
<tr><td>옥사졸리디논계</td><td>라네졸리드</td><td>티아민 다량 함유 식품</td><td>혈압 상승</td><td></td></tr>
<tr><td>메트로나다졸계</td><td>메트로니다졸</td><td></td><td rowspan="2">디설피람 마지막 복용 후 3일간 금주</td><td></td></tr>
<tr><td colspan="2">항진균제</td><td>플루코나졸, 케토코나졸, 그리세오폴빈 등</td><td>유제품, 케토코나졸, 자몽주스</td><td>세인트존스워트 병용 금기</td></tr>
<tr><td colspan="2">항결핵제</td><td>에탐부톨, 이소나이지드, 리팜핀 등</td><td>티라민 함유 식품, 히스타민 함유 식품</td><td>간독성</td><td></td></tr>
<tr><td colspan="2">항원충제</td><td>메트로니다졸, 티니다졸 등</td><td></td><td>복용 후 3일까지 금주</td><td></td></tr>
<tr><td rowspan="6">정신 질환</td><td colspan="2">벤조디아제핀계</td><td>알프라졸람, 클로나제팜, 로라제팜 등</td><td>자몽주스, 카페인</td><td>과도한 약효</td><td></td></tr>
<tr><td colspan="2">세로토닌 재흡수 억제제</td><td>시탈로프람, 트라조돈, 벤라팍신 등</td><td></td><td>부작용 증강</td><td>세인트존스워트 병용 금기</td></tr>
<tr><td colspan="2">모노아민산화효소 억제제</td><td>모클로베미드</td><td>티라민 함유 식품</td><td>혈압 상승 등 부작용 악화</td><td>세인트존스워트 병용 금기</td></tr>
<tr><td colspan="2">항정신병약</td><td>아리피프라졸, 클로자핀, 지프라시돈 등</td><td>카페인</td><td>부작용 악화</td><td></td></tr>
<tr><td colspan="2">진정 · 수면제</td><td>디아제팜, 페노바르비탈, 졸피뎀 등</td><td></td><td>부작용 증가</td><td></td></tr>
<tr><td colspan="2">조울증 치료제</td><td>카르바마제핀, 디발프로엑스, 리튬 등</td><td>자몽주스</td><td>부작용 증가</td><td>세인트존스워트 병용 금기</td></tr>
<tr><td>변비</td><td colspan="2">완화제</td><td>비사코딜</td><td>우유(장용피 손상)</td><td></td><td></td></tr>
</table>

출처: 약과 음식 상호작용을 피하는 복약안내서. 식품의약품안전평가원, 2016

정리하기

1 치료식(therapeutic diet)은 질병의 치료와 회복을 목적으로 개별 질환과 약물의 상호작용 전반을 고려하여 영양소 요구량 또는 비율을 조절하거나 특정 식품의 증감을 조절하여 제공하는 병원식을 말한다.

2 식품교환표는 영양소 구성이 비슷한 식품들을 6가지로 나누어 묶은 표로 곡류군, 어육류군, 채소군, 지방군, 우유군, 과일군으로 나뉘며, 식품군별 영양소 기준을 활용하여 6가지 식품군이 고루 포함되도록 식단을 작성할 수 있다.

3 경장영양(enteral nutrition)은 장을 통해 영양소를 공급하는 방법으로 입으로 섭취하는 경구영양과 소화관으로 튜브를 통해 영양액을 공급하는 경관영양(tube feeding)을 의미한다.

4 소화기를 통한 영양공급이 불가할 경우 정맥을 통해 영양지원을 계획할 수 있으며, 수주 이상의 장기간 정맥영양을 지속해야 할 경우에는 중심정맥을 통한 영양지원을 계획한다.

5 급식재개증후군(refeeding syndrome)의 고위험군으로 판단될 경우에는 영양지원에 앞서 불균형한 전해질의 교정이 필수적이며, 영양소 대사를 위한 비타민 및 무기질의 보충을 병행하며 다량 영양소의 공급을 시작하여야 한다. 면밀한 모니터링을 통하여 과공급에 의한 합병증의 발생을 주의하여야 한다.

6 영양소는 약물의 흡수 속도와 흡수량에 변화를 줄 수 있고, 특정 식품 성분이 약물의 부작용과 심각한 독성을 유발할 수 있다. 그 대표적인 예로 티라민 함유 식품은 모노아민 산화억제제 약물 효과를 상승시켜 카테콜아민의 과잉 분비를 유발하여 두통, 환각, 구토, 급격한 혈압 상승과 심할 경우 사망에 이르는 심각한 부작용을 발생시킬 수 있다.

Case study

급식재개증후군 중환자 사례

[질환 병력]

패혈증으로 중환자실에 입실한 환자로 입원 전 식도암 4기였으며 식도의 종양이 커져 연하곤란이 1개월 전부터 시작되었고, 주요 호소증상은 호흡곤란으로 자발호흡이 불가해 기도삽관을 하였다. 평소 건강할 때의 체중은 60 kg이었지만 항암치료로 인한 식욕부진과 설사로 3개월간 15 kg가량의 체중감소로 총 25%의 체중이 감소되었고, BMI 15 kg/m^{2}으로 심한 저체중 상태였다. 입실 시 환자의 혈액검사 결과 K 3.2(정상범위 3.5~5.1 mmol/L), P 1.8(2.5~4.5 mg/dL), Mg 1.5(1.6~2.6 mL/dL)로 모두 정상범위 미만이었다. 기도삽관 후 혈역학적으로 안정을 확인하였으며 경관영양 공급을 진행하려 했으나 식도의 종양으로 인하여 비위관 경관영양 공급튜브가 삽입되지 않아 위조루(PEG, percutaneous endoscopic gastrostomy) 가능 시까지 정맥영양을 공급하기로 하였다.

[영양지원계획]

영양지원 시작 전 P, K, Mg의 보충 공급 후 정맥영양 공급을 시작하되 1일째 10 kcal/kg/day로 낮은 칼로리로 영양지원을 시작해 2~3일째 15~20 kcal/kg/day, 4~7일에 걸쳐 25 kcal/kg/day로 목표량에 천천히 도달한다.

출처: Acute respiratory failure due to refeeding syndrome and hypophosphatemia induced by hypocaloric enteral nutrition. Nutrtion. 2009; 25:364–367

CLINICAL NUTRITION

CHAPTER 3

상부 소화기계 질환과 영양

1. 개요 | 2. 상부 소화기계의 구조와 기능 | 3. 상부 소화기계의 질환

용어 정리

- **상부 소화기계(the upper gastrointestinal(GI) tract)** 구강, 식도, 위로 구성되어 있는 소화기계의 상부
- **연하곤란(dysphagia)** 삼킴 과정에 관련된 구강 및 식도의 근육 장애 및 식도 폐색으로 인해 음식물을 원활하게 섭취할 수 없는 질환
- **위식도 역류 질환(gastroesophageal reflux disease, GERD)** 위의 산성 물질이 식도로 빈번하게 역류하여 식도 손상을 유발하는 질환
- **식도열공헤르니아(hiatal hernia)** 위의 윗부분이 횡격막 위로 밀고나가 돌출되어 있는 상태
- **바렛식도(Barrett's esophagus)** 만성적인 식도 역류로 인해 손상된 식도 세포들이 위나 소장 유사세포로 대체된 상태로, 가끔은 종양으로 발전
- **덤핑증후군(dumping syndrome)** 위 절제수술 후 음식물의 갑작스러운 위 배출로 인해 흔하게 발생하는 증상
- **베리아트릭 수술(bariatric surgery)** 고도비만 및 합병증 치료를 위해 위의 크기를 줄이거나 위에서 곧장 소장으로 연결되는 우회로를 만드는 등의 다양한 수술
- **하부식도괄약근(lower esophageal sphincter)** 식도와 위 사이의 괄약근으로 위의 내용물이 식도로 역류되는 것을 방지
- **유문괄약근(pyloric sphincter)** 위의 하부와 십이지장 사이의 괄약근으로 위 내용물의 배출 속도를 조절하며, 십이지장의 내용물이 위로 역류되는 것을 방지

1. 개요

매해 소화기계 질환으로 많은 환자들이 병원을 방문하고 있으며, 지속적인 증가 추세를 보이고 있다. 보건복지부의 발표에 의하면 2015년 기준으로 식도, 위 및 십이지장의 질환으로 진료를 받은 실인원 수는 약 1,036만 명, 총 진료비는 약 6,725억 원으로 2011년의 진료 인원과 진료비에 비하여 각각 0.7%, 0.8%의 연평균 증가율을 보였다. 이는 우리나라 국민 5명 중 1명이 소화기계 질환을 경험했다는 것을 뜻한다. 연령대와 질병의 유형 특징을 살펴보면, 40대 이상의 중노년층이 68%로 가장 높은 비율을 보이고, 전체 진료인원 중 위염 및 십이지장염과 위식도 역류 질환 진료 인원이 78.1%로 나타났다.

대부분의 소화기계 질환으로 고통받는 환자들은 외관상으로는 특별한 증상이 관찰되지 않아 정확한 진단이 어려운 경우가 많고, 종종 다른 질환의 2차적인 증상의 원인으로 소화기계 질환이 나타나기도 한다. 그러므로 소화기계 질환의 정확한 진단을 위해서는 환자의 증상에 대한 세심한 검토가 필수적이다.

우리 몸의 소화기관gastrointestinal(GI) tract은 '우리 몸 안에 있는 몸 밖'으로, 음식물을 섭취한 후 배설할 때까지 외부에서 들어온 음식물이 영양소로 소화되고 이를 흡수하는 일련의 과정이 이뤄지는 곳이다. 소화기관의 총 길이는 구강에서 항문까지 약 9 m 정도이며, 소화와 흡수에 필요한 물질을 분비하는 부속기관(타액선, 간, 담낭, 췌장)과 함께 소화기계digestive system를 이룬다.

2. 상부 소화기계의 구조와 기능

상부 소화기계the upper GI tract는 구강, 식도, 그리고 위까지를 포함하며, 물리적 ·

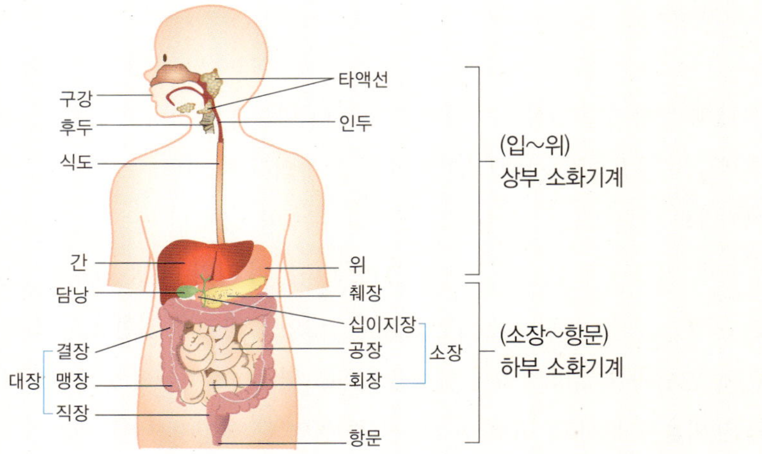

그림 3-1 | 소화기계의 구조

출처: 이연숙 외, 이해하기 쉬운 인체생리학, 파워북, 2017

화학적인 소화 과정과 약간의 흡수가 진행된다[그림 3-1].

1) 구강의 구조와 기능

구강oral cavity에서는 소화의 첫 단계인 저작chewing 작용을 통해 음식물을 잘게 부숴주고 타액saliva과 혼합이 진행된다. 타액을 구강으로 분비하는 3쌍의 타액선(이하선, 악하선, 설하선)이 존재하며, 하루 약 1,500 mL의 타액이 분비되고, 타액의 pH는 5.4~6.1의 약산성을 띠며 살균작용을 담당하는 라이소자임을 함유하고 있어 외부물질로부터 1차적인 방어 작용을 한다. 또한 타액은 소화효소(아밀라아제, amylase)를 함유하고 있어 구강에서 탄수화물의 소화가 개시되며 음식물을 부드럽게 만들어 식도로 내려갈 수 있도록 한다.

2) 식도의 구조와 기능

성인의 식도esophagus는 약 25~30 cm 정도로 식도의 상부에는 상부식도괄약근upper esophageal sphincter이, 식도의 하부에는 위와 연결된 부위에 하부식도괄약근lower esophageal sphincter이 위치한다[그림 3-2]. 잘게 부서진 음식물이 식도를 따라 위까지 이동하는 과정을 연하swallowing라고 하며, 연하의 과정은 3단계(구강기oral stage → 인두기pharyngeal stage → 식도기esophageal stage)로 구분된다. 1단계인 구강기는 구강 내 음식물 덩어리bolus를 인두 쪽으로 이동시키는 단계이고, 2단계인 인두기는 인두 후면에서 식도 쪽으로 음식물 덩어리가 이동하는 불수의적involuntary 반사운동 과정이며, 마지막으로 3단계인 식도기는 식도의 자발적인 연동운동peristalsis에 의해 음식물 덩어리가 위로 이동하는 과정이다. 음식물 덩어리가 식도 하부에 도달하면 하부식도괄약근이 느슨하게 열려 음식물이 비로소 위로 진입하고, 바로 하부식도괄약근이 닫혀 위의 내용물의 식도 역류를 방지한다.

3) 위의 구조와 기능

위stomach는 횡격막diaphragm 바로 아래 왼쪽에 위치하며 위의 상위 부분부터 아래 방향으로 위저부fundus, 위체부body, 유문부antrum로 구분되며, 식도와 연결된 위의 입구 부분을 분문, 소장의 십이지장과 연결된 부분을 유문이라 한다[그림 3-2]. 위 상부의 하부식도괄약근과 하부의 유문괄약근이 강산을 띤 위 내용물이 새어나가 주변 조직을 파괴하지 않도록 보호한다. 위는 섭취한 음식물을 잠시 동안 저장하고, 살균과 소화를 수행하며, 소장으로 음식물을 이동시키는 역할을 담당한다. 섭취한 음식물의 양과 영양성분의 조성에 따라 음식물은 위에서 약 40분에서 수 시간까지 머문다.

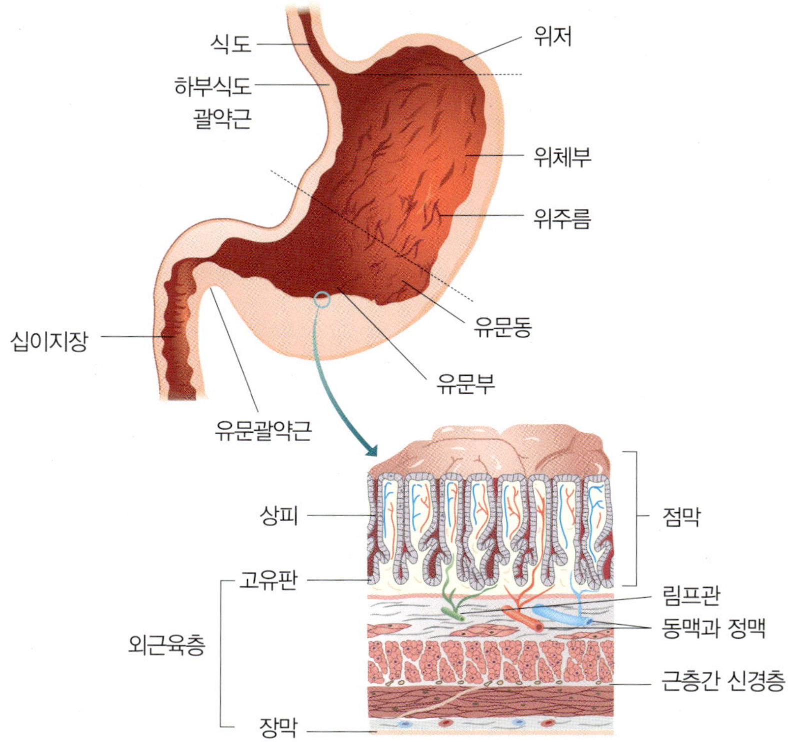

그림 3-2 | 위의 구조

출처: Silverthorn DU, Human physiology An integrated approach, 6th edition, Pearson. 2013

위점막에는 위선gastric gland과 표면적을 증가시키기 위한 위주름rugae이 존재하며, 위점막은 다양한 분비 세포들로 구성되어 있다〈표 3-1〉. 위 점액세포에서는 점액과 중탄산염을 분비하며, 위점막을 보호하는 역할을 수행한다. 벽세포에서 분비되는 염산은 주세포에서 분비되는 펩시노겐을 펩신으로 전환하여 활성화시킨다. 또한 염산은 위의 환경을 강산(pH 2)으로 만들어 살균작용을 수행할 뿐만 아니라, 단백질의 3차구조를 파괴하여 단백질분해효소 작용을 용이하게 만들어 위에서 단백질의 본격적인 소화 시작을 돕는다.

벽세포에서는 내적 인자intrinsic factor, IF가 분비되어 비타민 B_{12}와 결합하여 회장으로 이동하여 비타민 B_{12}의 흡수를 돕는다. 유문부의 장내분비세포인 G세포에서는 가스트린이라는 호르몬이 분비되어 위산분비를 촉진한다. 식도에서 위로 이동된 음식물 덩어리bolus는 위에서 기계적·화학적 소화작용을 통해 유미즙chyme 상태가 되어 십이지장으로 이동된다.

표 3-1 | 위점막의 분비세포와 기능

세포의 종류	분비물질	분비 자극 요인	분비물질의 기능
점액세포 (mucous neck cell)	점액	점막의 자극	상피조직과 내강의 물리적인 방어벽 역할
	중탄산염	점액과 같이 분비	위산의 완충역할로 상피조직의 손상 방지
벽세포 (parietal cell)	위산(HCL, 염산)	아세틸콜린, 가스트린, 히스타민	펩신을 활성화시키고, 박테리아 사멸
	내적 인자		비타민 B_{12}와 혼합되어 흡수를 도움
장크롬친화성 세포 (enterochromaffin-like cell)	히스타민	아세틸콜린, 가스트린	위산 분비를 자극
주세포 (chief cell)	펩신(펩시노겐)	아세틸콜린, 산 분비	단백질 소화
	위 리파아제		지방 소화
D 세포	소마토스타틴	위의 산	위산 분비를 억제
G 세포	가스트린	아세틸콜린, 펩타이드, 아미노산	위산 분비를 자극

3. 상부 소화기계의 질환

1) 구강과 식도 질환

(1) 연하곤란

① 원인과 종류

연하곤란dysphagia이란 음식을 삼키는 데 장애가 생긴 것으로 주로 삼키는 과정에 관련된 근육의 문제나 구강과 위 사이에 물리적인 폐색으로 인해 발생된다. 연하곤란은 발생한 위치에 따라서 발생 원인에 차이가 있는데 그 내용은 〈표 3-2〉와 같다.

음식물을 삼키는 데 어려움이 있는 구강인두성 연하곤란oropharyngeal dysphagia은 삼킴 반사의 저해나 삼키는 과정과 관련된 근육의 손상과 같은 신경근의 장애neuromuscular disorders가 원인으로 작용한다. 이에 비해 음식물을 삼킨 후 식도에서 위로 이동이 어려운 식도성 연하곤란esophageal dysphagia은 식도의 협착이나 식도의 운동장애가 주된 원인으로 작용한다.

표 3-2 | 연하곤란의 다양한 원인

구강인두성 연하곤란	식도성 연하곤란
• 알츠하이머병(후기 단계) • 루게릭병 • 뇌 손상 • 뇌성마비 • 다발성 경화증 • 근육위축병 • 중증근무력증 • 파킨슨병 • 소아마비 • 뇌졸중	• 식도 무이완증 • 식도암 • 식도 경련 • 외부적인 압박(종양, 비대해진 갑상선, 혹은 비대해진 좌심방) • 피부경화증 • (염증, 흉터, 혹은 선천성 기형으로 인한) 협착증

출처: DeBruyne et al, Nutrition & Diet therapy, 9th edition, Cengage Learning, 2016

② 증상 및 합병증

노인들에게 흔하게 발생하는 구강인두성 연하곤란의 주된 증상은 삼킴 장애와 사레들림, 기침, 쉰 목소리, 코로 음식물 역류 등이 있으며, 부드러운 고형식보다 액체 음식이 삼키기가 더 힘들다. 이러한 식도성 연하곤란의 주된 증상으로는 음식물을 삼킨 뒤, 식도에 음식물이 달라붙어 있는 느낌을 들 수 있다. 반면, 식도 협착으로 인한 식도성 연하곤란은 고형식의 섭취에 더 많은 어려움을 느끼나 식도의 운동장애가 원인인 경우에는 액체식과 고형식의 형태 모두에 연하곤란을 느낀다.

위와 같은 증상들로 인해 음식 섭취가 제한된 환자에게는 영양불량과 체중감소가 발생할 수 있으며, 특히 액체음식의 연하곤란이 있는 환자는 탈수의 위험이 증가한다. 더불어 음식물의 흡인aspiration은 질식, 기도폐색airway obstruction과 흡인성 폐렴 등을 일으킬 수 있다.

③ 영양관리

- 연하곤란 환자의 영양관리는 영양결핍 예방, 정상체중 유지, 탈수 방지 및 흡인 예방을 목표로 한다.
- 환자 개개인의 삼키는 능력은 시간에 따라 변동 폭이 크므로, 섬세한 영양관리를 위한 재평가가 자주 이뤄져야 한다.
- 환자의 상태를 주의 깊게 관찰하여, 환자의 상태에 따라 〈표 3-3〉에 제시된 연하보조식(1~3단계: 중증에서 가벼운 정도의 연하곤란 환자를 위한 보조식) 중 최적의 단계를 환자에게 적용해야 한다. 경구섭취가 불가능한 환자의 경우에는 경관급식을 공급한다.
- 연하곤란을 위한 연하보조식은 식품의 질감, 농도, 점도, 균질도를 조절한 식이mechanically altered diets로, 연하보조식에는 부드러운 질감과 촉촉하게 수분을 함유하고 있는 식품이 권장된다. 단단하거나 끈적끈적하게 달라붙는 식품과 쉽게 가루로 부서지는 식품 등은 사레들리기 쉬우므로 피하는 것이 좋다.

- 흡인의 위험이 많은 묽은 액체는 젤라틴이나 점도제thickener를 사용하여 국물을 걸쭉하게 만들어 제공하며, 액상음식의 점도에 따라 4단계로 나눠서 구분한다 〈표 3-4〉.
- 곱게 갈거나 점도제를 이용하여 점성을 높인 연하보조식은 외형상으로 매력적이지 않아 환자의 식욕을 떨어뜨릴 수 있으므로, 환자가 좋아하는 메뉴를 제공, 색깔 있는 채소의 적극적 사용, 음식 모형틀 이용, 그리고 예쁜 식기에 제공 등의 다양한 방법으로 환자의 식욕을 높이는 노력이 필요하다[그림 3-3].

표 3-3 | 연하곤란을 위한 식사요법 3단계

연하보조식의 단계	대상/특징		제한 음식
1단계 (연식 1단계: 곱게 간 음식)	중증의 연하곤란 환자	• 익혀서 균질하게 간 퓨레 상태의 응집력 있는 음식으로 제공 • 환자가 섭취 시 사레 들지 않도록 준비	마른 빵, 시리얼, 잡곡, 쌀, 과일 요구르트, 치즈, 땅콩버터, 견과류, 씨앗류, 생과일과 생채소, 입자가 거친 소스, 후추, 허브 등
2단계 (연식 2단계: 곱게 다진 음식)	중간 연하곤란 환자	• 촉촉하고 응집력 있는 부드러운 질감의 음식을 제공 • 환자가 쉽게 음식물 덩어리(bolus)로 만들 수 있도록 준비	마르거나 거친 음식(견과류가 들어간 빵이나 시리얼, 건조 과일, 씨앗류), 소시지, 삶은 달걀, 옥수수, 피자, 샌드위치, 쌀, 감자튀김, 생야채, 바나나를 제외한 생과일, 팝콘, 캐러멜 등
3단계 (상식 단계: 부드러운 음식)	가벼운 연하곤란 환자	• 음식은 한입 크기로 촉촉하고 응집력 있게 제공	마르거나 거친 식품, 옥수수, 감자껍질, 생야채, 코코넛, 견과류, 씨앗류, 딱딱한 과일(사과, 배 등), 팝콘, 캐러멜 등

그림 3-3 | 음식 모형틀(food molds)로 준비한 식사

출처:https://www.unileverfoodsolutions.com.au/recipe/pureed-meal-sausages-mash-gravy-R0071032

표 3-4 | 연하곤란 환자에게 제공되는 액상음식의 점도

액상음식의 점도	점도에 따른 액상음식의 예	예시
물의 농도(thin)	우유, 커피, 차, 주스, 탄산음료 등	
과일주스의 농도 (nectar-like)	물보다는 점도가 높은 음료로 빨대를 사용하여 섭취 가능한 농도로 토마토 주스, 크림수프 등	
꿀의 농도 (honey-like)	스푼을 사용해서 섭취가 가능하지만, 모양을 유지하지는 않은 정도의 점도로 꿀, 떠먹는 요거트, 토마토소스 등	
스푼으로 떴을 때 모양이 유지되는 농도 (spoon-thick)	스푼으로 떴을 때 모양이 유지되는 점도로 우유푸딩이나 걸쭉한 사과소스 등	

출처: http://valensnutrition.com/how-to-use-valens-thixer/

(2) 위식도 역류 질환

① 원인과 종류

위식도 역류 질환gastroesophageal reflux disease, GERD이란 강산성을 띤 위의 내용물 혹은 위산이 식도로 역류하여 식도에 통증과 염증, 그리고 조직 손상을 일으키는 질환을 통칭한다. 위산의 역류 방지를 담당하는 주된 방어막인 하부식도괄약근의 근

육 약화나 운동 장애가 위식도 역류 질환의 주된 원인으로 작용한다. 그 밖에도 비만, 임신, 식도열공헤르니아hiatal hernia 등은 위식도 역류 질환의 위험을 높이며, 다양한 약물과 자극적인 음식의 섭취가 하부식도괄약근의 약화 및 복부 압력을 증가시켜 위식도 역류 질환을 유발하고 증상을 악화시킨다 〈표 3-5〉.

표 3-5 | 위식도 역류를 유발하는 요인들

복부 압력을 높이는 요인들	하부식도괄약근을 약화시키는 요인들
• 비만, 과식, 임신 • 복수 • 탄산음료 • 위 배출 지연 • 식후 바로 눕는 행동 • 복부가 조이는 옷 착용	• 약물(예 항히스타민제, 항콜린제제, 칼슘채널 차단제, 항우울증제, 근육이완제, 진정제 등) • 카페인, 초콜릿, 기름진 음식, 박하류 • 알코올 • 흡연

만성적인 위산의 역류로 인해 식도 벽이 손상되면 역류성 식도염reflux esophagitis이 발생하며, 염증이 유발된 상태를 그대로 방치하면 식도 궤양esophageal ulcers과 출혈로 이어진다. 또한 식도 벽의 상처가 아물면서 생성된 흉터가 축적되면 식도의 협착으로 인해 서서히 고형음식의 연하곤란이 생기기도 한다.

알아두기

식도열공헤르니아(hiatal hernia)

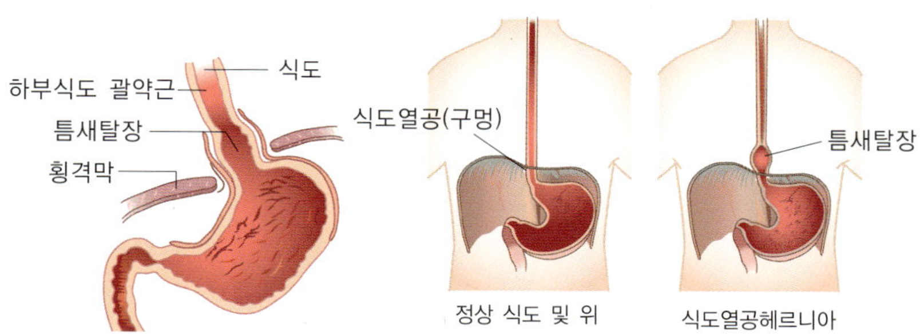

출처: https://my.clevelandclinic.org/health/diseases/8098-hiatal-hernia

- 위의 일부분이 횡격막 위로 돌출되어 있는 상태로, 비만과 노화는 식도열공헤르니아 발생빈도를 증가시킨다.
- 대부분의 경우는 특별한 증상을 보이지 않으나, 가슴쓰림(heartburn), 연하곤란, 역류, 구토 등의 증상을 일으킬 수 있다.

② 증상 및 합병증

위식도 역류 질환으로 고통을 받고 있는 환자들의 주된 증상으로는 가슴쓰림과 답답함, 속쓰림, 신트림, 쉰 목소리, 목에 이물감 등이 있으며, 합병증으로는 식도 궤양, 식도 출혈, 식도 협착, 바렛 식도Barrett's esophagus 등이 있다. 또한 위식도 역류 질환은 구강, 인두, 후두를 손상시킬 수도 있으며, 치아의 에나멜 침식, 인두염과 후두염을 발생시킨다.

알아두기

바렛 식도(Barrett's esophagus)

- 바렛 식도는 백인, 남성, 50세 이상 집단에서 많이 발생하며, 만성적으로 위산 역류에 노출되어 손상된 식도 세포가 복구되면서, 위 세포나 소장 세포와 유사한 세포로 대체된 상태이다. 이러한 세포 손상은 식도암의 발생 위험을 증가시킨다.
- 현재 위식도 역류 질환으로 발생한 바렛 식도가 식도암을 일으키는 진행 과정을 초기에 발견하기 위한 바이오마커(biomarker)에 대한 연구는 부족한 실정이다.

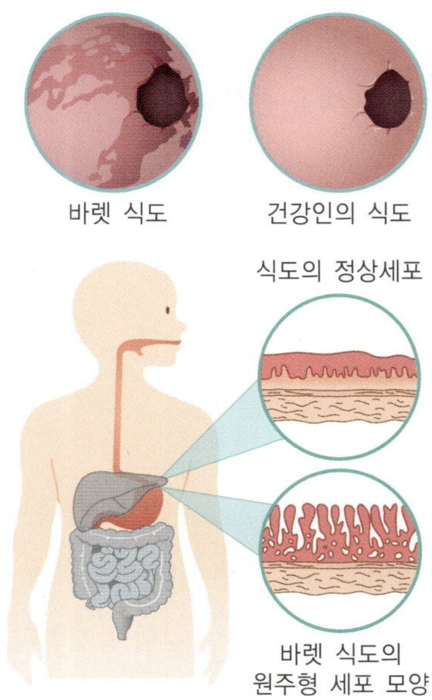

③ 영양관리

- 위식도 역류 질환의 영양관리 목표는 식도 역류를 감소시키고, 손상된 식도 점막의 자극을 최소화하며, 위액의 산도를 낮추는 데 있다.
- 식사는 소량씩 섭취하며, 물이나 음료를 식사와 식사 사이에 섭취함으로써 위가 과다하게 팽창하여 하부식도괄약근에 압력을 증가시키지 않도록 한다.
- 위산 분비와 하부식도괄약근의 압력을 증가시키는 음식 및 생활습관을 제한한다 〈표 3-5〉.
- 식도염이 있는 경우, 식도를 자극하는 음식이나 음료(예 산성 음료, 토마토로 만든 음식, 마늘, 양파, 후추, 매운 음식, 탄산음료, 아주 찬 음식 등)의 섭취를 자제한다.
- 야식과 식사 후 곧바로 눕는 행동을 자제하며, 식사는 적어도 잠자리에 들기 3시간 전에 한다.
- 몸을 과하게 조이는 복장을 착용하거나 구부리는 행동을 자제한다.
- 흡연은 하부식도괄약근을 느슨하게 하므로 금연한다.
- 식도 벽을 손상시킬 수 있는 비스테로이드성 항염증제의 복용은 피한다.

2) 위 질환

(1) 급성위염

① 원인과 종류

급성위염acute gastritis을 일으키는 데는 다양한 원인들이 존재한다 〈표 3-6〉. 단순 급성위염은 주로 폭음이나 폭식 등의 식사 불균형이나 부패한 음식의 섭취, 난소화성 식품 및 약물의 섭취로 인해 발생한다. 위염은 발생 원인에 따라 기생충이나 박테리아(헬리코박터 파이로리균), 세균, 바이러스 등의 감염에 의해 일어나는 감염성 위염, 포도상구균이나 대장균에 의해 화농이 생기는 화농성 위염, 염산이나 황산과 같은 화학물질의 섭취로 인한 부식성erosive 위염 등으로 크게 구분 지을 수 있다. 그 외에도 급성 위염은 암환자의 항암치료인 화학 요법이나 방사선 치료에 의해서도 발생할 수 있다.

표 3-6 | 위염을 유발하는 다양한 요인들

다양한 위염의 유발 요인	상세 내용
감염	• 박테리아: 헬리코박터 파이로리균(Helicobacter pylori) • 곰팡이: 칸디다균(Candida albicans) • 기생충: 아니사키스(Anisakis, nematode infection) • 바이러스: 사이토메갈로 바이러스(Cytomegalovirus)
화학물질	• 알코올 • 항암 화학치료(cancer chemotherapy) • 약물(특히 아스피린, 비스테로이드성 항염증제, NSAIDs*) • 독성물질이나 부식을 일으키는 물질의 섭취
인체 내부적 원인	• 자가면역질환(autoimmune disease) • 담즙 역류 • 극심한 스트레스나 패혈증(sepsis)
기타	• 외부 물질의 침입 • 과도한 소금 섭취 • 방사선 치료(radiation therapy)

* NSAIDs: nonsteroid anti-inflammatory drugs

② 증상 및 합병증

급성위염은 구토, 복통, 속쓰림, 발열, 식욕부진과 심한 경우 위장의 출혈을 동반할 수 있다. 더불어 전신 권태감, 안면 창백, 식은땀, 두통을 일으킬 수도 있으며, 심한 경우에는 설사를 동반한 하혈 증상을 보이기도 한다. 대부분 특정 원인이 있으므로 원인에 대한 치료를 실행하게 된다.

③ 영양관리

- 급성위염에서 영양관리의 목표는 탈수, 쇼크, 저칼륨혈증, 저나트륨혈증을 방지함에 있다.

- 원인이 되는 식사의 요인을 제거하고, 1~2일 정도 절식을 하거나 필요에 따라 부분 정맥영양partial parenteral nutrition을 실시한다.
- 구토가 심한 경우에는 비경구적으로 수분과 전해질을 공급하여 탈수증상을 예방한다.
- 증상이 개선되면 당질 식품을 위주로 한 유동식부터 시작한다.
- 위점막 자극과 위산 촉진에 영향을 주는 음식의 섭취를 제한하고, 소화가 잘되고 자극성이 적은 음식을 규칙적으로 소량씩 여러 번에 나눠 공급한다.

(2) 만성위염

① 원인과 종류

만성위염chronic gastritis은 장기간의 감염이나 자가면역질환, 약물, 흡연, 만성적인 알코올 섭취, 불규칙한 식사습관에 의한 담즙 역류, 위절제술 등에 의해 유발될 수 있다〈표 3-6〉. 가장 흔한 원인은 헬리코박터 파이로리균Helicobacter pylori(전체 만성위염 환자의 약 90%)의 감염이다. 만성위염의 종류로는 청장년기에 주로 나타나는 과산성 위염erosive gastritis과 노인계층에서 흔하게 발생하는 저산성 위염atrophic gastritis이 있다. 혹은 급성위염이 치유되지 않아 만성위염으로 진행되는 경우도 있다.

알아두기

헬리코박터 파이로리균(Helicobacter pylori, H. pylori)

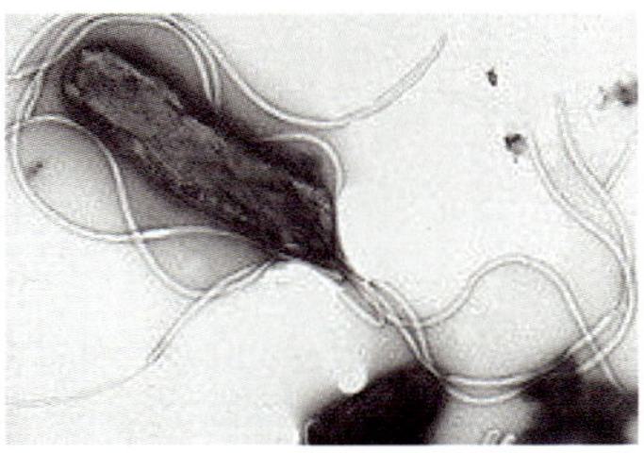

출처: https://en.wikipedia.org/wiki/Helicobacter_pylori

- 헬리코박터 파이로리균은 그람 음성 세균(gram negative)으로 편모를 가진 나선형 모양의 미호기성-우레아제(urease) 양성 간균이다. 주로 어린 시절에 주로 사람을 통해 전파/감염되며, 항생제 치료를 실시하지 않는 한 지속적으로 감염상태가 지속된다. 우리나라의 경우 약 60~70%가 헬리코박터 파이로리균에 감염되어 있다.
- 헬리코박터 파이로리균은 약간의 위샘 침략과 함께 위점액겔층(mucus gel layer)에 거주하며, 요소분해효소인 우레아제를 분비한다.
- 우레아제는 위 점막의 요소를 분해하고 알칼리성 암모니아를 생성하여 주변을 중화시켜 헬리코박터 파이로리균의 강산 환경에서의 서식을 가능하게 하며 위 점막층의 상피세포를 손상시킨다. 이러한 우레아제는 헬리코박터 파이로리균의 유무를 판정하는 바이오마커로 사용된다.
- 헬리코박터 파이로리균의 감염은 위염, 위궤양, 십이지장궤양, 위선암, 위림프종 등을 유발하는 원인으로 작용한다.

② 증상 및 합병증

만성위염이 적절히 치료·관리되지 않으면 과도하게 손상된 위 조직은 분비 기능 장애를 초래하게 된다. 만약 위의 벽세포에서 염산 분비가 비정상적으로 낮거나 분비가 전혀 없게 되면, 비헴철non-heme iron과 비타민 B_{12}의 흡수에 문제가 발생하여 영양결핍의 위험이 높아진다. 정확한 위염의 진단을 위해서는 위내시경 검사가 실시되며, 만성위염 환자는 정기적으로 위내시경 검사를 통해 위염의 변화를 모니터링하여 잠재적인 위선암gastric adenocarcinoma의 발생을 미연에 방지하기 위한 노력이 필요하다.

③ 영양관리

- 만성위염의 영양관리 목표는 탈수, 쇼크, 저칼륨혈증, 저나트륨혈증을 방지하고 환자의 영양 결핍 증상을 개선하는 데 있다.
- 부드럽게 소화가 잘될 수 있는 음식을 소량으로 자주 공급한다.
- 지나치게 맵거나 기름지고 자극적인 음식과 음료(알코올, 디카페인 커피를 포함한 모든 커피, 탄산음료 등)의 섭취를 제한한다.
- 만약 특정 음식의 섭취 후 고통이 증가하거나 메스꺼움이나 구토를 유발했다

면, 24~48시간 음식 섭취를 제한하여 위에 휴식을 줄 수 있도록 한다.

- 저산증이나 무산증의 환자의 경우, 철과 비타민 B_{12} 보충제를 제공한다.

(3) 소화성 궤양

① 원인과 종류

소화성 궤양peptic ulcer은 위산과 펩신의 분비에 의해 점막층이 심하게 손상이 되어 궤양이 있는 상태로, 흔하게 발생하는 위치에 따라서 위궤양과 십이지장궤양으로 크게 분류된다. 소화성 궤양 환자 중 위궤양 환자의 경우 30~60%, 그리고 십이지장궤양 환자의 70~90%가 헬리코박터 파이로리균에 감염되어 있다. 비스테로이드성 항염증제NSAIDs의 복용 또한 흔한 소화성 궤양의 원인으로 작용한다. 추가적으로 빈도는 낮으나 과도한 산 분비를 일으키는 질환으로 인해 이차적으로 소화성 궤양이 발생하는 경우도 있다. 더불어 흡연과 스트레스도 궤양의 위험을 높인다고 알려져 있다. 만성적으로 헬리코박터 파이로리균에 감염된 사람들 중에서 단 10~15%만이 소화성 궤양으로 발전하며 정확한 기전은 알려져 있지 않다.

소화성 궤양에 영향을 주는 요인들을 위와 십이지장 관련 요인으로 분류하여 〈표 3-7〉에 제시하였다.

표 3-7 | 소화성 궤양에 영향을 주는 요인들

위 관련 요인들	• 헬리코박터 파이로리균 감염 • 심리적인 요인(스트레스)에 따른 염산 분비 증가 • 벽세포의 비대화로 인한 염산 분비 증가 • 벽세포의 염산 분비 자극인자(예 가스트린, 히스타민 등)에 대한 민감도 증가 • 빠른 위 배출
십이지장 관련 요인들	• 점액의 중탄산염 분비 감소 • 강산 공격에 따른 점막 민감도 증가 • 십이지장구(duodenal bulb)의 과산성화 • 췌장의 알칼리성 분비에 의한 중화기능 저하

출처: Escott-Stump S. Nutrition and Diagnosis-Related Care, 8th edition, LWW, 2015

② 증상 및 합병증

소화성 궤양의 증상은 다양하다. 일부 환자들은 증상이 없거나 속이 약간 불편한 정도를 경험하기도 하고, 어떤 환자들은 배고픈 고통hunger pain, 위를 긁거나 타는 것 같은 증상을 호소하기도 한다. 위궤양 환자의 경우 음식 섭취에 의해 증상이 악화되는데, 이로 인해 음식 섭취에 두려움을 갖게 되고 식욕을 잃어 결국 체중이 감소한다. 한편 십이지장궤양 환자들은 음식을 섭취한 후 고통이 경감되었다가 몇 시간 후 다시 돌아온다.

소화성 궤양의 합병증으로는 위장관 출혈이 있다. 환자의 흑변black stool이나 커피 찌꺼기 모양과 유사한 구토물은 심한 위장관 출혈 증상을 대변한다. 더불어 계속되는 상처와 염증으로 위나 십이지장의 천공이나 위 출구 폐쇄 등의 합병증이 발생하기도 한다.

③ 약물 치료

소화성 궤양의 치료 목적은 환자의 고통을 완화하고, 회복을 돕고, 재발을 방지하는 데 있다. 대부분의 경우 환자에게는 헬리코박터 파이로리균의 감염을 제거하기 위한 항생제 처방과 더불어 아스피린이나 비스테로이드성 항염증제의 복용 중단이 요구된다. 소화성 궤양 환자에게 흔하게 처방되는 항생제로는 아목시실린amoxicillin, 클라리트로마이신clarithromycin, 메트로나이다졸metronidazole, 테트라사이클린tetracycline 등이 있다. 위산분비 억제제는 환자의 고통을 완화시키고 회복을 돕기 위해 처방되는데, 대표적인 예로 양성자 펌프 억제제와 H2-차단제 등이 있다〈표 3-8〉. 천공 등의 합병증이 있는 환자의 경우에는 수술요법이 시행될 수도 있다.

표 3-8 | 소화성 궤양에 처방되는 약물의 종류

약제의 종류		기전/특징	잠재적인 부작용
제산제		• 알루미늄/마그네슘 함유 제산제는 위산을 중화시켜 고통 및 증상을 완화시킴 • 비교적 저렴하고 안전함	• 알루미늄의 근육 수축작용으로 인해 위의 내용물 배출을 제한하고, 가끔 상부 소화기계에 출혈 유발 • 철, 칼슘, 인, 엽산, 비타민 A, 비타민 B_{12} 등의 흡수 억제 • 메스꺼움, 구토, 변비, 설사
위산 분비 억제제	H2-수용체 길항제	• 벽세포의 히스타민 기능을 억제함으로써 산 분비를 억제함 • 음식과 함께 복용	• 노인층에서는 정신상태의 혼란을 야기하기도 함 • 메스꺼움, 구토, 변비, 설사
	양성자 펌프 억제제	• 벽세포의 양성자 펌프에 작용하여 수소이온의 분비를 억제함	• 철, 칼슘, 엽산, 비타민 B_{12} 등의 흡수 억제 • 메스꺼움, 구토, 변비, 설사, 복통
위점막 방어기능 증강제		• 위벽을 펩신, 위산과 담즙산 등의 공격으로부터 방어하는 점액 물질을 생성함 • 궤양의 단기간 치료요법으로 사용 • 대표적인 예로 슈크랄페이트, 프로스타글란딘, 비스무스 등	• 다른 약물과 동시 복용할 경우, 위 십이지장 점막에 부착되는 것을 방해하여 약효를 떨어뜨릴 수 있음 • 변비

④ 영양관리

- 소화성 궤양 환자의 영양관리 목표는 영양 결핍의 문제를 개선하고, 식사 및 생활습관 개선 등을 통해 증상을 최소화하는 데 있다.
- 환자는 위산 분비를 증가시키거나 소화관 벽에 자극을 주는 음식(예 알코올, 커피, 카페인 함유 음료, 초콜릿, 후추 등)의 섭취를 삼가야 하며, 개인별 차이가 크므로 환자의 식사 수용도에 따라 적절히 계획하는 것이 중요하다.
- 과식을 삼가고 소량의 식사량을 유지하며, 적어도 잠자리에 들기 2시간 전에는 음식 섭취를 삼간다.

- 환자의 위 운동능력이 저하되어 있지 않다면, 섬유소를 함유한 음식을 제공함으로써 위산 중화와 제산제로 인한 변비 부작용 완화의 효과를 볼 수 있다.
- 특히 브로콜리와 같은 십자화과 채소들과 콩으로 만든 식품은 위점막의 헬리코박터 파이로리균으로 인한 스트레스에 저항능력을 향상시키므로 섭취를 권장한다.
- 소화성 궤양 환자들은 비타민 B_{12} 수치가 낮은 경향을 보이므로, 빈혈 여부에 대해서 모니터링이 필요하다.

(4) 위 수술

① 위 절제수술의 종류

소화성 궤양질환에서 약물치료로 치유되지 않거나 천공, 출혈, 위 출구 폐색 등의 합병증상이 나타난 경우나 위암 등의 치료를 위해 위의 일부 혹은 전부를 절제하는 수술gastrectomy을 실시하게 된다. 부분적으로 위절제를 하는 경우 절제하는 위치에 따라서 유문 측 위절제술 혹은 분문 측 위절제술이라 불리며, 전부를 절제하는 경우를 위전적출술이라고 한다. 부분 절제를 진행한 후 남은 위 조직은 십이지장(위십이지장연결술)이나 공장(위공장연결술)과 연결되며, 전체 위 절제(위전적출술)를 실시한 경우에는 식도가 곧장 소장과 연결된다[그림 3-4].

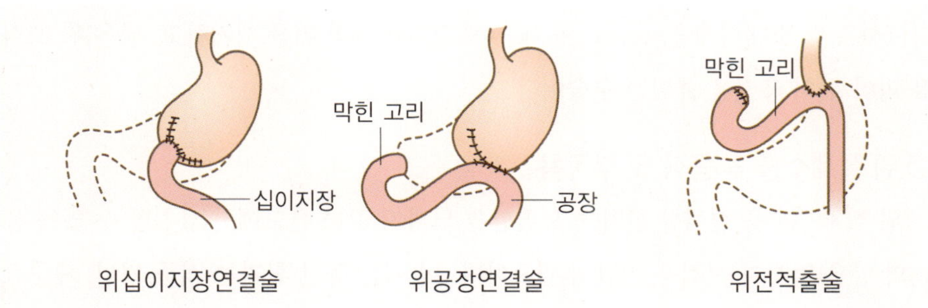

그림 3-4 | 위 절제수술의 종류

출처: DeBruyne et al, Nutrition & Diet therapy, 9th edition, Cengage Learning, 2016

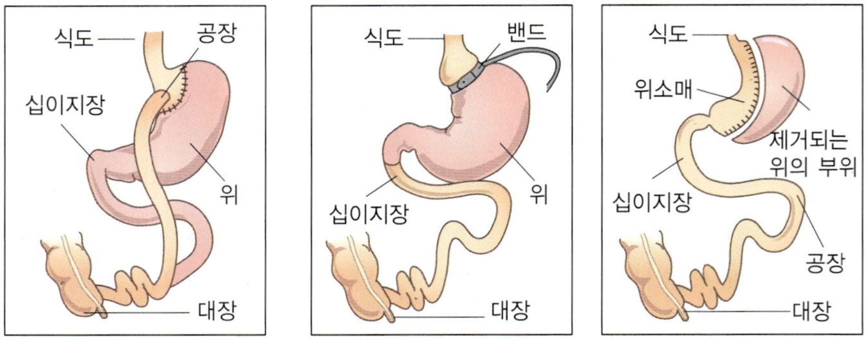

(1) 루와이 위우회술 (2) 위 조절 밴드술 (3) 위 소매절제술

그림 3-5 | 고도비만을 위한 위 수술의 종류

출처: DeBruyne et al, Nutrition & Diet therapy, 9th edition, Cengage Learning, 2016

추가적으로 고도비만 환자의 비만과 관련한 합병증을 치료하기 위해 위의 크기를 줄이거나 위에서 소장으로 우회로bypass를 만드는 각종 수술법을 베리아트릭 수술bariatric surgery이라고 한다.

[그림 3-5]에서 (1)은 루와이 위우회술Roux-en-Y gastric bypass로 식도와 연결된 위의 작은 부위를 공장으로 직접 연결함으로써 음식이 소장의 주요 흡수 부위를 우회하게 만든다. (2)는 위 조절 밴드술gastric banding procedure로 위의 상부에 가까운 곳을 부풀릴 수 있는 밴드로 조여서 작은 위 주머니를 만들어 주는 수술로 밴드에 액체를 더하거나 빼서 밴드 자체를 더 꽉 조이거나 느슨하게 조절하는 것이 가능하다. (3)은 위 소매절제술sleeve gastrectomy로 70~85%의 위를 제거하고, 남은 위 조직을 막아 위의 용적을 줄이는 수술이다.

② 위 절제수술 후 증상 및 부작용

위 절제수술을 실시한 환자는 불편함을 느끼지 않는 한도에서 섭취할 수 있는 음식의 양을 알아가는 적응 기간이 필요하다. 이 기간 동안 환자는 식품 기피, 체중감소, 나아가 영양불량 등의 증상을 경험할 수 있다. 특히 위장 절제의 정도와 절제 부위에 따라 지방흡수문제, 뼈 관련 질환의 위험성 증가, 빈혈 등의 영양문제들도 나타난다〈표 3-9〉.

표 3-9 | 위 절제수술 후의 영양 관련 합병증

영양 문제	발생 원인
지방흡수문제	• 음식물 소화기관 이동 속도가 증가하여 지방소화효소와 담즙의 정상적인 혼합이 어려움 • 위 절제수술에서 십이지장을 제거하거나 우회하면, 지방소화효소인 리파아제 감소 • 세균의 과다 증식은 담즙산의 조성 변화로 인한 담즙의 기능 저하 초래
뼈 관련 질환	• 지방흡수문제는 비타민 D와 칼슘 섭취에 문제를 발생 • 덤핑증후군으로 고통받는 환자의 경우 비타민 D와 칼슘의 좋은 급원인 우유 섭취를 제한하므로 뼈 관련 질환 위험성 증가 • 수술 후, 해마다 골밀도 모니터링 실시 권장 • 칼슘과 비타민 D 보충제 권장
빈혈	• 위산과 내적인자 분비의 감소로 인해 철과 비타민 B_{12}의 흡수장애 발생 • 철 흡수의 주된 장소인 십이지장이 제거된 환자는 철 결핍의 위험이 더 높음 • 철과 비타민 B_{12} 보충제 권장

빈혈(anemia)

빈혈이란 혈중 산소운반 기능을 담당하는 적혈구 양의 감소 혹은 헤모글로빈 수치의 감소로 정의된다. 빈혈은 다양한 질병들과 관련이 있고, 병원 입원 환자에게 흔하게 나타난다.

1. 빈혈의 발생

빈혈은 적혈구(red blood cells, erythrocytes)가 충분히 생산되지 않거나 빠른 속도로 파괴되거나 출혈로 인해 손실될 때 발생한다. 빈혈의 종류와 발생기전은 다음과 같다.

2. 빈혈의 종류와 발생기전

빈혈의 종류	발생기전
만성 빈혈	질병이나 염증상태에 의해 철분의 감소, 적혈구 생산의 감소와 파괴의 증가
재생불량성 빈혈 (aplastic anemia)	면역질환, 바이러스, 약물, 독성물질, 유전적 결함 등에 의해 줄기세포가 성숙한 적혈구 세포로의 발달 실패
엽산 혹은 비타민 B_{12} 결핍성 빈혈	DNA 합성과 세포 분화에 필요한 엽산이나 비타민 B_{12} 부족으로 인해 결과적으로 거대하고 미숙한 적혈구 생산(거대적아구성 빈혈, megaloblastic anemia)
용혈성 빈혈	적혈구 세포의 미성숙한 파괴, 적혈구의 반감기가 단축되고 적혈구의 수도 감소
출혈성 빈혈	혈액 손실로 인해 혈중의 적혈구 감소 초래
철 결핍성 빈혈	철의 결핍으로 인해 헤모글로빈 생산에 영향을 주어 작고, 혈색소가 감소된 적혈구 생산(microcytic anemia)
낫세포 빈혈 (sickle cell anemia)	헤모글로빈 분자에 유전적인 돌연변이가 발생하여, 비정상적인 낫 모양의 적혈구 생산
탈라세미아 (thalassemia)	헤모글로빈 합성을 감소시키는 유전적인 돌연변이로 적혈구 생산 감소, 지중해 연안 나라들에서 많이 발생

3. 빈혈의 판정

혈액을 원심 분리하였을 때 전체 혈액에서 차지하는 적혈구의 용적비율을 헤마토크릿(hematocrit)이라고 하며, 이는 헤모글로빈 농도와 함께 가장 자주 사용되는 빈혈 판정 적혈구 지수 중 하나이다. 평균 적혈구 용적(mean corpuscular volume, MCV), 평균 적혈구 헤모글로빈 농도(mean cell hemoglobin concentration, MCHC), 평균 적혈구 헤모글로빈(mean cell hemoglobin, MCH) 또한 빈혈을 판정하는 적혈구 지수로 사용된다.

• 적혈구 지수의 계산식과 영향을 주는 요인

적혈구 지수	계산식	정상치	변화 요인
평균 적혈구 용적 (MCV)	헤마토크릿 /적혈구 수	82~92 mm^3	• 철 결핍으로 감소 • 엽산이나 비타민 B_{12} 결핍으로 증가
평균 적혈구 헤모글로빈 농도(MCHC)	헤모글로빈 /헤마토크릿	320~360 g/L	• 철 결핍, 저색소성 빈혈에서 감소 • 거대적아구성 빈혈에서는 정상
평균 적혈구 헤모글로빈 (MCH)	헤모글로빈 /적혈구 수	26~34 pg	• 철 결핍, 저색소성 빈혈에서 감소

출처: 장유경 외, 이해하기 쉬운 임상영양관리 및 실습, 파워북, 2016

4. 적혈구 생산에 영향을 주는 영양소와 관련 빈혈의 증상

적혈구 생산에 가장 큰 영향을 주는 영양소로는 철, 엽산, 비타민 B_{12}가 있다.

① 철: 철은 헤모글로빈 생산에 필수적인 영양소로 철분 결핍은 소적혈구빈혈(microcytic anemia)을 유발한다. 혈중 헤모글로빈의 농도가 7 g / 100 mL 이하인 경우로 피로, 두통, 어지러움, 운동 중 흉통, 안면 창백 등이 나타나며, 증상이 지속되면 심장에 부담이 가해져 가벼운 운동에도 숨이 차고 심하면 호흡곤란과 심부전을 초래한다.

② 엽산과 비타민 B_{12}: 엽산과 비타민 B_{12}는 DNA의 합성 과정에 관여하는 영양소로, 두 가지 중 하나라도 결핍되면 거대적아구성 빈혈을 유발할 수 있다. 결핍 증상으로는 허약하고 숨이 차며, 입과 혀가 쓰리고, 설사와 부종, 식욕감퇴와 체중감소, 맥박 수 증가, 현기증, 탈력감 등 일반적인 빈혈 증상이 나타난다.

비타민 B_{12} 결핍은 엽산 결핍 증상과는 달리 신경장애의 원인이 되며, 손발 저림, 지각 마비, 균형 상실 및 브행 곤란 등이 나타나고 심해지면 편집증, 환각, 의식혼란 및 기억상실까지도 초래된다. 엽산과 비타민 B_{12} 결핍성 빈혈을 구별하기 위해서는 혈청 비타민 B_{12} 농도와 엽산 농도 이외에도 소변에서 FIGLU(formiminoglutamic acid)를 측정한다. 엽산 결핍 시에는 소변의 FIGLU 양이 높지만, 비타민 B_{12} 결핍 시에는 아주 소량만 배설되므로 어떤 영양성분의 결핍으로 인한 거대적아구성 빈혈인지 구별이 가능하다.

이 외에도 흔하게 발생하지는 않지만 비타민 E, 비타민 B_6, 비타민 C 부족 및 단백질–에너지 영양불량 등도 빈혈을 유발할 수 있다.

5. 흡수불량과 빈혈

본 장에서 논의되었던 소장의 손상으로 인해 유도되는 영양소 흡수불량 또한 빈혈을 유발할 수 있다. 예를 들어 크론병과 셀리악병은 장 점막을 손상시켜 영양소의 흡수를 감소시킨다. 철의 주된 흡수장소인 십이지장과 공장의 상부 손상으로 장 절제수술이 진행되었을 경우 비타민 B_{12} 결핍성 빈혈의 위험이 증가한다.

덤핑증후군(dumping syndrome)

위 절제수술이나 유문괄약근 제거수술을 실시한 환자 중, 20~40%에서 덤핑증후군 증상이 합병증으로 나타난다. 대부분의 경우에는 시간에 따라 증상이 개선되는데, 일부의 환자에서는 수술 후 몇 개월 혹은 몇 년이 경과한 후에 처음으로 덤핑 증상이 나타나기도 한다.

덤핑증후군의 증상과 원인

위 절제수술 후 덤핑증후군은 갑작스러운 위 배출 속도 증가로 인해 흔하게 발생하며, 발생하는 시간대에 따라 조기와 후기 덤핑 증후군으로 분류되며 증상과 발생 원인은 다음과 같다.

• 조기 덤핑증후군

식사 후 약 30분~1시간 사이에 발생한다. 음식물 덩어리가 십이지장이나 공장으로 곧바로 들어오면서 소화관 내 삼투압이 상승하고, 보상작용으로 혈관에 있는 수분이 장 속으로 이동하여 복통, 더부룩한 느낌, 설사 등의 증상이 나타나고, 혈관 속의 수분 감소는 혈액량의 감소로 이어져 빈맥, 얼굴 붉어짐, 메스꺼움과 구토, 현기증 등을 일으킨다.

• 후기 덤핑증후군

식사 후 1~3시간 사이에 발생한다. 특히 환자가 고단순당질 식사를 섭취한 후 소장에서 당질이 빠르게 흡수되어 고혈당 상태가 되면 이를 보상하기 위해 과다한 인슐린 분비가 일어나 결국 저혈당이 발생한다. 저혈당증은 걱정, 혼돈, 두통과 어지럼증, 식은땀, 현기증, 실신 등의 증상을 일으킨다. 조기 덤핑증후군과 달리 자주 발생하지는 않는다.

③ 위 절제수술 후의 영양 관리

위 절제수술이 시행된 직후에는 경구 섭취를 제한하며, 정맥영양으로 영양공급을 실시한다. 처음에는 얼음조각을 빨거나 소량의 물로 경구 섭취를 시작하고 상태가 호전되면 유동식(무가당)으로 시작하여 점차적으로 단계를 높인다. 고형식의 섭취가 시작되면 1~2가지 종류의 식품만을 포함한 식이를 제공하여 각 식품에 대한 환자의 저항도를 꼼꼼히 살펴 영양평가를 실시한다. 만약 환자가 합병증으로 인해 고형식으로의 진행이 힘든 경우에는 경장영양을 적용한다.

위 절제수술 후에는 환자에게 남은 위의 크기에 따라 식사의 양과 위 배출 속도 등이 결정되며, 환자의 식품 저항도에 따라 소량 식사와 간식 제공 정도(5~8끼/일)를 결정할 수 있다. 또한 적정량의 단백질 섭취를 위해서 단백질 식품이 매끼마다 포함되어 있어야 한다. 위 절제수술 후 허용되는 식품과 제한되는 식품은 〈표 3-10〉과 같다.

표 3-10 | 위 절제수술 후 식이

식품의 종류	허용 식품	제한 식품
육류와 육류 대체식품들	부드러운 살코기, 생선, 닭고기, 갑각류, 달걀, 부드러운 땅콩버터	튀기거나 거칠고 질긴 고기류, 생선, 닭고기, 갑각류, 소시지, 베이컨, 햄, 마른 씨앗이나 견과류, 거친 땅콩버터
우유와 유제품	우유, 플레인 요구르트, 치즈	밀크셰이크, 초콜릿 우유, 당이 첨가된 요구르트
빵과 시리얼	빵, 크래커, 베이글, 파스타, 아침식사용 전곡류 시리얼(무가당)	1인 1회분량당 2g 이상의 식이섬유소가 첨가된 빵이나 시리얼, 건조과일이나 견과류를 함유한 제과제품, 그레놀라, 설탕이 코팅된 시리얼, 페이스트리, 도넛
채소	껍질이나 씨를 제거하지 않은 부드럽게 요리한 채소, 생양상추	생채소, 비트, 브로콜리, 양배추, 옥수수, 감자껍질
과일	무가당 통조림 과일, 바나나, 멜론	가당 통조림, 생과일(바나나와 멜론 제외), 건조과일, 과일주스
음료	디카페인 커피나 차, 인공감미료가 함유된 음료	카페인 함유 음료, 알코올 음료, 과당 음료, 옥수수 시럽, 꿀

위 수술 후 영양지침

- 위 절제수술로 감소한 위 용적에 맞도록 소량의 식사를 하되, 섭취 에너지가 부족하지 않도록 식사 횟수를 증가시킨다.
- 안정된 분위기에서 식사를 하며, 천천히 꼭꼭 씹어 삼킨다.

- 식이섬유소(특히 펙틴과 검gum과 같은 수용성 식이섬유소)가 함유된 음식을 섭취한다.
- 저혈당 증상이 계속된다면, 고단백질 음식을 끼니마다 포함시킨다.
- 식사 중에 물/음료 섭취를 제한하며, 식사 전과 후 30~60분 사이에도 물/음료를 마시는 것을 금지한다. 하지만 그 외의 시간에는 탈수가 되지 않도록 수분 섭취를 잊지 않는다.
- 주스나 가당 음료, 당이 과량 함유되어 있는 식품의 섭취를 삼가고 인공감미료의 사용을 권장한다.
- 유당 함량이 높은 우유와 대부분의 유제품을 삼가지만 비교적 적은 양의 유당을 함유하고 있는 치즈는 환자에 따라 섭취 가능하다.
- 탄산음료는 배에 가스를 차게 하므로 삼간다.
- 아주 뜨겁거나 차가운 음식은 삼간다.
- 식후 20~30분 정도 누워있는 것은 음식이 천천히 소화기관에서 움직이는 것을 도와주므로 권장한다. 그러나 식사는 곧게 앉아서 섭취한다.

정리하기

1 연하곤란은 환자의 식이 섭취를 방해하고 흡인의 위험을 증가시키며, 치료로는 식이 조절과 연하와 관련된 근육강화 운동 등이 처방된다.

2 위식도 역류 질환은 염증, 식도성 궤양, 출혈과 협착 등으로 발전할 수 있으며, 치료방법으로는 생활습관 변화와 제산제 처방이 함께 적용된다.

3 헬리코박터 파이로리균의 감염으로 인한 위염과 소화성 궤양이 가장 흔하며, 이는 항생제 처방으로 치료 효과를 볼 수 있다. 한편 비스테로이드성 항염증제(NSAIDs)의 복용으로 인한 점막벽의 손상으로 위염과 소화성 궤양이 유발되기도 한다.

4 위염과 소화성 궤양의 영양관리는 잠재적인 영양소 결핍의 발생 위험을 방지하고, 증상을 악화시키는 특정 음식을 식단에서 제한하는 데 초점을 둔다.

5 위 절제수술은 암의 치료, 위궤양으로 인한 합병증의 치료, 비만 치료 등을 위해서 실시되며, 수술 후에는 환자 개인별로 절제 부위나 절제 정도에 따라 영양 관련 부작용을 최소화하기 위해서 집중적인 영양관리가 필요하다. 위 절제수술 후의 합병증으로는 지방 흡수 불량, 뼈 관련 질환, 빈혈과 덤핑증후군 등이 있다.

Case study

조기 위암 위 부분 절제수술의 영양관리 사례

[수술 전 영양판정]

건강검진에서 위내시경(EGD, esophagogastroduodenoscopy)을 통한 조직검사 결과 선암(adenocarcinoma)으로 확인되었고 조기 위암(early gastric cancer)으로 진단받은 61세 남자 환자가 위 절제수술을 위해 입원하였다. 평소 고혈압으로 약물을 복용하고 있었으며(telmisartan, amlodipine) 다른 기저질환은 없었고, 입원 2일째 아전위절제술(STG, subtotal gastrectomy)을 시행받았다. 신장은 172 cm으로 입원일 측정한 체중은 평소 체중과 동일한 68 kg, BMI 23.0 kg/m^2의 정상체중 범위였고, 혈중 제반 영양지표 모두 양호하여(total protein/albumin 7.4/4.1, Hgb/Hct 14.1/41.1, total cholesterol 183) 수술 전 영양상태는 정상으로 판정되었다.

[수술 후 영양판정과 영양진단]

수술 후 3일째 부드러운 수술 후식 미음에 양호한 적응도를 보여 익일부터 소량씩 죽을 시작해 증량하였다. 수술 후 5일째, 수술 후 죽 진행 3일째로 수술 후 영양요구량을 2,000 kcal/88 g protein/day(산출근거: 30 kcal/1.3 g protein/admission weight, usual body weight)로 기준 요구량 대비 약 60%가량 섭취하였으며, 요구량 대비 40%가량이 부족하였다. 수술 전과 비교해 약 1 kg가량의 경도 체중감소가 있었고 임상혈액 영양지표는 대체로 양호하였으나 입원 시보다 감소하였다(total protein/albumin 7.1/4.0, Hgb/Hct 13.3/39.5, total cholesterol 177 CRP 5.03). 영양진단 결과 수술로 인한 위장관 운동성 감소 및 위용적 감소, 유문괄약근의 소실로 인한 소화불량 및 경구섭취량의 감소로 영양불량 진행 위험요인이 있었다.

[영양중재]

수술 후 5일째, 경구 섭취 진행 3일째 소화기 수술에 따른 식후 위장관 불편감의 최소화와 심한 체중감소 예방을 위한 영양교육을 실시하였다. 주요 교육 내용은 수술 후 회복 및 빈혈 예방을 위한 영양 요구량에 준한 단백질과 열량의 충분한 섭취방법, 위 절제 후 식사원칙, 덤핑증후군 위험요인과 예방을 위한 식사 및 간식의 선택방법이었고 수술 후 1개월째 추후 영양관리계획을 설정하여 2차 방문일을 계획하였다.

CLINICAL NUTRITION

CHAPTER

4

하부 소화기계 질환과 영양

1. 하부 소화기계의 구조와 기능 | 2. 하부 소화기계의 질환

용어 정리

- **크론병(Crohn's disease)** 소장의 하단 부위와 결장에 발생하는 염증성 장 질환으로, 염증이 장벽 전체로 번질 수 있으며 비연속적으로 나타남
- **궤양성 대장염(ulcerative colitis)** 직장과 결장 부위에 발생하는 염증성 장 질환으로, 염증이 장 점막과 점막하 조직까지 영향을 미치며 연속적으로 나타남
- **프로바이오틱스(probiotics)** 살아있는 비병원성 미생물로 다양한 질병을 예방하거나 치료하기 위한 목적으로의 연구가 활발함
- **회맹괄약근(ileocecal sphincter)** 소장과 대장을 구분하는 밸브로 대장의 내용물들이 회장으로 역류하는 것을 방지함
- **간문맥계(hepatic portal system)** 소장에서 흡수된 대부분의 영양소들이 간으로 이동해 잠재적으로 신체에 해를 줄 수 있는 생체 이물질의 제거를 담당
- **단장증후군(short bowel syndrome)** 여러 가지 이유로 장의 일부 혹은 전체를 절제하는 수술 후 발생하는 복합적인 대사 변화와 흡수 문제

1. 하부 소화기계의 구조와 기능

하부 소화기계lower GI tract는 소장small intestine과 대장large intestine으로 구성되어 있으며, 위로부터 이동한 음식의 소화와 영양소의 흡수기능을 담당한다. 하부 소화기계의 또 다른 중요한 역할은 면역기능으로, 대장에 서식하는 장내균총의 중요성과 이들의 변화와 다양한 건강상태 및 질병 발생과의 연관성(예 염증, 비만, 염증성 장 질환, 우울증, 자폐증 등)에 대한 연구가 활발하게 진행되고 있다.

1) 소장의 구조와 기능

소장은 소화기관 중 가장 긴 기관으로 평균길이가 약 6~7 m, 지름이 약 2.5~3 cm의 관으로 유문괄약근부터 회맹괄약근까지를 포함한다. 소장은 십이지장

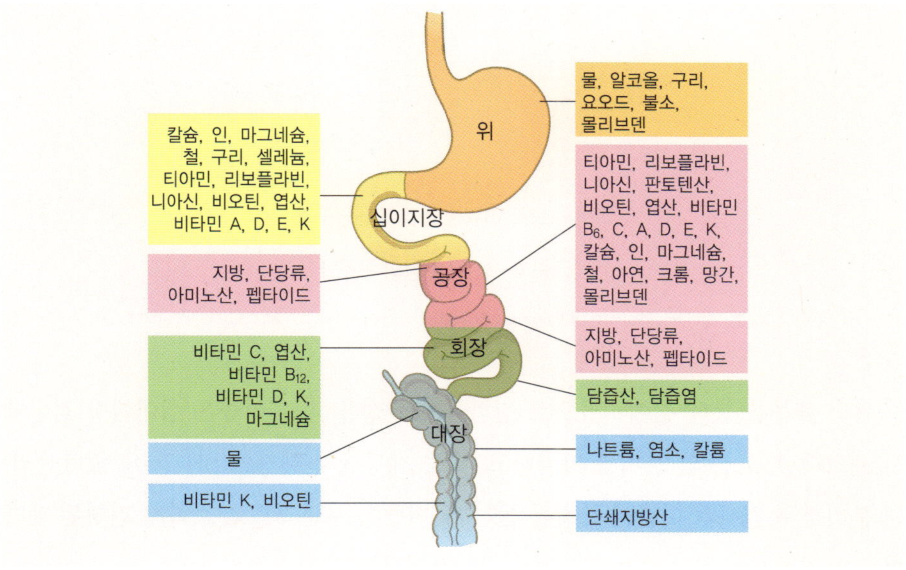

그림 4-1 | 각 부위별 흡수되는 영양성분

출처: L. Kathleen Mahan et al. Krause's Food and the Nutrition Care Process, 13th edition, Saunders, 2013 (duodenum, 0.5 m), 공장(jejunum, 2~3 m), 회장(ileum, 3~4 m)의 세 부분으로 이뤄져 있으며, 환상 주름, 융모villi와 미세융모microvilli가 있어 흡수면적을 극대화시키는 구조를 가진다. 영양소의 흡수는 대부분 소장 상부에서 이뤄지며, 소장의 각 부분에서 흡수되는 영양성분[그림 4-1]과 여러 층으로 이뤄진 소장의 종단면 구조는 [그림 4-2]와 같다.

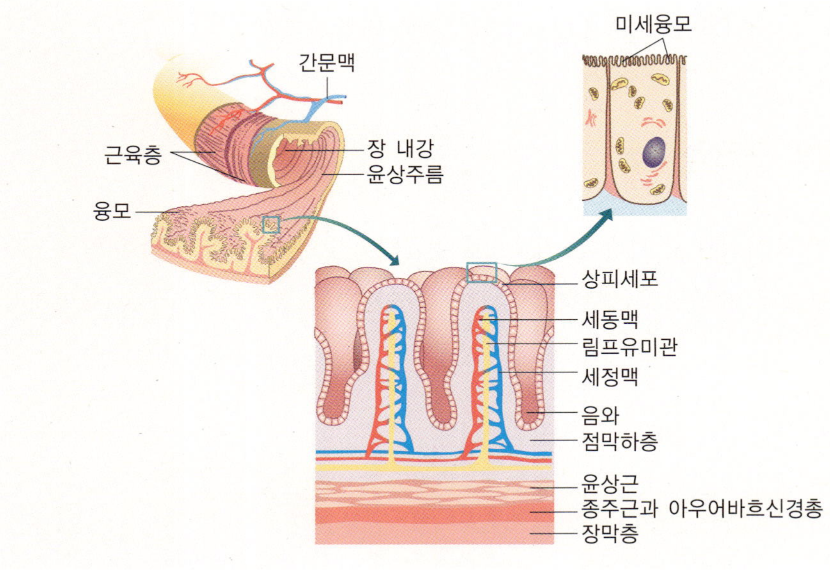

여러 층으로 이뤄진 소장의 단면구조

그림 4-2 | 소장의 구조

출처: Silverthorn DU, Human physiology An integrated approach, 6th edition, Pearson. 2013

위의 유문을 통해 십이지장으로 진입한 강산성을 띠는 미즙은 십이지장 점막에서 세크레틴secretin의 분비를 자극하고, 이는 췌장에서 췌장액(pH 7~8, 중탄산염)의 분비를 촉진시켜 미즙의 중화를 돕는다. 미즙은 부분적으로 소화가 진행된 펩타이드와 지방산을 함유하고 있는데, 이는 장에서 콜레시스토키닌cholecystokinin, CCK의 분비를 촉진시킨다. 콜레시스토키닌은 간에서의 담즙 생성, 담낭에서의 담즙 분비를 촉진하는 동시에 췌장액 효소pancreatic enzymes를 분비하여 소장에서 본격적인 소화가 이뤄지도록 한다. 장에서 분비되는 소화 관련 호르몬은 〈표 4-1〉에 정리하였다.

표 4-1 | 소장에서 분비되는 소화 관련 호르몬들

호르몬	분비 자극 인자	영향을 주는 기관	효과
세크레틴 (secretin)	소장의 산성 환경	췌장, 위	• 췌장에서 중탄산염을 함유한 췌장액 분비 촉진 • 위 배출과 위산 분비 억제
콜레시스토키닌 (CCK)	지방산과 아미노산	담낭, 췌장, 위	• 담낭 수축과 췌장 효소 분비 자극 • 위 배출과 위산 분비 억제
위 억제 펩티드 (gastric inhibitory peptide, GIP)	소장에 존재하는 포도당, 지방산, 아미노산	췌장의 베타 세포	• 인슐린 분비 자극 • 위 배출과 위산 분비 억제

췌장액에는 탄수화물, 단백질, 지방을 분해할 수 있는 소화효소가 모두 함유되어 있다. 즉, 탄수화물 분해효소인 아밀라아제amylase는 전분을 덱스트린과 맥아당으로 분해하고, 지방 분해효소인 리파아제lipase에 의해서 중성지방을 글리세롤, 모노글리세리드monoglyceride, 다이글리세리드diglyceride, 지방산의 형태로 분해한다. 단백질은 트립신trypsin, 키모트립신chymotrypsin, 카복시펩티다아제carboxypeptidase 등에 의해 다이펩티드dipeptide 및 아미노산으로 분해된다.

소장액에는 이당류 분해효소인 말타아제maltase, 슈크라아제sucrase, 락타아제lactase와 단백질 분해효소인 아미노펩티다아제aminopeptidase, 다이펩티다아제dipeptidase가 함유되어 있어 이당류를 단당류로, 폴리펩티드나 다이펩티드는 아미노산으로 최종 분해한다〈표 4-2〉.

표 4-2 | 소화효소의 종류와 작용

영양소	분비기관	분해효소	기질	분해산물
탄수화물	타액선, 췌장	아밀라아제	전분	맥아당
	장	말타아제	맥아당	포도당 + 포도당
		락타아제	유당	포도당 + 갈락토오스
		수크라아제	서당	포도당 + 과당
단백질	위	펩신	내부 펩티드결합	펩티드
	췌장	트립신, 키모트립신	내부 펩티드결합	펩티드
	장	아미노펩티다아제	아미노기 말단에 작용	아미노산
	췌장	카르복시펩티다아제	카르복실기 말단에 작용	아미노산
지질	췌장	리파아제	트리글리세라이드	모노글리세라이드와 유리 지방산
		포스포리파아제	인지질	다이소인지질과 유리 지방산

출처: 이연숙 외, 이해하기 쉬운 인체생리학, 파워북, 2017

일련의 소화 과정을 거쳐 작은 조각으로 분해된 음식물 성분들은 [그림 4-1]에 표시된 바와 같이 소장과 대장의 특정 위치에서 확산과 능동수송에 의해 흡수된다. 단당류, 아미노산, 글리세롤, 단쇄지방산, 중간사슬지방산 등은 소장 세포 아래의 모세혈관을 통해 간문맥계를 거쳐 간으로 이동한다. 한편 긴사슬지방산과 모노글리세리드는 킬로미크론의 형태로 림프관을 통해 혈액으로 이동한다. 이때 물리적인 소화도 동시에 이뤄지는데, 소장의 평활근에 의한 연동운동과 분절운동을 통해 음식물이 소장의 관을 따라 일정한 속도로 이동과 혼합이 이뤄진다[그림 4-3].

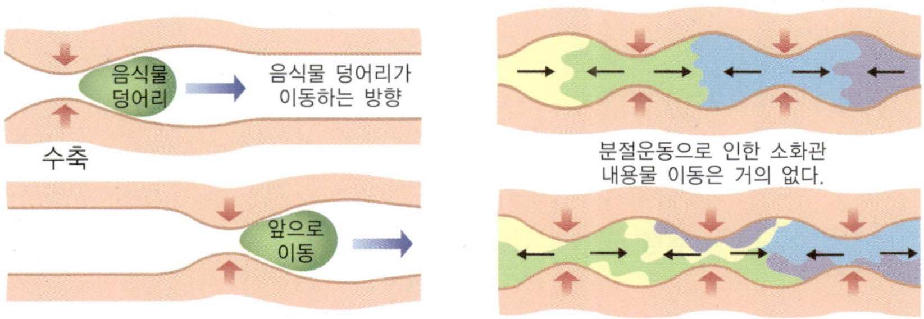

연동운동(소화관 내의 음식물 덩어리가 앞으로 이동하게 한다.)

분절운동(내용물의 혼합을 담당한다.)

그림 4-3 | 소화기관의 연동운동과 분절운동

출처: Silverthorn DU, Human physiology An integrated approach, 6th edition, Pearson. 2013

2) 대장의 구조와 기능

대장large intestine은 회맹판부터 항문까지를 포함하며, 평균길이가 1.5~2 m, 지름이 5~7 cm의 관상 구조로, 맹장, 결장(상행, 횡행, 하행, S상), 직장으로 나뉜다[그림 4-4]. 대장은 수분과 약간의 영양소, 전해질 흡수의 기능을 가지며 대장 박테리아에 의해서 합성된 비타민(비타민 B_{12}, K, 비오틴, 엽산 등)을 흡수한다.

소화·흡수되지 않은 찌꺼기, 탈락된 장점막 세포, 장내세균 등이 혼합되어 대변을 형성한다. 일반적으로 대변은 75%가 물, 25%가 고형물질이지만 그 비율은 사람마다 다양하다. 고형물질의 1/3은 죽은 박테리아, 20~40%는 무기물질과 지방, 약 2~3%는 단백질, 나머지는 소화되지 않은 식이섬유, 담즙과 같은 소화액 성분을 포함한다. 대장에서도 연동운동과 분절운동을 통해 대변을 이동시켜 몸 밖으로 배출한다.

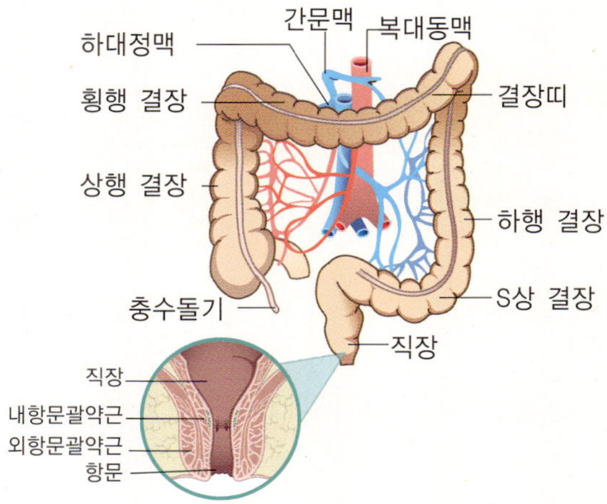

그림 4-4 | 대장의 구조

출처: 이연숙 외, 이해하기 쉬운 인체생리학, 파워북, 2017

2. 하부 소화기계의 질환

1) 장 기능장애 질환

(1) 설사

① 증상과 원인

성인의 대변 배설량은 하루 평균 200 g 이하로, 대변 내 수분은 약 60~85%를 차지한다. 설사diarrhea는 수분을 과다하게 함유한 대변을 자주 배설하는 증상으로 하루 대변량이 200 g이 넘고 대변 횟수가 3회를 초과하는 경우를 일컫는다. 대부분의 경우, 설사는 하루에서 이틀 정도 지속되다가 특별한 합병증 없이 진정되는 경우가 많지만, 심각하고 지속적인 설사는 탈수와 전해질 불균형을 초래할 수 있다.

설사의 원인으로는 박테리아나 바이러스 감염, 약제나 식이, 염증성 장 질환 등이 대표적이며, 장의 수분 재흡수 기능의 이상과 장내 분비가 과다하게 증가했을 때도 설사가 발생한다. 이외에도 장의 운동기능 이상 또한 수분 재흡수를 위한 시간 부족으로 설사를 유발할 수 있다. 이러한 설사의 종류는 원인에 따라 크게 항생제-유발성, 삼투성, 분비성, 삼출성, 여행자, 만성, 이질성 설사 등이 있다.

- 항생제-유발성 설사antibiotic-induced diarrhea: 클리다마이신 등의 항생제 복용으로 유발되는 설사로, 항생제 저항성이 있는 프로바이오틱스(예 락토바실러스 균주) 섭취가 증상 개선에 도움을 줄 수 있다.
- 삼투성 설사osmotic diarrhea: 제대로 흡수되지 않은 영양소가 장관에 존재하여 장내로 유입된 수분에 의해 발생하는 설사로, 삼투성 설사의 가장 흔한 원인으로는 솔비톨sorbitol, 만니톨mannitol 혹은 과당 등의 과다 섭취와 유당분해효소의 결핍 등이다.
- 분비성 설사secretory diarrhea: 장의 분비물질이 재흡수가 가능한 양보다 과다하게 분비될 때 발생하는 설사로 박테리아, 바이러스, 담즙산, 연하제 혹은 호르몬에 의해 발생한다. 영아와 어린이들에게는 로타바이러스Rotavirus가 주된 원인으로 작용한다.
- 삼출성 설사exudative diarrhea: 감염이나 염증성 장 질환이 원인으로 작용하는 경우가 많으며, 24시간 이상 지속되거나 열을 동반한다면 병원을 방문하는 것이 좋다.
- 여행자 설사traveler's diarrhea: 다른 지역의 음식이나 물속 박테리아에 의해 유발되는 설사로 흔히 대장균, 캠프로박터, 살모넬라 등의 박테리아 감염에 의해 유발된다.

② 치료

설사를 유발한 원인에 따라서 치료는 다르게 진행된다. 예를 들어 설사의 원인이 항생제였다면, 다른 종류의 항생제를 처방하고, 설사의 원인이 음식물이라면 환자의 식단에서 그 음식을 제거하는 등의 조치가 필요하다. 그럼에도 불구하고 만성적 설사 증상이 개선되지 않는다면, 지사제로 소화기관의 움직임을 늦춰주거나 장내 분비를 감소시키도록 한다.

③ 영양관리

설사의 원인은 다양하므로 이에 대한 영양관리는 의학적 진단과 심각도 그리고 설사가 진행된 기간 등에 따라 결정되어야 한다. 특히 설사는 잠재적인 탈수의 위험이 있으므로 수분 공급 혹은 전해질 공급이 필수적이다. 설사 환자들에게 권장되는 영양관리는 저잔사식, 저지방식, 그리고 유당 제거식 등이다. 더불어 가스를 발생시킬 수 있는 음식(소화가 잘 안 되거나 흡수가 힘든 탄수화물 함유 식품)의 섭취는 복부의 불편감을 가중시키므로 삼가는 것이 좋으며, 카페인 함유 음료의 섭취는 장운동을 자극하여 수분의 재흡수를 방해하므로 섭취를 제한한다.

저잔사식은 일반적으로 수술 전후나 장 질환(크론병, 궤양성 대장염, 게실염 등)

알아두기

저섬유소식 vs 저잔사식

저섬유소(low-dietary fiber)식은 적절한 식사량과 영양소를 공급하면서 장을 과다하게 팽창시키지 않고 질병을 악화시키지 않을 정도로 대변량을 줄이는 것을 목표로 한다. 일반적으로 저섬유소식은 1일 10~15 g(5.5 g/1,000 kcal) 이하의 식이섬유소를 포함하는 식사로, 정제된 곡류 제품을 이용하고 과일류, 채소류는 껍질과 씨를 제거하여 사용하며, 견과류와 콩류는 제한한다. 또한 저섬유소식을 하는 환자들은 음식을 천천히 잘 씹어 먹도록 하며, 한꺼번에 과량의 음식 섭취를 피하는 것이 좋다.

저잔사(low-residue)식은 소화, 분비, 흡수, 발효 과정 후 최종적으로 남는 결과물인 잔사를 줄이는 것으로 저섬유소식과는 차이가 있다. 예를 들어 식이섬유소를 증가시키면 분변량이 늘어나기는 하지만 유당 흡수불량이 있다면 섬유소가 없는 식사라도 분변량/잔사는 증가하므로 저잔사식에서는 유제품을 제외한다. 즉 저잔사식은 환자가 음식을 섭취하면서 변의 잔사량도 동시에 최소화시켜 장에 휴식을 주는 것을 목표로 한다.

시 장관 내 운동을 감소시키고 대변량을 줄일 때 제공되는 식사로, 식이섬유(8 g 이하/일), 지방, 우유 및 유제품, 육류의 결체조직 등은 제한하지만 수용성 식이섬유는 대변 중 수분 흡수와 담즙산의 흡착을 도와 지방소화에 긍정적인 영향을 주므로 섭취를 권장한다.

추가적으로 살아있는 미생물, 프로바이오틱스probiotics의 섭취가 특히 감염성 설사의 치료에 도움을 준다는 연구결과들이 보고되고 있으나, 현재까지는 설사 치료를 위한 프로바이오틱스의 표준화된 치료방법은 없는 실정이다.

(2) 변비

① 증상과 원인

변비constipation의 진단은 일주일에 3번 이하의 배변 횟수를 기준으로 하며, 딱딱한 변을 보거나 배변 시 과도하게 힘이 들어간다거나, 불완전한 배변감 등의 증상을 동반할 수 있다. 변비는 특히 여성과 70세 이상의 노인층에서 발생빈도가 높다.

저섬유소식, 부족한 식이섭취와 수분 섭취, 낮은 신체활동 등은 장 내용물의 이동속도를 늦추고 수분의 재흡수를 증가시켜 마르고 딱딱한 변을 형성하여 변비 발생 위험을 증가시킨다. 당뇨와 갑상선 기능 저하증과 같은 질병이나 신경질환(예 파킨슨병, 다발성 경화증 등) 또한 변비와 상관관계를 가진다. 특히 여성들은 임신기간 동안 변비를 경험하는 경우가 흔하다. 여러 종류의 약제들(예 진통제, 항우울제, 이뇨제, 칼슘채널차단제, 베타차단체, 철분과 칼슘 보충제)들의 흔한 부작용 중 하나가 변비이기도 하다.

② 치료 및 영양관리

저섬유소식이로 인한 변비 유발 환자들에게는 점차적으로 식이섬유소 섭취를 증가시켜 적어도 하루에 25 g 이상의 식이섬유소 섭취를 권장한다. 고섬유소식은 배변의 무게와 배변의 수분함량을 증가시켜 장내 통과 시간을 단축할 수 있도록 돕는다. 하지만 고섬유소식이로 인한 장내 가스 증가로 환자에 따라 고섬유소식이 적응에 어려움을 겪을 수 있으므로, 점진적으로 식이섬유를 증가시키는 접근 방법이 권장된다. 더불어 적정량의 수분 섭취(하루 1.5~2 L)는 대장 내에서 과다한 수분 재흡수를 방지하여 배변 횟수 증가에 도움을 준다.

다양한 종류의 완하제laxatives가 변비의 치료에 사용된다. 연하제의 종류로는 식이섬유, 삼투압성 완하제(흡수가 불가한 소금류 혹은 설탕류), 완하 자극제, 배변 연화제stool surfactant 등이 있으며 자세한 내용은 〈표 4-3〉과 같다.

표 4-3 | 완하제의 종류

완하제의 종류	활성물질	작용기전	주의사항
식이섬유소	메틸셀룰로스(methyl-cellulose), 폴리카르보필(polycarbophil), 사일륨(psyllium)	• 배변의 무게, 용적, 수분함량 증가 • 경증의 변비에 효과적 • 장기간 사용 가능	• 고창(flatulence, 장내 가스 증가로 속이 부글거리는 증상) 유발 가능성 • 사일륨: 알레르기 반응 유발 가능성
삼투압성 완하제: 흡수불가한 소금류	시트르산마그네슘, 수산화마그네슘	• 장관 내로 수분을 끌어들여 배변의 수분 함량 증가	• 고창과 설사 유발 가능 • 신장 질환 환자와 어린이에게는 사용 제한
삼투압성 완하제: 흡수불가한 설탕류	락툴로스(lactulose), 폴리에틸렌 글리콜(polyethylene glycol), 소비톨(sorbitol)	• 장관 내로 수분을 끌어들여 배변의 수분 함량 증가 • 여러 날 사용해야 효과를 볼 수 있음 • 장기간 사용 가능	• 고창과 복통 유발 가능 • 시간이 지나면서 효과가 없어짐
완하 자극제	알로에, 바이사코딜(bisacodyl), 카스카라(cascara), 피마자유	• 대장에 국소적으로 작용 • 연동운동과 점액질 분비 자극 • 심각한 변비에 적용 • 장기간 사용 금지	• 위에 제시된 경증 변비 완하제에 효과를 보지 못한 경우 사용 • 전해질 불균형 유발 가능 • 완하제 의존성 유발
배변 계면활성제/관장제	도큐세이트 나트륨(docusate sodium)	• 관장제(액체)와 변을 섞음으로써 배변을 도움	• 배변의 무게를 증가시키지는 않음 • 제한적인 효과

(3) 과민성 장 증후군

① 증상과 원인

과민성 장 증후군irritable bowel syndrome으로 고통받는 환자들은 만성적이고 지속적으로 재발성 대장 증상(예 설사나 변비, 고창, 복부 통증)을 경험한다. 대부분의 경우 음식 섭취로 인해 복부 통증이 유발되고, 배변으로 통증이 완화된다. 환자에 따라서 이러한 증상은 경증으로 나타날 수도 있으나, 심각한 경우에는 일상적인 사회생활이 힘든 중증으로 나타나기도 한다. 과민성 장 증후군은 매우 흔한 소화기관 질환의 하나로 주로 30~40대에 많이 나타나며, 남성에 비해 여성에게서 2배 정도 많이 발생한다.

현재까지 정확한 과민성 장 증후군의 원인은 알려져 있지 않지만, 과민성 장 증후군 환자들은 평범한 식사, 소화기관 호르몬들, 심리적인 스트레스에 민감하게 반응한다. 즉, 정상 수준의 대장 팽창만으로도 환자는 과민반응을 일으키며, 섭취한 음식의 장관 통과나 생성된 대장에서의 가스가 환자에게 불편감을 안겨줄 수 있다. 또한 심리적인 스트레스로 인해 이러한 증상들이 악화되기도 한다. 과민성 장 증후군은 다른 전형적인 소화기관 질환의 증상과 유사하고 특이적 진단 마커의 부재로 정확한 진단이 매우 어렵다.

② 치료 및 영양관리

과민성 장 증후군의 의학적 치료는 식이 조절, 스트레스 조절, 행동적 변화 등을 포함한다. 환자의 증상 개선을 위해 처방된 약들이 항상 도움이 되지는 않지만, 보편적으로 완하제, 지사제, 항우울증제, 소화관 진정제와 항생제 등이 처방된다.

식이 조절을 이용한 환자의 증상 개선은 환자 개인별 차이가 크며, 원인 식품을 찾아내어 제한하는 방법과 점진적으로 수용성 식이섬유소의 섭취를 증가시켜 변비 증상을 개선하는 것이다. 완하제의 일종인, 사일륨psyllium의 섭취가 변비 증상을 가진 과민성 장 증후군 환자에게 도움을 줄 수 있다. 소량의 식사를 자주 섭취하는 것이 한꺼번에 많은 양을 섭취하는 것보다 증상 개선에 도움을 줄 수 있으며, 기름진 음식, 가스 생성 음식, 유제품류, 전곡식품, 커피 등을 삼간다.

가장 중요한 것은 환자 개개인의 식사 패턴의 정확한 평가를 통해서 증상을 일으키는 원인이 되는 식품 혹은 식습관을 찾아내 제거 혹은 개선하는 것이다. 현재 과민성 장 증후군을 위한 치료를 목적으로 다양한 종류의 프로바이오틱스를 이용한 임상시험이 진행되고 있으나 아직 프로바이오틱스의 과민성 장 증후군 환자에 대한 정확한 효과나 어떤 프로바이오틱스 균주를 얼마나 환자에게 적용해야 하는지에 대한 표준화된 자료는 미비한 실정이다.

최근 현장에서는 과민성 장 증후군 환자에게 저포드맵 식이Low FODMAPs diet, low fermentable oligosaccharide, disaccharide, monosaccharide, and polyols diet를 권장하기도 한다[그림 4-5]. '저포드맵 식이'란 잘 흡수되지 않고 남아 대장까지 도착하여, 미생물에 의해 발효되기 쉬운 식이 탄수화물인 올리고당, 이당류, 단당류, 당알코올을 낮춰 제공하는 식사를 일컫는다. 다음과 같은 방법으로 임상에서는 저포드맵 식이를 과민성대장증후군 환자의 증상 개선을 위해 적용한다.

- 6주간 low FODMAPs diet를 시행한 후, 소량의 high FODMAPs 식품들을 한 번에 하나씩 섭취해서 증상을 유발하는 식품을 확인한다.
- 가공식품 등을 구입할 때는, 식품 성분표를 자세히 숙지하여 액상과당, 꿀, 이눌린, 밀, 콩 등이 함유된 음식은 피한다.
- 글루텐 제외 식품은 사용 가능하지만, 100% 글루텐 제한 식사를 할 필요는 없다.
- 식사의 제공량을 제한하여 증상을 조절할 수 있으므로 과다 섭취 시 문제되는 식품은 소량 섭취를 시도해 보는 것이 바람직하다.
- High FODMAPs 식품은 개인별 차이가 크므로 전문 영양사 지도하에 개인별 식사요법을 적용하는 것이 필요하다.
- 염증성 장 질환 환자에서 Ca, Mg, P, 비타민 B_2, 비타민 A에 대한 결핍 보고가 많으므로 부족하지 않도록 주의한다.

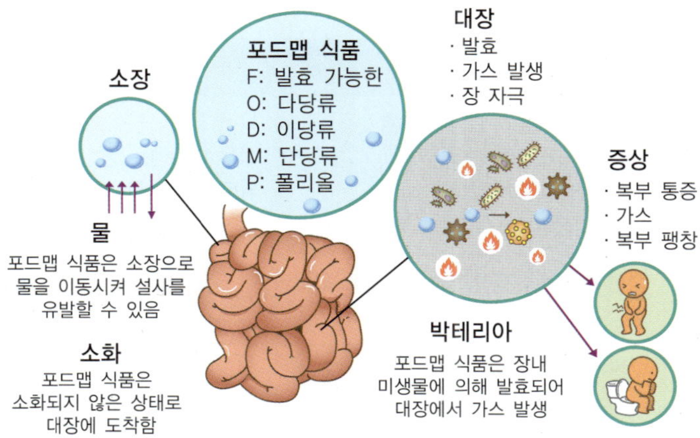

그림 4-5 | 포드맵(FODMAPs)

2) 염증성 장 질환

(1) 염증성 장 질환의 원인과 종류

염증성 장 질환inflammatory bowel diseases은 만성적인 염증성 질환으로 소화기관에 상주하고 있는 미생물들의 비정상적인 면역반응이 특징적이다. 유전적요인과 환경적인 요인이 모두 염증성 장 질환의 유발에 영향을 준다고 알려져 있기는 하지만 아직까지 염증성 장 질환 유발의 정확한 원인은 확실치 않다. 염증성 장 질환은 한 가지 검사로 진단하기 어렵고 임상적, 내시경적, 방사선학적, 조직학적 소견을 종합하여 진단이 가능하다.

염증성 장 질환은 크게 ① 크론병Crohn's disease과 ② 궤양성 대장염ulcerative colitis, 2가지로 분류될 수 있으며, 두 질환의 염증 위치, 패턴, 손상 정도, 암을 일으킬 수 있는 위험도 등에 대한 비교는 〈표 4-4〉와 같다.

표 4-4 | 크론병과 궤양성 대장염의 비교

구분	크론병	궤양성 대장염
염증의 위치	• 약 35% 공장과 결장에 발생 • 약 28% 소장에만 발생 • 약 32% 결장에 발생 즉, 위장관 어느 부분이나 침범	직장 부위에는 항상 발생하고, 결장 부위로 염증이 확대되기도 함
염증의 패턴	정상적인 조직들이 병변(lesions)으로 손상구역에 비연속적으로 분포되어 있음	병변 부위가 연속적으로 나타남
손상의 정도	• 조직의 모든 층(점막~장막까지)에 손상시킴 • 깊은 조직 손상으로 장벽이 마치 자갈돌(cobblestone) 모양을 나타냄	주로 점막층과 하부 점막층을 손상시킴
누공(fistulas)	흔하게 나타남	잘 일어나지 않음
치료	수술로 완치 불가	대장전절제술로 완치 가능
암의 위험성	증가	크게 증가

① 크론병

크론병은 소화기관의 어느 부위에나 발생이 가능하지만, 대부분의 경우에는 회장 말단과 대장 부위에 집중되어 발생한다. 병변lesions은 연속적으로 나타나지 않고 중간중간 정상적인 조직들이 존재한다[그림 4-6]. 증상이 악화되면서 염증이 장 조직 안으로 깊숙이 침투하고, 궤양, 균열 그리고 누공을 동반한다. 결과적으로 반복적인 염증과 궤양으로부터 형성된 흉터로 인해 장관벽이 두껍고 좁아져서 협착과 장관 폐색이 발생할 수 있다. 약 40%의 크론병 환자는 진단 후 10년 안에 수술적인 치료가 필요하며, 대장암 발생의 위험 또한 증가한다고 알려져 있다.

크론병 환자는 음식 섭취의 어려움, 흡수불량, 설사, 출혈, 염증 조직으로부터 영양소의 손실과 염증반응에 따른 영양소 요구도 증가 등으로 인해 영양불량 증상이 나타난다. 만약 병변이 회장에 발생되면 담즙산의 재흡수에 문제가 발생하여 담즙산 결핍이 나타나 지방과 지용성 비타민, 칼슘, 마그네슘, 아연 등의 영양불량이 발

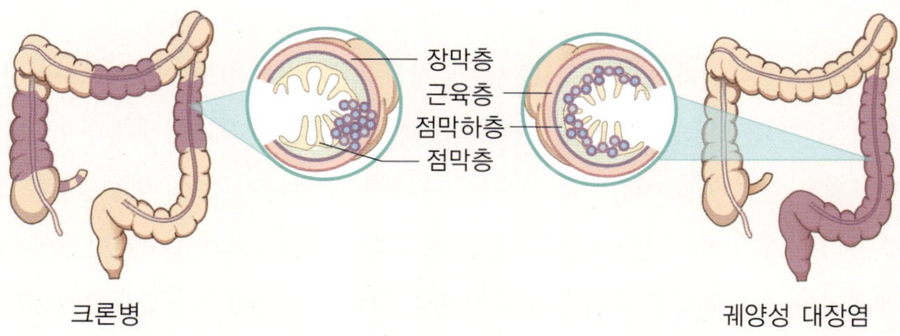

그림 4-6 | 크론병과 궤양성 대장염의 발생 부위에 따른 비교

출처: 장유경 외, 이해하기 쉬운 임상영양관리 및 실습, 파워북, 2016

생한다. 특히 회장은 비타민 B_{12}의 흡수장소이므로, 회장에 병변이 있는 환자는 비타민 B_{12}를 주사로 공급해줘야 한다. 더불어 병변으로부터의 출혈과 만성적인 영양소 흡수(철, 엽산, 비타민 B_{12}) 불량으로 인해 빈혈이 발생할 수 있다.

② 궤양성 대장염

궤양성 대장염은 항상 직장rectum에 병변을 발생시키며, 주로 결장 부위까지 병변이 확대된다. 크론병과는 달리 궤양성 대장염은 병변이 발생한 위치에 연속적으로 나타나며 병변이 끝난 위치부터 정상적인 조직이 시작된다. 크론병은 장 점막 깊숙이 침투하는 반면, 궤양성 대장염의 조직 침식이나 궤양은 점막mucosa과 점막하submucosa 조직까지만 영향을 미친다.

궤양성 대장염 환자는 빈번하게 다급한 변의를 느끼고, 혈액과 점액질이 섞여 있는 소량의 배변을 본다. 대표적인 증상으로는 설사, 변비, 직장 출혈, 복통 등이 있다. 경증의 궤양성 대장염 환자에게는 체중 감소, 열, 허약함 등이 흔히 나타나며, 중증의 경우에는 빈혈, 탈수, 전해질 불균형 등이 나타난다. 25~40%의 궤양성 대장염 환자에게는 재발을 방지하기 위한 결장절제술colectomy이 시행되며, 궤양성 대장염 환자들의 대장암 위험률은 크게 증가한다고 알려져 있다.

(2) 염증성 장 질환의 치료와 영양관리

염증성 장 질환 환자의 치료 목표는 증상 개선, 염증 감소, 합병증의 최소화이며, 이를 위해 처방되는 약물로는 지사제, 면역억제제, 항염증제 그리고 항생제 등이 있다.

크론병을 앓고 있는 어린이의 경우에는 단백질과 에너지 부족, 영양결핍과 성장 지연 등의 문제 발생 위험이 더 높으므로 적극적인 영양관리가 필요하다. 무엇보다도 개개인의 증상과 합병증 발생 정도에 따라 맞춤형 영양관리가 필요하며, 보편적으로 고에너지, 고단백질 식사를 제공하여 환자의 영양결핍 문제와 질병의 회복을 돕는다. 크론병 증상 및 합병증의 관리는 〈표 4-5〉에 제시하였다.

표 4-5 | 크론병의 증상과 합병증의 관리

증상 및 합병증	가능한 식이조절 방법
성장지연, 체중감소, 근육감소	• 고에너지, 고단백질 식이 • 구강 보충제 • 경관급식 공급
거식증, 섭취와 관련된 고통	• 소량으로 자주 식사 공급 • 환자가 감당할 수 있는 범위에서 구강 보충 • 장기간일 경우(7일 이상), 경관급식 이용
흡수불량	• 고에너지 식이 • 영양소 보충
지방변(지방 흡수 불량)	• 저지방 식이 • 중간사슬중성지방(MCT) • 영양소 보충
설사	• 액체와 전해질 공급 • 영양소 공급
유당불내증	• 유당 함유 식품 금지
영양소 결핍	• 고영양밀도 식사(high-dense nutrient diet) • 영양소 보충
협착증 혹은 누공	• 저섬유 식이 • 액체 보충
심각한 장 폐색 및 협착	• 중심정맥영양(total parenteral nutrition, TPN)

에너지 섭취와 체중 증가를 위해 구강 보충제의 사용과 종합비타민과 무기질 보충제도 적극적으로 권장된다. 다만 병증이 악화되는 급성기에는 저섬유소, 저지방식이를 소량으로 자주 공급해 줌으로써 배변의 양을 최소화하는 동시에 흡수불량의 증상을 감소시키는 노력이 필요하다. 더불어 유당불내증이 있는 경우에는 우유 섭취를 삼가고, 그 후 적응 정도에 따라 조금씩 증량이 가능하다.

3) 게실증

(1) 증상과 원인

게실증diverticulosis이란 장벽에 게실diverticula이라고 불리는 작은 주머니들이 생성된 상태를 일컬으며[그림 4-7], 대부분의 경우 합병증 증상이 나타나기 전까지는 특별한 증상이 없는 것이 특징이다. 게실증의 유병률은 노화에 의해 증가하며, 특히 80세 이상 연령대의 50~65%에서 발생한다고 알려져 있다. 게실증이 발생하는 원인은 확실치 않지만, 노화에 의해서 장내 연결 조직의 단백질과 탄력의 변화 등에 의한 것이라 추측되고 있다.

대장 벽에 형성된 게실 내에 변이 축적되어 세균이 번식하면 염증을 일으키는데,

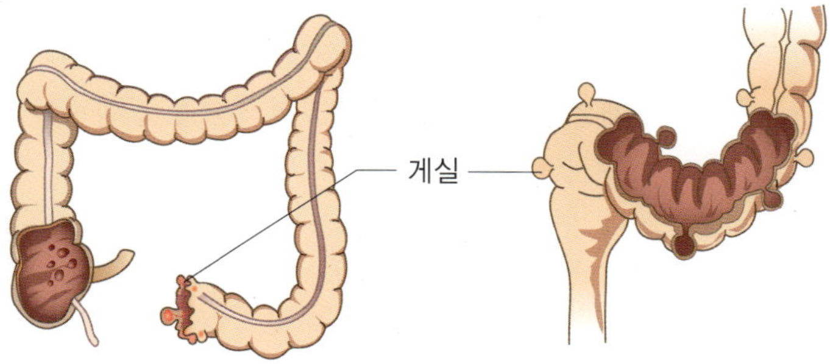

그림 4-7 | 대장 벽에 생성된 게실

출처: DeBruyne et al, Nutrition & Diet therapy, 9th edition, Cengage Learning, 2016

이를 게실염diverticulitis라고 한다. 게실염은 게실증 환자의 약 25~35%에서 발생되며, 주된 증상으로는 지속적인 복부 통증, 발열, 어지러움, 구토, 변비와 설사 등이 있다.

(2) 치료 및 영양관리

게실증의 약물치료는 증상이 발생한 경우에만 적용하며, 게실증으로 인한 변비나 다른 증상들의 개선을 위해서 고식이섬유소 식사가 권장된다. 특히 부드럽고 배변의 부피를 늘려 장내 이동시간을 줄이고 결장 내 압력을 낮출 수 있는 불수용성 식이섬유의 섭취를 권장한다. 게실염이 발생한 경우에는 항생제나 진통제 등이 처방된다. 급성 게실염의 경우 초기에는 저잔사식으로 시작하여 점차적으로 고식이섬유식으로 진행하며 저지방식이를 권장한다. 또한 충분한 수분섭취가 필요하다.

4) 장 절제수술

(1) 장 절제수술의 종류

장 절제수술에는 공장절제술jejunal resections과 회장절제술ileal resections이 있으며, 수술적으로 장의 일부 혹은 전체를 절제한 후 남아 있는 장의 일부를 연결해 복부벽에 조루/구멍stoma을 만들게 된다. 결장조루술colostomy은 대장의 부분적 절제를 시행하고, 정상적인 기능이 가능한 대장의 일부를 이용해 조루를 만든 것이고, 회장조루술ileostomy은 대장 전체를 제거한 후 회장으로부터 조루를 형성한 것이다[그림 4-8].

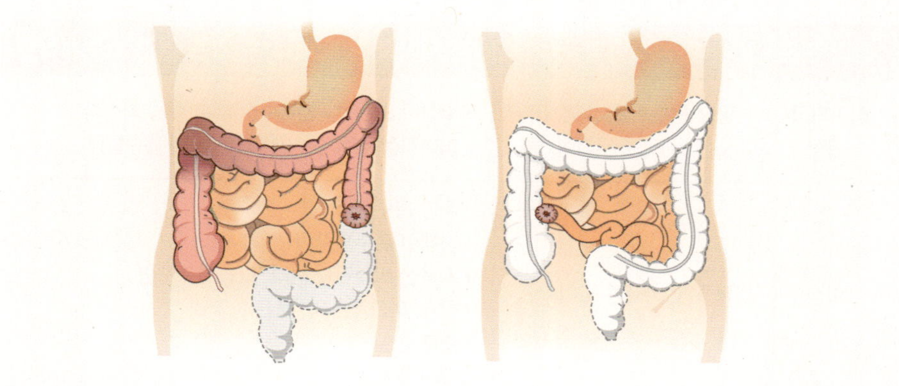

그림 4-8 | 결장조루술과 회장조루술

출처: DeBruyne et al, Nutrition & Diet therapy, 9th edition, Cengage Learning, 2016

(2) 수술 후 영양 관리

많은 부분의 장 절제수술을 받은 환자는 영양상태를 유지하고 회복을 위해 수분과 전해질 및 영양소는 중심정맥영양(TPN)으로 공급받아야 한다. 〈표 4-6〉과 같이 장이 제거된 부위와 정도에 따라서 장 제거수술 후 잠재적인 영양적 문제들이 다양하게 나타날 수 있다.

장 절제수술 직후에는 완전정맥영양을 통해서 필요한 영양이 공급될 수 있도록 하며, 점차적으로 환자의 회복 속도에 맞춰 경관영양에서 구강을 통한 영양공급으로 진행한다. 수술 후 소장 적응을 돕기 위해서, 식이 공급은 설사가 진정되고 장 기능의 회복을 모니터링하면서 수술 후 약 2~6주 안에 시작하는 것을 권장하며 고에너지식을 소량으로 자주 공급하는 것을 원칙으로 한다.

정확한 영양관리는 환자의 절제된 장관의 길이, 남은 장관의 부위와 길이에 따라 다르게 적용된다. 지방에 대한 수용도가 좋은 환자의 경우에는 고지방 저탄수화물 식이가 에너지를 높이는 데 적합하지만, 수술 후 온전한 결장을 보유하고 있는 환자라면 고복합탄수화물 저지방 식이를 적용할 수 있다. 즉 결장에 서식하는 박테리아들이

표 4-6 | 영양소 흡수와 장 제거술이 미치는 영향

장의 구분	흡수되는 영양소	장 제거술 후 일어날 수 있는 영양적 문제점들
십이지장/공장	단순 탄수화물, 지방, 아미노산, 비타민, 무기질, 물	• 회장이 보존된 경우: 수술 후 부작용 최소화 • 십이지장이 절제된 경우: 칼슘, 철 흡수불량
회장	담즙염, 비타민 B_{12}, 물	• 지방 흡수불량 • 단백질 흡수불량 • 지용선 비타민과 비타민 B_{12} 흡수불량 • 칼슘, 마그네슘, 아연 흡수 저하 • 수분 손실 • 설사와 지방변
결장	물, 전해질, 단쇄지방산	• 수분과 전해질 손실 • 설사

출처: DeBruyne et al, Nutrition & Diet therapy, 9th edition, Cengage Learning, 2016

난소화성 식이섬유소를 대사시켜 단쇄지방산을 생산하여 에너지로 사용할 수 있으며 동시에 지방 제한으로 지방변의 증상 개선이 가능하다. 농축된 당이나 유제품은 설사 증상을 악화시킬 수 있으므로 제한하며, 비타민과 무기질 보충제는 권장한다.

(3) 단장증후군

① 증상과 원인

크론병이나 장내 발생한 암의 치료를 위해 장의 일부 혹은 전체를 절제하는 수술적인 치료가 시행되는데, 특히 소장의 상당 부분(75% 이상)이 절제되었다면 단장증후군(short bowel syndrome: 복합적인 대사 변화와 흡수문제로 나타나는 증상)이 나타날 수 있다. 단장증후군의 주된 증상으로는 설사, 지방변, 탈수, 체중 감소와 어린이들에게는 성장지연 등이 있다.

② 수술 후 소장 적응

장 절제수술 후, 신체에 남은 소장은 적응기intestinal adaptation를 거치게 된다. 이기간 동안 남은 소장에 존재하는 융모villi들은 흡수 표면적을 늘리기 위해서 더 길게 발달하고, 음와crypts도 더 깊게 형성되는데, 이러한 소장 적응 능력은 회장ileum이 공장에 비해 탁월하다. 그러므로 회장제거술이 시행된 환자의 경우에는 수술 후 소장 적응이 더 힘들며, 비타민 B_{12}와 담즙산의 흡수장애로 인한 지방 흡수불량이 발생한다.

③ 영양관리

앞에서 설명한 장 절제수술 후의 영양관리와 유사하다.

5) 흡수불량증후군

(1) 지방 흡수불량

① 원인

지방 흡수불량의 대표적인 원인은 췌장의 외분비선 기능장애와 불충분한 담즙 분비에 기인한다. 추가적으로 염증성 장 질환, 에이즈, 항암 치료의 일환인 방사선 치료 등에 의해 장 점막 손상이 생겼을 때도 지방 흡수불량이 발생할 수 있다.

② 지방 흡수불량의 결과

지방 흡수불량은 곧 에너지 흡수불량으로 이어지며, 필수지방산과 지용성 비타민 그리고 특정 무기질(예 칼슘, 마그네슘, 아연)의 흡수불량과도 연결된다. 그러므로 만성적인 지방 흡수 불량증상 환자는 지용성 비타민과 필수지방산 결핍증상이 나타난다. 칼슘 결핍은 골 손실로 이어지며, 지용성 비타민인 비타민 D 결핍과 함께 골 손실은 더욱 악화된다.

지방 흡수불량은 옥살산 칼슘calcium oxalate으로 구성되는 신장결석의 위험을 높인다. 식품에 포함되어 있는 옥살산은 소장에서 칼슘과 결합하여 변을 통해 몸 밖으로 배출되지만, 칼슘이 지방 혹은 담즙산과 결합하게 되면 옥살산은 혈중으로 흡수되어 결국은 신장을 거쳐 요로 배출된다. 요의 수산 수치가 높아지면, 신장결석의 발생위험이 높아진다. 지방 흡수불량 환자는 과량의 지방(20% 이상)이 변으로 배출되는 지방변증steatorrhea이 발생한다. 지방변은 밝고 노란색을 띠고 기름이 섞여 있으며 냄새가 심하다.

③ 영양관리

지방 흡수불량으로 인한 지방변증이 개선되지 않으면, 지방 제한 식이fat-restricted diet를 권장한다. 지방은 주된 에너지원이므로 필요 이상으로 제한하지 않도록 주의가 필요하며, 지방의 소화·흡수에 필요한 리파아제lipase와 담즙의 부재로도 흡수가 가능한 중간사슬중성지방MCT, medium-chain triglyceride이 대체 지방원으로 식이에 적용될 수 있다. 중간사슬중성지방은 탄소 8~10개의 지방산으로, 리파아제와 담즙 없이도 소화 흡수가 가능한 지방으로, 튀김 등의 요리에는 부적합하지만 소스나 샐러드드레싱, 간단한 볶음요리에 사용이 가능하다.

지방 흡수불량 환자는 신장결석의 위험이 높으므로 식사에서 수산의 제한이 필요하다. 수산은 시금치, 근대, 무청 등의 푸른 잎채소에 다량 함유되어 있다. 또한 만성적인 체중감소가 나타나므로 단백질과 복합당질의 양을 증가시켜 부족한 에너지를 보충하며, 비타민과 무기질의 보충이 권장된다.

알아두기

지방 제한식의 실천 방법

지방은 음식의 풍미, 향기, 식감을 담당하므로 지방 제한식의 실천에는 어려움이 따른다. 특히, 지방 제한식은 점진적으로 적용이 가능한 치료식이가 아니므로, 환자가 새로운 식사에 적응할 수 있는 시간적 여유가 없는 것 또한 어려운 점이라 할 수 있다. 따라서 다음과 같은 사항들을 적용하면 지방 제한식을 실천하는 데 도움이 될 수 있다.

- 지방은 소량씩 섭취했을 때 더 잘 허용할 수 있으므로, 하루에 제공되는 식사에 골고루 지방을 나눠서 적용한다.
- 식단에 다양성(예 향, 식감, 색깔, 향신료 등)을 추구하여 환자가 식사를 즐길 수 있도록 돕는다.
- 무지방이나 저지방 양념을 사용하여 음식의 감칠맛과 풍미를 개선한다.

- 중간사슬중성지방(MCT)을 적용하기 원하는 환자라면, 점진적으로 MCT를 식단에 적용해야 하는 부분에 대해서 사전에 인지시키며, 한꺼번에 많이 섭취했을 때 설사나 복부 통증 등의 증상이 발생할 수 있음을 교육한다.
- 더불어 MCT는 발연점이 낮으므로, 튀김 기름으로 사용해서는 안 되는 점을 숙지시킨다.

(2) 유당불내증

① 원인

유당불내증lactose intolerance은 유제품의 유당을 소화하는 락타아제lactase의 감소나 결핍으로 인해 발생되는 증상으로, 전 세계 인구의 약 75%가 어느 정도의 유당불내증을 가지고 있다고 보고되어 있다. 그중 특정 인종(예 동양인, 흑인, 인디언, 라틴인)에서 유당불내증의 발생빈도가 더 높다. 이러한 유당불내증은 소화기관 장애, 약물, 소장의 장 점막 손상을 치료하기 위한 약물 등의 결과물일 수도 있다. 유당불내증의 주된 증상은 설사와 장내 가스 증가 등이다.

② 영양관리

유당불내증을 가진 사람들은 우유 섭취로 인해 발생할 수 증상에 대한 불안감 때문에 유제품의 섭취를 기피하는 경우가 많다. 연구 결과에 따르면 유당불내증이 있어도 하루 우유 2컵까지는 심각한 증상 없이 섭취가 가능하며, 꾸준한 우유 섭취를 통해서 장내 미생물들에 의해 대사될 수 있는 유당의 양을 서서히 증가시킬 수도 있다. 유당의 섭취로 인한 증상을 최소화하기 위해서는 섭취하는 시간과 함께 섭취하는 음식의 종류를 조절하는 방법이 있다. 예를 들어 낮 시간 동안 유당 섭취를 권장하며, 다른 음식과 우유를 함께 섭취하였을 때 잠재적인 유당불내증 증상을 최소화할 수 있다. 특히 숙성된 치즈는 유당 함량이 낮기 때문에 비교적 불편한 증상 없이 섭취가 가능하며, 살아있는 유산균이 함유되어 있는 요거트류는 박테리아 자체가 락타아제를 함유하고 있어 유당 소화에 도움을 줄 수 있다.

장내 질병의 결과로 유당불내증이 발생한 환자들의 경우에는 단기적으로 우유 및 유제품의 섭취를 제한하고, 추후 증상이 개선되면 소량씩 유당 함유 식품의 섭취를 시도하는 것을 권장한다. 만약 유당불내증의 증상이나 식품알레르기 등의 이유로 식이에서 우유 및 유제품을 철저하게 제한하는 사람들은 칼슘과 비타민 D의 섭취가 가능한 대체식품이 필요하다.

(3) 글루텐 과민성 장 질환

① 원인과 증상

셀리악병Celiac disease이라고 불리는 글루텐 과민성 장 질환gluten-sensitive enteropathy은 밀wheat 단백질인 글루텐gluten과 보리와 호밀 관련 단백질에 대한 세포매개성 과민반응이 일어나는 면역질환의 일종으로 장 점막에 손상을 입혀 흡수불량을 초래한다. 손상을 입어 파괴된 소장 벽의 융모는 짧아지거나 파괴되어 표면적이 유의적으로 줄게 되는데, 이는 모든 영양소의 흡수에 영향을 준다.

셀리악병은 유아들이 글루텐을 함유한 곡류를 먹기 시작할 때나 또는 위장관 수술, 스트레스, 임신 또는 감염에 의해 중년이 된 후에 발생한다. 셀리악병의 증상으로는 설사, 지방변, 고창(속이 부글거림) 등이 있다. 특히 어린이 환자의 경우에는 성장지연, 체중 감소, 근육 손실 및 빈혈을 유발하고 성인에게는 빈혈, 골 손실, 신경계 증상 및 생식력 문제 등을 발생시킨다.

② 영양관리

셀리악병의 영양관리는 평생 동안 글루텐 제한식gluten-free diet을 유지해야 한다. 글루텐 제한식은 글루텐을 함유하는 밀, 보리, 호밀 등을 제거하고 대체식품으로 쌀, 옥수수, 감자, 콩, 전분 등을 사용한다. 가공식품을 선택할 때에도 글루텐의 함유 여부를 꼼꼼하게 확인하여야 한다.

만약 환자의 손상된 장 점막으로 인해서 락타아제 결핍이 발생한 경우에는 회복될 때까지 우유 및 유제품의 섭취를 제한한다. 증상이 지속되면 환자에게 무기질과 비타민 보충이 필요하며, 지방변이 있는 경우에는 중간사슬중성지방을 공급한다. 빈혈이 있을 경우에는 철, 엽산, 비타민 B_{12}를 공급하고, 출혈이 있을 때는 비타민 K, 골다공증이나 골연화증이 있으면 칼슘과 비타민 D를 보충한다.

글루텐 제한식에서 적용 가능한 식품과 제한해야 할 식품은 〈표 4-7〉과 같다.

표 4-7 | 글루텐 제한식의 허용식품과 제한식품

식품군	허용: 무글루텐 식품	제한: 글루텐 함유 식품
육류와 육류 대체식품	신선한 육류, 생선, 가금류, 갑각류, 말린 콩, 두부, 견과류, 달걀	햄버거, 돈가스, 비프가스, 크로켓, 탕수육, 고기튀김, 소시지, 핫도그, 어묵, 전유어
우유 및 유제품	우유, 크림, 플레인 요구르트, 치즈, 치즈 크림	–
빵, 시리얼, 쌀, 파스타	옥수수, 감자, 쌀로 만든 빵, 쌀, 콩가루	빵, 크래커, 쿠키, 비스킷, 보리빵, 호밀빵, 피자, 빵가루를 이용한 음식, 밀, 호밀, 보리, 국수, 수제비, 라면, 만두
과일과 채소	생, 얼린, 통조림 과일과 채소	밀가루 반죽을 입힌 채소요리
과자류	무글루텐 밀가루로 만든 제과류, 대부분의 아이스크림, 셔벗, 초콜릿바, 마시멜로, 휘핑크림	케이크, 파이, 푸딩, 약과
음료	커피, 차, 순수 코코아 파우더로 만든 코코아, 탄산음료, 와인 및 증류주	맥주, 보리음료

출처: DeBruyne et al, Nutrition & Diet therapy, 9th edition, Cengage Learning, 2016,
장유경 외, 이해하기 쉬운 임상영양관리 및 실습, 파워북, 2016

정리하기

1 설사의 원인은 영양불량, 장염, 소화기관의 운동기능 이상, 약물 등이 대표적이며, 저섬유소, 저지방, 유당 제거식 등이 권장된다.

2 변비는 다양한 다른 건강상 문제들과 같이 나타나는 경우가 많으며, 고섬유식 혹은 섬유소 보충제 등을 통해 증상 개선이 가능하다.

3 과민성 장 증후군은 만성적이고 지속적으로 재발하는 특징이 있으며, 주된 증상으로는 설사나 변비, 복통, 고창 등이 있다. 식이섬유소 섭취 증가, 소량의 식사 섭취, 증상을 악화시키는 특정 음식을 삼가는 등의 식이조절이 증상 개선에 도움을 준다.

4 크론병은 소장(회장 말단) 조직의 심각한 손상으로 인해 영양소 흡수불량을 초래한다. 반면, 궤양성 대장염은 상대적으로 영양소 흡수에 큰 영향을 미치지 않는 대장 부위에 병변이 집중되는 경향이 있다.

5 게실증은 대장 벽에 게실이라고 불리는 작은 주머니들이 형성된 상태로 게실염과 같은 합병증이 발생하지 않는 한 특별한 증상이 없으며, 고식이섬유소식을 권장한다.

6 단장증후군이란 대단위의 장 절제수술을 시행한 뒤 나타나는 증상으로, 회복이 진행됨에 따라 소장 적응이 진행된다. 환자의 상황에 따라 필요한 경우 정맥영양을 공급한다.

7 락타아제 결핍으로 인해 유발되는 유당불내증은 섭취하는 유당의 양과 섭취 시기 및 방법 등을 통해서 조절이 가능하다.

8 셀리악병은 글루텐에 비정상적인 면역반응으로 인해 발생하는 장 질환으로 글루텐 제한식을 처방한다.

Case study

크론병 외래 영양관리 사례

[영양판정]

23세 남자로 복통과 매일 1회 가량의 설사로 3개월 내 평소 체중 대비 12 kg가량의 지속적인 체중감소가 있어 대장내시경(colonoscopy)을 통해 크론병(Crohn's disease)으로 진단을 받고 외래 진료과로부터 영양교육 협진이 의뢰된 사례이다. 기저질환은 없었고, 신장은 167.7 cm, 평소 체중은 65 kg였으며 외래 내원 시 체중은 52 kg로 3개월 내 −13kg/−20%의 심한 정도의 체중감소가 진행되어 BMI 18.5 kg/m^{2}의, 표준체중 대비 84%로 경도 저체중이었다. 혈중 단백질 영양지표는 양호하였으나 빈혈이 있었고 염증반응지수가 정상범위보다 높았다(total protein/albumin 7.8/3.6, Hgb/Hct 9.8/32.7, total cholesterol 124, CRP 6.29, ESR 119). 15세부터 흡연을 시작했고, 하루 한 끼니 정도는 편의점에서 사발면, 핫바, 탄산음료를 주 3회 이상 섭취하며, 배달음식으로 치킨 등을 선호하여 주 2~3회 정도는 맥주와 함께 저녁 또는 야식을 섭취하였다. 채소 또는 과일류는 주 2회 이내 하루 1~2 교환 이내의 낮은 섭취 빈도였다. 단기간 심한 체중의 감소 및 크론병으로 인한 영양소 흡수불량 및 영양소 손실, 경구 섭취 후 소화기 불편감으로 인한 식사량 감소로 인한 급성질환 관련 영양불량(acute disease related malnutrition)으로 판정하였고, 영양필요량은 평소체중으로의 회복을 목표로 1,900~2,000 kcal/80~100g protein/day [30 kcal/1.2−1.5 g protein/usual body weight]를 근거로 산출하였다.

[영양진단 및 영양중재]

위장관 기능 변화, 영양소 이용 장애, 단백질 에너지 섭취 부족, 비의도적 체중감소로 영양진단 결과에 따라 영양교육 및 영양상담을 진행하여 크론병에 의한 소화기 증상을 완화하기 위한 규칙적 식습관과 1일 영양요구량에 준한 식품교환표를 숙지하여 하루 3끼니별로 배분하여 섭취하고, 고지방 고당질 및 인스턴트 식품 섭취 횟수를 가능한 감소시킬 수 있도록 영양중재하였다. 이외에도 크론병의 증상별 식사요령에 대한 교육자료와 개별 식품교환표가 포함된 식사계획표를 제공하였다.

[영양모니터링 및 재평가]

외래 3개월차 진료일 재방문 시 더 이상의 설사증상 및 복통이 없었고 대장내시경 및 자기공명영상(MRI, magnetic resonance imaging) 결과를 통해 회장 및 맹장과 회맹판 전반에 걸친 병변이 상당히 호전된 양상을 확인하였다. 체중은 57 kg까지 +5 kg가량의 체중 회복으로 표준체중 대비 91%, BMI 20.0 kg/m^2, 표준체중 대비 91%로 정상체중 범위였다. 생화학적 자료는 (total protein/albumin 7.5/4.5, Hgb/Hct 13.3/42.9, total cholesterol 168, CRP 0.03, ESR 4)로 혈중 단백질 영양지표와 염증반응지표 모두 정상범위였다. 영양상태는 지속적인 회복 중으로 양호하였으며 진단 직후 금연, 영양교육 내용에 대한 전반적 준수도가 높아 현재 영양필요량을 유지하기로 하였다.

CLINICAL NUTRITION

CHAPTER 5

간 · 담도계 · 췌장 질환과 영양

용어 정리

- **간경변(cirrhosis)** 괴사된 간세포가 결체조직으로 대체되고 나머지 다른 간세포는 증식되어 재생결절을 형성함으로써 비정상적인 구조로 변화되는 만성 간 질환
- **간문맥(hepatic portal vein)** 위장관과 비장에서 나온 혈액이 간으로 들어가는 혈관으로 소화관에서 흡수한 영양분을 간으로 실어 나르며 간동맥과 함께 간세포에 영양을 공급하는 혈관
- **간성뇌증(hepatic encephalopathy)** 간성혼수(hepatic coma)라고도 하며 간부전으로 인한 중추신경계 기능장애
- **간-신증후군(hepatorenal syndrome)** 신장 자체에 문제가 없었으나 간경변증이나 급성 간부전 등 간의 문제로 인하여 신장 기능이 급격하게 악화되는 상태
- **문맥성 고혈압(portal hypertension)** 간 섬유조직화로 인해 문맥 혈압이 5~8 mmHg 이상 상승
- **방향족아미노산(aromatic amino acids, AAA)** 방향족 side chain이 포함된 아미노산(페닐알라닌, 티로신, 트립토판)
- **복수(ascites)** 간경변증의 합병증으로 복강 내 수분, 혈청 단백질 및 전해질이 축적된 상태
- **분지아미노산(branched chain amino acid, BCAA)** 분지 형태의 분자 구조를 갖는 아미노산(발린, 루신, 이소루신)
- **식도정맥류(varices)** 문맥에 쌓인 혈액이 식도 정맥으로 밀려 혈관이 팽창된 상태
- **알코올성 간 질환(alcoholic liver disease)** 알코올 중독으로 인해 발생된 간 질환
- **장간순환(enterohepatic circulation)** 간에서 분비된 담즙이 지방의 소화를 돕고 소장에서 재흡수되어 간으로 이동하는 과정
- **지방간(fatty liver)** 알코올 남용, 에너지 과잉, 영양부족, 내분비 이상, 약물 등의 원인에 의해 간 무게의 5% 이상의 지방이 간에 축적된 상태
- **쿠퍼세포(kupffer cells)** 간세포의 일종으로 식균작용을 하는 세포
- **콜레시스토키닌(cholecystokinin)** 소장에서 분비되는 호르몬으로 담낭을 수축시키고 오디괄약근을 이완시킴으로써 담즙 배출 작용에 관여
- **항지방간성 인자(lipotropic factor)** 간으로부터 지방 배출을 돕는 영양소(콜린, 메티오닌, 셀레늄, 레시틴, 베타인 등)

Ⅰ. 간 질환

우리나라는 B형 간염 환자가 많고, 술 소비량이 많아 간 질환에 매우 취약하며, 간 질환은 암, 심장 질환, 뇌혈관 질환과 더불어 주요 사망 원인들 중 하나다. 최근 비만 인구가 급증하면서 비알코올성 지방간의 유병률도 매우 높다. '침묵의 장기'로 불리는 간은 바이러스, 술, 지방, 약물 등에 의해 조직의 70~80%가 파괴되어도 증상이 거의 나타나지 않는다. 하지만 만성 간 질환은 간경변증이나 간암과 같은 심각한 병변을 초래할 수 있으므로 무엇보다 간 건강을 위한 예방과 조기 발견이 중요하다. 특히 간은 영양소 및 화학물질 대사과정과 체세포의 기능 유지에도 매우 중요한 역할을 하므로 급성 또는 만성 간 질환 시 심한 영양결핍 상태가 나타날 수 있다. 그러나 질환의 발병 원인을 알고 그에 따른 적절한 영양 관리를 통해 영양상태 개선과 함께 간 기능 향상 및 유지, 질환의 진행을 지연시킬 수 있다.

1. 간의 구조와 기능

1) 간의 구조

간은 신체 기관 중 가장 큰 기관으로 성인의 간 무게는 체중의 2.5~3% 정도를 차지하며(성인 남성 기준 약 1.2~1.5 kg) 횡격막 아래 오른쪽 상복부에 위치한다. 간 전체의 3/4 정도에 해당하는 우엽과 그 나머지 좌엽으로 나뉘며, 간의 기능단위는 간소엽hepatic lobule이다.

간은 간세포에 산소를 공급하는 간동맥hepatic artery과, 소화기관에서 혈액으로 흡수된 영양소를 간으로 운반하는 간문맥portal vein으로부터 혈액을 공급받고, 간정

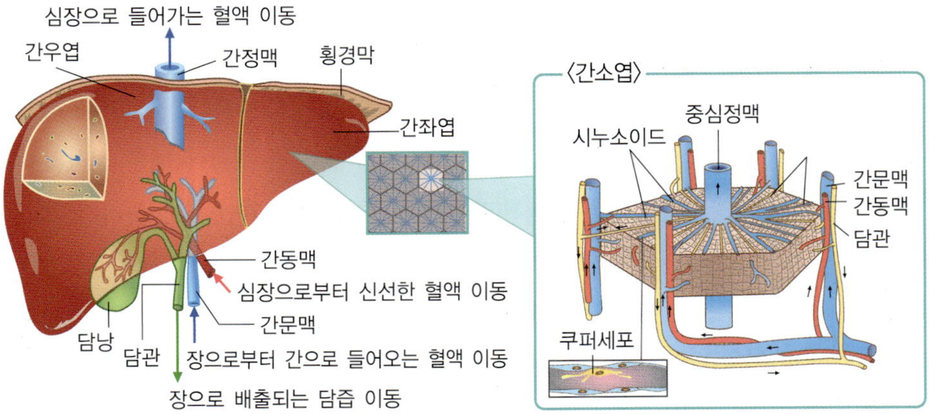

그림 5-1 | 간과 간소엽의 구조

맥hepatic vein을 통해 혈액을 순환계로 내보낸다[그림 5-1].

간의 기본단위는 간소엽hepatic lobule이며, 중심정맥을 중심으로 방사상 모양을 이루는 가는 모세혈관(시누소이드, sinusoid)과 담즙세관이 자리잡고 있으며, 그 사이에 간세포가 일렬로 위치해 있다. 간소엽 1개당 약 50만 개 정도의 간세포가 포함된다. 시누소이드 혈관 벽에는 쿠퍼세포kupffer cell가 있으며 이곳에서 빌리루빈의 생성 및 생체 방어 기능이 이루어지고 있다[그림 5-1].

2) 간의 기능

신체에 공급되는 전체 혈액의 13%를 보유하는 간은 인체의 화학공장으로서 우리 몸에 필요한 각종 영양소를 저장하고, 탄수화물 · 지방 · 호르몬 · 비타민 및 무기질 대사에 관여하며, 약물이나 몸에 해로운 물질을 해독한다. 또한 소화작용을 돕는 담즙산을 만들며, 면역세포가 있어 우리 몸에 들어오는 세균과 이물질을 제거하는 중요한 일을 하는 장기이다.

(1) 영양소 대사

① 탄수화물 대사

간은 우리 몸 안에서 포도당의 혈중 농도를 일정하게 유지해 주는 조절기관이다. 섭취된 모든 탄수화물은 소장 효소에 의해 대부분 포도당으로 전환되어 흡수되고 문맥을 통하여 전량 간으로 운반된다. 간에 도달한 포도당의 약 60%는 글리코겐으로 바뀌어(글리코겐 합성과정) 간에 저장되고 약 40%는 간을 그대로 통과하여 몸속 여러 말초 장기로 운반되어 그곳에서 이용된다. 혈당 저하 시에 간은 글리코겐 분해과정을 통하여 혈중으로 포도당을 내보내어 혈중 농도를 일정하게 유지시킨다. 그러나 간에 비축되어 있는 글리코겐의 양은 제한되어 있으므로 24시간 이상 굶게 되면 간에서는 아미노산, 유산 등을 이용해 포도당을 새로 만들어내는 포도당 신생합성gluconeogenesis이 활발히 일어난다.

간은 탄수화물 대사에서 이와 같은 중요한 역할을 담당하기 때문에, 만성 간 질환 환자에서는 이러한 조절 기전에 장애가 초래되어 공복 시 저혈당과 식사 직후 고혈당 현상이 나타날 수 있다. 그러나 실제로는 간 질환이 있어도 남은 간의 능력이 워낙 큰 경우가 많고 또한 간 기능이 심한 경우에도 콩팥이 간을 대신해서 포도당을 생성할 수 있기 때문에 큰 혈당 변화는 자주 일어나지 않는다.

② 아미노산 및 단백질 대사

섭취한 음식물의 단백질 성분은 소장에서 아미노산으로 분해되어 문맥을 통하여 간에 들어오는데, 이 흡수된 아미노산은 다양한 단백질, 호르몬 등의 합성에 이용되며, 아미노기 전이과정을 거쳐 포도당 신생과정에 이용되어 에너지원으로도 사용된다.

간에서만 생성되는 알부민은 혈장단백질 중에서 가장 많은 부분을 차지한다(전체 혈장단백질의 70%). 알부민은 혈장 안에 존재하는 다양한 이온, 호르몬 및 지방산 등을 혈관을 통하여 필요한 조직으로 운반하는 수송차 역할을 하며, 혈장의 삼투압을 유지시켜 혈관 안의 수분이 혈관 밖으로 새어 나가는 현상을 방지하는 역할을 한다.

면역글로불린γ-globulin을 제외한 대부분의 혈장 글로불린은 간에 의해서 생산되며 콜레스테롤과 트리글리세리드의 운반, 스테로이드와 갑상선 호르몬의 운반 등의 다양한 기능을 수행한다. 또한 간은 철 운반을 위한 트랜스페린이나 구리 운반을 위한 셀룰로플라스민의 주요 합성장소이다. 혈액응고인자인 피브리노겐이나 프로트롬빈 등도 간에서 합성되는데, 간 질환으로 간의 단백질 합성능력이 저하되면 이들 응고인자들의 생성도 따라서 저하되어 출혈의 위험이 증가하게 된다.

간의 포도당 신생합성을 포함한 인체 여러 장기에서의 단백질 대사과정으로 인해 1일 약 6~20 g의 노폐물인 질소화합물이 생성되는데, 이때 형성된 기체 성분인 암모니아는 체외 배출이 용이한 다른 기체들(산소, 탄산가스)과는 달리 간으로 운반되어 요소회로를 거쳐 소변으로 배출되어야만 한다. 그러나 간경변증이 심해지면 암모니아를 요소로 전환하는 능력이 저하되어 뇌 독성이 있는 암모니아가 체내에 머물게 되며, 아울러 대장에서 세균에 의해 단백질이 분해될 때 생성된 암모니아가 문맥을 통해 간에서 처리되지 못하고 측부 정맥을 통하여 바로 심장으로 운반된 후 뇌로 전달되어 간성혼수를 일으키게 된다.

③ 지질 대사

지방산, 중성지방, 인지질, 콜레스테롤 및 콜레스테롤 에스테르 등의 지질은 간 중량의 5% 정도를 차지한다. 인체 내 대부분의 세포들은 지방을 대사하는데, 이 중 상당 부분이 간에서 일어난다. 식사로 섭취된 지방질은 췌장 효소와 담즙에 의해 분해되어 지방산으로 된 후 소장에서 흡수되며 문맥을 따라 알부민과 결합하여 간까지 운반되어 산화과정과 TCA 회로를 거쳐 에너지원이 된다. 에너지원으로 쓰이고 글리코겐으로 저장되고도 남은 탄수화물은 간에서 중성지방으로 변환되어 지방조직에 저장된다. 또한 간은 지방산의 산화과정 중 생긴 아세틸-CoA를 이용하여 콜레스테롤을 만들며 하루에 약 500 mg의 콜레스테롤을 담즙산으로 변환시킨다. 간

기능 저하 시 지방산 산화는 감소하는 반면 지방 합성은 증가하고 간에서 지방을 방출하는 지단백 합성이 저하되어 5% 이상의 지방이 간에 축적되면 지방간이 된다.

④ 비타민 및 무기질 대사

간은 탄수화물, 단백질, 지방 대사뿐만 아니라, 비타민이나 무기질 저장, 활성 및 운반에도 크게 관여한다. 흡수된 비타민 A는 일단 간에서 가공되어 레티놀이 되므로 간이나 담도에 질환이 생기면 비타민 A의 흡수나 레티놀 생산에 장애가 올 수 있으나 실제로는 간에 저장되어 있는 비타민 A의 양이 방대하여 간 질환에서 야맹증 등의 심한 비타민 A 결핍증이 오는 경우는 극히 드물다. 오히려 비타민 A를 오랫동안 다량으로 섭취하면 간에 손상이 올 수 있다.

비타민 D는 간에서 활성형인 25-히드록시콜레칼시페롤25-hydroxycholecalciferol로 전환되어 소장과 콩팥에서 칼슘과 인의 흡수를 촉진하여 뼈의 성장과 건강을 유지하도록 한다. 비타민 K는 담즙의 도움으로 소장에서 흡수되어 간에서 농축되며 간에서 생산되는 혈액응고인자blood clotting factor의 활성화에 절대적인 역할을 한다.

수용성인 비타민 B군의 결핍은 특히 알코올성 간 질환 환자에서 흔히 관찰되는데, 아마도 전반적인 영양실조와 관계있는 것으로 보인다. 비타민 B군 중에서 특히 B_1 결핍이 알코올 중독증의 발생기전과 관련된다고 추정되나 정확한 기전은 아직 불분명하다.

간은 철분과 구리를 저장할 뿐 아니라 철분과 아연 및 구리 등을 혈류로 운송하는 단백질을 합성한다. 또한 나트륨과 칼륨, 칼슘 및 염소의 대사에 영향을 끼치는 것으로 알려져 있다.

(2) 담즙산 및 빌리루빈 대사

간은 담즙의 중요 성분인 담즙산을 생성하고 빌리루빈을 제거하는 역할도 한다. 간세포에서 콜레스테롤로부터 생성된 담즙산은 담도를 따라 내려가 담낭에 저장되어 있다가 식사 직후에 음식물이 장에 들어오면 담낭이 수축하게 됨에 따라 십이지

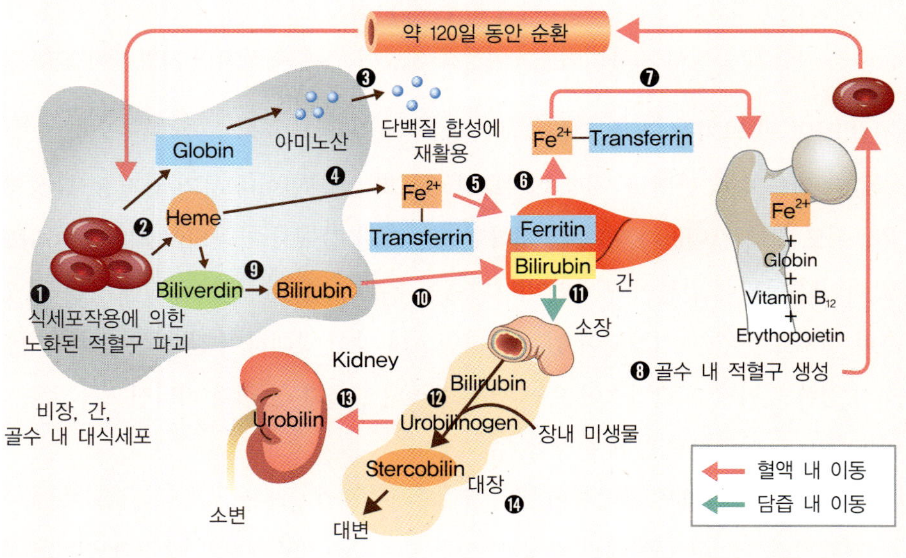

그림 5-2 | 빌리루빈 대사

장으로 배출된다. 소장으로 배출된 담즙산은 지방이나 지용성 비타민 A, D, E, K 등의 흡수를 돕는 역할을 한 후 회장에서 대부분 재흡수되어 문맥을 통하여 다시 간으로 들어가 재활용되며 일부분만이 대변으로 배설된다.

간은 수명을 다한 적혈구가 비장과 간에서 파괴되어 나오는 빌리루빈을 가공하여 몸 밖으로 내보내기 쉽게 만든다. 뇌에 독성을 나타내는 노폐물인 빌리루빈을 몸 밖으로 배설시키기 위해서는 간에서 포합이라는 과정이 반드시 필요하다. 즉, 알부민과 결합하여 간에 도달된 지용성인 빌리루빈은 포합 과정에 의해 수용성 물질로 변환되어 담도로 분비된 후, 담즙에 섞여서 일단 담낭에 머물다가 식사 시 담낭이 수축될 때 장으로 배출되어 결국 대변으로 배설된다[그림 5-2]. 대변 색이 누런 것은 바로 빌리루빈 색소 때문이다. 빌리루빈의 혈중 농도가 높아지면 눈과 피부가 노랗게 변색되며 소변 색이 붉게 변하는 황달이 초래된다.

(3) 해독 작용

간세포는 암모니아를 무독성의 요소로 전환시키고 이 중 75% 정도의 요소를 신장을 통해 배설시켜서 해독 작용을 한다. 또한 간은 내인성 호르몬이나 외인성 알코올, 약물 등 독성물질의 해독 작용에도 관여한다. 대부분의 독성 물질은 지용성이며, 혈장 단백질과 결합하여 혈관을 통해서 돌게 되는데, 간은 이러한 물질을 수용성으로 변환시켜 담즙이나 소변으로 배설되게 하는 기능을 담당하게 된다.

이러한 해독 과정이 없다면 간을 통하여 대사되어야 하는 각종 약물이 체내에 계속 남아있게 되어 극심한 부작용을 초래하게 될 것이므로, 이 과정이야말로 각종 이물질로부터 인체를 보호해주는 필수 대사 작용이다. 또한, 일부 약제들은 이러한 해독 과정을 거치면서 비로소 인체에 도움이 되는 약리 작용을 나타내기도 하는데, 일부에서는 이러한 과정 중 생기는 중간 대사 산물이 오히려 간에 독성을 나타내어 약제 유발성 간장애를 초래하기도 한다.

간의 해독 작용은 우리가 섭취하는 각종 음식물에 포함된 발암성 물질의 대사에도 관여하는데, 약물 대사와 같이 일부 발암성 물질은 대사되어 그 독작용이 소실된다. 하지만 일부에서는 오히려 대사과정을 거치면서 발암 위험성이 더 높은 물질로 변화되기도 한다. 만성 음주자의 경우 정상인과는 달리 독작용이 없는 용량의 약제라 할지라도 대사과정이 항진되어 그 중간 대사산물이 비정상적으로 상승하여 각종 부작용을 초래할 수도 있다.

(5) 면역 작용

간에서 생성되는 단백질 중에는 살균 작용에 중요한 역할을 하는 보체complement가 있다. 간의 단백질 합성 능력이 저하되면 보체 농도가 감소하여 살균 기능이 떨어지게 된다. 한편, 간 질환으로 문맥고혈압이 초래되면 장내 부종이 형성되어 장세포 사이의 결합, 즉 점막 방어벽이 무너져서 쉽게 장내 세균이 문맥으로 흘러들어오게 된다. 간은 세균을 포함한 각종 이물질을 제거하는 기능이 있으므로 장내 세균이 간에 도달되면 제거될 수 있다. 하지만 문맥고혈압으로 문맥-전신 단락Portosystemic shunt이 형성되면 간 내로 유입되어 제거되어야 하는 세균이 간을 거치지 못하므로 세균 감염의 위험성을 더욱 증가시킨다. 따라서 간 질환이 진행되면 자발성 세균성 복막염을 비롯하여 각종 비뇨기계 및 호흡기계 감염 등의 위험성이 증가하게 된다.

간은 시누소이드 혈관 벽에 위치한 쿠퍼세포kupffer cell의 식균 작용을 통해 혈액으로부터 유래한 박테리아를 제거하는 역할도 한다.

(6) 호르몬 대사

호르몬은 간을 보호하고 간 기능을 제대로 발휘하도록 도와주는 역할을 하는 반면, 간은 각종 호르몬을 분해하는 기능이 있어 호르몬 공급의 전반적인 감시역할을 한다. 따라서 간 질환에 의해서 간 기능이 저하되면 호르몬 대사장애가 일어날 수 있다.

인슐린은 췌장에서 분비되며 문맥혈에 섞여 소장에서 흡수된 포도당과 함께 간에 도달한 후 포도당을 글리코겐으로 전환해 간에 저장시키는 글리코겐 형성과정을 돕는다. 이러한 과정을 다 마친 인슐린의 약 50%는 간에서 분해된다. 그러므로 심한 간경변증이 있는 경우, 간에서 인슐린의 분해가 제대로 안 될 뿐만 아니라, 인슐린이 포함된 문맥혈이 식도 정맥류 등의 샛길을 통해 간을 지나쳐 버리므로 결국 혈중의 인슐린 농도가 높아지게 된다. 이러한 높은 인슐린 농도는 부족한 글리코겐의 저장량과 더불어 간경변증 환자에서 저혈당을 일으키는 원인이 된다.

만성 간염이나 간경변증 등 간 기능이 저하된 상태에서는 간에서 성호르몬인 에스트로겐이나 테스토스테론 대사가 저하되어 겨드랑이나 치부의 털이 빠지거나 여성의 경우 생리 이상이 오고, 남성의 경우 고환 위축이 오기도 한다. 또한 간에서 분해될 남성 호르몬인 테스토스테론이 간을 거치지 않고 샛길을 통해 말초 혈액으로 가서 여성 호르몬으로 변하면 남성에서도 젖망울이 커지는 여성 유방화 현상이 나타나는데, 이런 현상은 알코올성 간경변증일 때 더 심하다.

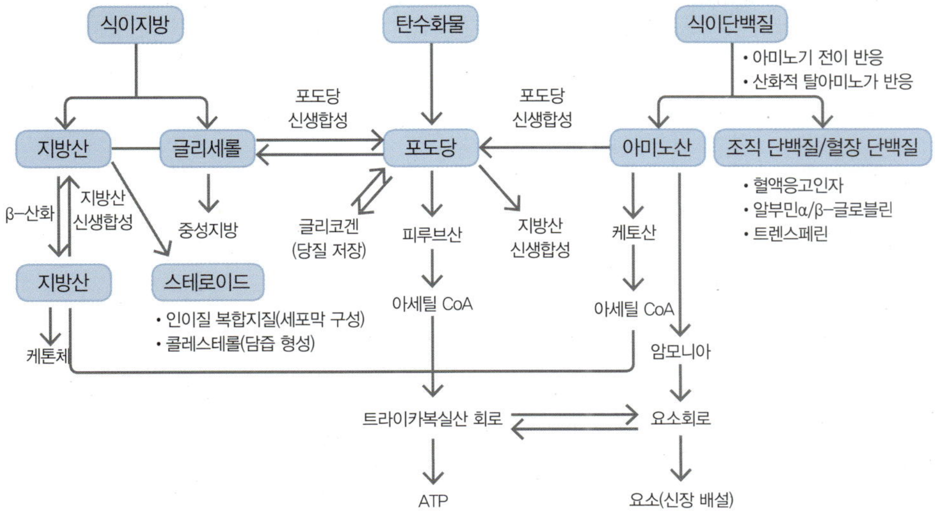

그림 5-3 | 간의 영양소 대사

출처: 이종호 외, 임상영양치료를 위한 병태생리학, 2013

표 5-1 | 간의 기능

구분	정상적인 간 기능	간 질환 시 비정상적인 대사
탄수화물 대사	글리코겐 합성, 포도당 신생합성과정, TCA 회로를 통한 산화, 글리코겐 분해, 해당작용	• 글리코겐의 분해와 당 신생합성 이상에 의한 저혈당 증세 • 포도당의 저장과 유리의 기능 이상
단백질 대사	체단백질 저장, 혈청단백질 합성, 혈액응고인자 합성, 아미노산 대사(아미노기 전이반응, 산화적 탈아미노기 반응), 비필수아미노산 합성, 함황아미노산 대사, 요소합성	혈중 암모니아 상승, 혈장단백질 감소로 인한 부종, 출혈
지질 대사	지방 합성, 인지질과 콜레스테롤 합성, 지단백질 합성, 지방산 대사, 담즙산 합성	지단백 합성 저하, 간 내 콜레스테롤 농도의 항상성 결손
비타민 및 무기질 대사	비타민 및 무기질 저장, 비타민 A, 아연, 철 수송 관련 단백질 합성, 비타민과 무기질의 활성형 전환(비타민 A, 비타민 D, 비타민 K, 엽산)	지용성 비타민의 흡수 저하 및 결핍

구분	정상적인 간 기능	간 질환 시 비정상적인 대사
담즙산 대사	담즙 생성(500~1,000 mL/일)	지질과 지용성 비타민의 흡수 불량
빌리루빈 대사	비장, 골수에서 적혈구 파괴로 생성된 빌리루빈은 간으로 이동하여 담즙산 합성에 이용	혈중 빌리루빈 농도 상승, 황달
해독 작용	약물, 알코올, 암모니아 등 독성물질 해독	해독 기능 저하
면역 작용	시누소이드 혈관 벽에 존재하는 쿠퍼세포의 식세포작용에 의해 혈액 중 바이러스 및 이물질 제거, 면역글로불린 합성, 면역체 형성	쿠퍼세포 기능 이상에 의한 박테리아 노출 증가
호르몬 대사	호르몬(인슐린, 에스트로겐, 프로게스테론, 테스토스테론, 알도스테론, 글루코코르티코이드) 분해	저혈당, 탈모, 생리 이상, 고환 위축, 여성형 유방

3) 간 질환 진단 시 사용되는 임상검사법

간 기능 평가를 위해 일반적으로 사용되는 생화학지표는 혈청 아스파르트산 아미노기 전이효소aspartate transaminase, 혈청 알라닌 아미노기 전이효소alanin transaminase, 알칼리성 인산분해효소, 감마 글루타밀 전이효소, 빌리루빈 대사와 간 배설 능력, 혈액 내 분비단백질(알부민, 알부민/글로불린 비율, 혈액응고인자) 등을 포함한다(표 5-2). 간 기능 검사 중 아미노 전이효소, 알칼리성 인산분해효소는 간 손상, 알부민과 프로트롬빈 시간은 간의 합성능, 빌리루빈은 간의 배설능을 반영한다.

표 5-2 | 간 기능 평가

범주	혈청 내 평가지표		정상 범위	간질환시
간세포 손상	세포질 내 효소	혈청 아스파르트산 아미노기 전이효소(AST)	5~40 IU/mL	증가
		혈청 알라닌 아미노기 전이효소(ALT)	5~35 IU/mL	증가
담즙 분비 기능	담즙 내 분비 물질	총 빌리루빈	< 1.0 mg/dL	증가
		유리형 빌리루빈	< 0.8 mg/dL	증가
		소변 빌리루빈	0	증가
		소변 유로빌리노겐	0~4 mg/24 hr	증가
	세포막 효소(모세담관의 손상 판단 지표)	혈청 알칼리성 인산분해효소(ALP)	35~150 IU/mL	증가
		혈청 γ- 글루타밀전달효소 (γ-glutamyl transpeptidase, GGT)	10~48 IU/mL	증가
간세포 기능	혈액 내 분비 단백질	혈청 알부민	3.5~5.5 g/dL	감소
		알부민/글로불린 비율(A/G ratio)	1.1 ~ 2.0	감소
		프로트롬빈 시간 (혈액응고인자: V, VII, X, 프로트롬빈, 피브리노겐)	11.5~14초	증가
	간세포 대사물질	혈청 암모니아	19~87 μg/dL	증가

출처: 이종호 외, 임상영양치료를 위한 병태생리학, 2013

알부민/글로불린 비율(A/G ratio)

외부에서 병균이나 이물질이 몸속에 들어오면 간과 비장에서 일차적으로 걸러내서 전신으로 퍼지지 않도록 방어한다. 그러나 간경변인 경우 간이 방어기능을 잘 수행하지 못하기 때문에 몸속으로 들어온 외부물질이 효과적으로 제거되지 않고 간을 통과하여 전신으로 퍼지게 된다. 이렇게 몸속에 퍼진 이물질은 항원으로 작용을 하여 우리 몸속의 면역세포를 자극하게 되고, 자극받은 면역세포들은 항체인 면역글로불린을 만들어낸다. 따라서 간 기능 손상 시 혈중 알부민은 감소한 반면 면역글로불린이 증가하여 A/G 비율이 1.0 이하가 된다(정상 A/G 비율 1.1 ~ 2.0)

2. 간 질환과 영양관리

간은 손상될 것을 대비해 충분한 예비기능을 비축하고 있고, 간세포가 서서히 파괴되어 간 기능이 절반 이하로 저하되어도 특별한 증상이 나타나지 않기 때문에 '침묵의 장기'라고 한다. 그러므로 간 손상으로 인한 증상이 나타났을 때는 간 전반에 걸쳐 이미 손상이 심각하게 진행된 상태가 대부분이어서 쉽게 회복되기 어렵다. 간의 주요 질환으로는 간염, 알코올성 간 질환, 비알코올성 지방간, 간경변 및 간암 등이 있다. 간 질환에서 나타나는 증상으로는 피로, 전신쇠약, 식욕감퇴, 메스꺼움, 구토, 소화불량, 복부 불쾌감, 오른쪽 윗배에 둔탁한 통증 등이 있는데, 이러한 증상은 간 질환에서만 특이적으로 나타나는 것이 아니므로 증상에만 의존해서는 안 된다. 간 질환이 진행되거나 손상의 정도가 심한 경우에는 복수가 발생하여 생기는 복부 팽만 및 부종, 토혈 및 혈변, 눈동자와 피부가 노래지고 소변 색이 갈색으로 짙어지는 황달 등이 있다.

간종대(간비대)

간이 커지는 것을 말한다. 간염, 간 종양 등 다양한 원인으로 간 조직이 파괴되면서 손상된 간 기능을 회복하기 위한 보상 반응으로 간비대가 생긴다. 간비대가 있는 경우 심하면 복부 촉진을 통해 만져지며 초음파, CT 등 여러 검사를 통해 확인할 수 있다.

1) 간염

간염hepatitis은 간에 급성 혹은 만성 염증이 발생하는 것으로 간의 염증은 대부분 바이러스에 의해 발생하지만 알코올 남용이나 화학물질, 약물 독성 또는 자가면역체계 이상에 의해서도 발생한다. 바이러스성 간염은 A, B, C, D, E형으로 구분된다

〈표 5-3〉. 급성 간염이 치유되지 않은 상태로 6개월 이상 지속되면 만성 간염으로 정의하며, 만성 간염은 만성 간 질환, 간경변, 간암의 주된 원인이다.

표 5-3 | 바이러스성 간염의 특징

간염 유형	감염 경로	잠복기	증상	예방 및 치료
HAV	음료, 음식 및 환자의 분변	2~3주	독감과 같은 증상, 황달, 오심, 피로, 복부 통증, 거식증, 설사, 열	• 청결한 환경 유지와 백신 접종 • 감염 시 충분한 휴식과 식이요법
HBV	수혈, 산모에서 태아로 수직감염, 의료기구의 불충분한 소독, 타액, 정액 등의 체액	2~6개월	독감과 같은 증상, 황달, 오심, 피로, 구토, 열, 증상이 없을 수도 있음	• 백신 접종 • 감염시 인터페론 알파(interferon-α)나 라미부딘(Lamivudine) 처방
HCV	HBV형과 유사	2~26주 (평균 6~12주)	간 손상이 일어나기 전까지는 증상이 없음. 독감과 같은 증상, 피로, 오심, 두통, 복부 통증	감염 시 페그인터페론(PEG-interferon)이나 리바비린(ribavirin) 처방
HDV	HBV에 감염된 경우	HBV 감염 시 발생, 스스로 생존 불가능	독감과 같은 증상, 황달, 오심, 피로, 구토, 열, 증상이 없을 수도 있음	• HBV 백신 접종으로 예방 가능 • 감염 시 인터페론 알파 처방
HEV	A형과 유사. 개발도상국을 여행하는 임산부 특히 위험	2~9주	식욕감퇴, 복부 통증, 관절 통증, 열	특별한 예방 및 치료방법 없음

(1) 원인과 경과

① A형 간염(hepatitis A, HAV)

A형 간염은 대부분 A형 간염 바이러스 감염자의 대변으로부터 오염된 음식이나

물을 섭취함으로써 경구를 통해 전염된다. 특히 개인위생 관리가 좋지 못한 저개발 국가에서 많이 발병되지만, 최근에는 위생적인 환경에서 자란 20~30대에서도 발병률이 급증하는 양상을 보인다.

어린이의 경우 A형 간염에 걸리면 대부분 감기처럼 가벼운 증상을 보이지만 20세 이상의 성인에서는 급성 간염이 유발되고 한 달 이상 입원이나 치료를 해야 하는 심각한 증상이 나타날 수 있다. 급성 A형 간염의 경우 85%는 3개월 이내에 임상적, 혈액학적으로 회복되며, 이후 B형 간염이나 C형 간염과 달리 만성화하지 않고 대부분 완전히 회복된다. 그러나 연령이 증가하거나 B형 간염, C형 간염 등의 만성 간 질환을 보유하고 있는 경우에는 간염 증상이 급속도로 악화해 전격성 간염으로 진행되어 심각한 결과를 초래할 수도 있다.

② B형 간염(hepatitis B, HBV)

B형 간염 바이러스는 주로 혈액이나 체액에 의한 비경구적 방법을 통하여 전파되며, 대표적인 예로 어머니와 신생아 사이의 수직감염(주산기 감염), 성관계를 통한 전염과 B형 간염 바이러스에 감염된 혈액에 손상된 피부나 점막이 노출되어 감염되는 경우 등이 있다. 우리나라의 B형 간염 감염은 주산기 감염이 거의 대부분을 차지한다. 이러한 경로로 B형 간염 바이러스가 혈액 내로 침입한 후 주로 간세포 속에 자리잡게 되는데, 우리 몸은 이 바이러스를 제거하기 위해 면역반응을 일으키고 이로 인해 바이러스에 감염된 간세포들이 파괴되면서 간에 염증이 생기게 된다.

B형 간염은 우리나라에서 가장 많은 간염으로 전체 인구의 약 3~4%가 감염된 상태로, 현재 만성 간염을 앓고 있는 환자는 약 40만 명으로 추산되고 있다. 해마다 2만여 명이 간 질환으로 사망하고 있으며 그중 만성 B형 간염이 차지하는 비율은 50~70% 정도 된다.

B형 간염 바이러스는 감염되는 시기에 따라 만성 간염으로 진행될 가능성이 크게 차이가 난다. 즉 성인이 B형 간염 바이러스에 감염된 경우 증상이 수 주일간 지속되다가 95% 이상에서 저절로 호전되는 데 반해 유년기 감염은 20%, 주산기 감

염은 90% 이상 만성 간염으로 진행된다. 만성 B형 간염으로 진단된 성인에서 간경변증, 간암으로 진행되는 비율은 5년 경과 후 각각 9%, 2.7%이며, 10년 경과 후에는 23%, 11%, 20년 경과 후에는 각각 48%, 35%로 보고되고 있다. B형 간염 바이러스에 의한 간경변증으로 진단된 성인에게서 간암이 발생되는 비율은 5년 경과 후 13%, 10년 경과 후 27%, 15년 경과 후 42%로 보고되고 있다.

B형 간염을 예방하기 위해서는 백신 접종을 해야 한다. 특히 B형 간염 산모에게서 태어난 신생아의 주산기 감염을 예방하기 위해서는 출생 즉시 신생아에게 면역글로불린 주사와 함께 백신을 접종해야 한다.

③ C형 간염(hepatitis C, HCV)

C형 간염 바이러스에 감염된 혈액 등 체액에 의해 감염된다. 성적인 접촉이나 수혈, 혈액을 이용한 의약품, 오염된 주사기의 재사용, 소독되지 않은 침의 사용, 피어싱, 문신을 새기는 과정 등에서 감염될 수 있다.

최근 젊은 층에서 C형 간염 바이러스에 감염된 환자가 증가하고 있는데, C형 간염은 한 번 감염되면 70~80%가 만성 간염으로 진행하고 이 중에서 30~40% 정도가 간경변증, 간암으로 진행하므로 예방이 매우 중요하다. 우리나라에서는 국민의 약 1%가 C형 간염 바이러스 보유자로 추정되며, 전체 만성 간 질환(간염, 간경변증, 간암) 환자의 약 10~15%가 C형 간염 바이러스에 의해 발생한다. 특히 최근에는 B형 간염이 점차 줄어들면서 앞으로 C형 간염의 중요성은 점차 높아질 것으로 전망된다.

C형 간염에서 가장 중요한 것은 예방이다. 그러나 C형 간염은 B형 간염과 달리 백신이 개발되어 있지 않고 면역글로불린도 없으므로 체액을 통해 C형 간염 바이러스가 전파되지 않도록 각별히 주의해야 한다.

④ D형 간염(hepatitis D, HDV)

D형 간염은 B형 간염 바이러스 감염과 밀접한 관계를 가지며, B형 간염 바이러스가 있어야만 D형 간염이 발병할 수 있다. 기존의 만성 B형 간염 보유자에게서 D형

간염 바이러스의 중복감염이 일어난 경우에는 기존의 B형 간염의 경과를 악화시켜 간경변증으로 진행되는 경우가 70%에 이르며, 간세포암의 발생률도 B형 바이러스만 가진 사람보다 최고 3배 높은 것으로 알려져 있다. D형 간염은 B형 간염 바이러스가 존재하지 않으면 절대 감염되지 않으므로 백신을 접종하여 B형 간염에 감염되지 않도록 한다.

⑤ E형 간염(hepatitis E, HEV)

E형 간염은 A형 간염과 유사하게 음용수나 음식을 통해 전파되며, 주로 급성 감염의 형태로 나타난다. 과거에는 주로 후진국 호발 지역에만 국한되어 발생하는 것으로 알려져 있었으나, 최근에는 우리나라와 경제적 여건이 비슷하거나 더 선진국인 나라에서도 E형 간염이 토착화되어 산발적으로 발생하고 있다. 또한 일부 장기이식자 등에 국한되지만 면역 억제 상태인 경우 E형 간염 바이러스가 혈중에서 장기간 검출되며 만성 간염이나 간경변증까지도 초래할 수 있다.

(2) 증상

급성 간염의 경우 식욕 부진, 오심, 구토 등의 비특이적인 소화기 증상이 생길 수 있으며, 오른쪽 상복부 불편감을 느끼면서 심한 무력감이 동반된다. 또한 미열이나 두통, 근육통, 관절통 등이 있을 수 있고, 눈의 흰자위와 피부가 노랗게 되고 소변 색이 진해지는 등 황달이 있다. 심하면 피부에 가려움증이 생기기도 한다. 간혹 급성 간부전으로 진행되면 복수가 차고 간성 뇌증이 동반되기도 한다.

만성 간염은 무증상이 대부분이지만 피로감이나 무력감이 쉽게 동반될 수 있다. 그러나 간 조직 손상이 서서히 진행하여 정상 간 조직이 섬유화된 반흔조직으로 대치되는 간경변증이나 간 기능부전으로 진행하며 만성 간염이나 간경변증 환자는 간암 발생 위험이 높다.

(3) 간염의 영양치료

간염 환자의 영양치료의 목표는 손상된 간세포의 재생과 식욕부진, 오심, 구토로 인한 부족한 영양섭취 보충이다. 손상된 간세포의 치유와 재생을 돕기 위해서는 충분한 휴식이 필요하며 에너지와 단백질 및 비타민과 무기질을 비롯한 미량영양소의 충분한 섭취를 기본으로 한 균형식을 제공하도록 한다.

급성 간염 발병 초기에는 식욕 저하, 구토 및 메스꺼움으로 식사를 제대로 하지 못하는 것이 가장 큰 문제이므로 미음, 맑은 국물, 과즙 등의 유동식으로 시작하여 소화가 쉽고 부드러운 음식으로 소량씩 자주 먹도록 한다.

만성 간염 환자의 경우 회복기 이후 증가된 식사량으로 인해 비만과 지방간 등의 또 다른 문제가 발생하기도 한다. 따라서 적정 체중을 유지하기 위해 식사량을 조절하고 불필요한 간식 섭취를 줄인다. 요리 시에는 기름을 적절히 사용하며 단백질 반찬 중 50% 정도는 동물성 단백질인 육류, 생선, 계란 등으로 섭취하도록 한다.

① 충분한 에너지 공급

30~35 kcal/체중(kg)/일 정도의 충분한 에너지를 공급하여 단백질이 에너지로 소모되는 것을 방지한다. 이때 비만도에 따라 에너지 공급량을 조절하도록 한다.

② 탄수화물

간의 글리코겐 저장 보충을 위해 충분한 탄수화물(400~500 g/일)을 제공한다. 탄수화물 급원 식품으로 흰죽, 찰진 밥, 누룽지, 흰빵, 감자, 토스트, 비스켓 등을 적절히 활용한다.

③ 단백질

간세포 재생과 지방간 예방을 위해 소화하기 쉬운 연두부, 계란찜 등 단백질 급원식품 섭취를 증가시킨다. 급성 간염은 단백질 1.5~2.0 g/일, 만성 간염은 1.0~1.5 g/일 제공한다.

④ 지방

환자의 수용 정도에 따라 적정량의 지방 제공은 도움이 되나 급성 간염 초기 증상에서 메스꺼움과 설사 또는 지방의 소화가 어려운 경우 과도한 지방 섭취에 주의가 필요할 수 있다. 증상이 호전되면 탄수화물과 단백질만으로 영양요구량의 충족이 어려우므로 적절한 지방을 제공한다.

⑤ 비타민 및 무기질

간염으로 인한 비타민과 무기질의 저장 및 활성화 저해를 교정하기 위해 충분한 비타민과 무기질을 공급한다. 특히 비타민 B 복합체(티아민, 엽산, 비타민 B_{12}), 비타민 K, 비타민 C, 아연, 칼륨은 보충하지만 철, 비타민 A는 과량 섭취를 주의한다.

⑥ 기타

탈수 방지를 위해 충분한 수분을 공급하며, 음주 및 자극성 음식을 제한한다.

2) 알코올성 간 질환(alcoholic liver disease)

(1) 알코올 대사

위와 소장 상부에서 흡수된 알코올의 90% 정도는 간에서 알코올탈수소효소 alcohol dehydrogenase, ADH에 의해 대사되어 아세트알데히드acetaldehyde가 생성되고 나머지는 마이크로솜 에탄올산화체계micorosomal ethanol-oxidizing system, MEOS및 카탈라아제catalase에 의해 분해되어 아세트알데히드로 대사된다. 아세트알데히드는 아세트알데히드-단백질 부가생성물acetaldehyde-protein adduct과 지질 과산화를 생성하여 간독성을 초래하고 두통도 유발한다. 아세트알데히드는 아세트알데히드 탈수소효소acetaldehyde dehydrogenase, ALDH에 의해 아세트산으로 산화되어 에너지를 발생하거나 케톤체, 콜레스테롤과 지방산을 합성하는 데 이용된다[그림 5-4].

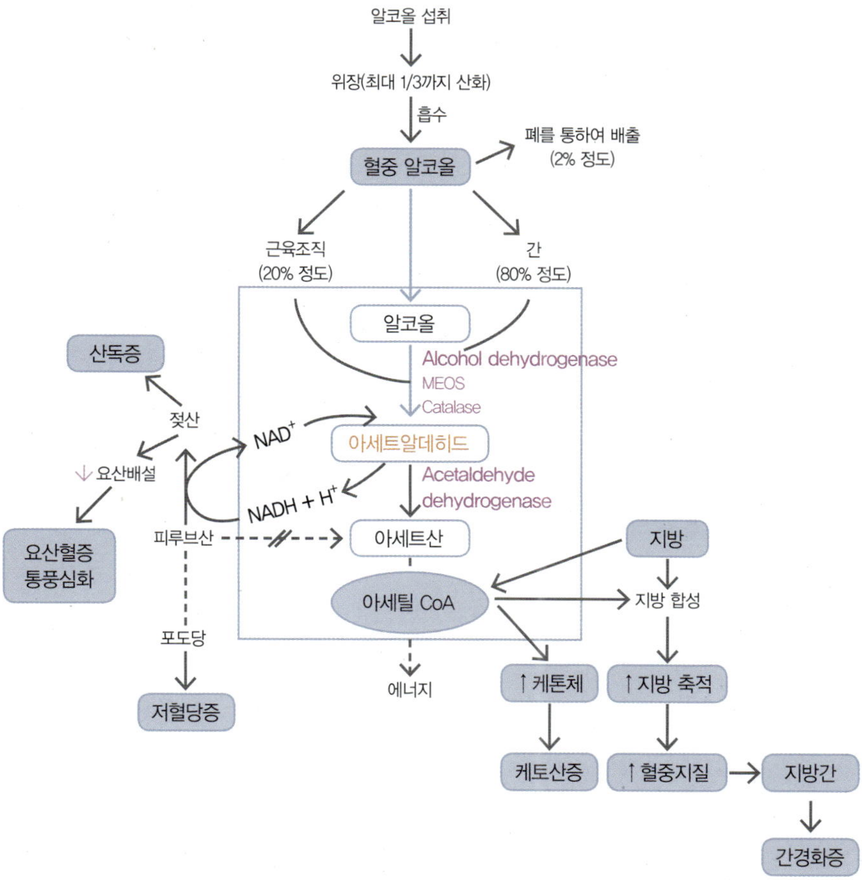

그림 5-4 | 알코올 대사

과도한 음주로 인해 알코올 대사가 항진되면 NADH 생성이 증가하고, 이를 이용하여 피루브산이 젖산으로 전화되는 대사가 항진되어 산독증을 유발할 수 있다. 또한 피루브산이 젖산으로 다량 전환됨에 따라 포도당 신생합성 과정에 사용될 피루브산이 감소하게 되어 저혈당을 초래하기도 한다. 알코올 대사의 최종산물인 아세틸 CoA는 일련의 반응에 의해 케톤체로 전환되며 다량의 케톤체 생성은 케톤산증의 원인이 된다.

(2) 알코올에 의한 간 손상 기전

① 아세트알데히드의 작용

아세트알데히드는 대표적인 간독성 물질로 알려져 있다. 아세트알데히드는 반응성이 매우 강해서 간세포 내의 여러 기관과 결합하여 정상적인 기능을 방해하거나 형태를 변형시키고 세포막을 손상시킨다. 손상된 세포 내의 성분이 복구되는 것을 막고, 세포 손상 물질을 만들도록 유도하는 등 다양한 방법으로 간세포에 손상을 주게 된다.

② 유리산소잔기의 형성

산소를 사용하여 알코올을 대사하면서 대단히 불안정한 물질인 유리산소잔기가 형성된다. 이러한 유리산소잔기는 주변의 단백질, 지질 및 DNA와 결합하여 간세포에 손상을 주게 된다.

③ 저산소증

알코올을 분해하기 위해서는 산소를 사용해야 한다. 그러므로 만성적으로 음주를 하는 경우에는 간세포 내의 산소 소비가 증가하여 간세포 내의 저산소증이 발생한다.

④ 사이토카인 효과

만성적으로 음주를 하게 되면 대장 혈관의 투과성이 증가되어 문맥을 통해 간으로 유입되는 내독소의 양이 증가한다. 내독소란 박테리아의 세포벽에서 발견되는 물질로 그람 음성균의 리포다당체lipopolysaccharide를 말한다. 이러한 내독소가 간에 들어오면 쿠퍼 세포에 의해 탐식이 되면서 세포에서 염증물질들을 만들어 내게 하여 간에서 염증을 일으킨다.

⑤ 지방 축적

아세테이트는 다시 물과 이산화탄소로 분해되거나, 지방산으로 전환된 후 중성지방의 형태로 간에 축적된다.

⑥ 영양 섭취 장애

알코올은 1 g당 7 kcal의 높은 열량을 내지만, 영양학적으로는 아무 쓸모없는 에너지이다. 술 종류에 따른 알코올 양은 〈표 5-4〉에 제시되었다. 아무리 영양학적으로 쓸모가 없다고 하더라도, 열량을 섭취한 것이므로 술을 많이 마시면 밥을 별로 먹지 않아도 배고픈 것을 느끼지 않는다. 술을 많이 마시면서 식사를 제대로 하지 않는 경우 영양공급에 장애가 발생하는데, 이러한 영양 섭취의 정도가 알코올성 간 질환의 발생에 영향을 주는 것으로 여겨진다.

또한, 술을 마실 때 주로 기름기가 많은 안주를 함께 섭취하기 때문에 간 내 지방의 축적은 더 심해진다. 뿐만 아니라 알코올이 아세트알데히드로 대사되는 과정과 아세트알데히드가 아세테이트로 바뀌는 과정에서 NADnicotinamide adenine dinucleotide가 NADHnicotinamide adenine dinucleotide hydrogen로 바뀌는 과정이 필요하므로 알코올 대사를 많이 하면 NADH도 증가하게 된다. NADH가 증가하면 간세포의 지방산화 기능을 감소시켜 간 내 지방의 축적을 더 심하게 할 수 있다. 이와 같은 경로를 통해 간 내 지방의 축적이 심해지면 지방간이 발생하고 이로 인해 간의 손상이 더 심해진다. 또한 알코올은 간에서 합성되는 초저밀도지단백(VLDL)이 미세소포로 포장되는 과정을 방해하여 간세포로부터 초저밀도지단백의 분비를 저하시키고 결과적으로 지방간을 일으킨다.

표 5-4 | 술 종류에 따른 알코올의 양

술 종류	술의 양(mL/병)	도수(%)	알코올 양(g)
소주	360	19	54
막걸리	750	6	35
맥주	355	4.5	12
와인	700	12	66
양주(위스키)	360	40	113

(3) 알코올성 간 질환의 진행 및 증상

알코올성 지방간은 과음하는 사람들의 약 80~90%에서 발생하는 가장 흔한 병변으로, 이 상태에서 단주하면 정상적인 간으로 회복이 가능하지만, 매주 400g 이상을 지속적으로 음주하면 지방간 환자의 30%가, 알코올성 간섬유화까지 포함하면 환자의 37%가 간경변증으로 진행한다. 알코올성 지방간 환자는 피로감 외의 특별한 자각증상이 없으나 간혹 식후의 복부팽만감, 변비, 식욕 부진, 오심 등의 증상을 보이며 증상이 심해질수록 간문맥 고혈압, 출혈, 정맥류 등의 증상이 나타난다.

알코올성 지방간염은 만성 알코올중독자의 30% 정도에서 발생하며 지방만 축적되는 지방간과는 달리 간세포가 파괴되고 염증 반응을 동반하는 상태이다. 발열, 황달, 복통, 심한 간 기능 장애를 초래하며, 술을 끊으면 회복이 가능하지만 음주를 계속하면 간경변증으로 진행된다. 중증 간염인 경우나 간경변증이 동반된 경우에는 간부전과 문맥 고혈압에 의한 합병증이 발생하여 높은 단기 사망률을 보인다.

알코올성 간 질환 환자에서 지방간, 급성 및 만성 알코올 간염이 반복적으로 진행되면 알코올성 간경화가 발생한다. 알코올성 간경화 환자들은 대부분 부적절한 식사 섭취, 알코올에 의한 소화기계 염증으로 인한 영양소 흡수불량, 간 내 영양소 저장력 감소, 대사 이상 등의 원인으로 심한 영양결핍 증상을 보이며, 복수, 정맥류 출혈, 간성뇌증 등의 합병증이 동반된다. 일단 간경변증으로 진행되면 술을 끊더라도 딱딱해진 간 조직이 완전히 정상으로 회복되지 않는다. 하지만 금주를 하면 간 질환의 합병증이나 사망률이 현저히 감소하기 때문에 어느 시점이든지 금주를 하는 것이 도움이 된다.

(4) 영양치료

간이 재생될 수 있도록 무엇보다 금주가 필수적이다. 영양불량이 동반된 환자는 탄수화물과 단백질이 풍부한 식사를 하되 단백질은 1.5 g/kg/일 정도 제공한다. 비타민 B군, 비타민 C, E, K 등의 비타민과 칼륨, 셀레늄, 마그네슘, 아연, 칼슘 등의 무기질을 충분히 공급한다. 단, 비타민 A, D와 철의 보충은 주의를 요한다. 간의 글리코겐 저장량 감소로 인한 저혈당을 예방하기 위해 탄수화물을 소량씩 자주 섭취하도록 한다. 정맥영양이 필요할 경우 글루타민 강화 정맥영양액은 암모니아 수치를 높일 수 있으므로 피해야 한다.

3) 비알코올성 지방간

(1) 원인

비알코올성 지방간Non-Alcoholic Fatty Liver Disease, NAFLD이란 술을 전혀 안 마시거나 소량만을 섭취(1주일에 남성은 소주 2병, 여성은 소주 1병 이하)하는 사람들의 간에 지방이 과도하게 축적된 경우이다(간 중량의 5% 이상 초과). 간에 축적되는 지방은 대부분 중성지방으로, 과잉의 에너지 섭취(주로 당질)로 인한 지방산과 중성지방 합성 증가, 지방산 산화 감소 및 간세포에서 조직으로 중성지방의 방출 감소 등의 원인으로 간에 지방이 축적된다.

비알코올성 지방간은 비만, 당뇨병, 고지혈증, 여성호르몬제나 스테로이드 등의 약물 장기복용, 영양결핍, 정기적인 정맥영양에 의해 발생되며, 급작스러운 체중감량이나 체중감량을 위한 수술 후에도 심한 비알코올성 지방간이 생길 수 있다.

(2) 증상 및 진단

비알코올성 지방간은 간비대와 피로, 우상복부의 통증 등을 동반할 수 있으나 대부분의 경우에는 증상이 없다. 지방간의 진행 과정은 보통 가역적이나 적절한 치료를 하지 않는 경우 심각한 간손상으로 이어질 수 있다[그림 5-5].

비알코올성 지방간의 진단을 위해서는 혈액을 통한 간기능검사와 초음파검사를 시행한다. 컴퓨터 단층촬영(CT), 자기공명영상(MRI) 검사가 필요할 수도 있으며,

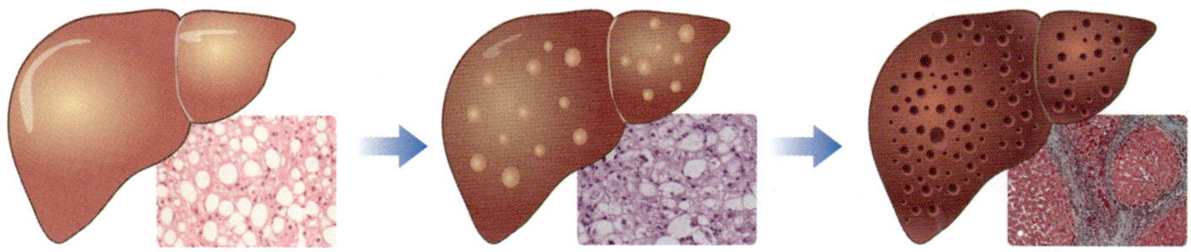

그림 5-5 | 비알코올성 지방간 진행과정

확진이 되지 않는 경우에는 간생검을 통한 조직검사를 시행한다. 대부분 복부초음파 검사에서 간의 영상이 정상보다 하얗게 보이는 경우에 지방간으로 진단한다.

(3) 영양치료

비알코올성 지방간은 비만인의 58~74% 정도가 발생하므로 비만인의 경우 식사요법과 운동요법을 통한 체중감량이 중요하다. 그러나 급격한 체중감량은 오히려 간의 염증성 괴사와 섬유화를 악화시키므로 주의가 필요하다. 과다한 당질(밥, 빵, 국수, 떡, 감자, 고구마, 설탕 등)의 섭취를 줄이고 단백질은 적절히 섭취하도록 한다. 간에 지방이 축적되는 것을 막아주는 항지방간 인자인 콜린(우유, 대두, 밀, 달걀, 땅콩 등), 메티오닌(대부분의 단백질 함유 식품), 셀레늄(통밀, 견과류, 해산물, 살코기류, 곡류, 우유 및 유제품 등), 레시틴(대두류)의 충분한 섭취가 필요하며, 금주는 필수적이다.

4) 간경변증

간경변증Cirrhosis은 간염 바이러스나 술 등에 의한 간염이 장기간 지속되면서 간세포가 파괴되어 섬유화가 진행되고 재생결절들이 생기면서 간의 점진적인 기능 저하를 초래하는 상태이다. 만성 간 질환에서 간경변증으로 진행한 후에는 다양한 합병증(복수, 정맥류 출혈, 간성혼수 등)과 간암 발생의 위험도가 현저히 증가하므로 정기적인 검사 및 적극적인 치료가 필요하다.

간경변증은 대상성과 비대상성 간경변증으로 구분되는데, 대상성 간경변증은 간경변증이 시작되었으나 아직 합병증은 없어 정상적인 기능을 유지할 수 있는 단계를 의미한다. 대상성 간경변증 환자의 경우 임상증상도 뚜렷하지 않고 혈액화학검사에서도 특별한 이상소견을 보이지 않을 수 있다. 그러나 간경변증의 정도가 악화되면 황달, 복수, 간성뇌증, 정맥류 출혈 등의 합병증이 동반되고, 결국 간부전으로 사망할 수 있으며, 간암이 발생할 위험도 높아진다. 이 상태를 비대상성 간경변증이라고 한다.

(1) 원인

간경변증은 만성 간 손상에 대한 상처의 회복 과정에서 발생하는 간섬유화가 진행되어 조직학적으로 섬유성 반흔으로 둘러싸인 재생결절이 생긴 상태로 정의된다 [그림 5-6]. 간경변증의 원인으로는 만성 바이러스성 간염, 과다한 알코올 섭취, 혈색소 침착 등의 대사성 질환, 담도 폐쇄로 인한 간 조직 내 담즙 정체, 고함량 비타민

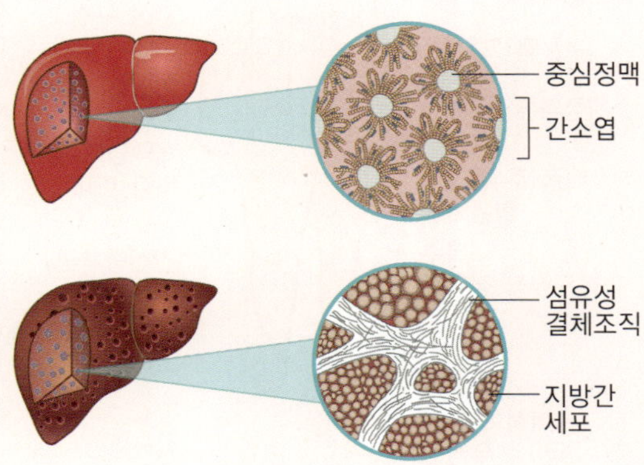

그림 5-6 | 정상 간과 경변된 간 조직 비교

A 보충제의 장기간 투여 및 독성물질 섭취, 영양불량 등이 있다. 우리나라 간경변증 환자의 70~80%는 B형 간염 바이러스 감염에 의해, 10~15%는 C형 간염 바이러스 감염에 의해, 나머지 10~15%는 알코올의 과다섭취와 그 외 여러 질환에 의해 발생한다.

(2) 증상 및 합병증

간경변증은 상태에 따라 다양한 증상이 나타나는데, 전신쇠약, 만성피로, 식욕부진, 소화불량, 복부 불쾌감 등이 있을 수 있다. 피부에 붉은 반점이 거미 모양으로 나타나거나(거미 혈관종), 호르몬 대사의 이상으로 손바닥이 정상인보다 붉어지고, 남성의 경우 가슴이 커지며 성기능이 저하될 수 있다. 비장이 커지면서 왼쪽 옆구리에서 만져질 수 있고, 복수가 차고 양쪽 다리가 붓거나, 피부 바깥쪽까지 확장된 혈

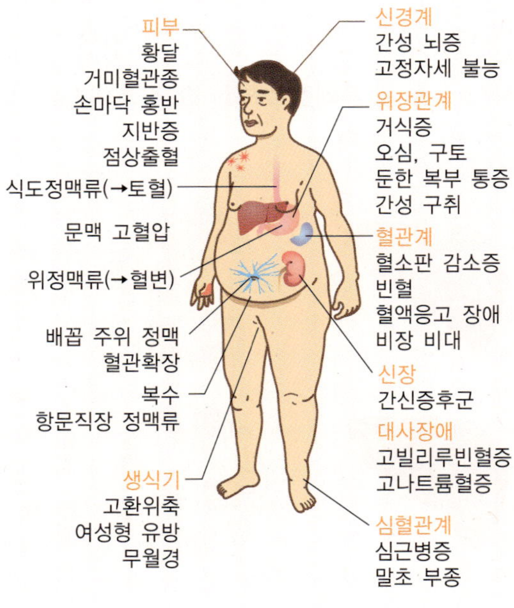

그림 5-7 | 간경변 징후 및 증상

관이 튀어나올 수 있다. 또한 간 기능의 저하로 황달이 나타날 수 있다[그림 5-7]. 간경변증의 주요 합병증은 다음과 같다.

① 간문맥 고혈압과 식도정맥류

손상된 간에서는 정상 혈류가 막히게 되어 장관에서 간으로 혈액을 전달하는 큰 정맥인 간문맥 내의 압력이 상승하는 간문맥 고혈압이 발생한다. 이로 인해 혈액이 장관의 다른 작은 정맥들로 우회하면서 우회 정맥들이 늘어나고 약해지는데, 이것을 정맥류라고 한다[그림 5-8]. 대부분의 경우 정맥류는 식도의 아래쪽 말단 부위에 발생하며 복부 배꼽 주위의 피부와 직장 같은 신체의 다른 부위에서 발생하기도 한다.

서구의 경우 간문맥 고혈압 환자 10명 중 약 8명의 원인 질환이 간경변증과 관련이 있다. 간경변증은 주로 만성 간염이나 장기간의 알코올 섭취가 원인이다. 간문맥을 막는 혈전, 주혈 흡충증, 선천성 간 질환도 간문맥 고혈압을 일으킨다. 간문맥 고혈압은 대개 합병증이 발생한 뒤에야 발견되며, 문맥 고혈압 증상으로는 복수로 인한 복부 팽만, 배꼽 주위 피부 정맥 확장 등이다.

식도정맥류가 있는 사람 3명 중 1명꼴로 정맥이 파열된다. 출혈은 대개 갑작스럽고 대량으로 나타나서 토혈을 일으키고, 이후에는 부분적으로 소화된 혈액이 대변

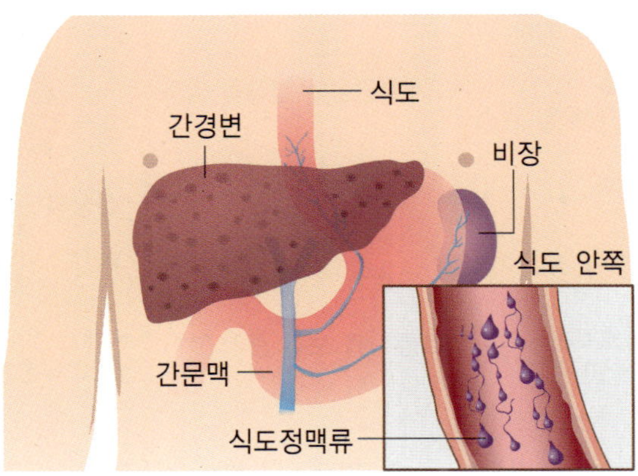

그림 5-8 | 간문맥 고혈압으로 인한 식도정맥류

과 같이 나오는 흑색변을 보게 된다. 출혈량이 많으면 쇼크를 일으켜 급성 신부전과 간 기능 부전 등으로 진행된다. 또한 출혈 시 간경변증의 합병증인 비타민 K 감소와 혈소판 감소로 인해 혈액의 응고가 원활히 이루어지지 않아 쉽게 지혈되지 않을 수 있다. 정맥류 출혈은 쇼크나 간성혼수, 심한 경우 사망의 원인이 될 수 있다.

② 복수

복수란 혈액 중 액체 성분의 일부가 혈관 벽으로부터 빠져나와 복강 내에 수분이 고여 있는 것을 의미한다. 정상적으로 복강 내에는 약 50 mL 정도의 유출액이라는 액체가 있는데, 복수는 이러한 정상적인 용량 이외에 복강 내에 과량의 체액이 축적되는 것이다. 간 손상이 진행되면 간문맥 고혈압이 발생하여 혈액이 장막 순환계로 쏠리면서 복수가 발생한다. 복수가 형성된 초기에는 신장에서 염분 저류가 수분 저류보다 현저하게 나타나며, 염분 섭취가 많을수록 복수는 더 증가한다. 간 질환 시 저알부민혈증과 혈장의 삼투압 감소로 인해 혈장에서 복강으로 수분이 이동한다[그림 5-9].

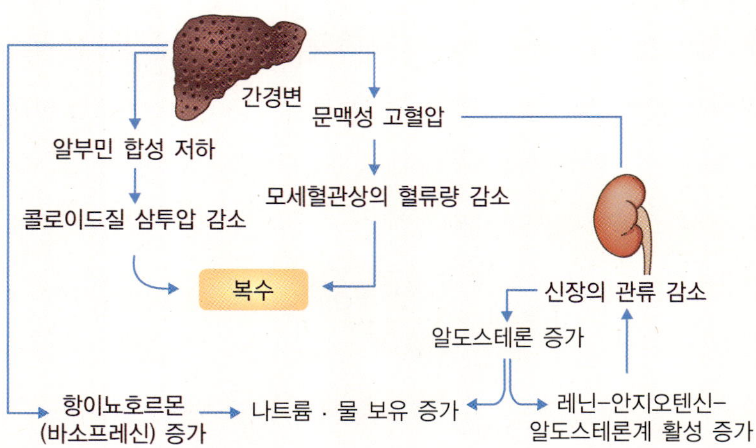

그림 5-9 | 간경변에 의한 복수 생성 기전

③ 간성뇌증(hepatic encephalopathy, HC)

간성뇌증은 간 기능 저하 상태에서 발생하는 의식 또는 지남력 장애 및 각종 신경학적 이상을 특징으로 하는 신경정신학적 증후군neuropsychiatric syndrome이다. 간성뇌증은 전체 간경변증 환자의 10~14%, 비대상성 간경변증 환자의 16~21%에서 발생한다고 알려져 있으며, 우리나라 응급실 내원 간경변증 환자의 20% 이상이 간성뇌증을 동반하고 있다.

인체에서 단백질이 분해되면 암모니아가 생기고, 이 암모니아는 간에서 요소로 바뀌어 몸 밖으로 배출된다. 그러나 간경변증이 심해 간의 기능이 현저히 떨어지면 암모니아가 그대로 남아 혈액을 통해서 순환하며 뇌에 나쁜 영향을 미치거나 대장에 머물러 있는 대변을 통해 간성뇌증을 유발한다. 간성뇌증을 유발하는 원인으로는 과다한 단백질 섭취, 위장관의 출혈로 혈변과 피를 토하는 것, 변비, 심한 탈수, 복막염 등의 각종 감염증, 수분-전해질 불균형, 신기능 저하 등이 있다.

간성뇌증은 유발인자가 있는 유발precipitated 간성뇌증과 유발인자가 없는 자발spontaneous 간성뇌증으로 나눌 수 있다.

간성뇌증은 인지기능 검사 없이는 인지기능 손상을 알 수 없는 최소 간성뇌증부터 증상만으로 인지기능 손상을 쉽게 알 수 있는 현성 간성뇌증을 포함한 광범위한 임상 양상을 보인다〈표 5-5〉. 간성뇌증이 진행함에 따라 성격의 변화, 무관심, 불안, 초조 등의 증세를 나타내며, 수면의 질과 삶의 질을 감소시킨다. 일부 환자에서 근육의 긴장 증가, 과잉반응 및 바빈스키 양성반응을 동반할 수 있으나 발작seizure이 동반되는 경우는 드물다. 퍼덕떨림flapping tremor은 현성 간성뇌증의 초기 또는 중기에 흔하게 나타나는 증상이다.

표 5-5 | 간성뇌증의 분류

<table>
<tr><th>분류</th><th>단계</th><th>임상양상</th><th>특징</th></tr>
<tr><td rowspan="2">불현성
(co-
vert)</td><td>최소
(mini-
mal)</td><td>• 임상적으로 인지장애 징후 없음
• 정신측정학적/신경생리학적 검사에서만 이상소견 확인</td><td>도구를 이용한 인지기능 검사에서만 이상소견을 보임</td></tr>
<tr><td>1</td><td>• 지남력은 유지되어 있으나 경미한 인지 또는 행동 변화를 보이는 상태
• 행복감 또는 불안감, 집중시간 감소, 수면 행태의 변화</td><td>경미한 임상증상을 보이나 진단의 재현성이 떨어짐</td></tr>
<tr><td rowspan="3">현성
(overt)</td><td>2</td><td>지남력 장애(disorientation, 특히 시간 지남력 장애), 퍼덕떨림(flapping tremor, asterixis), 기면(lethargy), 성격의 변화, 부적절한 행동</td><td>임상증상이 비교적 재현성 있게 나타남</td></tr>
<tr><td>3</td><td>공간 지남력 장애, 졸림(somnolence), 반혼수(semicoma), 혼란(confusion) 상태</td><td>근육 강직이나 간대(clonus), 반사항진(hyperreflexia)</td></tr>
<tr><td>4</td><td>모든 자극에 반응이 없는 상태</td><td>혼수(coma)</td></tr>
</table>

간성뇌증의 치료를 위해서는 위장관 출혈, 감염, 변비, 단백질 과다섭취 등 간성뇌증의 유발인자를 먼저 확인하는 것이 중요하다. 간성뇌증 환자의 급성기 치료로는 설사 유발과 장내 산성화를 통해 암모니아를 배출하기 위한 목적으로 투여하는 lactulose나 lactitol 등 비흡수성 이당류를 복용하고, 경구 투여가 어렵거나 3단계 이상의 심한 간성뇌증에서는 lactulose 관장을 시행한다.

간성뇌증의 영양관리로는 단백질 제한이 가장 중요하나 장기간의 단백질 제한은 근육조직의 이화작용을 촉진시켜 근육량 감소를 일으킬 수 있으므로 주의해야 한다. 간성혼수 초기 단계에서는 0.25~0.75 g/kg까지 제한할 수 있으나 식사 내의 총 단백질량을 1일 35~50 g 이상은 주어야 한다. 식물성 단백질이 동물성 단백질보다 메티오닌과 방향족 아미노산이 적게 함유되어 있는 반면 분지형 아미노산 함유량은 높아 추천되지만 환자의 적응 정도를 살펴보아야 한다. 왜냐하면 식욕부진과 조기 포만감으로 많은 양의 음식물을 섭취하기 어려운 환자들에게 단백질 함유량이 상대적으로 적은 식물성 단백질의 경우 많은 양의 식품을 섭취해야 하기 때문이다. 단백질이 감소하는 만큼 에너지는 충분히 공급해 줘야 하므로 체중 1 kg당 25~35 kcal를 권장하고 있으나 개별적인 고려가 필요하다. 단백질을 제한하면 칼슘, 철, 인, 티아민, 리보플라빈, 니아신과 엽산이 부족해질 수 있기 때문에 종합비타민의 보충이 필요하다.

표 5-6 | 간경변증의 주요 합병증의 증상과 원인

합병증	증상	원인
영양불량	영양소 섭취 감소	식욕감퇴, 복수로 인한 조기 포만감, 오심, 구토, 식이 제한, 약물복용, 복부 통증, 피로감
	흡수불량 및 영양소 소실	담즙 부족으로 인한 지방 흡수 불량, 위장관 출혈, 약물복용
	대사 변화 및 영양 요구량 증가	대사항진, 감염과 염증, 부적절한 단백질 합성, 간의 영양소 저장량 및 대사 감소
문맥성 고혈압	비장 비대	문정맥과 문정맥가지로 흘러가는 혈류가 막혀 비장으로 혈류가 역행되면서 비장의 울혈성 증대
	복수와 하지부종	간문맥 고혈압과 신장 기능 변화로 인한 수분 보유 증가, 간의 알부민 합성 저해로 인해 삼투압이 감소되어 조직액에 나트륨 저류 증가 → 혈중 수분 복강으로 유출
	식도정맥류	문맥에 쌓인 혈액이 식도 정맥으로 밀려 혈관 팽창
간-신증후군	간부전으로 인한 신장 기능 상실	간경변에 의한 문맥성 고혈압 환자에게서 나트륨과 수분 저류에 의한 복수와 부종이 일어나게 되는데, 이러한 현상들이 진행되어 신혈관 수축과 사구체 여과율 감소
간성뇌증	집중력 결핍, 정신혼동, 혼수 및 경련	• 간의 단백질 합성 저하로 인해 근육단백질이 분해되면서 혈액 내 근육단백질의 주성분인 방향족 아미노산 증가 • 간의 요소회로 이상으로 인해 혈류 내 축적된 암모니아가 뇌로 유입

(3) 영양치료

간경변증 환자의 영양치료 목표는 간의 결체조직 생성과 지방세포 침착 억제, 간 조직 재생과 단백질 분해작용 억제, 체지방 및 근육 소모 최소화, 복수와 부종 예방 및 치료, 잔여 간 기능 보존, 영양소 결핍증 예방, 간성 혼수, 식도정맥류 등의 합병증 예방 등이다. 위장장애, 식욕부진 등으로 구강 공급이 어려울 경우 경관급식이나 정맥영양을 시행한다.

① 에너지

간경변증 환자의 하루에 필요한 열량은 각종 지침에 따라 차이가 있는데, 보통 체중 1 kg당 25~40 kcal이다. ASPENAmerican Society of Parenteral and Enteral Nutrition은 간성혼수가 없으면서 영양상태가 양호한 환자는 25~35 kcal/kg/day를, 영양상태가 불량한 환자는 30~40 kcal/kg/day를, 간성혼수가 있는 경우에는 35 kcal/kg/day를 권장하고 있다. ESPENThe European Society for Clinical Nutrition and Metabolism은 간경변이 있는 모든 환자들에게 35~40 kcal/kg/day로 ASPEN보다 다소 높은 열량을 권고하고 있다. 감염, 패혈증 등 심한 스트레스가 있을 경우 40 kcal/kg/일로 증가시킨다.

복수가 동반된 환자의 경우에는 복수의 무게를 뺀 몸무게로 계산해야 하므로 보통 신장을 기준으로 이상 체중을 계산하여 공급하는 것이 좋다. 또한 복수가 있을 경우 소량씩 자주(4~6회/일) 식사를 공급한다.

② 탄수화물

전체 열량 중 45~65%를 탄수화물로 공급하는 것이 좋다(최소 300 g/일). 이는 간경변이 있는 경우 글리코겐의 합성과 저장이 저하되어 있기 때문인데, 충분한 탄수화물의 공급은 저혈당을 예방하고 지방과 단백질의 소모를 줄여줄 수 있다. 아침에 간의 글리코겐 저장량이 쉽게 고갈되므로 야간에 탄수화물 간식을 제공하여 단백질의 이화를 방지한다. 복용하는 방법도 가능한 한 자주 먹을 것을 권고하고 있는

데, 저혈당을 예방하는 데 도움이 될 뿐 아니라 식욕을 돋우어 줄 수 있기 때문이다. 내당능장애나 당뇨가 있는 경우에도 혈당을 조절하면서 탄수화물을 적절히 공급한다.

③ 단백질

체조직 분해 억제를 위해 충분한 단백질을 공급(1~1.5 g/kg/일, 총에너지 15%)한다. 알코올성 간염, 심한 복수, 감염 등의 스트레스, 영양불량 회복 시기의 경우 1.5 g/kg/일을 제공한다. 간성뇌증이 있는 경우 암모니아 생성을 최소화하기 위해 단백질을 제한(0.5~0.7 g/kg/일)한다. 방향족 아미노산(육류, 내장류, 어패류 등)은 제한하고 분지형 아미노산(우유, 콩, 두부 등) 위주로 공급한다.

알아두기

분지형 아미노산(branched-chain amino acid, BCAA)

간경변증 환자는 간 조직의 파괴로 인해 당원 저장량이 감소하여 당원이 고갈되면서 포도당 신생에 필요한 단백 요구량이 증가하기 때문에 분해대사(catabolism)가 주로 나타난다. 말초조직에서의 valine, leucine, isoleucine과 같은 분지형 아미노산 흡수가 증가되어 혈중 분지형 아미노산이 결핍되고 방향족아미노산(aromatic amino acid)은 증가하게 된다. 분지형 아미노산은 간경변증 환자에게서 분해대사를 막을 수 있는 에너지원으로 이용될 수 있으며, 혈액-뇌 장벽에서 간성뇌증의 유발과 관련된 다른 아민과 경쟁한다고 알려져 있다. 또한 분지형 아미노산은 골격근 조직에서 암모니아 대사를 촉진시키는 glutamate의 원천으로서 암모니아의 해독 작용에 기여한다. 최근 메타분석 등의 연구에 따르면 경구 분지형 아미노산은 간성뇌증 치료에 효과가 있어 표준 치료에 대한 보조적 요법으로 적용 가능하다.

- Fischer's ratio = (isoleucine + leucine + valine) / (phenylalanine + tyrosine)
  정상인의 비율은 3.5~4.0이고 간경변증 환자에게서 2.5 이하로 떨어지며, 1 이하로 내려가는 경우 간성혼수와 연관이 있다.
- 주요급원식품
  - 분지형 아미노산 : 우유, 치즈, 식빵, 우동, 쌀밥, 고구마, 감자, 두부, 호박, 당근, 시금치, 순무, 양배추, 오이, 강낭콩 등
  - 방향족 아미노산 : 육류, 동물의 내장, 간, 어패류 등

④ 지방

간경변증 환자는 지방산화가 증가되어 있어서 적절하게 지방을 공급하는 것이 도움이 된다는 보고도 있지만 명확한 가이드라인은 없는 실정이다. 100 g의 지방을 섭취시킨 후 72시간 뒤에 대변에서 지방을 측정하여 명확한 지방흡수장애가 있는 경우 지방공급을 권고하고 있다.

총에너지의 20~30% 정도로 충분히 공급한다. 지방변증이나 황달이 있는 경우 소화와 흡수가 용이한 유화지방이나 중쇄지방산medium chain triglycerides, MCT 형태로 공급한다.

⑤ 비타민 및 무기질

간경변증 환자들은 흡수불량과 간 저장량 감소로 인한 비타민과 무기질 보충이 필요(비타민 B 복합제, 칼슘, 철, 마그네슘, 아연 등)하다. 복수나 부종이 있는 경우 나트륨을 제한(400~1,000 mg/일)하고, 칼륨손실형 이뇨제 사용의 경우 칼륨 보충을 권장한다.

⑥ 나트륨

부종과 복수가 동반된 환자는 하루에 2 g 이하로 염분을 제한해야 한다고 하지만 너무 심한 저염식은 식욕을 감소시키고 오심, 구토까지 유발할 수 있다. 이처럼 오히려 환자에게 해가 될 수 있기 때문에 일시적으로 제한할 것을 권장하고 있다.

⑥ 기타

알코올은 철저히 제한한다. 카르니틴은 간성 혼수를 동반한 간경변증 환자의 식사 보충으로 유용한 조효소이다. 비록 간경변증 환자에서 카르니틴 결핍은 없지만 1일 1 g을 경구투여하면 간성혼수를 개선시킨다고 알려져 있다. 글루타민은 장점막의 온전성integrity을 유지하는 데 중요한 역할을 하는데, 박테리아의 이동을 막고 면역력을 증가시켜 복막염의 발생을 감소시킨다.

5) 간암(liver cancer)

(1) 원인

우리나라에서 간암은 위암, 갑상선암, 대장암, 폐암에 이어서 5번째로 흔하며, 폐암에 이어 두 번째로 사망자가 많다. 특히 40~50대 남성의 암 사망 원인 1위를 차지하고 있다. 간암의 중요한 원인은 B형과 C형 간염바이러스의 감염, 간경변증, 알코올성 간 질환, 비만이나 당뇨와 관련된 지방성 간 질환 등이며, 최근의 한 통계에 따르면 우리나라 간암 환자의 72%가 B형 간염 바이러스(HBV) 표면 항원 양성, 12%가 C형 간염 바이러스(HCV) 항체 양성이었고, 9%가 장기간 과음 경력자, 그 나머지는 기타 원인과 연관이 있었다. 간경변증 환자의 경우 1~7%에서 간암이 발생하는데, 간암은 간경변증이 심할수록, 연령이 높을수록, 그리고 남자에게서 더 잘 발생한다[그림 5-10].

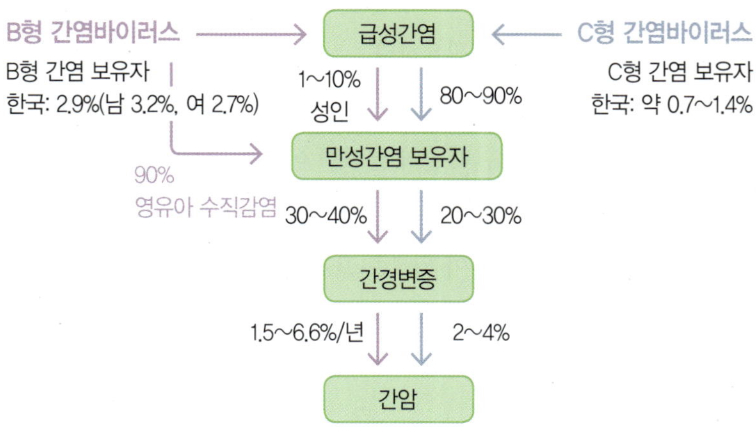

그림 5-10 | 바이러스성 간염에서 간암으로의 진행 경로

출처 : https://www.cancer.go.kr/

(2) 증상

간암 환자의 상당수는 특별한 증상을 자각하지 못하며, 증상이 있더라도 간암은 기존에 간 질환이 있는 사람에게서 주로 발병하기 때문에 간암 증상과 기존 질환의 증상이 혼동되어 간암 발병을 잘 모르는 경우가 많다. 일부 환자에게서 오른쪽 상복부의 통증이 있고 덩어리가 만져지기도 하며 기존 간 질환이 갑자기 악화되거나 피로, 쇠약감, 체중 감소, 복부팽만감, 황달, 구토 등이 있을 수 있다. 그러므로 간암이 생길 위험성이 높은 사람은 주기적으로 복부초음파(경우에 따라서 CT 혹은 MRI)와 혈액검사(알파태아단백검사)를 통한 정기검진을 받는 것이 중요하다.

(3) 영양치료

간암 환자의 영양관리 목표는 특별한 음식 조절보다는 충분한 에너지와 단백질 등 영양소 공급을 통하여 시술 혹은 수술 후 원활한 회복 및 체중감소를 최소화하는 것이다. 또한 좋은 영양상태를 유지하여 합병증을 조절하고 남아있는 간 기능을 유지·향상시키기 위한 영양관리가 필요하다.

이를 위해 매끼 주식(밥)과 어육류 반찬(고기, 생선, 계란, 두부, 해산물 등)과 채소 반찬을 함께 제공한다. 그중 단백질의 급원인 어육류 반찬은 간세포 재생과 근육의 재료가 되므로 끼니마다 적절하게 제공하고, 지방은 열량을 높이고 지용성 비타민의 흡수와 필수지방산의 공급원이 되므로 요리 시 기름을 적절히 사용한다. 간 대사 변화에 따라 비타민, 무기질의 미량영양소 요구량이 증가하므로 신선한 채소와 제철 과일을 충분히 공급한다.

Ⅱ. 담낭 질환

1. 담낭의 구조와 기능

간의 부속기관인 담낭은 간에서 합성된 담즙을 농축, 저장하는 기관이다. 간에서 합성된 담즙은 총간관common hepatic duct을 통해 담낭관cystic duct을 거쳐 담낭에 저장되었다가 음식물이 소화관으로 들어오면 담낭관을 지나 총담관common bile duct을 거쳐 십이지장으로 분비된다[그림 5-11]. 섭취한 음식 중 지방의 자극에 의해 소장 점막에서 분비된 콜레시스토키닌cholecystokinin은 담낭을 수축시키고 오디괄약근을 이완시켜 담즙을 배출시키는 역할을 한다.

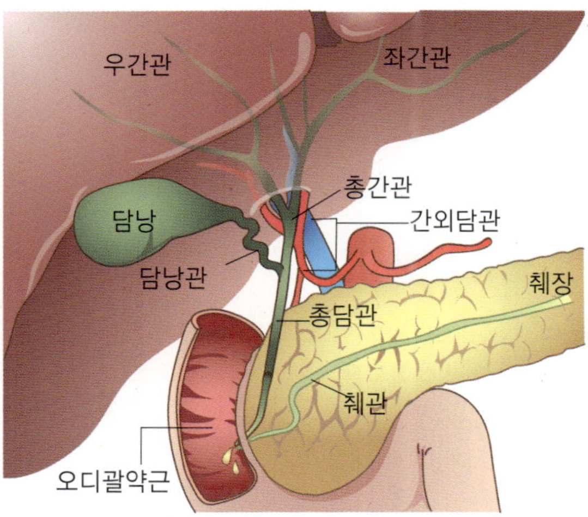

그림 5-11 | 담낭과 췌장의 구조

담즙은 약 95%가 수분이고 나머지는 담즙산염, 담즙색소, 콜레스테롤, 무기염 및 지방질 등으로 구성되어 있다. 콜레스테롤로부터 간세포의 효소작용에 의해 만들어지는 담즙산염은 콜산cholic acid, 케노콜산chenocholic acid 등으로 구성되며, 담즙색소는 헤모글로빈의 분해산물인 빌리루빈이 주성분이다. 담즙의 지방소화 및 흡수 촉진 기능은 식이 내 지방을 유화시켜 지방산과 지용성 비타민의 흡수를 돕는 담즙산염의 역할에 기인한다. 이외에도 담즙은 철, 칼슘 흡수 촉진, 소장운동 촉진 및 소장 내 비정상적인 세균 번식 억제 등의 역할을 한다.

장으로 유입된 담즙산염의 90~95%는 능동수송 과정을 통해 회장에서 재흡수되어 문맥을 통해 간으로 들어가 담즙 생성에 재이용되며, 이를 장간순환enterohepatic circulation이라고 한다[그림 5-12]. 소장으로 분비된 담즙의 5% 정도는 재흡수되지 않고 변으로 배설되며 간은 콜레스테롤을 이용하여 새로운 담즙산염을 합성한다.

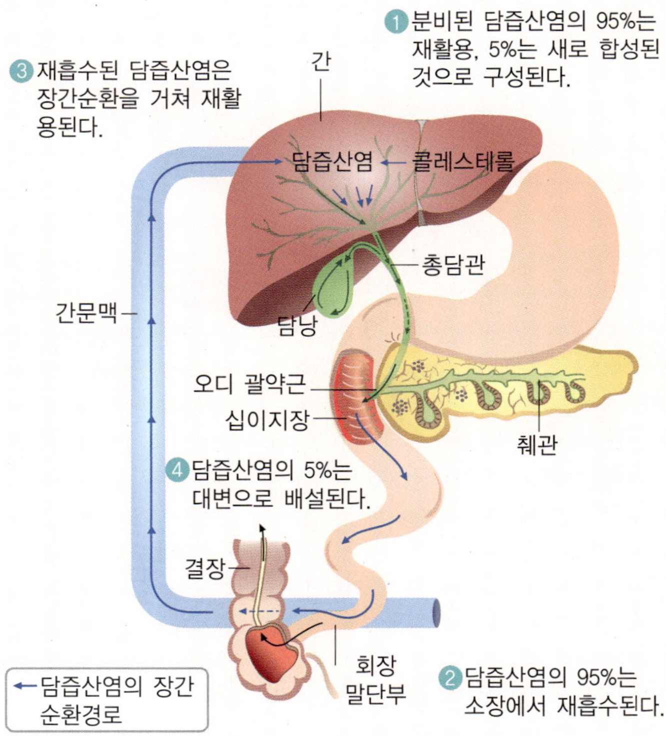

그림 5-12 | 담즙산의 장간순환 경로

2. 담낭 질환과 영양관리

1) 담석증

(1) 원인

담석증cholelithiasis은 비정상적으로 농축된 담즙이 결석화되어 담낭 혹은 담도에 존재하는 상태이다. 담석의 종류로는 콜레스테롤 담석과 색소성 담석 등이 있다. 콜레스테롤 담석은 담즙 내 콜레스테롤의 과포화에 의해 생성되어 주로 담낭 내에 존재한다. 색소성 담석에는 용혈성 빈혈이나 간경변증과 같이 적혈구가 많이 파괴되어 빌리루빈이 증가하는 경우에 생성되는 흑색석과 담관 내 감염 및 염증에 의해 주로 발생하는 갈색석이 있다[그림 5–13]. 콜레스테롤 담석은 특히 여성female, 다출산fertile, 비만fatty, 40대forties에서 비교적 발생빈도가 높은 것으로 알려져 있다. 이는 여성호르몬이 담즙 내 콜레스테롤 수치를 높이는 기능을 하기 때문이다. 또한 고콜

그림 5–13 | 담석의 종류

레스테롤혈증, 회장절제, 고열량, 고콜레스테롤 식이도 콜레스테롤 담석과 밀접한 관련이 있다. 우리나라의 경우 과거에는 색소성 담석이 많았지만 최근에는 서구화된 식생활과 비만 인구의 증가로 인해 콜레스테롤 담석증의 발생이 증가하고 있다.

(2) 증상

담석증의 60~80%는 증상이 없으며 증상 중 가장 특징적인 것은 담도산통이다. 이는 작은 담석이 담낭관을 통하여 빠져나가던 중 한 부분에서 막힐 때 나타나는 심한 복통이다. 우상복부 통증, 양측 견갑골 사이나 우측 견갑골 부분이 아프고, 주로 식후에 악화된다. 대개 통증은 갑자기 시작되고 보통 1~4시간 동안 지속되며, 서서히 또는 갑자기 소실되기도 한다. 오심과 구토가 흔히 동반되고, 발열이나 오한 등이 동반되는 경우에는 담석증의 합병증으로 담낭염이나 담관염 등의 발생 가능성이 있다. 담석증은 담낭암 발생 위험성을 7배 정도 증가시키며, 담석의 크기가 클수록 담낭암 발생 위험은 더욱 높아진다.

2) 담낭염

(1) 원인

담낭염은 담석, 종양 혹은 담낭의 기능 이상으로 인해 담낭관이 좁아지면서 담낭 내 기계적, 화학적 또는 세균성 염증이 생기는 질환이다. 담낭염의 90% 이상이 담석에 의한 것이고 고지방 식이, 만성 또는 급성 췌장염, 외상, 선천성 기형, 당뇨병, 기생충 및 화학물질 등에 의해 발생한다.

(2) 증상

우상복부 통증 및 어깨로의 방사통이 30분에서 1시간가량 지속되기도 하며 밤중이나 새벽에 특히 심하다. 증상으로는 복부 팽만감, 오심, 구토, 미열 혹은 고열, 오한, 피부 가려움 등이 있고 특히 환자의 40% 이상에서 소변이 짙어지고, 눈의 공막(흰자위)과 피부가 노랗게 되며 간혹 대변이 흰색 혹은 회색을 띠는 황달 증세를 보인다.

3) 담낭암/담관암

(1) 원인

담낭암은 담낭 세포에서 발생하는 선암종(선상 상피조직에서 유래하는 암종)이고 담관암도 담관 세포에서 발생하는 선암종이 대부분이다. 담관암은 그 위치에 따라 간 내 담관암과 간문부 담관암, 원위부 담관암으로 구분된다. 담낭 및 담관암의 발생 원인은 아직 명확하게 규명되어 있지 않으며, 환경적 요인과 유전적 요인이 복합적으로 관여할 것이라고 추정되고 있다. 담낭암 발생의 위험인자로는 담석증, 만성 담낭염, 췌담관 합류 이상, 석회화 담낭, 장티푸스 보균자 및 여러 가지 화학물질 등이 제시되고 있으며, 담관암의 경우 담관 정체, 만성 염증, 만성 감염 또는 발암물질 노출, 기생충 감염, 선천성 간섬유증 등이 위험인자로 꼽힌다.

(2) 증상

담낭암과 담관암은 초기에 특별한 증상이 없기 때문에 조기 진단이 어렵다. 체중 감소, 피로감, 오심, 구토, 우상복부나 명치 아랫부분인 심와부 통증과 같은 비특이적인 증상이나 간 기능 수치의 이상으로 담석증이 의심되어 담낭절제술을 받은 후 담낭암으로 진단되는 경우가 있으며, 최근에는 건강검진의 보급으로 복부초음파 검사를 통하여 우연히 진단되는 경우가 많다. 담낭암과 담관암이 서서히 진행되면 종양이 담관에서 십이지장으로 이어지는 부분을 막게 되어 담즙의 흐름이 차단되고 혈액 내 빌리루빈의 수치가 높아져 담관폐쇄로 인한 황달이 생기게 된다. 담관염이 동반되지 않는 경우 열이나 통증은 대부분 없는 것이 특징이다.

황달

황달은 혈중 빌리루빈 수치가 높아지면서 피부나 다른 조직이 노란색을 띠는 증상이다. 빌리루빈은 담즙의 노란색을 내는 물질로 파괴된 적혈구로부터 형성된다. 황달의 주요 원인으로는 적혈구의 과다 파괴, 간세포에 의한 빌리루빈 유입 손상, 빌리루빈 포합 감소 및 간소엽이나 담관에 의한 담즙 흐름 방해 등이 있다. 성인의 정상적인 빌리루빈 수치는 0.1~1.2 mg/dL이고, 2.0~2.5 mg/dL 이상이면 황달로 진단한다. 일반적으로 황달이 나타나면 담즙분비 장애로 인한 지방 소화장애가 동반될 수 있으므로 당질 위주의 저지방 식이가 권장된다.

4) 영양치료

담석증의 경우 수술이나 약물요법으로 담석을 제거할 때까지 증상을 완화시킬 수 있도록 저지방식을 처방한다. 환자의 요구량에 맞는 총 에너지 섭취를 위해 소량씩 자주 섭취한다. 급성 발작 시 금식 처방을 통해 담낭을 가능한 한 움직이지 않도록 하고 증상이 경감될 때까지 완전히 장을 쉬게 한다. 필요한 경우 정맥영양을 통해 부족한 영양을 공급한다.

담낭염의 경우 급성기에는 금식을 하고 염증이 회복되기 시작하면 전유동식 → 연식 → 상식으로 서서히 이행한다. 지방은 담낭 수축을 자극하여 담낭의 경련발작을 일으키므로 담낭염 환자에게는 저지방 식이를 원칙으로 한다. 아침을 거르거나 저녁 식사가 늦어지면 담즙이 담낭 내에 농축되어 내압이 높아지므로 정해진 시간에 균형 잡힌 일정한 양의 식사가 필요하다. 또한 맵거나 짜지 않으며 자극성이 없고 소화되기 쉬운 음식을 섭취하며, 과식은 금물이다〈표 5-7〉.

표 5-7 | 담낭 질환 환자의 영양치료

영양소	영양관리 방법	
	담석증	담낭염
에너지	담즙 분비 억제를 위해 에너지 섭취 제한	
탄수화물	저지방식이로 인해 부족된 에너지는 탄수화물로 공급	
단백질	• 과량의 단백질은 콜레시스토키닌의 분비를 촉진하므로 하루 30~40 g 정도로 제한 • 생물가가 높고 지방과 콜레스테롤은 적은 단백질 식품으로 공급	• 담낭의 염증세포 회복을 위한 충분한 단백질 공급
지방	• 급성기에는 무지방식 → 점차 저지방식(30 g/일 이하) 공급 • 불포화지방산, 유화지방, 중쇄중성지방 형태로 공급	• 만성적인 담낭염의 경우 저지방 식사를 하되 너무 엄격하게 제한하면 필수지방산이 부족하기 쉬우므로 지나친 제한은 피함
비타민	• 지방 흡수 불량으로 인해 지용성 비타민은 수용성 형태로 공급	
식이섬유	• 콜레스테롤 담석 생성 억제 및 수술 후 변의 용적을 증가시키기 위해 충분히 공급	• 고식이섬유는 염증 세포를 자극할 수 있으므로 부드러우면서도 식이섬유가 많은 깨죽, 현미죽, 채소즙, 딸기, 키위 위주로 공급
기타		• 알코올을 금하고 카페인, 탄산음료, 향신료 사용 제한 • 가스 형성 식품 제한

Ⅲ. 췌장 질환

1. 췌장의 구조와 기능

췌장은 길이 약 15 cm, 무게 약 70 g 정도의 크기로 복부의 뒤쪽에 C자 모양의 십이지장에 둘러싸여 있고, 췌장의 꼬리 부분은 비장과 인접해 있다[그림 5-11].

췌장은 내분비기능과 외분비기능을 모두 가지고 있는 기관이다. 내분비기능을 담당하는 부분은 약 150만 개 정도의 랑게르한스섬 조직으로 구성되어 있으며, 혈액의 영양상태에 따라 인슐린이나 글루카곤을 혈액으로 분비함으로써 혈중 포도당 항상성을 조절한다. 췌장의 외분비기능을 담당하는 부분은 단백질분해효소(트립신, 키모트립신), 당질분해효소(α-아밀라아제) 및 지질분해효소(리파아제) 등의 소화효소를 분비하는 선으로 구성되어 있다. 췌장 소화액에는 다량의 중탄산 이온이 함유되어 있어 위에서 십이지장으로 이동된 산성 유미즙을 중화시키는 역할을 하여 십이지장 점막이 손상되는 것을 막아준다. 췌장에서 소화액을 분비하는 선은 여러 갈래의 관으로 모여 췌관을 형성한다. 췌관은 총담관과 합류하여 십이지장에 연결된다. 소장에서 분비되는 세크레틴secretin과 콜레시스토키닌cholecystokinin은 췌장 소화액 분비를 자극한다.

2. 췌장 질환과 영양관리

1) 급성 췌장염

(1) 원인

급성 췌장염은 담석, 음주, 대사장애, 약물, 종양, 복부 손상 등의 다양한 원인으로 인해 췌장선 세포가 손상되고 광범위한 간질성 부종, 출혈 등을 유발하는 췌장의 급성 염증성 질환이다. 급성 췌장염의 가장 흔한 원인은 담석과 알코올 섭취이고, 그 외 발병 원인으로는 수술이나 내시경적 역행성 담췌관조영술(ERCP)의 시술, 대사성 질환, 약물, 복부 손상, 감염, 외상 및 종양 등이다.

(2) 증상

급성 췌장염에서 제일 흔하게 볼 수 있는 증상은 복통이다. 주로 음식을 섭취하는 경우 악화되며, 대부분의 경우 구역 · 구토 증상을 동반한다. 췌장염 환자는 혈청 아밀라아제, 리파아제 수치가 상승하고, 염증으로 인해 백혈구 수치 또한 상승하며, 혈당이 상승하고 저칼슘혈증이 나타난다.

2) 만성 췌장염

(1) 원인

만성 췌장염은 만성적인 췌장의 염증으로 인해 췌장의 외분비 및 내분비 기능이 저하되고, 섬유화가 진행되며, 췌관의 불규칙적인 확장이 일어나는 질환이다. 만성 췌장염의 60~80%는 음주가 원인으로, 알코올 섭취량이 많아질수록 만성 췌장염에 걸릴 확률이 높아진다. 또한 췌관의 담석, 이전 수술로 인한 흉터 등의 양성 협착, 종양, 그리고 췌장이나 췌관의 모양이나 위치 기형 등의 원인으로 췌관이 막히게 되면 췌액이 통과할 수 없게 되어 췌관 안의 압력이 높아지고, 장기간의 이런 변화가 결국 췌장 조직의 염증을 일으키게 된다. 그 외에 부갑상선 기능항진증, 췌장의 낭성 섬유화, 외상성 췌장염 등이 원인이며, 최근에는 자가면역성 췌장염도 증가하고 있다.

(2) 증상

만성 췌장염에서 가장 흔히 볼 수 있는 증상의 하나는 심한 상복부 복통이다. 복통은 음식물 섭취와 밀접하게 연관되어 나타나기도 하고, 식후에 나타나기도 하며, 한 번 발생하면 수일간 지속되고, 대개 수개월마다 다시 반복되는 특징을 보인다. 췌장의 외분비 기능이 감소하면 이로 인해 각종 영양분의 소화 흡수에 장애가 발생하는데, 주로 지방 흡수장애가 나타나며 단백질 흡수장애도 나타난다. 지방이 들어있는 음식 섭취 후 양이 많고 냄새가 심하며, 물에 뜨거나 물에 기름방울이 뜨는 지방변을 보게 되고, 체중 감소도 나타난다. 내분비 장애는 췌장이 심하게 파괴된 말기에 주로 나타나게 되며, 인슐린의 부족으로 인해 당뇨병이 발생하게 된다.

(3) 영양치료

급성 췌장염의 가장 큰 원인이 담석과 알코올이므로 급성 췌장염 예방을 위해서는 과도한 음주를 피하는 것이 좋다. 급성 췌장염의 증세가 심한 경우 금식을 통해 췌장 자극을 최소화하고 정맥영양 등의 영양지원을 실시한다. 환자가 안정화되면 맑은 유동식부터 시작하여 연식, 상식으로 이행한다. 만성 췌장염의 경우 체중 감소를 최소화하고 내분비 기능 저하에 의해 발생할 수 있는 당뇨를 예방 또는 관리하기 위해 식사요법이 필요하다 〈표 5-8〉.

표 5-8 | 췌장 질환 환자의 영양치료

구분	급성 췌장염	만성 췌장염
에너지	• 충분한 에너지 공급을 하되 췌장의 부담을 줄이기 위해 소량씩 자주 공급	• 만성 췌장염 환자의 대부분이 과대사 상태이므로 충분한 에너지 공급
탄수화물	• 소화되기 쉬운 탄수화물 위주로 공급	• 내당능장애나 당뇨 합병증이 있는 경우 당뇨식에 준하여 공급
단백질	• 아미노산은 췌액의 분비를 자극하므로 초기에는 단백질 공급 제한 → 회복기에는 췌장 세포 재생을 위해 단백질 공급량 점차 증가	• 손상된 췌장 조직의 회복을 위해 충분한 단백질 공급(1.0~1.5 g/일)
지방	• 지방은 췌액의 분비를 자극하므로 초기에는 지방 공급 제한 → 회복기에 소량씩 증량 • 유화지방이나 중쇄중성지방 형태로 공급 • 필수지방산 공급을 위해 식물성 유지류 공급	• 지방 공급 제한(30~40 g/일) • 지방변증 예방을 위해 유화지방이나 중쇄중성지방 형태(MCT)로 공급
비타민 및 무기질	• 지방 제한으로 부족되기 쉬운 지용성 비타민 보충제 사용	• 트립신 분비 부족으로 인해 흡수율이 저하된 비타민 B_6 보충 • 지용성 비타민 보충
기타	• 알코올, 커피, 탄산음료, 향신료, 식이섬유 등 췌장 염증 세포를 자극하는 음식 제한	

3) 췌장암

(1) 원인

췌장암은 비교적 드물게 발생하는 암으로 알려져 왔으나, 최근 들어 다른 암과 마찬가지로 생활방식이 서구화되면서 췌장암 환자 또한 꾸준히 증가하고 있다. 췌장암 발병률은 인구 10만 명당 남성은 9.8명, 여성은 8명이고, 암 발생 순위 8위, 사망률 5위를 차지한다. 남자가 여자보다 더 많이 발생하고 40세 이전에는 적고, 50세 이후에 주로 발생한다. 췌장에 발생하는 종양은 크게 인슐린 등 호르몬을 분비하는 내분비 세포에서 발생하는 종양(5~10%)과 소화효소 분비와 관련된 외분비 세포에서 기원하는 종양(90% 이상)으로 나눌 수 있는데, 일반적으로 췌장암이라고 하면 외분비 세포 기원의 췌장암을 일컫는다.

췌장암의 위험인자로는 흡연, 만성 췌장염, 고열량/고지질 식사, 남성, 50세 이상의 고령, 방사선, 화학물질, 오래된 당뇨병 등이 있다. 전체 췌장암 발생 원인 중에서 흡연이 약 30%이며, 고열량, 고지질 식이가 20% 정도를 차지한다. 과거 알코올 특히 과음자들에서 췌장암의 발생위험이 크다는 보고들이 있었으나, 최근에는 알코올과 췌장암 사이에 직접적인 연관은 없는 것으로 알려져 있다. 금연, 과일과 채소를 중심으로 하는 식생활 개선 및 적당한 운동 그리고 고지방, 고열량 식이를 피하는 것이 일상생활에서의 예방법이다. 갑자기 당뇨병이 나타나거나 기존에 당뇨병이 있는 경우, 만성 췌장염이 있는 경우 정기적인 진료를 받아야 한다.

(2) 증상

췌장암은 초기 증상이 없기 때문에 조기 발견율이 10% 이하로 매우 낮다. 진행된 췌장암 환자의 대부분에서 복통과 체중감소가 나타난다. 췌두부암 환자의 경우 대부분에서 황달이 나타나지만, 췌장의 체부와 미부에 발생하는 경우는 초기에 거의 증상이 나타나지 않아 시간이 지나서 발견되는 경우가 많다. 그 외 지방의 불완전한 소화로 인해 지방변 또는 회색변, 식후통증, 구토, 오심 등의 증상이 있을 수 있다. 당뇨병이 새로 발생하거나 기존의 당뇨병이 악화되기도 한다.

(3) 영양치료

췌장 내에 종양이나 염증으로 췌장을 절제한 환자의 경우 소화력이 저하될 수 있으므로 소화 및 흡수가 잘 되는 식품과 조리법을 선택하여 식사하도록 하고, 체중감소를 예방하기 위한 영양관리가 필요하다.

- 부드러운 음식으로 소량씩 꼭꼭 씹어서 섭취한다.
- 섭취량이 부족할 경우 하루 4~6회로 나누어 섭취하고, 간식으로 보충한다.
- 수술 후 빠른 회복을 위해 부드러운 살코기, 생선, 두부, 계란 등 양질의 단백질 반찬을 충분히 섭취한다.
- 우유 및 유제품 경우 일부 환자에서 유당불내성으로 설사가 생길 수 있으므로 수술 후 초기에는 제한한다.
- 혈당이 상승할 우려가 있으므로 수술 초기 단당류의 과다섭취는 주의한다.
- 튀김, 전, 볶음 등의 고지방 음식과 자극적인 음식은 피하되, 적정량의 지방(식물성 기름)은 음식물의 위장 통과속도를 늦추므로 식사에 적정량 사용하는 것이 좋다.
- 채소는 섬유소가 많으므로 수술 초기에는 짧게 자르고 푹 익혀서 먹는다.
- 설사 증상이 있는 경우 수분을 충분히 섭취한다.
- 알코올, 카페인 음료(녹차, 커피, 홍차, 콜라 등), 향신료 등 자극적인 음식은 제한한다.

정리하기

1 간, 담도계 및 췌장은 위장관의 부속기관으로 소화, 흡수 및 대사에 중요한 기관이다.

2 간은 소장으로부터 간문맥을 통해 유입된 영양소의 저장 및 대사, 독성물질의 해독, 조혈과 혈액 응고에 필요한 물질 합성 등의 역할을 담당한다.

3 담낭은 간에서 생성된 담즙의 저장과 분비 작용을 통해 지방의 소화과정에 관여하고, 췌장은 당질과 단백질 소화효소 및 인슐린 등의 호르몬 생성, 분비 작용을 통해 영양소의 소화 및 대사상에 중요한 역할을 한다.

4 간염은 바이러스, 알코올 남용, 화학물질, 약물 독성 등에 의해 간 조직에 염증이 생성된 것이다. 간염의 영양치료는 충분한 에너지 공급, 고단백질, 적정량의 탄수화물 공급, 저지방 또는 중지방식, 충분한 비타민과 무기질 공급, 무자극식 및 금주가 적용된다.

5 알코올성 지방간에서는 장기간의 음주로 인해 영양결핍을 초래하고 간세포에 중성지방을 축적시키며, 알코올 대사산물인 아세트알데히드가 간세포 손상을 촉진시킨다. 만성 음주자의 약 90%가 알코올성 지방간이 있고 음주를 계속하는 경우 간염을 거쳐 간경변증을 유발하게 된다.

6 비알코올성 지방간은 술을 전혀 마시지 않거나 소량만을 섭취하는데도 간에 지방이 과도하게 축적된 경우로, 콜린, 메티오닌, 레시틴 등의 항지방간 인자 및 단백질의 충분한 섭취가 필요하다.

7 간경변증은 간의 섬유화로 인한 영구적인 간의 기능장애로 영양불량, 문맥성 고혈압, 간-신증후군, 간성뇌증 등의 합병증이 동반된다. 간경변증의 식사요법으로는 충분한 에너지 공급, 충분한 탄수화물 및 단백질, 유화지방 형태의 적절한 지방, 복수가 있는 경우 나트륨 및 수분 제한이 적용된다. 간성뇌증 완화를 위해 단백질 섭취를 줄이고 에너지를 충분히 섭취하게 한다.

8 담석증은 담낭이나 담관 내에서 담즙 내 구성성분이 침착되어 결석이 형성된 것이다. 결석으로 인해 담관 폐쇄로 감염과 괴사가 나타나 담낭염이 발생하는 경우가 많다. 담석증 및 담낭염 초기에는 금식 처방과 함께 정맥영양을 공급하고 회복기에 전유동식, 연식, 상식 순으로 자극이 적고 소화되기 쉬운 저지방식으로 공급한다.

9 췌장염은 췌장 효소에 의해 췌장 분비샘이 파괴되거나 췌장에 국소적 혹은 전체적인 염증이 발생하는 질환이다. 급성 췌장염은 회복 후 췌장이 정상기능으로 돌아올 수 있지만, 만성 췌장염

은 췌장의 염증이 계속 반복되면서 비가역적으로 췌장의 외분비 및 내분비 기능에 장애가 초래된다. 급성 췌장염의 증상이 심할 경우 금식이 필요하고 증세가 호전되면 경구 섭취를 시작한다. 만성 췌장염의 경우 췌장 조직 회복을 위해 충분한 단백질을 공급하고 합병증으로 당뇨 증상이 있을 경우 당뇨식을 공급한다.

Case study

알코올성 간경변 영양관리 사례

[질환 병력]

20세부터 매일 맥주 1~2병을 마신 40세 여자 환자는 타 병원을 통해 알코올성 간경변(alcoholic liver cirrhosis, LC) 진단 이후에도 음주를 지속하였다. 토혈(hematemesis)로 인해 응급으로 시술을 받고 입원하여 식도정맥류를 동반한 알코올성 간경변(LC-A with esophageal)으로 진단을 받았다.

[1차 영양판정]

평소 1일 1~2끼니로 불규칙한 식사와 밥을 국에 말아서 반찬 없이 먹거나 라면으로 때우는 경우가 많아 필요 열량의 60~70%, 필요 단백질의 30~40% 정도만 섭취하고 있었다. 영양상담을 받은 경험은 없고 식습관 개선이 필요함을 인지하고 있으나 실천의지가 낮은 편이었다. 입원 이후에는 간 질환 저염식사를 하고 있으나 저염식사에 대한 순응도가 낮은 편으로 밥은 1/2 정도 섭취하고 반찬은 거의 섭취하지 않고 간식으로 과일, 빵, 요구르트를 먹고 있다. 158 cm에 평소 체중은 51~52 kg이었으나 1달간 복수로 인해 체중이 57.7 kg로 증가하였다. BMI 22.9 kg/m^{2}의, 표준체중 대비 109%로 정상체중이었다. 혈중 단백질 영양지표는 영양불량이고 빈혈이 있었으며 간지수, 신장기능과 전해질 수치는 정상범위에 있었다.(total protein/albumin 6.5/3.1, Hgb/Hct 11.1/34.3, AST/ALT/ALP 24/8/119, BUN/Cr 5.7/0.8, Na/K/Cl 140/3.9/106). 처방 약물은 소화제, 간질환약, 이뇨제, 혈압약이었다. 영양필요량은 평소체중을 기준으로 하여 목표로 1,600~1,800 kcal/60~80 g protein/day [30~35 kcal/1.2~1.5 g protein/usual body weight]를 근거로 산출하였다. 복수로 인한 염분 제한으로 2,000~4,000 mg 이하의 Na 식사처방이 되었다. 만성 알코올 섭취로 부족한 비타민, 무기질의 충분한 공급이 필요하며 평소에도 단백질, 비타민, 무기질 결핍의 가능성이 있다. 또한 입원 후 저염식사를 먹으면서 섭취량이 부족하여 단백질과 비타민, 무기질이 부족할 것으로 예상되고 있다. 장기간 경구섭취 부족으로 만성적인 경증의 영양불량 상태로 판정되었다.

[1차 영양진단]
영양 관련 권장사항에 대한 순응도 부족은 식사교육 경험의 부재와 연관되어 있고, 그 증거는 저염식사의 부적응으로 확인할 수 있다. 단백질 섭취 부족은 불균형적인 식사 섭취와 연관되어 있고, 그 증거는 추정된 필요량보다 단백질을 60~70% 부족하게 섭취한 것이다.

[1차 영양중재]
영양 관련 권장 사항에 대한 순응도 부족은 복수로 인해 저염 식사가 처방되었음을 교육하고 저염 교육자료를 제공하였다. 병원 식사를 70% 이상 섭취하도록 목표를 설정한다. 단백질 섭취 부족은 염분 함량에 따른 단백질 급원식품 선택과 적정 섭취량을 교육하여 병원식사의 단백질 반찬을 70%까지 섭취하도록 목표를 설정한다.

[2차 영양판정]
병원식사의 단백질 식품 섭취는 70%까지 섭취하고 있고 병원식사 외에 다량의 과일이나 주스를 섭취하고 있다. 식습관 개선에 대한 필요성을 인지하고 저염식사에 적응하고자 하는 의지를 보였다. 현재 체중은 복수로 인하여 59 kg(1.3 kg/주)로 증가한 상태였다. 혈중 단백질 지표는 복수로 인해 더 저하된 상태였고 빈혈도 유지되고 있었고 간지수, 신장기능과 전해질 수치는 정상범위에 있었다.(total protein/albumin 6.3/2.9, Hgb/Hct 10.1/31.4, AST/ALT/ALP 29/13/126, BUN/Cr 8.2/0.7, Na/K/Cl 136/3.6/105).

[영양모니터링 및 평가]
병원식사를 70% 이상 섭취하는 목표는 반찬 위주로 식사를 하고 밥은 1/3 정도만 먹고 갈증으로 인해 사식으로 생과일과 주스를 먹고 있어 목표 일부 달성으로 평가하였다. 병원식사의 단백질 반찬을 70%까지 섭취하는 목표는 필요 단백질 섭취의 70% 이상을 섭취하고 있어서 목표 달성이라고 평가하였다.

[2차 영양진단]
수분 섭취 과다는 과일과 음료의 과다 섭취와 연관되어 있고, 그 증거는 복수로 인한 체중 증가로 확인할 수 있다.

[2차 영양중재]
수분 섭취 과다는 간식으로 섭취하는 과일과 음료로 인해 복수가 증가함을 설명하고 사식을 제한하고 병원식사를 충분히 섭취하도록 교육하였다.

출처: 국민영양 2012. 7. 간경변 사례

CLINICAL NUTRITION

CHAPTER 6

비만과 섭식장애

1. 개요 | 2. 비만의 원인 | 3. 비만의 분류와 진단 | 4. 비만의 대사 변화와 관련 위험질환 | 5. 비만의 치료 | 6. 섭식장애

용어 정리

- **기초대사량(basal energy expenditure, BEE)** 생명 유지를 위해 소비하는 최소한의 에너지. 보통 아침에 편안하게 누워서 움직이지 않고 상온에서 측정함
- **신경성 식욕부진증(anorexia nervosa)** 체중 증가에 대한 두려움과 정상체중 및 체형에 대한 부적절한 기준을 가지고 있어 식욕저하, 식사섭취량 감소, 극심한 체중감소를 특징으로 하는 질환
- **신경성 탐식증(bulimia nervosa)** 체중 증가에 대한 두려움과 정상체중 및 체형에 대한 부적절한 기준을 가지고 있어 폭식과 구토를 반복적으로 하는 것을 특징으로 하는 질환. 원인은 신경성 식욕부진증과 유사하나 이보다 일반적으로 발생하고 보다 치료가 어려운 경우가 많음
- **체질량지수(body mass index)** 체중(kg)을 신장(m)의 제곱으로 나누어서 계산한 값으로, 간단하게 계산하여 비만도를 판정할 수 있다는 장점을 가짐. 하지만 체성분 구성과 분포에 대한 정보를 제공하지 않으므로 허리둘레 또는 피부두겹두께 등의 측정과 함께 비만 여부와 이의 유형을 판정해야 함
- **휴식대사량(resting energy expenditure, REE)** 휴식 상태에서 주요 신체 장기(심장, 콩팥, 뇌, 간, 폐 등)의 기능 유지를 위해 소비하는 에너지. 보통 24시간 에너지 소비량의 약 60~75%이고, 대략 1 kcal/kg 체중/시간(h)임

1. 개요

체중은 에너지 균형에 있어 에너지 섭취가 이의 소비보다 많을 때 증가하고, 에너지 섭취보다 이의 소비가 과도할 때 감소한다. 이와 같은 에너지 불균형이 장기간 지속되면 비만 또는 저체중 상태가 되고 결국에는 관련 건강 이상을 초래할 수 있다. 특히 과도한 체중으로 인한 비만은 염증성 질환으로 분류하기도 하며 심혈관계 질환, 당뇨병, 고혈압, 암 등을 포함한 여러 가지 만성 질환의 위험 요인으로 간주된다. 반면 저체중은 영양불량이나 섭식장애 지표로 이용되거나 골다공증의 위험 요인으로 알려져 있다. 따라서 정상체중을 유지하는 것은 건강 유지에 있어 중요하다. 체중은 신경계와 호르몬에 의한 내분비계의 조절기전, 개개인의 유전적 요인, 환경적 요인 등에 의해 영향을 받고, 이를 고려하여 바람직한 체중과 체형을 유지하기 위한 식사요법, 행동변화요법, 운동요법 등을 실시해야 한다. 비만에 대한 두려움, 자기 자신의 체형에 대한 불만족 등의 심리적 요인과 신경학적 이상 등으로 인해 신경성 식욕부진증 또는 신경성 탐식증과 같은 섭식장애가 발생하기도 하는데, 이는 단순한 섭취양상의 변화에 그치지 않고 심각한 수준의 건강 이상의 원인이 된다.

2. 비만의 원인

비만은 정상보다 체중 또는 체지방이 과도한 상태로, 양의 에너지 균형, 유전적, 환경적, 신경정신적, 심리적, 의학적 요인들과 호르몬 불균형과 같은 대사적 요인 등의 복합적인 상호작용에 의한 만성질환이다.

최근 10년 동안(2009~2018년)의 비만 유병률은 남녀 모두에서 지속적으로 증가하고 있는 추세이고, 2018년 기준 전체 35.7%, 남자 45.4%, 여자 26.5%로 특히 남성의 비만 유병률 증가가 두드러진다[그림 6-1].

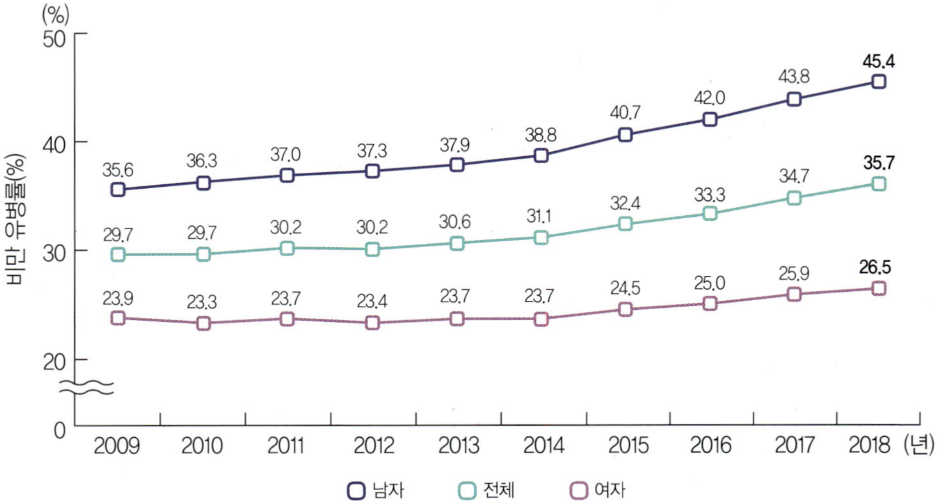

그림 6-1 | 최근 10년(2009~2018년) 동안의 비만 유병률의 변화

출처: 2019 Obesity fact sheet, 대한비만학회

1) 에너지 섭취량 증가

에너지 섭취량 증가는 단순성 비만의 직접적인 원인이 되고, 소비되지 않고 남는 에너지는 체내에 지방 등의 형태로 축적되어 체중 또는 체지방 증가로 이어진다. 에너지 섭취량은 개인의 심리적, 환경적 요인 등에 의해 영향을 받게 되는데, 특히 주변에서 쉽게 접근할 수 있는 음식의 특성(종류, 1회 제공량 등)이 큰 영향을 준다. 최근 이와 관련된 주요 요인으로 패스트푸드 구입이 용이해지고, 1회 제공량이 증가하고, 반조리/조리 식품으로 구성된 가정간편식home meal replaclement, HMR의 접근성이 증가된 것 등을 들 수 있다. 또한 비만인 사람은 정상체중인 경우와 비교하여 에너지 밀도가 높은 음식을 선택하거나 특정 음식에 대한 섭취 욕구를 잘 참지 못하는 경향이 있다.

2) 에너지 소비량 감소

에너지 소비량은 기초대사량, 식품섭취에 의한 열소비thermic effect of food, 활동량을 포함한다. 기초대사량은 호흡, 심장박동, 체온 등의 조절을 통한 생명 유지에 필요한 최소한의 에너지 소비량이다. 일반적인 사람들의 기초대사량은 전체 에너지 소비량의 60~70% 정도이고, 이는 연령, 성별, 근육량, 계절에 따른 기온 변화, 갑상선 호르몬 등에 의해 영향을 받는다. 식품 섭취에 의한 열소비는 식품 섭취에 따른 소화, 흡수, 운반, 대사에 사용되는 에너지양으로 전체 에너지 소비량의 약 10% 정도를 차지한다. 체중감량을 위해 식사량을 제한하는 경우 식사 자체의 에너지 섭취량 감소와 식품 섭취에 의한 열소비량의 감소가 동반된다. 마지막으로, 활동량에 의한 에너지 소비량이 차지하는 비율은 개인 차이가 가장 큰 부분이다. 일반적으로 전체 에너지 소비량의 20~30% 정도에 해당한다.

운동을 거의 하지 않고 주로 앉아서 지내는 생활방식을 가진 개인이 에너지 필요량보다 많은 양의 식사 섭취를 하면 체중이 증가하게 된다. 컴퓨터와 스마트기기의 사용 증가, 교통수단 이용의 편이성 증가 등으로 인해 앉아서 활동하는 시간이 길어지면서 활동량이 부족하기 쉽다.

3) 유전적 요인

체중 조절에 관여하는 여러 호르몬과 신경 인자들의 작용은 개인의 유전인자에 의해 영향을 받는다. 부모 모두가 정상체중을 가지는 경우 아이가 비만이 될 확률은 10% 미만이다. 하지만 한쪽 부모가 비만인 경우 아이가 비만일 확률이 40%로 증가하고 부모 모두가 비만일 경우에는 그 확률이 80% 정도로 매우 높다. 유전적 요인에 따라 지방세포의 수와 크기, 체지방 분포, 휴식대사량이 달라지고, 유전자는 비만 감수성의 50~70%를 결정하는 것으로 보고되었다.

식욕 조절과 관련된 조절인자는 렙틴leptin, LEP, 그렐린ghrelin, 뉴로펩타이드

Yneuropeptide Y 등이 있다.

비만 유전자로 가장 잘 알려진 렙틴은 체지방량에 비례하여 지방세포에서 분비되는 아디포카인adipokine이자 호르몬이다. 이는 식욕을 증가시키고 에너지 대사량을 낮추는 것으로 알려진 신경전달물질인 뉴로펩타이드 Y 활성도를 감소시켜 식품섭취를 줄인다. 체지방이 증가하면 시상하부에서 렙틴을 분비하도록 자극하여 식욕감퇴, 에너지 소비량, 지방 소비 등을 증가시킨다. 이론적으로 체지방량이 증가하면 렙틴의 양이 증가하여 포만감을 느끼게 함으로써 식사량이 줄어들게 된다. 하지만 렙틴 유전자에 유전자 변이가 있거나 렙틴 수용체leptin receptor, LEPR에 문제가 있는 경우 렙틴의 작용이 저해되어 렙틴에 의한 식욕 조절이 잘 이루어지지 않는다. 대부분의 비만 환자들의 경우 혈중 렙틴 농도가 증가되는데, 이는 렙틴은 정상적으로 생성되지만 이를 인지하는 수용체의 민감도가 저하된 경우라 할 수 있다.

식욕을 조절하는 또 다른 호르몬으로 위에서 분비되는 공복 감지 호르몬인 그렐린이 있다. 혈중 그렐린은 공복 상태인 식전에 급격하게 증가하여 식욕을 촉진하고 식후 바로 감소한다. 비만인 경우 혈중 그렐린의 양은 정상체중을 가진 사람들보다 높은 것으로 보고되었다. 또한 그렐린의 분비는 식사 조절에 의해 체중이 감소될 때 증가되는 것으로 알려져 있다.

렙틴leptin, LEP,렙틴 수용체 뿐만 아니라 아디포넥틴adiponectin, ADIPOQ, alpha-ketoglutarate-dependent dioxygenasefat mass and obesity associated, FTO, beta-3 adrenoreceptor, melanocortin 4 receptorMC4R, brain-derived neurotrophic factorBDNF 등이 체중 조절과 관련된 유전자들로 알려져 있다. 이 중에서 민간유전자 분석서비스업체의 직접 유전자 검사 가능 항목 중 체질량지수 항목으로 분석이 허용된 3개의 유전자는 FTO, MC4R, BDNF이다.

4) 약물

질병으로 인해 비만이 발생하기도 하지만, 종종 질병 치료를 위해 처방되는 약물이 비만의 원인이 된다. 경구혈당강하제, 정신작용제, 항우울제, 스테로이드, 혈압강하 약물의 일부가 체중을 증가시킬 수 있으므로 사용에 주의해야 한다. 약물이 체중 변화에 주는 영향은 〈표 6-1〉과 같다.

표 6-1 | 약물이 체중 변화에 주는 영향

약물	체중 변화	변경 가능한 약물
항불안제 – Benzodiazepine	체중 증가	–
항우울제 - 선택적 세로토닌 재흡수 억제제(selective serotonin reuptake inhibitors, SSRIs)	초기에는 체중이 감소하다가 6개월 이내에 체중이 증가	Bupropion
인슐린	체중 증가	Metformin
경구혈당강하제 – thiazolidinediones	체중 증가	Acarbose, miglitol
경구혈당강하제 – sulfonylureas	휴식 대사량을 감소시키고 체중 증가	Metformin
스테로이드 호르몬 -코르티코스테로이드 (corticosteroids)	장기간 복용 시 체중 증가	비스테로이드 항염증제 (nonsteroidal anti-inflam-matory drugs, NSAIDs)

출처: Escott–Stump, Nutrition and Diagnosis–Related Care, 8th edition, LWW, 2015

5) 수면, 스트레스

수면 시간이 감소되면 공복감과 식욕의 내분비 조절을 변화시켜 에너지 섭취를 증가시킨다. 반복적인 수면 부족은 섭취량, 섭취 식품 구성, 식사시간에 영향을 주어 비만의 원인이 될 수 있다. 수면 부족의 원인은 교대 근무, 밤에 조명에 노출되는 환경, 하루 주기가 변경되는 상황의 증가 등이고, 이는 체지방과 체중을 증가시키는 식생활 빈도를 증가시킨다.

스트레스 역시 비만의 원인이 되는데, 이에 관여하는 주요 호르몬은 코티솔 cortisol이다. 코티솔은 스트레스 상황에서 분비되어 인슐린 분비를 촉진한다. 증가된 인슐린은 스트레스로 인해 증가한 혈중 포도당 농도를 정상 수준으로 유지하게 하고, 식욕을 증가시킨다.

6) 기타

쿠싱 증후군, 갑상선기능저하증 등의 내분비 대사 관련 질환은 호르몬 분비를 변화시켜 비만의 원인이 된다. 또한 최근 비만인의 장내 미생물 조성이 정상체중을 가진 사람과 다르다는 것이 보고되었고, 이와 같은 장내 미생물 조성의 변화는 에너지 균형에 영향을 주어 비만 발병 위험을 높일 수 있다. 비만 마우스의 장내 미생물을 정상체중 마우스에게 투여한 결과 체지방이 증가되었고, 표준 식이를 공급받은 정상체중 마우스의 장내 미생물을 고지방 식이를 공급받은 마우스에게 투여한 결과 고지방 식이를 공급받은 비만 대조군 마우스와 비교하여 체중과 체지방이 감소되었을 뿐만 아니라 공복혈당, LDL 콜레스테롤 등의 대사지표 등이 개선되었음이 보고되었다. 이와 같이 장내미생물 조성의 변화가 비만 발생과 관련 있다는 연구 결과가 보고되고 있지만, 아직은 명확한 인과관계가 밝혀지지 않아 향후 연구에 관심을 가질 필요가 있다.

3. 비만의 분류와 진단

다양한 요인에 의해 발생하는 비만은 일반적으로 발생 시기에 따라 소아비만과 성인비만으로 나누고, 체지방 분포 유형에 따라 상체 비만과 하체 비만으로 분류한다.

1) 분류

(1) 발생 시기에 따른 유형

비만은 발생 시기에 따라 소아 비만과 성인 비만으로 나눌 수 있다.

① 소아 비만

어린 나이에 발생하는 비만을 소아 비만이라고 한다. 소아 비만을 판정하는 기준은 같은 연령대의 아이들과 비교하여 백분위 기준 상위 5분위에 해당하는 경우 비만으로 판정한다. 소아 비만은 성장, 발달과 함께 지방세포 수가 증가하는 지방세포 증식형 비만이다. 소아 비만이 관리되지 않고 성인 비만으로 이어지게 되면 세포의 수뿐 아니라 크기도 함께 증가하므로 체중을 감량하더라도 세포 수는 유지되어 체중 감량이 쉽지 않다. 이와 같이 지방세포의 수가 증가하는 소아 비만은 지방세포 수의 감소가 잘 되지 않고 증가된 채로 유지되어 성인 비만으로 이어지는 비율이 높다.

② 성인 비만

성인 비만은 성인이 된 후 지방세포 수가 증가하기보다는 지방세포의 크기가 비대해지는 것을 특징으로 한다. 지방세포의 크기가 극대화되면 지방세포 분열로 이어지기도 한다. 이러한 성인 비만은 소아 비만보다 체중 감량이 용이하다.

(2) 체지방의 분포에 따른 유형

비만은 체지방 분포 유형에 따라 상체비만과 하체비만으로 나눌 수 있다. 상체, 특히 복부에 지방이 많이 축적되어 허리가 두꺼워지는 유형을 상체 비만upper body obesity, 중심형 비만central obesity, 복부비만이라고 한다. 반면에 엉덩이와 허벅지 같은 하체에 지방이 더 많이 축적되는 비만을 하체 비만lower body obesity이라고 한다.

특히 상체 비만의 경우는 하체 비만과 비교하였을 때 인슐린 저항성, 지방간, 이상지질혈증 등의 대사 관련 질환의 발병 위험이 높다. 또한 비만의 위험인자로 작용하는 대사증후군의 발병과 연관이 있으며, 이와 관련된 제2형 당뇨병 또는 심혈관계 질환의 위험도를 높이는 것으로 알려져 있다. 상체 비만은 하체 비만과 비교하여 운동에 의해 분비되는 호르몬에 보다 민감하게 반응하여 복부지방의 분해가 촉진된다.

2) 진단

(1) 체질량지수

체질량지수body mass index, BMI는 비만의 지표로 가장 많이 사용하는 것으로 신장과 체중을 이용하여 체지방량을 추정하는 가장 단순한 방법이다. 본인의 신장(m)의 제곱값을 체중(kg)으로 나누어 계산하는 체질량지수는 비만의 진단에 있어 일반적으로 많이 사용하는 지표이지만, 근육량이 많은 운동선수들이나 임산부들에서는 정확도가 떨어진다. 이는 체질량지수가 근육량이나 체지방량을 고려하지 않고 개발된 지수이기 때문에 개인의 체지방 분포나 근육량을 반영하지 못하는 제한점이 있고, 이의 경우 다른 비만 진단기준(허리둘레, 체지방백분율 등)을 같이 고려하여 비만 여부를 진단해야 한다.

현재 사용되고 있는 체질량지수에 의한 비만 진단기준은 〈표 6-2〉와 같다. 최근 비만의 진단에 있어 비만을 1단계 비만, 2단계 비만, 3단계 비만의 3단계로 나누어 진단하고 있고, 최근 10년간(2009~2018년) 각 단계별 유병률의 변화는 [그림 6-2]와 같다.

표 6-2 | 체질량지수에 따른 비만도 분류

체질량지수(kg/m^2)	우리나라 기준[1]	WHO 기준[2]
저체중	< 18.5	< 18.5
정상	18.5~22.9	18.5~24.9
비만 전단계	23.0~24.9	25.0~29.9
1단계 비만	25.0~29.9	30.0~34.9
2단계 비만	30.0~34.9	35.0~39.9
3단계 비만	≥ 35	≥ 40

1) 대한비만학회 비만 진단기준

2)세계보건기구(World Health Organization, WHO) 비만 진단기준

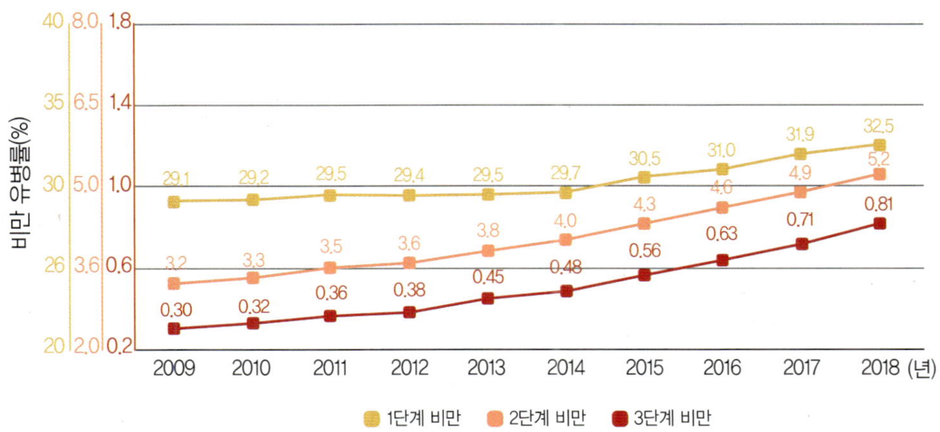

그림 6-2 | 최근 10년(2009~2018년) 동안의 비만 단계별 유병률의 변화

2020 Obesity fact sheet, 대한비만학회

(2) 체지방 백분율

체지방 백분율은 남성은 25% 이상, 여성은 30~33% 이상인 경우 비만으로 판정한다. 체지방량은 피부두겹두께skinfold thickness 측정법, 생체전기저항 측정법bioelectrical impedance analysis, BIA, 수중체중 측정법hydrostatic weighing을 사용하여 측

정한다.

피부두겹두께 측정법은 피하지방 두께를 캘리퍼를 이용하여 측정하여 계산하는 방법이다. 주로 상완위 후면, 복부, 견갑골 하부, 대퇴부 부위의 피하지방 두께를 측정하고 체지방 환산 공식을 사용하여 체지방량을 계산한다. 보다 일반적으로 사용하는 체지방 측정방법은 생체전기저항 측정법으로 체구성 성분의 종류에 따라 전류에 대한 저항이 다르다는 것을 이용한 방법이다. 이외에도 매우 정확한 체지방 측정법으로 수중체중 측정법이 있다. 수중체중 측정법은 공기 중에서 측정한 체중과 수중에서 측정한 체중을 비교하여 체지방량을 측정하는 방법이고, 체지방량이 많은 비만인 사람은 수중에서 체중이 더 적게 측정된다. 이는 정확성은 높지만, 수중체중 측정을 위한 별도의 시설이 필요하다는 제한점을 가진다.

(3) 체지방 분포를 통한 비만 판정

체지방 분포를 통한 비만 판정방법으로 허리-엉덩이둘레 비율 또는 허리둘레가 사용된다. 허리둘레(cm)를 엉덩이둘레(cm)로 나눈 허리-엉덩이 비율은 남자는 0.95 이상, 여자는 0.85 이상인 경우 복부비만으로 판정한다. 허리둘레는 남자 90 cm, 여자 85 cm 이상이면 복부비만으로 판정한다(대한비만학회).

이외에도 컴퓨터 단층 촬영이나 자기공명영상법을 이용하여 내장지방량과 피하지방량을 측정할 수 있다. 내장지방과 피하지방의 비율이 0.4 이상이면 내장지방형 비만으로 판정한다. 이 방법들은 고가의 분석기기가 필요하고 분석 비용이 비싼 편이므로 연구용으로 많이 사용한다.

4. 비만의 대사 변화와 관련 질환

비만은 체지방량의 증가에 따른 낮은 정도의 만성적 염증 상태로 분류되고 있다.

이러한 만성적 염증 상태는 대사질환을 포함한 심혈관계 질환, 제2형 당뇨병, 암 등의 다양한 만성 질환의 위험 요인으로 잘 알려져 있고, 이외에도 근골격계와 호흡계 이상, 담석이나 통풍 등의 위험 요인이 되기도 한다.

1) 대사 변화

(1) 인슐린 저항성의 증가

비만으로 체지방량이 증가하면 인슐린 신호 전달체계에 이상이 생겨 인슐린 저항성이 발생하게 된다. 인슐린 수용체의 발현이 감소되거나 인슐린 수용체 활성 저하로 인해 혈액으로부터 세포 내로의 포도당 유입이 감소하면서 혈중 포도당 농도가 높게 유지된다. 인슐린 저항성은 복부비만이 심한 경우 발생 위험이 높은 것으로 알려져 있다.

(2) 유리 지방산의 증가

체지방의 증가는 혈중 유리 지방산의 농도를 높여 간으로의 유입을 증가시킨다. 간으로 유입된 과도한 유리 지방산은 간에서의 지방 합성의 증가를 유도하여 이상지질혈증의 발병률을 증가시키고 혈중 콜레스테롤의 농도를 높여 심혈관계 질환의 위험을 높이는 것과 관련이 있다.

(3) 지방 분비 아디포카인의 변화에 의한 염증 상태

체지방의 증가는 렙틴, 종양괴사인자tumor necrosis factor, TNF-alpha, 인터루킨 1 베타interleukin (IL)-1 beta와 같은 염증성 아디포카인의 분비를 증가시킨다. 반면, 이들과 반대의 작용을 하는 아디포넥틴의 생성을 감소시켜 인슐린 저항성의 증가와 관련이 있는 것으로 알려져 있다.

2) 관련 질환

비만 관련 질환에는 대사증후군, 제2형 당뇨병, 심혈관계 질환, 담석증, 근골격계 질환 등이 있다[그림 6-3].

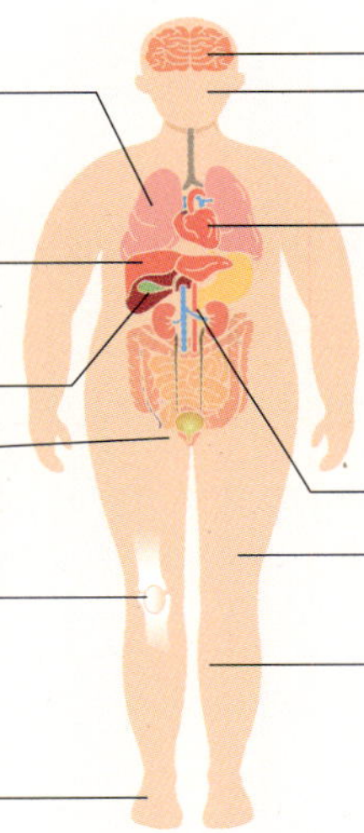

그림 6-3 | 비만 관련 질환

출처: Mahan and Raymond, Krause's Food & the Nutrition Care Process, 14th edition, Saunders, 2016

(1) 대사증후군

대사증후군metabolic syndrome은 복부비만, 당뇨병, 이상지질혈증, 고혈압 등 대사성 질환의 전 단계 수준의 위험요인을 동시에 여러 가지 가지고 있는 질환이다. 우리나라 대사증후군 환자들의 유병률은 국민건강영양조사 분석에 의하면 30세 이상 성인 4명 중 1명 정도인 27%가 대사증후군을 가지고 있는 것으로 보고되었다. 대사증후군이 있는 사람의 경우 앞서 언급한 다양한 질환의 위험 요인을 가지고 있는 상태이므로 당뇨병, 심혈관계 질환 등으로 이행되는 경우가 많다.

세계보건기구(WHO)에 의한 대사증후군 판정기준은 제2형 당뇨병을 가지거나 공복혈당장애 또는 내당능장애 또는 인슐린 저항성을 가지는 경우를 기본 조건으로 하고, 비만, 이상지질혈증, 고혈압, 미세알부민뇨증을 포함한 4가지 중 2가지 이상을 동반하는 경우 대사증후군으로 판정한다〈표 6–3〉.

표 6–3 | WHO의 대사증후군 진단기준(1998)

당뇨병 또는 공복혈당장애 또는 내당능장애 또는 인슐린 저항성
※ 다음 4가지 대사 이상 중 2가지 이상이 있을 때 1. 비만 : BMI >30 kg/m^2 또는 WHR(허리–엉덩이 둘레비) 남성 > 0.9, 여성 > 0.85 2. 이상지질혈증 : 중성지방 > 150 mg/dL 그리고/또는 HDL–콜레스테롤 남성 < 35 mg/dL, 여성 < 39 mg/dL 3. 고혈압 : 혈압 > 140/90 mmHg 또는 약물 복용 중 4. 미세알부민뇨증 : 소변 알부민 배설량 > 20 μg/min(30 mg/dL)

출처: Alberti K, Zinmmet P.(1998), Definition, diagnosis and classification of diabetes mellitus and its complications. Diabetes Med, 15 : 539–553

한국인을 위한 대사증후군 진단기준은 미국의 NCEP–ATP III 기준을 적용하여 사용하고 있으나, 복부비만 기준에 있어 아시아인 기준을 적용하여 허리둘레 남성 90 cm 이상, 여성 85 cm 이상을 적용한다. 〈표 6–4〉에 제시된 항목 중 세 가지 이상에 해당하는 경우 대사증후군으로 진단한다.

표 6–4 | 미국과 우리나라의 대사증후군 진단기준

구분	미국 NCEP–ATP III[1)]	대한가정의학회(2011)[2)]
복부비만 (허리둘레)	남성 > 102 cm 여성 > 88 cm	남성 > 90 cm 여성 > 85 cm
혈중 중성지방	≥ 150 mg/dL	≥ 150 mg/dL 또는 고중성지방혈증 치료약물 투여 중인 상태
혈중 HDL–콜레스테롤	남성 < 40 mg/dL 여성 < 50 mg/dL	남성 < 40 mg/dL 여성 < 50 mg/dL

구분	미국 NCEP-ATP III[1]	대한가정의학회(2011)[2]
혈압	≥ 130/85 mmHg 또는 치료 중인 경우	수축기 ≥ 130 및 또는 이완기 ≥ 85 mmHg 또는 혈압약 복용 중인 상태
혈당	공복혈당 ≥ 100 mg/dL 또는 치료 중인 경우	공복혈당 ≥ 100 mg/dL 또는 혈당 조절 약물 복용 중인 상태
위의 진단 기준 중 3개 이상에 해당될 때 대사증후군으로 진단한다.		

출처: 1) Third Report of the National Cholesterol Education Program (NCEP) Expert Panel on Detection, Evaluation, and Treatment of High Blood Cholesterol in Adults (Adult Treatment Panel III) (2001)
2) 대한가정의학회(2011)

(2) 제2형 당뇨병

체지방의 증가로 인한 인슐린 저항성의 증가는 제2형 당뇨병의 발병률과 높은 상관관계를 가지고 있다. 특히 복부비만의 경우 제2형 당뇨병 발병 위험이 높아진다. 복부 부위에 주로 축적되는 내장지방은 혈액으로 유리 지방산 등의 지질 성분과 염증 유발성 사이토카인을 분비하게 되고, 이는 인슐린 민감도를 감소시켜 혈당 조절이 잘 되지 않는 인슐린 저항성을 유발하게 된다. 비만과 인슐린 저항성이 심해지면 제2형 당뇨병 발병 위험은 높아지게 된다.

(3) 심혈관계 질환 및 담석증

체지방 증가와 관련된 유리 지방산의 증가는 지방을 운반하는 지단백의 대사에 변화를 초래하여 이상지질혈증의 위험을 증가시킨다. 또한, 비만에 수반되는 체지방 증가는 혈중 콜레스테롤 농도를 증가시켜 심혈관계 질환의 발병위험을 높이고, 담즙 내 콜레스테롤의 농도를 증가시켜 담석 형성을 촉진하므로 담석증의 발병률이 높아진다.

(4) 근골격계 질환

체중의 과도한 증가는 우리 몸을 지지하는 척추, 고관절, 무릎 등의 골격계에 부담을 증가시켜 통증을 유발시킨다. 특히 척추의 통증과 관절염 발병의 위험률을 증가시킨다. 또한 비만인 사람은 요산의 생성 증가로 인해 뼈에 요산이 축적되어 통풍이 발병하기도 한다.

(5) 기타

비만인 경우 기도가 좁아지면서 수면 무호흡증이 증가하여 수면 중 사망의 원인이 되기도 한다. 이외에도 비만인 남성에서는 전립선암이나 결장암, 직장암의 발생 위험이 높고 비만인 여성에서는 유방암, 자궁암, 담낭암 등의 발생위험이 정상체중인 사람들보다 높은 것으로 보고되고 있다.

5. 비만의 치료

전 세계적으로 비만과 이와 관련된 질병으로 인해 사망률이 증가하고 있어 좀 더 효과적이고 안전한 체중감소를 위한 식사요법에 대한 요구가 더욱 높아지고 있다. 비만 치료의 목표는 환자의 비만도와 건강상태를 고려하여 개별화하도록 하고, 체중감량 목표는 치료 전 체중의 5~10%를 6개월 내에 서서히 감량하는 것이다.

1) 식사요법

일반적인 체중감량 식사요법의 유형은 다음과 같다.

- 저열량 식사 : 에너지 영양소의 비율은 환자의 비만도와 건강 상태에 따라 다양하게 적용할 수 있다. 운동요법과 행동수정요법을 병행하고, 필요하다면 약물요법을 적용할 수 있다.

- 체중감소를 위한 다양한 식사요법 : 저열량 식사 이외의 체중감소를 위한 다양한 식사요법 중 에너지 영양소 섭취 비율을 다르게 적용하는 식사요법으로 저지방 식사, 저탄수화물 고단백 식사, 저탄수화물 고지방 식사, 저당지수/저당부하 식사 등이 있다.
- 비만치료를 위한 수술 후 개별화된 식사요법 : 운동요법과 행동수정요법을 병행한다.
- 체중 재증가 예방을 위한 식사요법 : 에너지 섭취와 소비의 균형에 중점을 둔다.

(1) 저열량 식사

① 에너지

체중 감량을 위해서 에너지 섭취를 감소시켜야 하고, 감소 정도는 개인에 따라 개별화한다. 1주에 0.5 kg 감량을 위해 하루 500 kcal의 에너지 섭취를 감소하도록 한다. 에너지 영양소들의 비율은 한국인 영양섭취기준의 권고비율을 기본으로 제안하나, 다양한 에너지 영양소 비율을 가진 식사방법을 적용할 수 있으므로 개인의 특성과 의학적 상태에 따라 다르게 적용할 수 있다.

일반적으로 하루 1,500~1,600 kcal 수준의 열량을 포함하는 식사를 섭취하는 것이 바람직하고, 하루 800 kcal 미만의 초저열량 식사는 장기간 섭취가 어려우므로 의학적 관리가 가능한 상황에서만 제한적으로 실시한다.

② 탄수화물

저열량 식사의 탄수화물 제공량은 개인에 따라 다르게 처방된다. 가능하면 채소, 과일, 콩류, 전곡류 등을 활용한 복합당질의 형태로 섭취하는 것이 바람직하다. 이 같은 급원식품을 통해 충분한 식이섬유(하루 20~25 g) 섭취도 가능하다. 식이섬유는 위비움 속도를 늦추어 포만감을 증가시키고 장내 영양소 흡수를 억제하므로 체중 감량에 도움이 된다. 따라서 필요하다면 추가의 식이섬유 보충제 사용을 고려할 수 있다. 단순당의 섭취는 제한하는 것이 바람직하고, 이를 대체하기 위해 인공감미료의 사용을 고려할 수 있다. 하지만 인공감미료의 섭취가 식욕을 감소시키거나 체중감소에 도움이 된다는 확실한 근거는 없다.

③ 단백질

단백질은 체단백 소모를 방지하기 위해 총에너지의 15~25%에 해당하는 양을 섭취한다. 동물성 단백질 식품의 경우에는 포화지방과 콜레스테롤의 함량이 높으므로 지방의 함량이 낮은 살코기 부위, 생선이나 가금류, 콩류 등의 섭취를 권장한다.

④ 지질

지질은 일반적으로 총에너지의 30%를 넘지 않도록 한다. 가능한 포화지방의 섭취는 낮추고 단일불포화지방산과 다가불포화지방산의 함유량이 높은 식물성 유지의 섭취를 권장한다.

⑤ 비타민과 무기질

체중조절을 위한 저열량 식사는 에너지 영양소를 제외한 비타민과 무기질은 권장 수준으로 제공해야 한다. 하루 500~1,000 kcal를 줄이는 식사는 일반적으로 비타민과 무기질 결핍의 가능성이 크지 않지만, 초저열량 식사를 적용하는 경우 임상영양사 등의 영양전문가의 관리 하에 복합 비타민/무기질 보충제의 사용을 고려할 수 있다. 열량이 낮으면서 비타민과 무기질이 풍부한 채소나 과일의 섭취를 권장한다.

⑥ 알코올

알코올은 g당 7 kcal의 에너지를 내므로 과도한 음주는 에너지 섭취량을 증가시킨다. 또한 영양소 흡수를 저해하므로 음주 빈도와 음주량을 제한한다. 하루 열량의 50% 이상을 알코올로 섭취하는 경우 보통 식욕이 저하되나 중정도의 음주자는 알코올로 인한 에너지 제공으로 인해 오히려 체중이 증가되는 경향이 있다. 일상적인 음주는 체내 지방 축적과 체중 증가로 인해 비만의 위험을 높인다.

(2) 체중감소를 위한 다양한 식사요법

체중감소를 위한 다양한 식사 방법들이 제안되고 있는데 그중 에너지 영양소 섭취 비율을 다르게 적용하는 체중감소 식사요법으로 저지방 식사, 저탄수화물 고단백 식사, 저탄수화물 고지방 식사, 저당지수/저당부하 식사 등이 있다.

① 저지방 식사

저지방 식사low fat diets는 열량 제한을 동반한 고탄수화물, 저지방 식사를 의미하는 것으로 지방의 섭취를 전체 섭취 열량의 5% 이내로 제한한다. 식사를 통한 적정량의 탄수화물 섭취는 소화흡수 과정을 통해 적절한 수준의 포도당을 공급하여 케톤체 생성을 예방하는 효과를 가진다. 저지방 식사는 식사를 통한 총 섭취 열량을 감소시키면서 뇌와 적혈구, 신경계와 같이 지속적으로 포도당을 에너지원으로 사용하는 조직에 충분한 포도당을 공급한다. 또한 근육 등 에너지를 필요로 하는 다른 조직에서는 식사 내 탄수화물을 에너지원으로 사용하게 하고 부족한 에너지의 일부분은 식사 단백질을 에너지원으로 사용하고 나머지는 체지방 분해를 통한 지방산을 에너지원으로 사용하도록 하여 체지방 분해를 통한 체중감소를 유도한다.

저지방 식사는 채소, 과일, 전곡류, 두류 등의 채식 위주의 식품으로 구성하고, 무지방 유제품, 가공되지 않은 식품, 저지방 육류, 가금류를 포함시킨 식사로 심혈관계 질환을 개선시키는 것으로 알려져 있다. 육류의 선택에 있어 콜레스테롤과 포화지방 함량이 높은 것은 피하고 견과류 등의 불포화지방산을 함유한 식품들도 저지방 식사의 조건을 충족하기 위해 섭취를 제한한다. 저지방 식사는 1년 미만 지속할 경우 적절한 체중감소가 있었고, 고식이섬유 식사를 동반할 경우 체중감소 효과를 더욱 증가시킬 수 있는 것으로 보고되었다. 하지만 장기간 지속할 경우 체중감소 효과가 줄어드는 것으로 나타났다. 특히 오랜 기간에 걸쳐 에너지원으로 지방의 비율이 지속적으로 감소한 것에 반해 비만 인구는 전 세계적으로 계속 증가하고 있어 저지방 식사의 효과에 대해 의문을 제시하고 있다. 저지방 식사 섭취 시 필수지방산 섭취가 감소하고 감소된 지방을 정제된 당으로 대체했을 경우 오히려 체내에 유해한 효과를 나타낼 수 있다. 따라서 단기간의 탄수화물 위주의 식사를 통한 체중감소를 위해서는 정제되지 않은 양질의 복합 당질 섭취가 중요하며 필수지방산의 섭취가 부족하지 않도록 유의해야 한다.

② 저탄수화물 고단백 식사

저탄수화물 고단백 식사는 고탄수화물 식사가 인슐린 저항성을 높이고 다양한 만성 질환의 발병과 관련이 있다는 연구결과들을 바탕으로 탄수화물 섭취를 전체 열량의 10~30% 수준으로 제한하고 단백질 섭취비율을 증가시키는 식사이다. 일반적으로 고단백 식사는 저탄수화물 식사를 동반하므로 단백질과 지질을 주된 에너지원으로 사용하게 된다. 이러한 경우 에너지원으로 지방산 산화를 증가시키게 되는데 탄수화물 부족으로 인해 옥살산oxaloacetate이 충분하지 못해 아세틸 CoA가 TCA 회로에 이용되지 못하고 축합되어 케톤체가 다량 생성된다. 또한 고단백 식사로 인해 과량의 아미노산이 대사되어 요소 등의 질소 함유 산물이 다량 생성되어 소변으로 배설된다. 이로 인해 신장의 부담이 크고 아미노산 대사 이후 배설과정에서 칼슘의 재흡수가 저해되어 배설이 증가하므로 장기간의 고단백 식사로 인한 골다공증의 위험이 증가할 수 있다.

실제 임상실험 결과에 의하면 같은 열량의 저지방-고탄수화물 식사와 비교했을 때 고단백-고지방 식사가 단기간의 체중감량에 더 효과적인 것으로 나타났지만 장기간 적용 시 차이가 없는 것으로 보고되었다. 또한 단기간 감량된 체중은 본래의 식사 패턴으로 돌아가면 빠르게 제자리로 되돌아오게 되고, 고단백 식사로 인해 동물성 식품 섭취량이 과도한 경우 포화지방산 섭취가 높아질 수밖에 없어 심혈관계 질환의 위험을 높일 수 있다.

③ 저탄수화물 고지방 식사

저탄수화물 고지방 식사는 탄수화물 섭취를 5~10% 이내로 제한하고, 지방 섭취 비율을 70~80%로 구성하는 식사이다. 저탄수화물 고지방 식사는 단기간 체중 감량에 효과적인 것으로 알려져 있는데, 식욕을 감소시켜 식사 섭취량을 줄이고 에너지 소비량을 증가시켜 체중 감량에 도움이 된다. 하지만 이 식사는 체조성과 영양소 대사를 변화시킬 수 있으므로 성장기 어린이/청소년과 건강상 고위험군의 경우 적용에 있어 주의가 필요하다. 저탄수화물 고지방 식사는 단백질 섭취량이 충분하지 않을 수 있어 체단백 손실의 위험이 있으므로, 이를 예방하기 위해서는 일정 수준의 단백질 섭취량을 유지해야 한다. 또한 이 식사는 종종 케톤증(ketosis)을 유발하는데 케톤 유발 정도는 섭취한 아미노산 조성, 포도당 신생과정의 정도, 인슐린 분비량 등에 영향을 받아 개인별 차이가 크다. 다른 체중조절 식사와 유사하게 초기의 체중 감량은 체수분 손실에 의한 것이고 이는 종종 케톤증을 악화시키게 된다. 앞에서 설명한 고단백 식사와 유사하게 지방 제공량 기준을 충족하기 위해 동물성 식품 섭취가 과도하게 되면 포화지방, 콜레스테롤 섭취가 증가하게 되어 이로 인한 심혈관계 질환의 발병 위험이 높아지므로 주의해야 한다.

④ 저당지수/저당부하 식사

저당지수glycemic index, GI 또는 저당부하glycemic load, GL 식사는 체중감소 식사방법 중 하나로 당지수나 당부하지수가 낮은 식품 위주로 섭취하는 식사 방법이다. 당지수란 탄수화물을 함유한 식품을 섭취했을 때 섭취 후 혈당이 얼마나 증가하는지를 포도당 섭취 후와 비교한 수치이다. 식품의 혈당지수는 일정량(약 50g)의 탄수화물을 섭취하고 2시간 후 혈당 반응으로 정의된다. 보통 흰 빵이나 포도당을 섭취하고 2시간 후 혈당 수준을 100으로 기준하고 이와 비교하여 나타낸다. 많은 식품의 경우 혈당지수는 20~100 사이로 보고되고 있는데, 소화흡수가 빨라 포도당으로 전환이 쉬운 식품일수록 혈당지수가 높다. 정제된 곡류나 감자류는 보통 혈당지수가 높고 과일, 채소, 콩류는 혈당지수가 낮은 편이다. 보통 당지수가 55 미만인 경우 낮은 혈당지수 식품, 70 이상을 높은 혈당지수 식품으로 구분한다. 하지만 종종 가공식품의 경우는 100을 초과하는 식품도 있다. 당부하지수는 혈당지수에 식품 내 탄수화물량을 곱하여 산출한 값으로 당지수보다 더 민감한 값으로 이용된다.

이외에도 다양한 체중 조절 식사요법들이 유행처럼 제안되고 있지만, 과학적인 근거를 바탕으로 한 식사요법을 선택하되 개인의 여러 사항을 고려하여 지속적으로 실시할 수 있는 방법을 선택하도록 한다.

(3) 비만치료를 위한 수술 후 개별화된 식사요법

체중조절을 위한 위 절제수술 후에는 맑은 유동식, 전유동식, 퓨레, 연식, 상식의 순서로 식사를 제공한다.

- 유동식 : 수술 후 2~3일 되는 시점에 위장관 회복을 위해 제공하는 식사로 1회 제공 시 1/2 컵이 넘지 않는 양을 제공한다. 물, 육수, 주스, 크림 수프 등을 제공한다.
- 퓨레식 : 수술 후 4~5일에 시작하여 4주까지 1회 1/2~1컵의 양을 제공한다. 수술 후 경과 시기에 따라 점진적으로 양을 증가시킨다. 육류, 생선, 가금류, 과일, 익힌 채소를 갈아서 만든 퓨레, 따뜻한 우유에 섞은 시리얼, 요구르트 등을 제공한다.
- 연식 : 수술 후 8주까지 1회 3/4~1컵의 양을 하루 3회 제공한다. 육류, 과일, 익힌 채소를 갈거나 으깨서 제공한다.
- 상식 : 수술 후 6주 이후 일상에서 섭취하는 식사의 유형으로, 1회 1컵을 넘지 않는 양을 제공한다. 수분은 고형식과 함께 마시지 않고, 식사와 식사 사이에 섭취한다. 필요하다면 복합 비타민/무기질의 사용을 고려한다. 대부분의 식품을 사용할 수 있으나 팝콘, 견과류, 육류의 질긴 부위, 말린 과일, 불용성 섬유소가 많거나 단단한 채소와 과일, 소다음료, 빵, 종자류, 그래놀라 등은 소화가 잘 되지 않으므로 제한한다.

(4) 체중 재증가 예방을 위한 식사요법

체중 유지를 위한 에너지 요구량은 감량 전 체중에서의 에너지 요구량보다 약 25% 감소되고, 목표체중 도달 이후에도 줄어든 에너지 요구량에 맞는 식사를 지속적으로 섭취해야 한다.

장기간 감소시킨 목표체중을 성공적으로 유지하기 위한 전략은 다음과 같다.

- 총에너지의 20~25% 수준의 저지방 식사 섭취
- 매일 아침식사를 먹는다.
- 매일 또는 매주 단위로 정기적으로 스스로 체중을 측정한다.
- 매일 하루 60~90분 동안 높은 수준의 신체활동을 유지한다.

2) 행동변화요법

행동변화요법은 생활방식 변화를 통해 체중조절 목표를 달성하고자 하는 접근으로, 개인의 환경, 식사섭취방식, 활동방식을 변화시키는 다양한 전략을 적용한다. 체중목표 설정, 자극 조절, 인지 재구조화restruction, 재발 방지 등의 전략을 사용하고, 환자의 상태에 대한 피드백을 제공하고 변화의 필요성을 인지하게 하여 환자가 목표를 달성하도록 한다.

(1) 자극 조절

자극 조절은 식행동을 이끌어내는 사건 또는 상황, 식행동을 할 때 섭취하는 식품의 종류, 식행동의 결과를 변화시키는 것이다. 환자들은 먹는 속도를 늦추어 포만감을 느끼게 하고 식사 섭취량을 감소시키도록 교육받는다. 먹는 속도를 늦추기 위해 한입 먹을 때마다 식사도구를 내려놓기, 매 끼니마다 충분한 시간을 두기, 한 번 먹을 때마다 정해진 횟수만큼 씹기 등의 전략을 적용할 수 있다.

(2) 문제 해결

문제 해결은 식행동의 문제점 정의, 가능한 해결책 제시 및 평가, 최선의 해결책 선택, 새로운 행동 수행, 결과 평가, 필요하다면 재평가를 통해 대안 제시 등의 일련의 과정을 거쳐 체중조절 목표를 달성하고자 하는 전략이다.

(3) 인지 재구조화

인지 재구조화는 환자들이 체중을 감량하고 감량된 체중을 유지하기 어렵게 하는 부정적인 생각들을 규명하고, 도전하고, 수정하는 방법을 교육한다. 인지치료는 감정과 식행동 간의 연결성을 강조하고 그 연결을 조절하여 긍정적이고 장기간 적용할 수 있는 정신적 전략을 알려준다.

(4) 자기 모니터링

자기 모니터링은 식행동의 장소와 시간을 기록하게 하고 이에 수반되는 생각과 감정을 파악하고 식행동이 일어나는 신체적 및 감정적 상황을 규명하는 전략이다. 활동량도 같이 기록하는데 분 단위 또는 소비한 열량 단위로 기록한다. 자기 모니터링은 문제가 되는 식행동을 유발하는 단서를 파악하여 이를 방지하는 것을 목표로 한다.

3) 운동요법

운동은 근육량과 기초대사량을 높이고 에너지 소비량을 증가시킨다. 또한 식욕을 억제하고 심리적 만족감을 높인다. 체중조절을 위한 운동요법에는 유산소운동과 근력운동을 포함시킨다. 유산소운동은 중정도의 강도로 하루 30~60분 또는 20~30분씩 나누어 2회 실시한다. 체중조절을 위해서는 주당 5회 이상 실시한다. 근력 운동은 8~12회 반복할 수 있는 구성으로 8~10종목을 1~2세트 실시하도록 하고, 주당 2회 실시한다. 감량된 체중 유지를 위해서는 중정도의 활동을 주당 200~300분 정도 지속적으로 한다.

4) 약물요법

체질량지수가 25 kg/m² 이상이고 다른 요법이 효과적이지 않을 때 약물요법을 고려한다. 약물요법의 적용에 있어 식사, 운동, 행동수정요법을 병행해야 하고 의사의 처방과 관리 하에서만 사용해야 한다.

비만치료를 위한 약물의 2가지 주요 작용기전은 섭취한 지질의 흡수 억제와 식욕 억제이다. 현재 국내에서 비만치료제로 승인된 약제는 지질의 흡수 억제를 작용기전으로 하는 올리스타트와 식욕 억제를 작용기전으로 하는 펜터민, 디에틸프로피온, 펜디메트라진, 마진돌이다 〈표 6-5〉.

표 6-5 | 국내에서 비만치료제로 승인된 약제

구분	올리스타트*	펜터민	디에틸프로피온	펜디메트라진	마진돌
작용 기전	지방 흡수 억제	식욕 억제	식욕 억제	식욕 억제	식욕 억제
사용 용량	• 매 식전 120 mg 복용 • 식사를 거르거나, 식사에 지방질이 함유되지 않은 경우 복용하지 않음	• 1일 1회 아침 식전 또는 식후 1~2시간 후 복용 • 1회 용량은 18.75 mg에서 37.5 mg까지 증량 • 1일 2회 분복 가능 • 늦은 밤 복용은 피할 것 • 서방형(30 mg)은 1일 1회 복용	• 1일 3회 식사 1시간 전 복용 • 1회 용량은 최소량부터 25 mg까지 증량(1일 총량 75 mg)	• 1일 2회 또는 3회 식사 1시간 전에 복용 • 1회 용량은 7.5 mg부터 35 mg, 최고 70 mg까지 증량 가능	• 1일 1 mg 3회 식사 1시간 전 복용 또는 1일 1회 1~2 mg 식사 1시간 전 복용
최소 유효 용량 결정		남용 가능성을 최소화하기 위하여 초기(2주 이내) 투여량은 가능한 최소량을 처방하거나 조제하되 적절한 반응을 얻을 수 있도록 개인별로 조정 필요			치료 시작은 1일 1회 1 mg으로 시작하여 조정

구분	올리스타트*	펜터민	디에틸프로피온	펜디메트라진	마진돌
금기증	만성 흡수장애 증후군, 담즙 정체	MAOI 복용자, 폐동맥고혈압, 약물남용의 병력, 진행된 동맥경화증, 심혈관계 질환, 중등도 이상의 고혈압, 갑상선기능항진증, 녹내장, 중증의 췌장장애 및 중등도 신장애, 간장애 환자(마진돌 금기)			
모니터링	지용성 비타민 결핍 증상	혈압, 심박수			

*장기간 사용 가능 MAOI, monoamine oxidase inhibitor

출처: 비만 진료지침(2018)

5) 수술요법

체질량지수가 35 kg/m^2 이상(3단계 비만)이거나, 체질량지수가 30 kg/m^2 이상(2단계 비만)이고 비만 동반 질환을 가지는 경우 다른 요법이 효과적이지 않으면 수술요법을 고려한다. 청소년 고도비만의 경우 성장이 완료된 후 비만치료를 위해 수술요법 적용을 고려할 수 있다. 비만치료를 위한 수술요법의 유형은 위밴드술, 루엔와이 위우회술 등이 있다[그림 3-5].

6. 섭식장애

1) 신경성 식욕부진증

(1) 원인과 증상

신경성 식욕부진증anorexia nervosa, AN은 체중 증가에 대한 두려움과 바람직한 체중과 체형에 대한 잘못된 개념으로 인해 식사 섭취를 과도하게 제한하는 질환이다. 신경성 식욕부진증은 두 가지 유형으로 나누는데 식사 섭취 제한 유형과 식사

섭취 제한과 비우기(purging; 구토 또는 하제의 사용 등) 혼합 유형이다. 정신질환 진단 및 통계 매뉴얼Diagnostic and Statistical Manual of Mental Disorders, DSM은 신경성 식욕부진증의 정도를 가벼운mild, 중정도의moderate, 심각한severe, 매우 심각한extreme으로 분류하였다. 이의 분류를 위해 주로 현재의 체질량지수 또는 체질량지수 백분율을 고려하는데, 이외에도 임상증상, 기능장애의 정도, 관리감독의 필요를 고려한다.

신경성 식욕부진증의 발병률은 여성 약 1%, 남성 약 0.5%이고, 청소년기 또는 성인 초기에 주로 발병한다. 신경성 식욕부진증의 증상은 어지러움, 저혈압, 체중감소, 심한 영양불량, 무월경, 근육손실, 골다공증, 부종, 성장부전 등이 있다[그림 6-4].

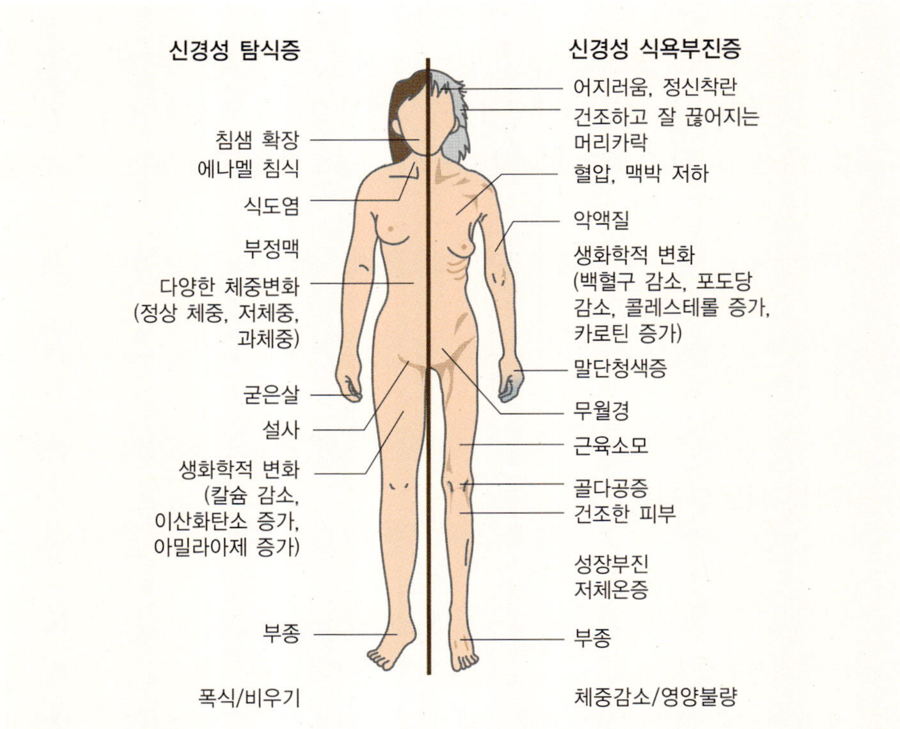

그림 6-4 | 신경성 탐식증과 신경성 식욕부진증의 증상

출처: Mahan and Raymond, Krause's Food & the Nutrition Care Process, 14th edition, Saunders, 2016

(2) 영양관리

① 에너지

초기에는 에너지를 하루 30~40 kcal/kg 수준(약 1,000~1,600 kcal)으로 제공한다. 극도로 섭취를 제한한 이후에 다량의 식사를 바로 섭취하게 되면 재급식 증후군이 발생할 수 있으므로 이의 예방을 위해 주의깊게 모니터링해야 한다. 일반 식사를 통한 에너지 제공이 가장 바람직하나, 필요하다면 액상 보충제 또는 경관급식을 적극적으로 이용한다. 총정맥영양 또는 중심정맥영양은 거의 적용하지 않는다.

체중 증가 시기에는 에너지 제공량을 100~200 kcal씩 점진적으로 증가시켜 지속적으로 체중 증가를 유도한다. 입원환자의 경우 주당 1~1.5 kg씩, 외래환자의 경우 주당 최소 0.5 kg씩 증가하는 것이 바람직하다.

체중 증가 시기의 후반부에는 하루 체중당 70~100 kcal의 에너지(여성은 하루 3,000~4,000 kcal, 남성은 하루 4,000~4,500 kcal)를 제공한다. 목표 체중으로의 체중 증가를 위한 에너지 제공량이 많은 편이므로 구토, 섭취 후 남은 식품량, 과도한 운동, 과도한 수준의 식후 열 발생 등에 대해 모니터링해야 한다.

체중 유지 기간에는 하루 체중당 40~60 kcal의 에너지를 제공한다. 아동과 청소년의 경우 정상적인 성장과 발달을 위해 에너지 제공량을 적절하게 조정한다.

② 에너지 영양소

- 탄수화물 : 총 에너지의 50~55% 수준으로 제공한다. 만약 환자의 혈중 포도당이 높거나 재급식 증후군의 증상이 나타나면 총 에너지의 40% 수준으로 낮춘다. 변비가 있다면 불용성 식이섬유를 제공한다.
- 단백질 : 총 에너지의 15~20% 수준으로 제공하고, 생물가가 높은 식품 위주로 섭취하고 채식 위주의 식사는 피하도록 한다.
- 지질 : 총 에너지의 30% 수준으로 점진적으로 증가시키고, 필수지방산 급원을 포함시킨다.

③ 미량 영양소

- 비타민/무기질 권장량을 충족시키기 위해 필요하다면 복합 비타민/무기질 보충제를 사용한다.
- 재급식 초기 또는 변비가 있는 경우 철분 보충제의 사용을 제한한다.
- 비타민 B_1 보충제와 칼슘 보충제의 사용을 고려한다.

④ 에너지 밀도

- 에너지 밀도가 높은 식품과 음료의 섭취를 증가시킨다.
- 식사에너지밀도지수dietary energy density score, DEDS가 1 이상이 되도록 한다. 식사에너지밀도지수의 계산은 섭취 에너지kcal를 섭취한 식품과 음료의 중량g으로 나누어 계산한다.

⑤ 식사의 다양성

- 모든 식품군에 속하는 식품과 음료를 다양하게 섭취한다.
- 복합당질, 에너지 음료, 지질을 다양하게 활용하도록 한다.

2) 신경성 탐식증

(1) 원인과 증상

신경성 탐식증bulimia nervosa은 체중 증가에 대한 두려움과 정상체중 및 체형에 대한 부적절한 기준을 가지고 있어 폭식과 비정상적인 보상 행동(구토 또는 하제 사용)을 반복적으로 하는 질환이다. DSM-5는 신경성 탐식증의 정도를 가벼운mild, 중정도의moderate, 심각한severe, 매우 심각한extreme으로 분류하였다. 이의 분류를 위해 부적절한 보상 행동의 빈도를 주로 고려하였고, 이외에도 다른 증상들과 기능 장애의 정도를 고려한다.

신경성 탐식증의 발병률은 여성에서 약 2%, 남성에서 약 0.5%이고, 청소년기 또는 성인 초기에 주로 발병한다. 신경성 탐식증에서 신경성 식욕부진증으로 교차진단되는 경우는 약 10~15%에 해당한다.

신경성 탐식증의 증상으로는 폭식, 반복적인 구토와 하제 사용, 식도염, 부정맥, 설사, 부종 등이 있다[그림 6-4].

(2) 영양관리

① 에너지

대사율이 정상이면 섭취기준에 해당하는 에너지(하루 2,200~2,400 kcal)를 제공한다. 대사율이 정상보다 낮으면 하루 1,500~1,600 kcal 제공으로 시작하여 100~200 kcal씩 점진적으로 증가시킨다. 체중 변화를 모니터링하여 체중 유지를 위해 에너지 처방량을 조정한다. 폭식과 비우기 행동을 악화시킬 수 있으므로 저열량식사의 섭취는 바람직하지 않다.

② 에너지 영양소

- 탄수화물 : 총 에너지의 50~55% 수준으로 제공한다. 변비가 있다면 불용성 식이섬유를 제공한다.
- 단백질 : 총 에너지의 15~20% 수준으로 제공하고, 생물가가 높은 식품 위주로 섭취한다.
- 지질 : 총 에너지의 30% 수준으로 점진적으로 증가시키고, 필수지방산 급원을 포함시킨다.

③ 미량 영양소

- 비타민/무기질 권장량을 충족시키기 위해 필요하다면 복합 비타민/무기질 보충제를 사용한다.
- 변비가 있는 경우 철분 보충제의 사용을 제한한다.

④ 에너지 밀도

- 에너지 밀도가 다양한 식품들을 섭취한다.
- 식사에너지밀도지수가 약 1.0이 되도록 식사를 구성한다.

⑤ 식사의 다양성

- 모든 식품군에 속하는 식품과 음료를 다양하게 섭취한다.

정리하기

1 비만의 원인은 에너지 섭취량 증가, 활동량 부족 등으로 인한 에너지 소비량 감소, 유전적 요인, 약물, 수면, 스트레스, 특정 내분비 대사 관련 질환, 장내 미생물의 조성 변화 등이 있다.

2 비만의 유형은 발생 시기에 따라 소아비만과 성인 비만으로 나눌 수 있고, 체지방 분포에 따라 상체 비만과 하체 비만으로 나눈다.

3 비만의 단계와 유형은 체질량지수와 허리둘레를 적용하여 판정하고, 이외에도 체지방 백분율, 체지방 분포를 활용하여 비만을 판정한다.

4 비만의 발생에 따라 인슐린 저항성 증가, 유리 지방산 증가, 아디포카인의 분비 변화에 따른 염증 상태가 되고, 비만 관련 위험 질환으로는 대사증후군, 제2형 당뇨병, 심혈관계 질환, 담석증, 근골격계 질환 등이 있다.

5 비만의 치료방법으로는 식사요법, 행동변화요법, 운동요법, 약물요법, 수술요법 등이 있다. 체중감소를 위해 식사요법, 행동변화요법, 운동요법을 우선적으로 시행하고, 의학적 위험이 크거나 체중감소가 잘 되지 않을 때 약물요법 또는 수술요법 등의 적극적인 방법의 적용을 고려한다.

6 섭식장애는 신경성 식욕부진증과 신경성 탐식증으로 구분되고, 정서적 문제와 심한 영양불량, 성장부전 등의 위험이 있는 경우에는 적절한 의학적 치료와 영양관리가 필요하다.

Case study

활동량 부족, 반복적인 요요현상, 과다한 야식과 간식을 섭취하는 비만 사례

[질환 병력]

40세에 자궁적출수술을 한 50세 여자 환자는 친정어머니의 당뇨병 가족력이 있고 관절염과 비만을 진단받았다. 현재 금연, 금주 상태이고 가게를 운영하고 있다.

[1차 영양판정]

평소 1일 2~3끼니로 불규칙한 식사와 불균형적인 식사를 하고 있으며 체중을 줄일 목적으로 저녁식사를 우유 1컵으로 대체하고 있다. 낮에는 커피믹스를 5잔 정도 마시고 야식으로 땅콩과 고구마를 섭취하고 있다. 편식이 있어 생선은 잘 먹지 않고 주로 김치 위주로 식사를 하고 혼자서 장사를 하여 식사를 간단히 때우는 경우가 많아 필요 열량의 145%, 필요 단백질의 70% 정도를 섭취하고 있었다. 영양상담을 받은 경험은 없고 식습관 개선이 필요함을 인지하고 있으나 실천 의지는 낮은 편이다. 159.1 cm에 현재 체중은 79.7 kg이고 둘째 출산 후 75 kg, 셋째 출산 후 88 kg, 이후에 운동을 통해 78 kg로 감량하였으나 유지하지 못하고 85 kg로 다시 증가하였고 식욕을 저하시키는 약을 먹고 72 kg까지 감량하였지만 약물복용 중단 이후 다시 79.7 kg로 증가하여 1년간 7.7 kg이 증가하였다. BM 31.5 kg/m^2, IBW 53.2 kg 표준체중 대비 149.8%로 고도비만이다. 허리둘레는 92 cm, 엉덩이둘레는 99 cm, 엉덩이와 허리 비율은 0.93이다. 조정 체중은 59.8 kg으로 혈중 단백질 영양지표, 빈혈, 간기능지수, 신장기능과 전해질 수치는 정상범위에 있다(total protein/albumin 7.3/3.7, Hgb/Hct 13.1/36.3, AST/ALT/ALP 24/8/119, BUN/Cr 5.7/0.8, Na/K/Cl 140/3.9/106). 현재 복용하는 약물은 관절염약과 혈압약이다. 영양필요량은 조정 체중을 기준으로 하여 1,300 kcal/60 g protein/day [25 kcal/1 g protein/usual body weight]를 근거로 산출하였다. 평소 신체 활동량 많지 않으며 운동은 거의 하지 않고 있었으며, 영양상태는 양호한 것으로 판정되었다.

[1차 영양진단]

비만은 과도한 에너지 섭취 및 신체 활동 부족과 연관되어 있고, 그 증거는 필요 열량의 145%를 섭취하고 운동을 거의 하지 않는 것으로 확인할 수 있다. 바람직하지 못한 식품 선택은 다량의 커피믹스와 연관되어 있고, 그 증거는 커피믹스로 인한 300 kcal의 과잉 열량을 섭취한 것이다.

[1차 영양중재]

비만은 섭취에서 오는 과잉열량과 활동 부족으로 인한 것임을 설명하고 지속적인 식사조절과 활동 증가로 요요현상을 방지하는 생활습관 교정의 중요함을 설명하였다. 1,300 kcal의 열량 처방에 대한 실천방안을 교육하고 식단자료를 제공하였으며 활동을 증가시키기 위해 만보계를 착용하도록 권고하였다. 규칙적인 저녁식사를 하여 야식을 섭취하지 않도록 하고 활동량은 평소보다 30% 증가를 위해 만보계를 기록하는 것을 목표로 삼았다. 바람직하지 못한 식품 선택은 커피믹스의 열량을 교육하고 커피믹스 대신 블랙커피나 생수를 섭취하도록 목표를 설정했다. 1달 후 외래에서 추후 관리 예정이다.

[2차 영양판정]

운동을 별도로 하지 않았지만 활동량을 늘이고 불필요한 간식을 하지 않고 세 끼 식사를 규칙적으로 하였고 체중은 3 kg 감량하여 77 kg로 감소되었다. 허리둘레는 90 cm로 2 cm가 줄어 엉덩이와 허리비율은 0.91로 감소되었다. 예상보다 체중이 적게 줄어 고전적인 식사 제한 방법에 불만족하여 환자는 간헐적 단식을 하고 싶다고 하였다. 세 끼 식사는 하지만 저녁은 가게에서 혼자 식사를 하여 밥을 국에 말아서 간단히 먹고 허기지면 집에 가서 과일을 먹는다고 하였다. 섭취열량은 1,200~1,300 kcal이고 단백질은 찌개의 두부나 계란장조림으로 공급되어서 양질의 단백질 섭취가 부족하였고 최근에는 다른 혈액 검사는 하지 않았다.

[영양모니터링 및 평가]

1,300 kcal 섭추 와 활동량 30% 증가의 목표는 규칙적인 식사와 활동의 증가로 목표 달성이라고 평가하였다. 커피믹스 섭취 제한의 목표는 블랙커피와 생수를 섭취하고 있어서 목표 달성이라고 평가하였다.

[2차 영양진단]

단백질 섭취 부족은 편식과 간단한 식사습관과 연관되어 있고, 그 증거는 단백질 필요량의 87%를 섭취하는 것으로 확인할 수 있다.

[2차 영양중재]

단백질 섭취 부족은 체근육의 분해로 이어져서 요요현상의 위험이 생길 수 있음을 설명하고 질 좋은 단백질인 생선이나 살코기를 규칙적으로 섭취하도록 교육하였다.

C H A P T E R

7

당뇨병과 영양

용어 정리

- **고삼투압성 고혈당성 증후군(hyperosmolar hyperglycemic syndrome)** 탈수, 고삼투압성 혈액, 정신 상태 변화와 연관된 극심한 고혈당 상태. 고삼투압성 고혈당성 비케톤성 증후군이라고도 함
- **고혈당(hyperglycemia)** 혈중 포도당 농도가 높은 상태. 공복 혈장 포도당 농도의 정상범위는 100 mg/dL 미만이다. 100~125 mg/dL의 공복 혈장 포도당 농도는 전당뇨병(prediabetes)에 해당하고, 126 mg/dL 이상인 경우 당뇨병으로 진단함
- **다갈(polydipsia)** 과도한 갈증
- **다뇨(polyuria)** 과도한 요 생성
- **당뇨(glycosuria)** 요 중 포도당이 존재하는 상태
- **다식(polyphagia)** 과도한 식욕 또는 배고픔
- **당뇨병성 망막병증(diabetic retinopathy)** 장기간 당뇨병으로 인한 망막 손상
- **당뇨병성 신경병증(diabetic neuropathy)** 장기간 당뇨병으로 인한 신경 손상
- **당뇨병성 콩팥병증(diabetic nephropathy)** 장기간 당뇨병으로 인한 신장 손상
- **당뇨병성 혼수(diabetic coma)** 당뇨병이 제대로 조절되지 않아 발생하는 급성 합병증(당뇨병성 케톤산증, 고삼투압성 고혈당성 증후군, 심각한 저혈당)으로 인한 혼수. 이는 당뇨병 환자의 사망 원인이 되기도 함
- **대혈관 합병증(macrovascular complications)** 특정 질환으로 인해 관상동맥과 팔다리 부위 동맥을 포함한 대혈관에 발생한 동반 증상 또는 질환
- **미세혈관 합병증(microvascular complications)** 망막과 콩팥의 소혈관에 발생한 동반 증상 또는 질환
- **아세톤 호흡(acetone breath)** 케톤증을 가진 사람이 가지는 독특한 과일 향의 호흡
- **알부민뇨(albuminuria)** 요에 알부민이 검출되는 것으로, 당뇨병성 콩팥병증에서 나타남
- **위마비(gastroparesis)** 위 조직의 신경 손상으로 인한 위비움 지연
- **저혈당(hypoglycemia)** 비정상적으로 낮은(70 mg/dL 미만) 혈중 포도당 농도
- **케톤뇨증(ketonuria)** 요에 케톤체가 존재하는 상태
- **케톤산증(ketoacidosis)** 케톤체의 과도한 생성에 의해 혈액 pH가 낮아지는 산증
- **케톤증(ketosis)** 체내 케톤체 농도가 증가된 상태

1. 개요

당뇨병은 고혈당과 인슐린 대사 이상 등을 특징으로 하는 질환으로, 이의 유병률은 지속적으로 증가하고 있다. 30세 이상 성인의 당뇨병 유병률(당화혈색소 포함)은 2018년 13.8%이고, 남자 15.9%, 여자 11.8%로, 일반적으로 남자의 당뇨병 유병률이 더 높은 편이다. 또한 2018년 기준 65세 이상 성인의 27.6%(남자 27.7%, 여자 27.5%)가 당뇨병을 가지고 있고, 65세 이상의 경우 남녀의 유병률이 거의 비슷한 수준이다. 당뇨병 환자의 약 3분의 1은 분명한 증상이 나타날 때까지 본인의 당뇨병 발병에 대해 인지하지 못하고 있다. 당뇨병 환자들은 인슐린을 충분히 생성하거나 또는 효율적으로 사용할 수 없으므로, 혈중 포도당이 세포 내로 이동되어 이용되지 않고 간에서의 포도당 생성이 불필요하게 증가된다. 이러한 일련의 과정에 의한 고혈당 상태는 혈관, 신경, 조직을 손상시켜 심혈관계 질환, 콩팥병 등의 질환을 유발한다.

2. 당뇨병의 정의와 원인

당뇨병은 인슐린이 부족하거나 인슐린이 제대로 작용하지 못하여 발생하는 당질 대사의 이상으로 요당이 높은 상태이다. 고혈당을 특징으로 하고 있으며 혈관/신경 관련 합병증 발병의 원인이 된다.

당뇨병은 유전적 요인과 환경적 요인, 내분비계 이상 또는 스트레스 등의 기타 원인에 의해 발생한다. 당뇨병에 대한 직계가족력, 인종, 나이, 과체중(체질량지수 23 kg/m^2 이상), 스트레스(부신피질 호르몬(코티솔) 분비 증가로 당내성 저하), 공복혈당장애/내당능장애/임신성 당뇨병 과거력 또는 4 kg 이상 거대아 출산력, 심혈관계 질환(고혈압, 이상지질혈증, 뇌졸중, 관상동맥질환 등), 이외에도 인슐린 저항성을 증가시키거나 혈당조절에 영향을 주는 질환과 약물 등이 당뇨병의 위험인자들이다 〈표 7-1〉.

표 7-1 | 제2형 당뇨병의 위험인자

- 과체중(체질량지수 23 kg/m^2 이상)
- 직계가족(부모, 형제자매)이 당뇨병이 있는 경우
- 공복혈당장애나 내당능장애의 과거력
- 임신성 당뇨병이나 4 kg 이상의 거대아 출산력
- 고혈압(140/90 mmHg 이상 또는 약제 복용)
- HDL 콜레스테롤 35 mg/dL 미만 또는 중성지방 250 mg/dL 이상
- 인슐린 저항성(다낭난소증후군, 흑색극세포증 등)
- 심혈관질환(뇌졸중, 관상동맥질환 등)
- 약물(글루코코르티코이드, 비정형 항정신병약 등)

출처: 당뇨병 진료지침 제6판, 2019

3. 당뇨병의 증상과 분류

1) 증상

콩팥 역치 (renal threshold)
특정 물질에 대한 콩팥의 재흡수 용량을 초과하여 특정 물질이 요로 배출되기 시작하는 농도

당뇨병의 증상은 고혈당의 정도와 관련된다. 혈당이 200 mg/dL 이상이면 콩팥 역치(170~180 mg/dL)를 넘어서게 되어 혈중 포도당이 요로 나오기 시작한다(당뇨). 요 중 포도당의 존재는 혈액으로부터 추가적인 수분이 배출되게 하여 요 생성량이 증가된다(다뇨). 따라서 당뇨병의 주요 증상은 다뇨, 탈수, 다갈, 체중감소, 다식, 흐린 시력(눈 조직이 고삼투성 체액에 노출되는 것이 원인이 됨), 감염 증가(면역반응 감소와 혈액순환 장애가 원인이 됨), 피로(에너지 대사 변화, 탈수 등이 원인이 됨) 등이다[그림 7-1].

당뇨병의 증상

- 잦은 배뇨(다뇨)
- 탈수, 입안 건조
- 과도한 갈증(다갈)
- 체중감소
- 과도한 배고픔(다식)
- 흐린 시력
- 감염 증가
- 피로

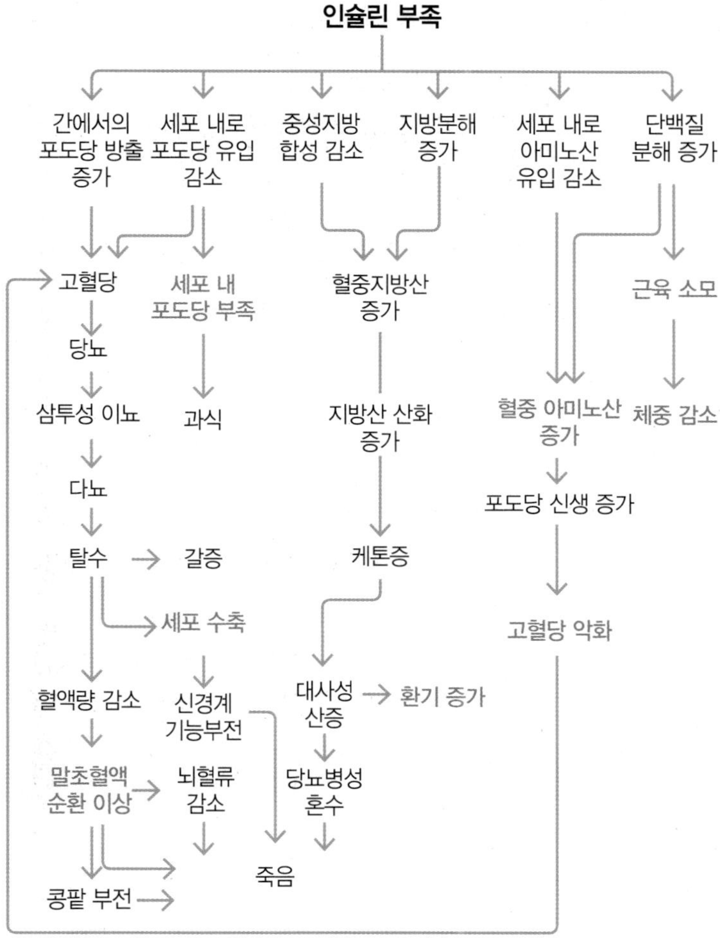

그림 7-1 | 인슐린 부족에 따른 당뇨병의 증상과 영양소 대사 변화

출처: Nelms and Sucher, Nutrition therapy and pathophysiology, 4th edition, Cengage Learning, 2019

2) 분류

〈표 7-2〉는 당뇨병의 주요 유형인 제1형 당뇨병type 1 diabetes mellitus, T1DM과 제2형 당뇨병type 2 diabetes mellitus, T2DM의 특징을 비교한다. 임신은 종종 정상적인 혈당조절을 어렵게 하는데, 이를 임신성 당뇨병gestational diabetes이라고 한다.

(1) 제1형 당뇨병

자가면역 (autoimmune) 자기 자신의 조직을 외부 조직으로 간주하고 파괴하는 면역반응

제1형 당뇨병은 전체 당뇨병의 약 5~10%에 해당된다. 제1형 당뇨병은 주로 인슐린을 생성 및 분비하는 췌장의 랑게르한스섬 베타세포[그림 7-2]의 자가면역 autoimmune 파괴에 의한 것이라고 간주되고 있다. 자가면역, 유전적 원인 등에 의해 인슐린이 거의 생성 및 분비되지 않아 혈중 인슐린 농도가 매우 낮으며, 인슐린 의존형 당뇨병insulin dependent diabetes mellitus, IDDM이라고도 한다. 제1형 당뇨병에서 자가면역 공격의 원인은 분명하지 않으나 환경독성물질 또는 감염 등이 원인이 될 수 있다. 또한 제1형 당뇨병을 가진 사람들은 제1형 당뇨병에 대한 유전적 감수성을 가지고 있으며, 다른 자가면역질환의 발병위험이 높다.

제1형 당뇨병 환자의 체형은 마른 편이고, 이는 인슐린 대사와 연결된다. 인슐린은 동화작용에 관여하므로 체내 인슐린이 부족한 제1형 당뇨병 환자는 저체중이고

표 7-2 | 제1형 당뇨병과 제2형 당뇨병의 특징

구분	제1형 당뇨병	제2형 당뇨병
발병률(% 전체 당뇨병 인구)	5~10%	90~95%
발병 연령	주로 30세 이전	40세 이후
주요 원인/문제	췌장 베타세포의 파괴, 인슐린 결핍	인슐린 저항성, 인슐린 부족
관련 요인	자가면역질환, 바이러스 감염, 유전적 요인	비만, 노화, 활동 부족, 유전적 요인
체중/체형	정상 또는 저체중	과체중 또는 비만
인슐린 분비	거의 없음	다양함: 정상, 증가, 또는 감소
주요 치료방법	인슐린요법	식사요법, 경구혈당강하제, 경우에 따라 인슐린요법 필요

출처: DeBruyne et al, Nutrition & Diet therapy, 9th edition, Cengage Learning, 2016

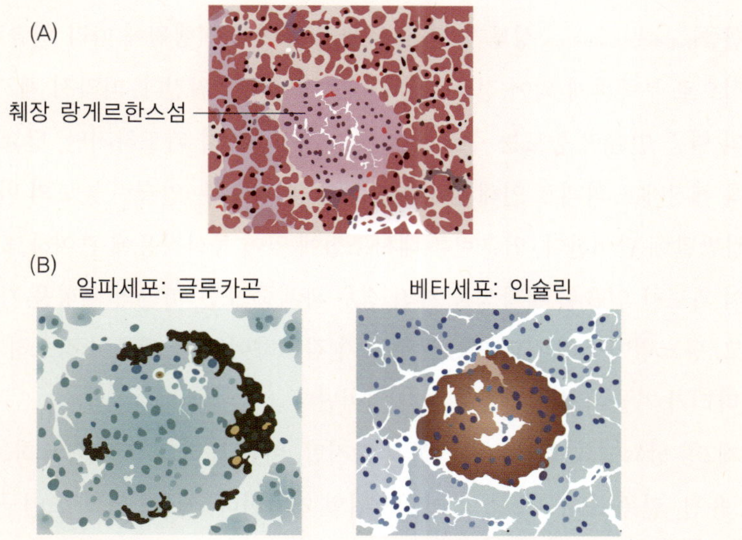

그림 7-2 | 췌장 랑게르한스섬

성장부진인 경우가 많다. 제1형 당뇨병은 주로 아동기와 청소년기에 갑자기 발병된다. 제1형 당뇨병의 전형적인 증상은 다뇨, 다갈, 체중감소, 허약, 피로 등이고, 케톤산증ketoacidosis이 잘 나타난다. 제1형 당뇨병 환자는 인슐린 농도가 매우 낮으므로 반드시 인슐린 주사 등의 방법으로 인슐린을 공급받아야 한다.

(2) 제2형 당뇨병

제2형 당뇨병은 전체 당뇨병 인구의 90~95%에 해당한다. 40세 이후에 주로 발병되는 것으로 알려져 있지만, 최근 아동기와 청소년기의 제2형 당뇨병 발병률이 증가하고 있다. 이들 중 90% 이상은 과체중 또는 비만이고 제2형 당뇨병에 대한 가족력을 가지고 있다. 제2형 당뇨병의 초기에는 종종 세포가 인슐린에 대하여 반응하지 못하는 인슐린 저항성insulin resistance이 증가되어 인슐린 농도가 높은 고인슐린혈증hyperinsulinemia 상태가 된다. 또는 당뇨병이 진행됨에 따라 인슐린 분비가 점진적으로 부족하게 되어 정상적인 혈당조절이 어려워진다. 따라서 제2형 당뇨병 환자의 혈중 인슐린 농도는 주로 초기에는 정상이거나 과도하지만, 당뇨병이 심해질수록 췌장세포 파괴로 인해 감소하게 된다. 이와 같은 인슐린 농도의 변화는 체형과 성장발달에 관여한다. 인슐린은 대사조절에 있어 동화작용에 관여하므로 체내 인슐린이 과도한 인슐린 저항성을 가진 경우 과체중 또는 비만의 체형을 가지는 경우가 많고, 당뇨병이 심해지면 인슐린 농도가 감소하여 점차 체중이 감소하거나 또는 팔과 다리가 가늘어지는 체형 변화가 일어난다.

제2형 당뇨병의 원인은 분명하지 않지만, 비만 특히 복부비만, 노화, 신체활동 부족, 유전, 인종 등이 제2형 당뇨병의 위험 인자이다. 제2형 당뇨병 인구의 대부분은 비만이고, 비만은 인슐린 저항성의 직접적인 발병 원인이다. 식사요법, 운동, 체중조절, 경구혈당강하제를 이용한 약물요법을 실시하고, 인슐린 치료가 반드시 필요하지 않아 인슐린 비의존형 당뇨병non-insulin dependent diabetes mellitus, NIDDM이라고 한다.

인슐린 저항성

인슐린 저항성은 체내 인슐린의 분비는 충분하지만 간, 근육, 지방조직 등의 세포에서 인슐린 신호전달체계에 문제가 생겨 인슐린 민감도가 감소된 상태이다. 식사 등을 통해 포도당 공급이 증가하게 되면 이에 반응하여 인슐린이 분비된다. 분비된 인슐린은 표적기관인 간과 근육 등에서 포도당을 글리코겐으로 저장하거나 혈중 포도당을 표적기관의 세포 내로 이동시켜 에너지원으로 이용하여 혈당을 낮추고 정상범위의 혈당을 유지하게 한다. 하지만 인슐린 저항성 상태에서는 인슐린이 분비되어도 표적기관이 인슐린에 반응하지 않아 포도당이 저장되거나 이용되지 않게 되고 고혈당 상태가 된다. 이러한 인슐린 저항성 상태를 상쇄하기 위해 췌장 베타세포는 더 많은 인슐린을 분비하게 되고, 종종 고인슐린혈증 상태가 된다. 하지만 인슐린이 많이 나와도 인슐린 신호전달이 제대로 되지 않으므로 인슐린 저항성을 상쇄할 수 없다. 따라서 제2형 당뇨병에서의 높은 혈당을 낮추기 위해 분비되는 과도한 양의 인슐린은 제대로 작용하지 못하고 결국에는 제2형 당뇨병이 진행되면서 췌장 베타세포 기능이 저하되고 점차 췌장 베타세포에 의한 인슐린 생성 및 분비는 감소한다.

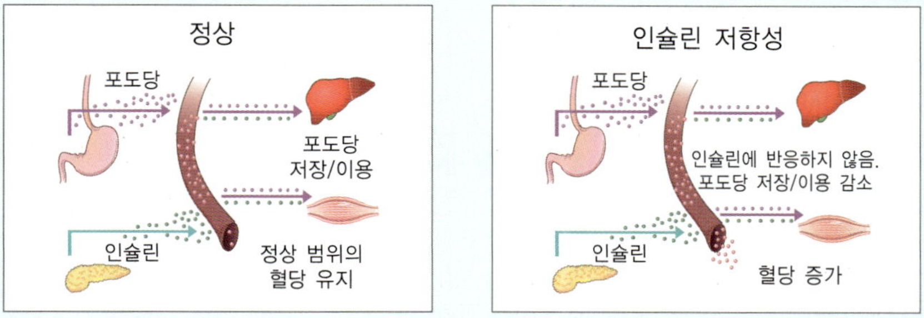

(3) 임신성 당뇨병

임신성 당뇨병은 임신 기간 동안 인슐린 저항성 증가 등에 의해 정상적인 혈당조절이 되지 않는 것으로 보통 출산 이후에 정상으로 돌아온다. 임신 전 내당능장애 또는 당뇨병이 없었더라도 임신 후반기에 임신성 당뇨병이 발병할 가능성이 있다. 특히 고도비만, 임신성 당뇨병의 과거력, 요당 검사에서 양성인 경우, 당뇨병 가족력이 있는 경우 임신성 당뇨병 고위험군에 해당하고, 임신성 당뇨병 과거력은 이후 제2형 당뇨병 발병의 위험인자이다.

모든 산모는 첫 산전 방문 시에 기존의 당뇨병 여부에 대해 검사를 실시하고, 기존에 당뇨병 또는 임신성 당뇨병으로 진단받지 않은 경우 임신 24~28주에 75 g 경구포도당부하검사를 시행하고 공복 혈장혈당 92 mg/dL 이상, 1시간 후 혈장혈당이 180 mg/dL 이상, 2시간 후 혈장혈당이 153 mg/dL 이상 중 하나 이상에 해당하는 경우 임신성 당뇨병으로 진단한다(1단계 접근법). 이전에는 1단계 접근법과 2단계 접근법(1차로 50 g 포도당을 섭취한 후 1시간 후 혈당농도를 검사하고, 1차 검사결과에 이상이 있는 경우, 100 g 포도당을 섭취한 후 1, 2, 3시간 이후 혈당을 검사하는 2차 검사를 시행하여 임신성 당뇨병 여부를 판단)을 혼용하여 사용하였으나, 2010년 International Association of Diabetes and Pregnancy Study Groups (IADPSG) Consensus Panel 보고서에서 1단계 접근법을 사용하는 것이 권고되었다〈표 7-3〉.

표 7-3 | 임신성 당뇨병의 진단기준

1. 첫 번째 산전 방문 검사 시 다음 중 하나 이상을 만족하면 기왕에 당뇨병이 있는 것으로 진단한다.
   1) 공복혈장포도당 126 mg/dL 이상
   2) 무작위 혈장포도당 200 mg/dL 이상
   3) 당화혈색소 6.5% 이상
2. (1단계 접근법) 임신 24~28주 사이에 시행한 75 g 경구당부하검사 결과에서 다음 중 하나 이상을 만족하는 경우 임신성 당뇨병으로 진단한다.
   1) 공복혈장포도당 92 mg/dL 이상
   2) 당부하 후 1시간 혈장포도당 180 mg/dL 이상
   3) 당부하 후 2시간 혈장포도당 153 mg/dL 이상
3. (2단계 접근법) 임신 24~28주 사이에 시행한 50 g 경구당부하검사에서 양성[당부하 후 1시간 혈장포도당 140 mg/dL 이상(고위험 산모의 경우 130 mg/dL 이상)]인 경우 100 g 경구당부하검사를 하고, 다음 중 두 가지 이상을 만족하면 임신성 당뇨병으로 진단한다.
   1) 공복혈장포도당 95 mg/dL 이상
   2) 당부하 후 1시간 혈장포도당 180 mg/dL 이상
   3) 당부하 후 2시간 혈장포도당 155 mg/dL 이상
   4) 당부하 후 3시간 혈장포도당 140 mg/dL 이상

출처: 당뇨병 진료지침 제6판, 2019

4. 당뇨병의 진단

1) 진단방법과 기준

당뇨병의 진단을 위해 혈당, 경구포도당부하검사oral glucose tolerance test, OGTT, 당화혈색소glycated hemoglobin, HbA_{1C}가 주로 사용되고, 진단기준은 〈표 7-4〉와 같

표 7-4 | 당뇨병의 진단기준

진단방법	정상	전당뇨병	당뇨병
공복혈당(mg/dL)	100 미만	100~125	126 이상
경구포도당부하검사 (2시간 후 혈당, mg/dL)	140 미만	140~199	200 이상
당화혈색소(%)	5.7 미만	5.7~6.4	6.5 이상

출처: 당뇨병 진료지침 제6판, 2019

다. 당뇨병의 진단기준은 ① 당화혈색소 6.5% 이상, ② 8시간 이상 공복혈장포도당 126 mg/dL 이상, ③ 75 g 경구당부하 후 2시간 혈장포도당 200 mg/dL 이상, ④ 당뇨병의 전형적인 증상(다뇨, 다음, 설명되지 않는 체중감소)이 있으면서 무작위 혈장포도당 200 mg/dL 이상이다.

(1) 요당

혈당이 170 mg/dL 이상이면 신장에서의 포도당 재흡수 역치를 초과하게 되어 소변으로 당이 배출된다(당뇨 glucosuria). 당뇨병 환자의 경우 콩팥 세뇨관에서의 포도당 재흡수 능력이 저하되거나 혈당이 지나치게 높아 요당 검사에서 양성 반응이 나온다. 요당 검사는 비교적 간단하게 할 수 있으나, 검사 결과가 양성으로 나오더라도 당뇨병이 아닐 수 있으니 정확하게 당뇨병을 진단하기 위해서는 혈당 검사를 실시해야 한다.

(2) 혈당: 공복혈당 또는 임의혈당

당뇨병의 진단은 주로 공복 또는 임의 시간대의 혈장 포도당 농도에 의한다. 최소 8시간 이상 공복 이후의 혈장 포도당 농도의 정상범위는 75~100 mg/dL이고, 126 mg/dL 이상인 경우 당뇨병으로 진단한다. 또한 당뇨병의 일반적인 증상을 가진 경우 임의 혈당이 200 mg/dL 이상인 경우 당뇨병으로 진단한다.

지속혈당감시장치(continuous glucose monitoring system)

지속혈당감시장치는 피부 표면에 부착한 센서를 통해 조직(피하 간질액)의 포도당 농도를 간헐적 또는 연속적으로 측정하는 장치이고, 일반적으로 자가혈당 측정에 부가적으로 사용한다. 주된 적용 대상은 저혈당 발생빈도가 높은 제1형 당뇨병 환자 또는 혈당 변동폭이 크거나 저혈당이 빈번하게 발생하는 등 혈당 관리가 잘 되지 않는 제2형 당뇨병 환자이다. 자가혈당측정기에 비해 비싸지만, 제1형 당뇨병 환자 등 특정 당뇨병 환자는 건강보험이 적용되어 비용을 지원받을 수 있다. 기존 연구 결과 자가혈당측정만 하는 것보다 지속혈당감시장치를 사용하는 것이 당화혈색소를 더 낮출 수 있었고, 저혈당과 고혈당의 발생빈도를 낮추었다.

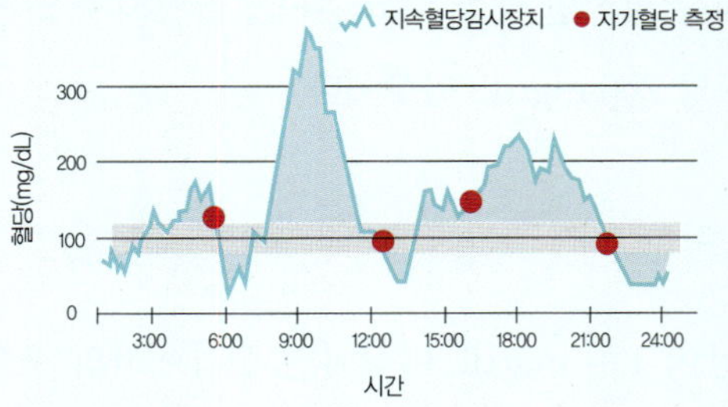

(3) 경구포도당부하검사

경구포도당부하검사는 경구로 제공되는 당부하를 처리하는 개인의 능력을 평가하는 방법이다. 일반적으로 8~12시간 공복 후 75 g의 포도당을 섭취하게 한 후 일정 시간 간격으로 혈당을 측정하고, 포도당 섭취 후 2시간 이후 혈당이 200 mg/dL 이상인 경우 당뇨병으로 진단한다.

(4) 당화혈색소

당화혈색소는 포도당에 비효소적으로 결합한 헤모글로빈으로[그림 7-3], 지난

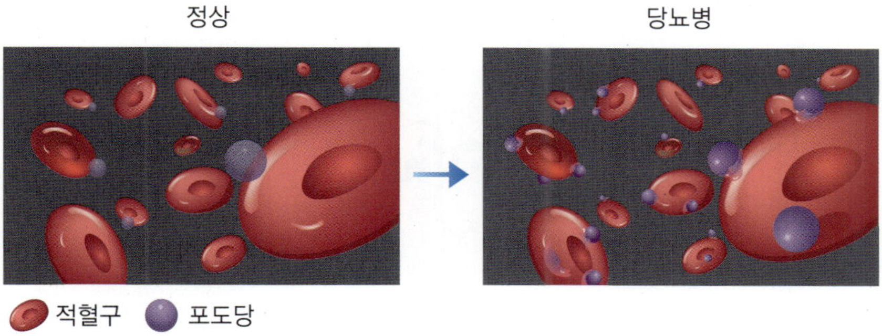

그림 7-3 | 당화혈색소

2~3개월 동안 포도당에 노출된 정도를 반영한다. 이는 혈당의 간접적인 판정법이고, 비교적 장기간 동안의 혈당조절 능력을 평가한다. 당화혈색소 6.5% 이상인 경우 당뇨병으로 진단하고, 5.7~6.4%인 경우 당뇨병 고위험군으로 간주한다.

(5) C-펩티드(C-peptide)

인슐린은 췌장에서 프로인슐린의 형태로 분비되었다가 체내 필요에 의해 단백질 가수분해효소에 의해 분해되어 활성형 인슐린과 C-펩티드로 분리된다[그림 7-4]. 혈중 C-펩티드 분석은 인슐린 분석에 비해 간단하고 비용이 적게 소요되어 인슐린 분비 시간과 양을 간접적으로 예측할 수 있다. 공복 C-펩티드의 정상범위는 0.78~1.89 ng/mL(0.26~0.62 nmol/L)이다. 여러 국내연구에서 공복 혈청 C-펩티드 농도가 0.6 ng/mL(0.2 nmol/L) 미만인 경우 제1형 당뇨병으로, 1.0~1.2 ng/mL(0.33~0.4 nmol/L) 이상인 경우 제2형 당뇨병으로 분류하였다.

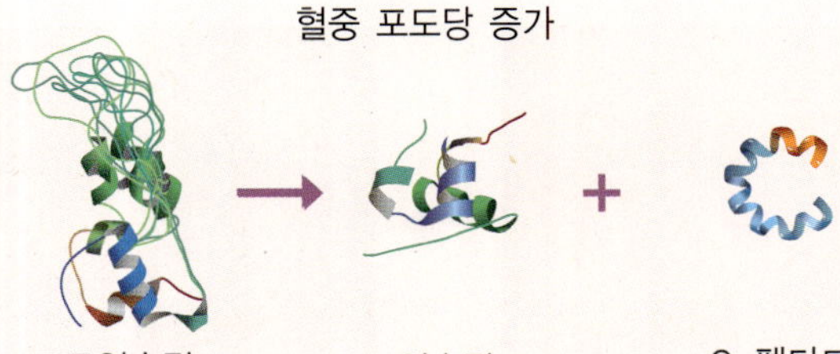

그림 7–4 | 프로인슐린으로부터 인슐린과 C–펩티드의 생성

전당뇨병(prediabetes)

혈당이 정상과 당뇨병 진단 기준 사이에 있는 경우 전당뇨병(당뇨병 전 단계)으로 분류한다. 공복혈장혈당이 100~125 mg/dL인 경우(공복혈당장애, impaired fasting glucose, IFG) 또는 75 g 경구포도당부하검사 2시간 후 혈장혈당이 140~199 mg/dL인 경우(내당능장애, impaired glucose tolerance, IGT) 전당뇨병으로 분류하고, 당화혈색소 5.7~6.4%인 경우 당뇨병 고위험군으로 간주한다. 전당뇨병 상태인 경우 제2형 당뇨병과 심혈관계 질환의 발병위험이 높다.

5. 당뇨병의 대사와 합병증

1) 대사

당뇨병의 대사는 주로 인슐린과 글루카곤에 의해 조절된다. 두 호르몬은 체내 변화에 따라 췌장의 랑게르한스섬에 존재하는 분비세포에 의해 분비되는데, 췌장 알파세포는 글루카곤을 분비하고, 췌장 베타세포는 인슐린을 분비한다[그림 7–2].

당뇨병과 관련된 두 호르몬의 대사 변화는 혈당조절과 영양소(탄수화물, 단백질, 지질) 대사로 설명할 수 있다.

혈당조절에 있어 인슐린은 혈당이 높을 때 혈중 포도당을 간, 근육, 지방 조직의 세포 내로 운반하여 혈당을 낮추고, 글리코겐, 단백질, 지질 합성을 증가시킨다. 글루카곤은 공복 등의 이유로 혈당이 낮아지면 글리코겐 등의 이화작용을 증가시켜 혈당을 높인다. 인슐린과 길항적으로 작용하여 영양소의 이화작용을 증가시킨다. 당뇨병이 있는 경우 인슐린이 부족하거나 인슐린 수용체 수 감소 또는 인슐린 민감도 감소로 인해 인슐린이 정상적으로 작용하지 않는다. 이로 인해 포도당이 에너지 생성을 위해 이용되지 않고, 단백질과 지질 분해가 증가한다. 또한 공복, 장시간 운동 등으로 인해 과도하게 혈당이 낮아져도 글루카곤에 의한 혈당 상승작용이 적절하게 이루어지지 않는다.

(1) 당질 대사

인슐린은 혈중 포도당 농도를 낮추고 간에서 글리코겐 합성을 증가시킨다. 반면, 당뇨병 환자는 간에서 글리코겐 합성이 저하되고, 글리코겐 분해 증가와 당신생 증가로 인해 혈액으로의 포도당 방출이 증가한다. 혈액으로의 포도당 방출이 과도하게 증가하고 제대로 이용되지 않으면 고혈당 상태가 되고, 간의 당신생 과정이 항진되어 고혈당 상태가 악화된다. 또한 혈중 포도당이 에너지 생성을 위해 이용되지 않으면 세포는 에너지 부족 상태가 되어 에너지 섭취가 부족한 것으로 인식하게 되고 식사 섭취량을 증가시키게 된다(다식). 과량의 포도당이 소변으로 배설될 때 다량의 물과 나트륨이 함께 배설되고(다뇨) 이로 인해 심한 갈증을 느끼게 되며(다갈) 전해질 대사 이상이 나타날 수 있다.

(2) 지질 대사

인슐린은 지질 합성을 증가시키는데, 당뇨병 환자에서 인슐린이 부족하거나 인슐린의 작용에 문제가 생기면 지질 분해가 증가된다. 이로 인해 혈중 지질이 증가하고 이는 당뇨병에서의 심혈관계 합병증(이상지질혈증, 동맥경화증 등)의 위험

인슐린에 의한 대사 조절

인슐린은 간, 근육, 지방조직 등의 표적기관에서 혈당과 영양소 대사를 조절한다. 혈당 조절에 있어 인슐린은 혈당이 높을 때(보통 110 mg/dL 이상) 혈중 포도당을 간, 근육, 지방 조직의 세포 내로 운반하여 혈당을 낮춘다. 인슐린은 표적기관의 세포막에 있는 인슐린 수용체와 결합하여 작용하는데, 인슐린의 신호전달은 다음 단계로 이루어진다.

1) 혈중 포도당 농도 증가에 따라 췌장에서 인슐린 분비 증가
2) 인슐린이 표적세포 세포막의 인슐린 수용체와 결합
3) 세포질에 존재하는 포도당 운반체인 glucose transporter 4(GLUT4)를 세포막으로 이동
4) 혈액 등 세포 외 공간에 있는 포도당이 GLUT4를 통하여 세포 내로 유입

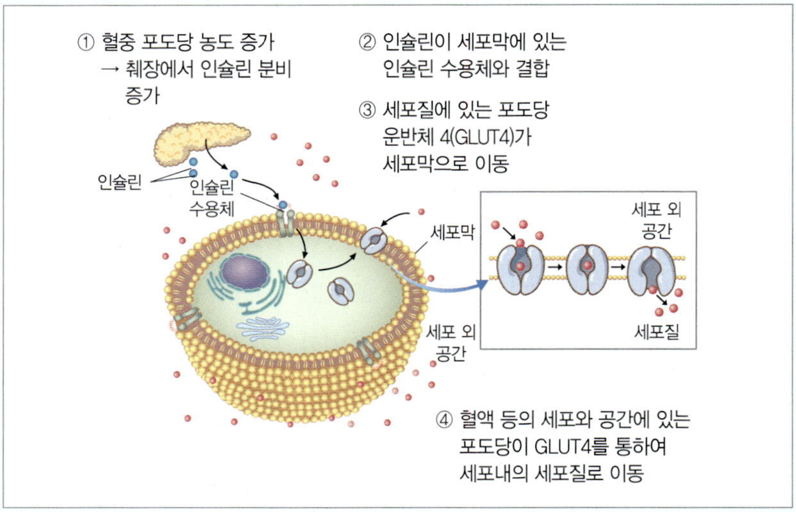

출처: Nelms and Sucher, Nutrition therapy and pathophysiology, 4th edition, Cengage Learning, 2019

영양소 대사의 측면에서 인슐린은 혈중 포도당의 세포 내 이동을 촉진시키고, 골격근으로 아미노산 이동을 증가시켜 이용률을 높이고, 지방조직의 호르몬 민감성 리파아제(hormone sensitive lipase, HSL) 활성을 감소시켜 지방 분해를 억제시켜 결과적으로 글리코겐, 단백질, 지질 합성을 증가시킨다.

• 인슐린에 의한 영양소 대사조절

작용	탄수화물	단백질	지질
항이화작용	간에서 글리코겐 분해를 통한 포도당 방출 감소	단백질 분해 억제, 당 신생 감소	지방분해/지방산 산화 억제, 과도한 케톤 생성으로 인한 케톤산증 감소
동화작용	간과 근육에서 포도당의 글리코겐으로의 저장 증가	단백질 합성 증가	피루브산염의 유리지방산으로의 전환 증가, 지질 생성 증가
운반	포도당을 표적기관인 간, 근육, 지방 조직의 세포 내로의 운반 증가	골격근 세포 내로 아미노산 유입 증가 및 방출 억제, 혈중 아미노산 감소	지단백 지질분해효소 활성화, 중성지방의 지방조직으로의 운반 증가

출처: Mahan and Raymond, Krause's Food & the Nutrition Care Process, 14th edition, Saunders, 2016

을 높인다. 당뇨병에서는 당질이 에너지원으로 사용되지 못하고, 지방산이 중요한 에너지원이 된다. 당뇨병에서 지방산의 산화 증가로 인해 케톤체 생성이 증가되어 케톤산증(대사성 산증)과 케톤뇨가 생기고 심해지면 당뇨병성 케톤산증diabetic ketoacidosis, DKA으로 인한 혼수상태가 된다.

(3) 단백질 대사

인슐린은 아미노산 이용과 단백질 합성을 증가시키는데, 당뇨병에서는 아미노산 이용이 제대로 되지 않고 단백질 분해가 증가되어 고질소혈증이 생길 수 있다. 심한 경우 단백질 부족 상태가 되어 면역기능이 저하되고 감염위험이 높아진다.

2) 급성 합병증

(1) 저혈당

저혈당은 당뇨병 환자의 식사, 운동, 약물요법이 적절하게 시행되지 않을 때 종종 발생한다. 약물을 사용하는 당뇨병 환자가 식사 시간이 불규칙하거나 식사량이 충분하지 않을 때, 적절한 당질 보충 없이 장시간 운동이나 운전을 할 때, 경구혈당강하제 또는 인슐린의 과도한 사용, 스트레스, 음주 등이 원인이 된다.

저혈당은 혈당이 70 mg/dL 이하인 경우이고, 초기 증상은 떨림, 식은땀, 가슴 두근거림, 어지러움 등이고, 심해지면 경련, 혼수 등의 증상을 보인다. 의식이 있는 저혈당의 경우 15~20 g의 포도당에 해당하는 단순 당질 식품[그림 7-5]을 섭취하고, 15분 후 혈당검사 결과 저혈당이 지속되면 한 번 더 15~20 g의 포도당 함유 탄수화물을 섭취하게 한다. 의식이 없는 중증 저혈당의 경우 정맥주사로 포도당 수액 20~50 mL(포도당 10~25 g)을 1~3분에 걸쳐 투여한다.

저혈당 예방을 위해서는 식사시간과 식사량을 일정하게 하고, 장시간 활동 시에는 2시간 간격으로 혈당을 측정하고 필요에 따라 당질을 섭취하여 적정 혈당을 유지하도록 한다.

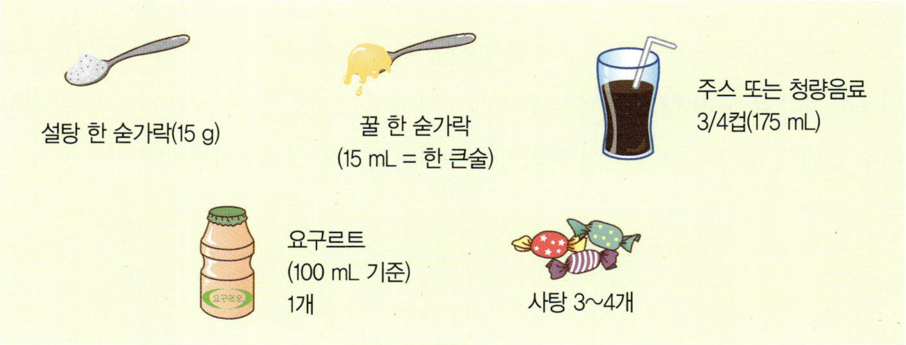

그림 7-5 | 단순 당질 15~20 g 함유 식품

출처: 당뇨병 진료지침 제6판, 2019

(2) 당뇨병성 케톤산증(diabetic ketoacidosis, DKA)

주로 제1형 당뇨병에서 발생하고 환자의 당질 섭취가 부족하거나 인슐린 부족에 의한 당질 대사 이상으로 인해 당질을 사용하지 못하게 되어 지방이 분해되고 이로 인해 케톤체가 과잉 생성되어 케톤증을 유발하게 된다〈표 7-5〉. 과도한 케톤체는 혈중 pH를 낮추며 대사성 산증을 유발하고, 이를 배설하기 위해 삼투성 이뇨가 증가하여 탈수와 전해질 불균형이 생긴다. 초기 증상은 다갈, 다뇨, 피로, 권태, 식욕부진, 오심, 구토가 발생하고, 후기에는 쿠스마울 호흡, 혼미, 당뇨병성 혼수가 발생할 수 있다. 당뇨병성 케톤산증을 예방하기 위해서는 자가혈당 측정을 규칙적으로 하고, 혈당이 250 mg/dL 이상이면 케톤 검사를 시행한다. 케톤산증 발생 시 정맥영양 공급 등의 방법으로 수분과 전해질을 우선적으로 공급하고, 염분이 있는 맑은 국물, 탈지유, 보리차 등을 제공할 수 있다.

쿠스마울 호흡
대사성 산증에 동반되는 호흡으로, 호흡이 깊고 잦으며 호흡에서 아세톤 냄새가 남

(3) 고삼투압성 고혈당성 비케톤성 증후군(hyperosmolar hyperglycemic nonketonic syndrome, HHS)

주로 고령의 제2형 당뇨병 환자에게 발생하고, 일정 수준의 인슐린이 분비되어 케톤증이 발생하지는 않으나, 600 mg/dL 이상의 고혈당을 특징으로 한다〈표 7-5〉. 인슐린 또는 경구혈당강하제 등에 의한 혈당조절이 제대로 되지 않고 탈수 등이 동반되면 혈당이 지속적으로 상승하게 된다. 고혈당으로 인해 삼투압이 증가하고 혈중 포도당 배설을 위해 소변량이 증가되어(삼투성 이뇨) 탈수가 되기 쉽다. 삼투성 이뇨로 인해 혈액은 더욱 농축되고 고삼투압성 고혈당 상태는 더욱 악화된다. 초기 증상으로 다뇨, 다갈, 탈수, 피로, 권태, 오심, 구토가 발생하고, 후기에는 혼수가 생길 수 있다. 증상 개선을 위해 수분과 전해질 보충이 필요하고, 의학적 문제를 치료하거나 인슐린 주사가 도움이 될 수 있다.

표 7-5 | 당뇨병성 케톤산증(DKA)과 고삼투압성 고혈당성 비케톤성 증후군(HHS)

구분	당뇨병성 케톤산증(DKA)	고삼투압성 고혈당성 비케톤성 증후군(HHS)
주요 대상	제1형 당뇨병	제2형 당뇨병, 55세 이상
원인	감염, 급성 질환, 인슐린 부족, 인슐린 펌프 작동 이상, 약물 남용, 임신	불충분한 수분 섭취 또는 과도한 체액 손실로 인한 탈수, 장기간 고혈당 상태
케톤체 생성	과다 생성	적게 생성
혈당	250 mg/dL 이상, 심한 경우 1,000 mg/dL 이상	심한 고혈당(600 mg/dL 이상)
동맥혈 pH	6.8~7.3	> 7.3
혈청 중탄산염	< 15 mEq/L	정상범위보다 약간 낮음
혈청 삼투압	300~320 mOsm/kg	> 330~380 mOsm/kg
증상	다뇨, 다갈, 구토, 복통, 탈수, 과호흡, 아세톤 호흡, 대사성 산증, 혈액량/혈압 감소, 혼수	다뇨, 다갈, 탈수, 혈액량/혈압 감소, 전해질 불균형, 혼수
치료	정맥영양을 통한 수분/전해질 보충, 인슐린 주사	정맥영양을 통한 수분/전해질 보충

출처: Nelms and Sucher, Nutrition therapy and pathophysiology, 4th edition, Cengage Learning, 2019

3) 만성 합병증

당뇨병의 만성 합병증은 장기간의 고혈당으로 인한 당 독성에 의해 발생하고, 주로 혈관과 신경에 영향을 준다. 장기간의 고혈당은 단백질에 결합된 최종당화산물 advanced glycation end products, AGEs의 생성을 증가시키고, 이는 결합한 단백질의 구조를 변경시키고 결합부위 조직을 손상시킨다. 만성 합병증은 크게 대혈관 합병증, 미세혈관 합병증, 신경병증으로 나눌 수 있고[그림 7-6], 일반적으로 당뇨병 발병으로부터 15~20년 이후에 나타난다.

최종당화산물(advanced glycation end products, AGEs)

포도당이 단백질, 지질과 결합하는 당화(glycation)에 의해 생성되는 최종산물이고, 결합부위 조직을 손상시키고 당뇨병성 합병증을 발생시킬 수 있다. 세포에서 최종당화산물을 감지하는 수용체를 최종당화산물 수용체(AGE receptor, AGER)라고 한다. 최종당화산물이 증가하게 되면 최종당화산물 수용체를 활성화시켜 콜라겐 당화와 염증반응을 증가시킨다. 또한 피부 세포 성장을 억제시켜 피부 재생이 잘 되지 않고 피부 노화를 가속화시킨다. 이러한 이유로 최종당화산물 수용체의 유전자 변이는 피부 노화 유전자 검사항목으로 활용되고 있다.

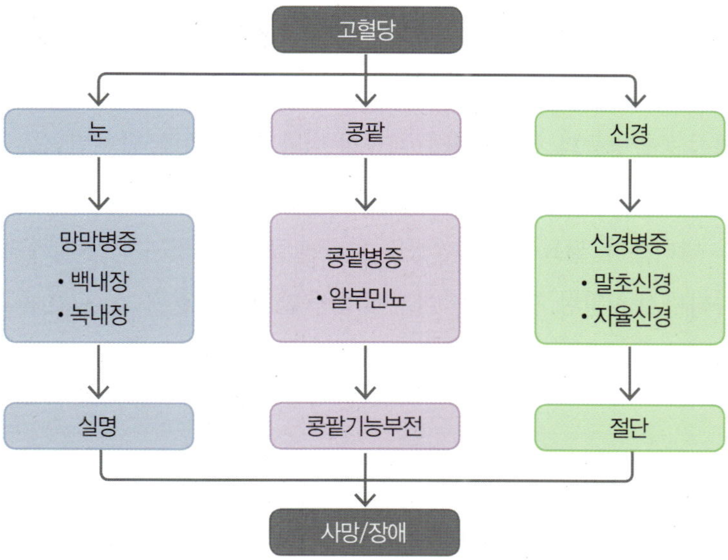

그림 7-6 | 당뇨병의 만성 합병증

(1) 대혈관 합병증

제2형 당뇨병은 대혈관 질환(고혈압, 이상지질혈증, 동맥경화증, 뇌혈관질환, 관상동맥심장질환 등)의 독립적인 위험인자이고, 심혈관계 질환은 당뇨병 환자의 주요 사망 원인이다. 당뇨병 환자들은 고혈압과 이상지질혈증 발병 위험인자를 가지는 경우가 많고, 혈전증thrombosis과 심실 기능이상이 종종 발생하여 심장질환을 악화시킬 수 있다.

(2) 미세혈관 합병증

① 당뇨병성 망막병증

장기간의 당뇨병은 망막 혈관을 손상시키고, 시력을 저하시키며, 심한 경우 실명을 초래한다. 혈당과 혈압을 정상범위 이내로 조절하는 것이 당뇨병성 망막병증 위험을 감소시킬 수 있다. 심한 유산소운동 또는 저항성 운동은 유리체vitreous 출혈과 망막 박리를 일으킬 수 있으므로 주의가 필요하다.

② 당뇨병성 콩팥병증

당뇨병성 콩팥병증의 초기 증상은 과도한 여과, 콩팥 비대, 알부민뇨albuminuria이다. 30 mg albumin/g creatinine 이상의 요를 통한 알부민 손실은 만성 콩팥병으로의 진행을 나타낸다. 당뇨병성 콩팥병증 초기에 알부민뇨가 수년간 지속되고, 알부민뇨가 나타나기 시작한 지 약 5년 이후에 종종 말기 콩팥질환end-stage renal disease, ESRD으로 진단받는다.

알부민뇨(albuminuria)

알부민뇨는 무작위 소변에서의 알부민과 크레아티닌의 비(urine albumin creatinine ratio/UACR)가 30 mg/g creatinine 이상인 상태로서 경도-중등도(30~299 mg/g creatinine) 또는 심한(300 mg/g creatinine 이상) 알부민뇨로 나누기도 한다. 이전에는 이를 미세알부민뇨와 거대알부민뇨로 나누기도 했지만, 이 용어는 더이상 사용하지 않는다.

---

③ 당뇨병성 신경병증

고혈당으로 인해 당뇨병 환자의 약 50%가 신경병증(자율신경장애와 말초신경장애)을 가진다. 자율신경이 손상되면 당뇨병성 위하수, 위마비, 배뇨 장애, 발한 이상, 성기능 장애, 기립성 저혈압 등이 발생하고, 말초신경이 손상되면 신경통, 지각 이상, 힘줄반사 저하가 생긴다.

④ 당뇨병성 족부병변

당뇨병으로 인해 혈액순환장애와 신경손상이 생기면 신체 말단부위에 영양과 산소 공급이 제대로 되지 않는다. 신체 말단부위의 감각신경이 손상되면 발 저림, 화끈거림이 생기고, 감각이 둔해져 상처가 생겨도 바로 인지하지 못하고 방치하기 쉽다. 당뇨병 환자의 15%가 족부 궤양을 가지는데, 족부 조직이 점차 괴사하게 되고 심한 경우 괴사 부위를 절단하게 된다[그림 7-7].

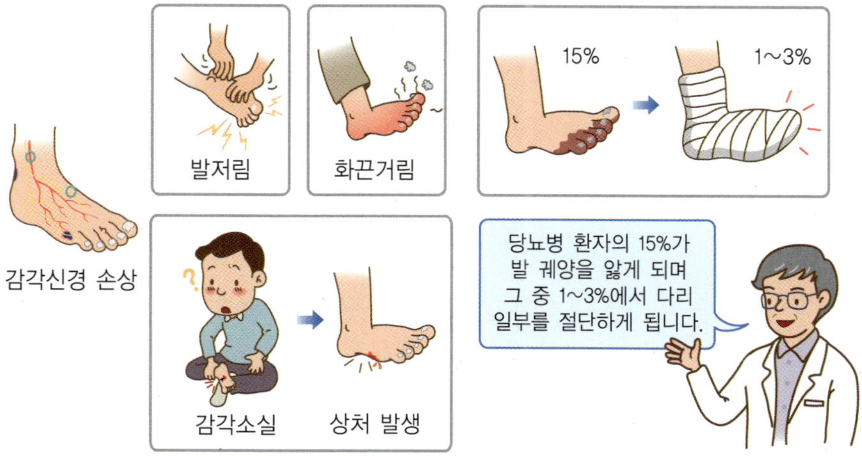

그림 7-7 | 당뇨병성 족부병변

출처: 보건복지부

당뇨병과 동반질환(2016~2018년 통합자료)

- 비만: 당뇨병 유병자 중 53.2%가 체질량지수 25 kg/m^2 이상인 비만이었고, 당뇨병 유병자 중 54%가 허리둘레 기준 복부비만을 동반하였고, 특히 남성(50.7%)에 비해 여성(58.2%)에서 더 높은 복부비만율을 보였다.
- 고혈압: 30세 이상 당뇨병 유병자 중 61.3%가 고혈압을 동반하였고, 65세 이상 당뇨병 유병자 중 74.3%가 고혈압에 해당하였다.
- 고콜레스테롤혈증: 30세 이상 당뇨병 유병자 중 72%가 고콜레스테롤혈증을 동반하였다.

출처: Diabetes fact sheet in Korea 2020, Korea Diabetes Association

6. 당뇨병의 치료

당뇨병의 치료목표는 정상범위의 혈당을 유지하고, 적정 수준의 체중, 혈중 지질, 혈압을 유지하여 합병증 발병을 예방하는 것이다.

1) 식사요법

당뇨병의 식사요법 시행 시 가장 우선적으로 고려해야 할 사항은 표준체중 유지와 적절한 당질 섭취이다. 제1형 당뇨병 환자들은 대부분 저체중이므로 표준체중 유지를 위해 충분한 에너지를 공급해야 한다. 제2형 당뇨병 환자들은 대부분 과체중 또는 비만이므로 표준체중 유지를 위해 저에너지 식사요법을 실시해야 하는 경우가 많다. 당뇨병 환자의 영양요구량은 다음과 같다.

(1) 에너지

과체중 또는 비만한 당뇨병 환자는 표준체중으로 감량 또는 표준체중을 유지하기 위해 필요하다면 에너지 섭취를 줄여야 한다. 일반적으로 에너지 요구량은 표준 체중에 kg당 필요한 에너지를 곱하여 계산한다. kg당 필요한 에너지는 활동이 거의 없거나 누워 있는 경우 25~30 kcal/kg, 보통의 활동을 하는 경우 30~35 kcal/kg, 중정도 이상의 활동을 하는 경우 35~40 kcal/kg을 적용한다.

(2) 탄수화물

당뇨병 환자는 탄수화물을 전곡류, 과일, 채소, 저지방 우유 등을 급원으로 총 에너지의 50~60% 수준으로 섭취하도록 권장한다. 또한 탄수화물 섭취 시간과 섭취량을 일정하게 하는 것이 바람직하다. 당뇨병 환자의 경우 설탕 대신 인공감미료를 사용하면 에너지와 당질 섭취를 줄이는 데 도움이 될 수 있으므로 1일 섭취 허용량 이내의 사용을 허용한다. 또한 당지수 또는 당부하지수가 낮은 식품을 섭취하는 것이 바람직하다 〈표 7-6〉.

인공감미료

인공감미료는 일반적으로 설탕보다 강한 단맛을 내므로 소량 사용해도 충분히 단맛을 낼 수 있어 널리 사용되고 있다. 하지만 인공감미료도 소량의 에너지와 탄수화물을 포함하고 있을 수 있으므로 이에 대한 주의가 필요하다. 일부 연구는 인공감미료가 오히려 포도당 불내성을 일으킬 수 있다고 제안하고 있으므로 지나치게 사용하지 않도록 한다.

- 네오탐(neotame): 설탕보다 6,000배 높은 감미도, 열에 안정
- 사카린(saccharin): 설탕보다 300~400배 높은 감미도, 열에 안정, 섭취 후 약간 쓴맛이 남
- 수크랄로스(sucralose): 설탕보다 600배 높은 감미도, 열에 안정
- 아세설팜 K(acesulfame K): 설탕보다 200배 높은 감미도, 열에 안정
- 아스파탐(aspartame): 설탕보다 180배 높은 감미도, 1 g당 4 kcal를 내지만, 설탕과 유사한 수준의 단맛을 내기 위해 소량 사용됨. 페닐알라닌이 들어있어 페닐케톤뇨증 환자는 사용할 수 없음
- 어드밴탐(advantame): 무열량, 바닐린(vanillin)과 아스파탐으로부터 만들어짐

당지수(glycemic index, GI)

당지수는 포도당의 당지수를 100으로 하고, 포도당 또는 탄수화물 50 g에 해당하는 식품을 섭취한 후 혈당 상승 정도를 나타내는 지수이다. 높은 당지수를 가지는 식품은 낮은 당지수를 가지는 식품보다 혈당을 빨리 상승시키는데, 높음은 70 이상, 낮음은 55 이하이다. 소화흡수 속도가 빠를수록 당지수는 높고, 식이섬유가 많을수록 당지수가 낮다. 당뇨병 환자는 되도록 당지수가 낮은 식품을 섭취하여 식후 급격한 혈당 상승을 억제하는 것이 바람직하다.

당부하지수(glycemic load, GL)

당부하지수는 1회 섭취량에 해당하는 식품을 섭취한 후 혈당 상승 정도를 나타내는 지수이고, 1회 섭취량을 고려하지 않는 혈당지수의 문제점을 보완하기 위해 개발되었다. 높음은 20 이상, 낮음은 10 미만으로 분류한다.

당부하지수(GL) = [1회 섭취 시의 탄수화물 (g) − 식이섬유 (g)] ×GI / 100

식품인슐린지수(food insulin index, FII)

식품인슐린지수는 240 kcal(1,000 kJ)에 해당하는 식품 섭취 후 2시간 동안 혈액 내 인슐린 농도가 증가하는 정도를 나타내는 지수이고, 흰빵(white bread)의 식품인슐린지수를 표준(FII = 100)으로 간주하고 이에 대한 상대적인 지수로 나타낸다. 탄수화물 함량이 적은 육류 등의 식품을 섭취해도 인슐린이 분비되므로 탄수화물 이외의 다른 에너지 영양소 섭취에 의한 영향을 고려했다는 측면에서 당지수 또는 당부하지수보다 더 유용한 것으로 간주되기도 한다.

표 7-6 | 각 식품의 당지수와 당부하지수

식품	당지수 (포도당 = 100)	1회 섭취량(g)	1회 섭취량당 함유 당질량(g)	1회 섭취량당 당부하지수
대두콩	18	150	6	1
우유	27	250	12	3
사과	38	120	15	6
배	38	120	11	4
밀크초콜릿	43	50	28	12
포도	46	120	18	8
쥐눈이콩	42	150	30	13
호밀빵	50	30	12	6
현미밥	55	150	33	18
파인애플	59	120	13	7
페이스트리	59	57	26	15
고구마	61	150	28	17
아이스크림	61	50	13	8
환타	68	250	34	23
수박	72	120	6	4
늙은호박	75	80	4	3
게토레이	78	250	15	12
콘플레이크	81	30	26	21
구운 감자	85	150	30	26
흰밥	86	150	43	37
떡	91	30	25	23
찹쌀밥	92	150	48	44

출처: 당뇨병 식품교환표 활용지침, 2010

(3) 지질

지질은 총에너지의 30% 이내로 섭취하고, 지방의 종류 선택에 유의한다. 오메가-3 불포화지방산이 포함된 식품 섭취를 권장하고, 포화지방은 총 에너지 섭취량의 7% 이내, 트랜스지방 섭취는 피하고, 콜레스테롤은 300 mg 미만으로 섭취하도록 한다.

(4) 단백질

이전에는 단백질을 총에너지의 15~20%(1.0~1.5 g/kg) 수준으로 섭취하도록 하였으나, 당뇨병 관리를 위한 이상적인 단백질 섭취량은 명확하게 정해져 있지 않다. 당뇨병성신증을 동반하는 경우 엄격한 단백질 제한은 필요하지 않고, 단백질 섭취가 총 에너지의 20%를 넘지 않도록 한다. 투석 전 만성콩팥병 4단계 이상인 경우의 단백질 섭취는 표준체중당 0.8 g을 적용하는 것이 바람직하다.

(5) 식이섬유

식이섬유는 전곡, 콩, 과일, 채소 등을 급원으로 하루 20~25 g(12 g/1,000 kcal/day) 섭취를 권장한다.

(6) 나트륨

고혈압이 없는 당뇨병 환자의 경우 혈압 조절 및 합병증 예방을 위해 하루 나트륨 섭취량이 2,000 mg(소금 5 g)을 넘지 않도록 한다.

(7) 비타민과 무기질

당뇨병 환자에게 필요한 비타민과 무기질 섭취를 위해 녹황색 채소, 해조류, 과일 등을 충분히 섭취하도록 한다. 일반 당뇨병 환자에게 추가적인 비타민과 무기질 보충제 제공은 필요하지 않으나, 특정 비타민과 무기질이 결핍된 상태이거나 1,200 kcal 이하의 저열량식 섭취 시, 엄격한 채식주의자, 노인, 임산부 등은 비타민과 무기질 보충제 사용을 고려할 수 있다.

(8) 음주, 알코올

음주는 저혈당 발생 위험을 증가시키므로 당뇨병 환자 중 혈당조절이 잘 되는 경우에만 1일 1~2잔 이내 허용하고, 간 질환, 이상지질혈증, 비만을 동반한 당뇨병 환자는 금주하는 것이 바람직하다. 일부 당뇨병 환자는 음주 후 아침 저혈당의 위험이 있으므로 혈당검사를 하고 아침식사를 섭취하도록 한다.

2) 운동요법

당뇨병 환자의 운동요법의 목표는 말초조직의 인슐린 민감도를 증가시켜 약물의 사용량을 줄이고 정상범위의 혈당을 유지하는 것이다. 적어도 1주일에 150분 이상 중등도 강도의 유산소운동을 하거나 또는 1주일에 90분 이상 고강도 유산소운동을 하는 것이 바람직하다. 운동은 1주일에 3일 이상 하도록 하고, 연속 이틀 이상 쉬지 않는 것이 혈당 관리에 도움이 된다. 1주일에 2회 이상 저항성 운동을 하도록 권장한다. 특히 심한 당뇨병성 망막병증이 있는 경우 망막출혈이나 망막박리가 될 수 있으므로 고강도의 유산소운동과 저항성 운동은 하지 않도록 한다.

운동 전 바람직한 혈당 범위는 100~250 mg/dL이다. 이보다 높은 경우 케톤증 발생에 유의하고, 케톤증 발생 시 운동을 하지 않도록 한다. 장기간 운동 시 저혈당의 위험이 있어 운동 전후, 장시간 운동 중에 혈당을 측정하여 저혈당을 예방해야 한다. 저혈당 예방을 위해 사탕, 주스 등의 단순당 급원 식품을 가지고 다니다가 혈당 측정 결과에 따라 적정량을 섭취하여야 한다.

3) 약물요법

(1) 경구혈당강하제

경구혈당강하제는 주로 제2형 당뇨병 환자가 식사요법을 시행해도 혈당조절이 잘 되지 않을 때 사용한다. 주로 사용되는 경구혈당강하제의 유형은 설폰요소제, 비구아나이드제, 알파글루코시다아제 억제제, dipeptidyl peptidase 4(DPP-4) 억제제, 티아졸리딘디온thiazolidinedione, TZD, 메글리티나이드meglitinides, sodium-glucose transport protein(SGLT)2 억제제 등이다〈표 7-7〉. 단독으로 경구혈당강하제를 사용할 경우 비구아나이드제 계열인 메트포르민metformin을 우선적으로 처방하고, 이에 의해 혈당조절이 되지 않을 경우 다른 약물과의 병합요법을 고려한다. 메트포르민 처방과 DPP-4 억제제의 처방은 증가하고 있고, 설폰요소제 처방은 감소하는 추세이다. 글루카곤 유사 펩티드-1glucagon-like peptide-1, GLP-1 수용체 작용제agonist는 주사로 투여되고, 단독 투여가 아닌 경구혈당강하제 또는 인슐린 투여와 병행요법으로 사용한다.

표 7-7 | 경구혈당강하제와 글루카곤 유사 펩티드-1 수용체 작용제의 유형, 작용기전, 영양 관련 부작용

유형	작용기전	영양 관련 부작용
설폰요소제 (gliclazide, glipizide, glimepiride, glibenclamide)	췌장의 인슐린 분비 증가	저혈당
비구아나이드제 (metformin)	간의 당 생성 감소, 당 이용 개선	메스꺼움, 구토, 식욕부진, 소화불량, 가스 발생, 복통, 설사, 변비, 젖산산증, 비타민 B_{12} 흡수 저해
알파글루코시다아제 억제제 (acarbose, voglibose)	소장에서 탄수화물 소화/흡수 지연	설사, 가스 발생
메글리티나이드 (repaglinide, nateglinide, mitiglinide)	췌장의 인슐린 분비 증가	저혈당, 변비

유형	작용기전	영양 관련 부작용
티아졸리딘디온 (pioglitazone, lobeglitazone)	근육 등의 말초조직의 인슐린 감수성 개선, 간에서의 당 생성 감소	체중 증가, 부종
DPP-4 억제제 (sitagliptin, vildagliptin, saxagliptin, linagliptin, gemigliptin, alogliptin, teneligliptin)	Incretin(GLP-1, GIP)* 증가, 포도당 의존 인슐린 분비 증가, 식후 글루카곤 분비 감소	-
SGLT2 억제제 (dapagliflozin, ipragliflozin, empagliflozin)	신장에서의 포도당 재흡수 억제, 소변으로 당 배설 증가	-
GLP-1 수용체 작용제 (exenatide)	췌장의 인슐린 분비 증가, 글루카곤 분비 감소, 위배출 억제	위장관장애

* GIP: 위 억제 펩티드, gastric inhibitory peptide

출처: Nelms and Sucher, Nutrition therapy and pathophysiology, 4th edition, Cengage Learning, 2019; 당뇨병 진료지침 제6판, 2019

Sodium-glucose transport protein(SGLT) 2 억제제

SGLT2 억제제는 콩팥에서의 포도당 재흡수를 억제하여 요로 당을 배출하는 것을 주요 작용기전으로 하고, 식사와 관계없이 하루 1회 복용하도록 한다. SGLT2 억제제를 사용하는 환자들 중 일부는 체중이 감소하는 것으로 알려져 있고, 저혈당의 위험은 낮다. 저혈압, 탈수, 비뇨기계 및 요로 감염 위험이 증가하는 등의 부작용이 보고되어 있어 심부전환자, 저혈압, 이뇨제 사용 시 주의하고 신장기능이 저하(사구체 여과율 60 mL/min/1.73 m^2 미만)되어 있거나 고령의 당뇨병 환자의 경우 권장하지 않는다.

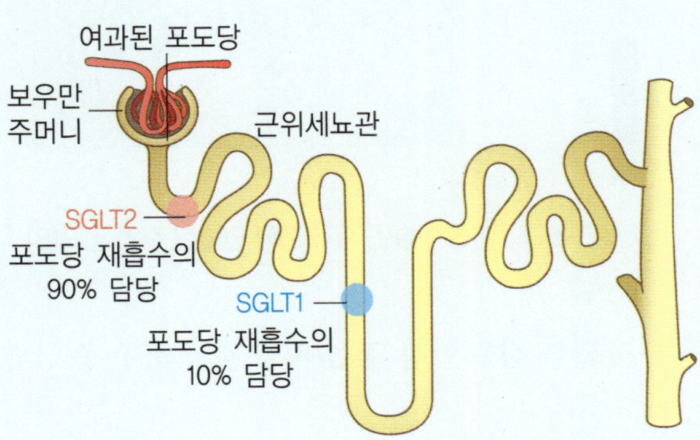

(2) 인슐린

인슐린은 제1형 당뇨병 환자가 주로 사용하고 제2형 당뇨병 환자 중 식사/운동/약물요법 등에 의해 혈당이 조절되지 않는 경우 사용을 고려한다. 인슐린의 유형은 최대효과시간과 지속시간에 따라 초속효성, 속효성, 중간형, 지속성으로 나누어지고〈표 7-8〉, 많은 경우 속효성과 중간형/지속성을 혼합하여 사용한다. 인슐린은 펜형 인슐린 주사 또는 인슐린 주입 펌프를 사용하여 주입한다[그림 7-8].

표 7-8 | 인슐린의 유형, 최대효과시간, 지속시간

유형	최대효과시간	지속시간
초속효성	30~90분	3~5시간
속효성	2~4시간	5~8시간
중간형	6~10시간	14~16시간
지속성	대부분은 최대효과시간 없이 효과가 지속됨	20~26시간 (40시간까지 지속되는 제품도 있음)

출처: Escott-Stump, Nutrition and Diagnosis-Related Care, 8th edition, LWW, 2015

(A) (B)

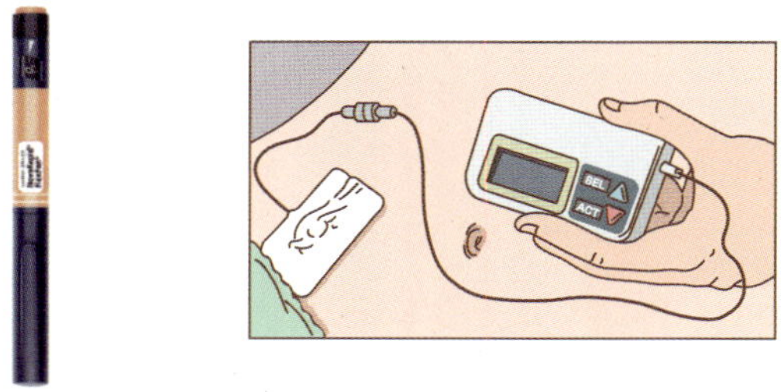

그림 7-8 | 펜형 인슐린 주사(A)와 인슐린 주입 펌프(B)

인슐린을 사용하지 않는 경우 아침/점심/저녁 각각 하루 총 당질 섭취량의 3분의

1에 해당하는 양을 섭취하고, 아침에 혈당이 높은 경우 아침에는 하루 총 당질 섭취량의 5분의 1을, 점심과 저녁에는 각각 5분의 2씩 제공한다.

인슐린을 사용하는 경우 인슐린의 종류에 따라 당질 배분이 달라진다. 중간형 인슐린은 아침에 6분의 1을, 점심과 저녁에는 6분의 2를, 점심과 저녁 사이의 간식 시에 6분의 1을 섭취한다. 지속형 인슐린 사용 시에는 아침에 5분의 1을, 점심과 저녁에 각각 5분의 2를, 야식으로 25~30 g의 당질을 섭취한다. 혼합형 인슐린 사용 시에는 아침과 저녁에 5분의 2를, 점심에 5분의 1에 해당하는 당질을 섭취한다.

4) 수술요법

이전에는 당뇨병 환자의 수술요법은 췌장 이식수술에 한정되었으나, 최근 비만을 동반한 제2형 당뇨병 환자가 다음의 요건에 해당한다면 베리아트릭 수술을 고려할 수 있다. 체질량지수 30 kg/m^2 이상인 제2형 당뇨병 환자가 비수술치료로 혈당조절이 되지 않거나, 체질량지수 35 kg/m^2 이상인 제2형 당뇨병 환자가 혈당조절과 체중감량을 위해 베리아트릭 수술을 할 수 있다. 베리아트릭 수술을 하기 위해서는 췌장 베타 세포 기능이 남아있는 것이 바람직하고, 수술에 대한 이해를 하고 있으며 동기가 확실하고 수술 후 칼슘, 비타민 등의 섭취 및 추적관찰에 순응하여야 한다.

제2형 당뇨병 환자에게 권고하는 수술의 유형은 루엔와이위우회술Roux-en-Y gastric bypass, RYGB, 조절형 위밴드삽입술laparoscopic adjustable gastric banding, LAGB, 위소매절제술sleeve gastrectomy, 담도췌장우회술biliopancreatic diversion, BPD 등이고, 특히 흡수억제를 유발하는 루엔와이위우회술과 담도췌장우회술을 하는 경우에는 철분, 칼슘, 비타민을 보충하는 것이 필요하다.

정리하기

1 당뇨병은 인슐린 분비 부족과 인슐린 작용 이상으로 인한 고혈당을 특징으로 하는 질환이다. 당질, 단백질, 지질 등의 영양소 대사 이상과 혈관/신경 합병증이 수반된다.

2 제1형 당뇨병은 인슐린 분비가 거의 되지 않고, 제2형 당뇨병은 인슐린 저항성 또는 상대적 인슐린 부족으로 인해 정상적인 혈당조절이 되지 않는다.

3 당뇨병의 급성 합병증은 저혈당, 당뇨병성 케톤산증, 고삼투압성 고혈당성 비케톤성 증후군 등이 있고, 만성 합병증은 대혈관 합병증, 미세혈관 합병증, 당뇨병성 신경병증, 당뇨병성 족부병변 등이 있다.

4 당뇨병의 치료는 식사요법, 운동요법, 약물요법, 수술요법 등이 있다. 제1형 당뇨병은 인슐린 분비가 거의 되지 않으므로 인슐린 주사 치료가 필수적이다. 제2형 당뇨병 초기에는 식사요법, 운동요법 등의 생활습관 개선에 중점을 두지만, 이에 의해 혈당조절이 잘 되지 않으면 경구혈당강하제 약물복용 또는 혈당강하를 목적으로 혈당조절제 또는 인슐린 주사제를 사용하고 이러한 방법으로 혈당 관리가 되지 않으면 수술요법을 고려할 수 있다.

Case study

인슐린으로 치료하는 제2형 당뇨병 사례

[질환 병력]

44세경에 직장건강검진에서 고지혈증과 당뇨병 전단계로 진단을 받았지만 특별한 혈당 관리를 하지 않고 지내던 중 최근 급격한 체중감소를 보이면서 당뇨병 진단을 받았다.

[1차 영양판정]

50세의 남자인 이 환자는 173 cm에 평소 체중은 78 kg이었으나 지난 2달 동안 체중이 68 kg로 감소하였다. BMI 22.7 kg/m^2, 표준체중 대비 103%로 현재는 정상체중이 되었다. 혈중 단백질 영양지표, 빈혈지표, 간기능지표와 신장기능지표는 정상범위에 있었다(total protein/albumin 7.9/4.6, Hgb/Hct 16.0/46.8, AST/ALT 16/25, BUN/Cr 14/0.74). 혈당에 관련된 수치는 정상보다 매우 높았다(공복혈당 724 mg/dL, 식후 2시간 혈당 253 mg/dL, 당화혈색소 13.1%). 처방약물은 초속효성 인슐린(6–8–8 IU), 기저인슐린(10 IU)을 처방받았다. 당뇨식사 2,000 kcal 처방을 받았고 영양교육을 받은 경험은 없었다. 평소 1일 3끼니 식사를 하지만 식사 시간이 불규칙하고 간식으로 탄산음료와 믹스커피를 자주 마시고 과일도 3단위 이상 섭취하고 있다. 매끼 밥은 일정하게 섭취하지 않고 아침은 1공기, 점심은 1.5~2공기, 저녁은 1.5공기 정도 섭취하고 있었다. 아침은 집에서 국물 위주로 섭취하고 점심과 저녁은 주 5회 이상 외식으로 찌개나 탕류로 섭취하였고 어육류군과 채소군은 골고루 매일 섭취하고 있었다. 평소 섭취 열량은 2,600 kcal, 탄수화물:단백질:지방=74:9:17, 식사요법에 대한 지식은 없지만 최근 급격한 체중감소와 인슐린 치료로 인해 혈당조절에 대한 의지가 강하고 영양교육에 대한 순응도가 양호하였다. 음주는 주 2~3회 소주 2병 이상, 흡연 1일 1갑, 평소 신체 활동량은 많지 않으며 운동은 거의 하지 않았다. 양호한 영양상태로 판정되었다. 영양필요량은 IBW를 기준으로 하여 2,000 kcal/75 g protein/day [근거: 30~32 kcal/1.0~1.2 g protein/Ideal Body Weight]로 산출하였다.

[1차 영양진단]

당질 섭취 과다는 당질 식품을 선호하는 식습관과 연관되어 있고, 그 증거는 당질 간식 과다 섭취로 확인할 수 있다. 알코올 섭취 과다는 식사교육 경험의 부재와 연관되어 있고, 그 증거는 주 2~3회 소주 2병 이상 섭취이다.

[1차 영양중재]

당질 섭취 과다는 당질 식품과 혈당과의 관계를 교육하고 당질 섭취 비율을 60% 이하로 조절하며 고당질 간식을 제한하도록 목표를 설정한다. 알코올 섭취 과다는 알코올 섭취의 문제점을 교육하고 금주를 목표로 설정한다. 한 달 후 외래에서 추후 관리 예정이다.

[2차 영양판정]

현재 체중은 유지하고 있으며 식후 2시간 혈당 87 mg/dL, 당화혈색소 9.3%로 혈당은 조절되고 있지만 오전에 저혈당을 3번 경험하였다. 3끼 규칙적인 식사를 하고 있지만 식사 처방과 달리 아침은 밥 1/2공기를 먹고 점심/저녁은 밥 1공기를 섭취하고 있었다. 아침과 저녁은 집에서 식사를 하며 어육류군 2~3단위, 채소군 2~3단위 이상을 섭취하고 간식으로 음료와 과일은 섭취하고 있지 않았다. 최근 섭취 열량은 1,800 kcal, 탄수화물:단백질:지방=57:21:22, 금주와 금연을 하고 있고 주 4~5회 저녁 식후 20~30분간 걷기를 하고 있다.

[영양모니터링 및 평가]

당질 섭취 비율을 60% 이하로 섭취하는 목표는 탄수화물 섭취 비율이 57%여서 목표 달성이라고 평가하였다. 금주 목표도 1달 동안 알코올을 섭취하지 않아 목표 달성이라고 평가하였다.

[2차 영양진단]

불규칙한 당질 섭취는 규칙적인 당질 섭취와 관련한 영양 권고 지침에 대한 이해 부족과 연관되어 있고, 그 증거는 저혈당 발생으로 확인할 수 있다.

[2차 영양중재]

불규칙한 당질 섭취는 인슐린 치료에 따른 일정량의 당질 섭취의 중요성을 재강조하여 교육하고 매끼 일정량의 당질 섭취와 저혈당의 미발생을 목표로 하였다.

출처: 박서경, 당뇨병 사례, 국민영양 2018. 8.

CLINICAL NUTRITION

CHAPTER 8

심혈관 질환과 영양

1. 개요 | 2. 심혈관계 구조와 기능 | 3. 고혈압 | 4. 이상지질혈증 | 5. 동맥경화증 | 6. 허혈성 심질환 | 7. 울혈성심부전 | 8. 뇌졸중

용어 정리

- **DASH(Dietary Approaches to Stop Hypertension) 식단** 미국 국립보건원(NIH)이 고혈압 환자들을 위해 만든 식단으로 고혈압을 치료하기 위한 식이요법
- **경색(infarct)** 혈전 등으로 동맥이 막혀서 조직으로 혈액이 들어가지 못하게 되어 조직이 괴사를 일으키는 현상. 부위에 따라 뇌경색, 심근경색, 폐경색 등이 있음
- **뇌졸중(stroke)** 뇌에 혈액을 공급하는 동맥의 혈류가 장애를 일으켜 뇌조직의 기능장애가 나타나는 질환
- **동맥경화증(arteriosclerosis)** 혈관의 노화현상으로 탄력성이 감소하고 내강이 좁아짐에 따라 혈관벽이 두꺼워지는 질환
- **동맥류(aneurysm)** 동맥벽이 약해지거나 동맥 안쪽의 압력이 증가할 때 동맥의 일부가 팽창된 상태
- **색전증(embolism)** 혈류나 림프류에 의해 맥관계(혈관 및 림프관) 속으로 운반되어 온 여러 부유물(색전, embolus)이 가는 혈관의 일부 또는 전부를 막은 상태
- **심근경색(myocardial infarction, MI)** 산소 부족으로 인한 심장세포의 괴사
- **심박출량(cardiac output, CO)** 1분 동안 좌심실에서 대동맥으로 나가는 혈액의 양
- **심방나트륨이뇨인자(Atrial natriuretic peptide, ANP)** 심방으로부터 분비되는 펩티드 호르몬. 혈중 나트륨 농도를 낮추고 동맥압을 줄여 체액과 순환계 항상성 조절에 기여
- **심악액질(cardiac cachexia)** 심혈관 질환과 연관된 영양실조로 극심한 골격계 근육의 약화와 피곤, 거식증이 특징적으로 나타나는 증후군
- **울혈성심부전(congestive heart failure, CHF)** 심장에서 혈액을 유입 또는 박출시키는 심실 기능의 장애
- **죽상경화증(atherosclerosis)** 플라크로 인해 혈관 벽이 두꺼워지는 질환
- **죽종(atheroma)** 관상동맥이나 말초동맥 내에서 주로 침전되는 콜레스테롤이나 단백질 성분의 물질
- **지단백(lipoprotein)** 소수성 지질인 중성지방, 콜레스테롤 에스테르 등은 친수성인 인지질, 콜레스테롤 및 아포단백으로 둘러싸여 수용성 지단백을 구성하여 혈장 내에서 이동이 가능
- **플라크(plaque)** 지방, 콜레스테롤, 칼슘, 피브린 등으로 이루어진 물질로 동맥벽에 축적되면 동맥을 좁혀 죽상경화증 유발
- **항이뇨호르몬(antidiuretic hormone, ADH)** 뇌하수체 후엽에서 분비되는 펩티드 호르몬으로 바소프레신(vasopressin)이라고도 함. 신장에서 수분의 재흡수를 촉진하고 모세혈관을 수축시킴으로써 혈압을 높이는 작용
- **허혈(ischemia)** 조직, 장기의 산소 수요에 대해 그 공급원인 혈류가 부족한 상태
- **허혈성 심장 질환(ischemic heart disease, IHD)** 심장에 충분한 양의 혈액이 공급되지 않아 나타나는 심장 질환
- **혈전(thrombus)** 혈관 속을 순환하고 있는 혈액의 일부가 혈관 속에서 굳어져서 생긴 혈액덩어리
- **협심증(angina pectoris)** 관상동맥의 폐쇄나 협착, 혹은 경련으로 인해 심장근육에 충분한 혈액 공급이 이루어지지 않아 생기는 흉부의 통증
- **호모시스테인(homocysteine)** 심혈관 질환의 위험인자로 알려진 아미노산

1. 개요

심혈관계는 심장과 혈관으로 이루어진 기관으로 산소와 영양소를 비롯한 다양한 물질의 체내 운반의 역할을 담당하고 있다. 심뇌혈관 질환은 우리나라 사망의 주요 원인으로 전체 사망원인의 24.3%를 차지하고 있으며, 이 질환으로 인한 사회경제적 비용이 지속적으로 증가하고 있는 추세이다. 이에 대해 정부는「심뇌혈관 질환의 예방 및 관리에 관한 법률」제정 및 시행을 통해 심뇌혈관 질환에 대한 적극적인 관리정책을 마련하여 체계적으로 수행하고 있다.

2. 심혈관계 구조와 기능

1) 심혈관계 구조

심장과 혈관으로 구성된 심혈관계는 혈액이 신체 곳곳을 순환하면서 각 조직에 필요한 산소, 영양소 등의 물질을 공급하고 대사과정에서 생성된 이산화탄소 및 노폐물을 제거할 수 있도록 한다. 심장은 흉강 중앙, 좌우 폐에 둘러싸인 주먹만 한 크기의 근육기관으로 무게는 약 250~300 g이다. 심장은 중격septum에 의해 좌심과 우심으로 나뉘며, 각각 심방atrium과 심실ventricle로 구분되어 있다[그림 8-1]. 심장은 탄력성이 강한 심근으로 구성되어 있는데, 심실의 심근 벽은 심방의 심근 벽보다 두껍고, 좌심실 벽이 우심실 벽보다 3배 정도 두껍다. 심장은 혈관을 통해 혈액을 순환시키는 펌프역할을 하는 장기로 1분에 평균 70회 정도 박동을 한다.

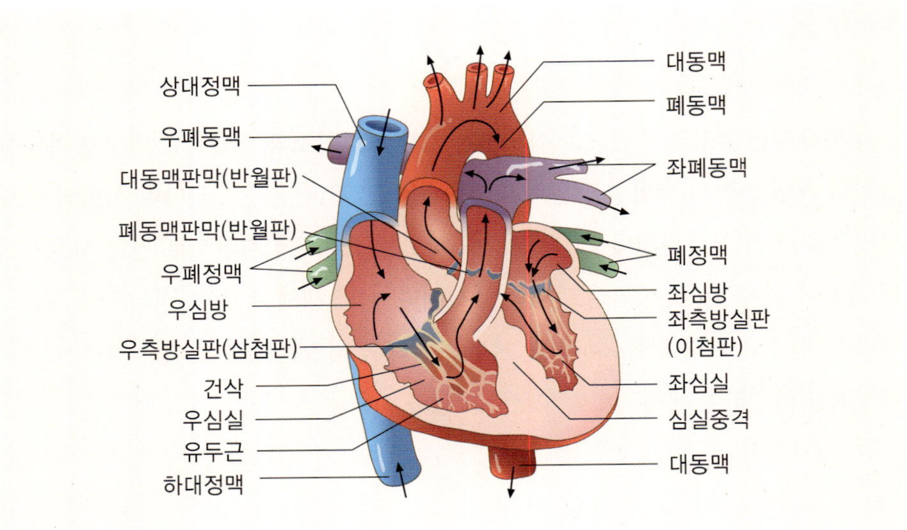

그림 8-1 | 심장의 구조와 심장 내 혈액의 흐름

2) 심혈관계 기능

심장으로부터 나온 혈액은 대동맥, 동맥, 세동맥을 거쳐 모세혈관에 도달하여 혈액과 세포 사이의 물질교환을 한 후 다시 세정맥, 정맥, 대정맥을 통해 심장으로 되돌아온다. 이러한 혈액의 순환은 체순환계systemic circulation와 폐순환계pulmonary circulation로 구분된다[그림 8-2]. 체순환계는 좌심실에서 시작하여 대동맥으로 나간 혈액이 세동맥을 거쳐 모세혈관을 통해 온몸의 모든 조직을 순환한 뒤 다시 세정맥, 정맥을 지나 하대정맥과 상대정맥을 통해 우심방에 이르는 순환이다. 폐순환계는 우심실에서 나간 혈액이 폐동맥, 폐 전체를 순환하는 모세혈관, 폐정맥을 거쳐 좌심방으로 돌아오는 순환계이다.

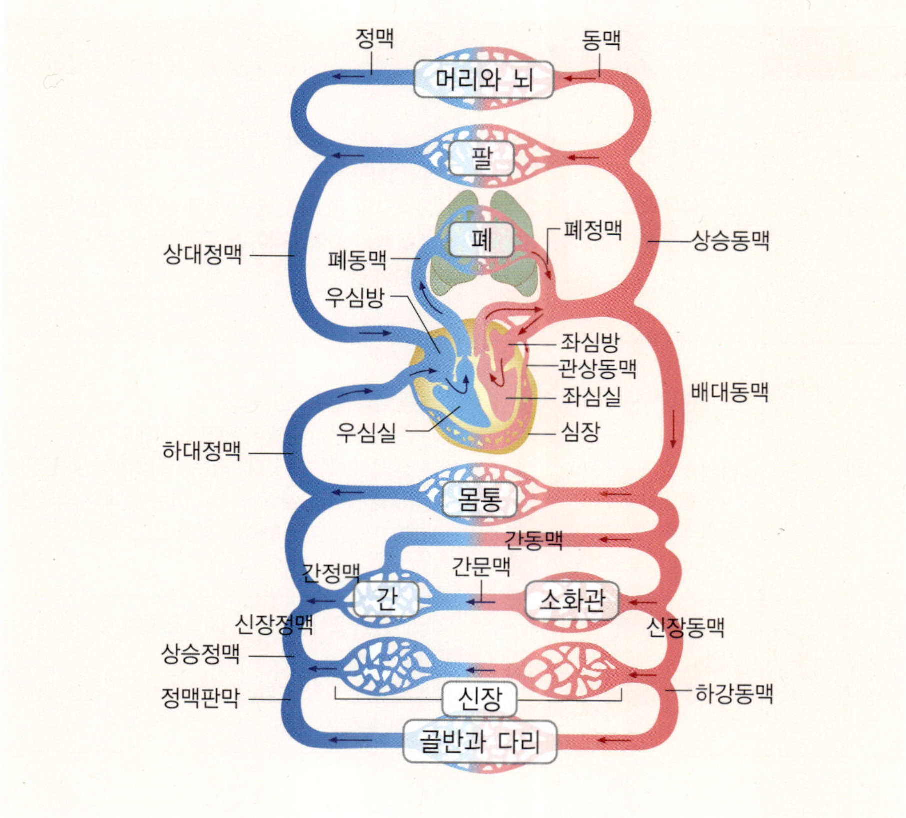

그림 8-2 | 체순환계와 폐순환계

심장에서 나온 혈액이 순환하는 동안 각 혈관의 압력은 서로 다른 양상으로 변화하는데, 이는 각 혈관의 구조적 특징에 기인하며 각 혈관의 구조 및 기능적 특징은 다음과 같다〈표 8-1〉.

표 8-1 | 혈관의 구조 및 특징

구분		특징
동맥	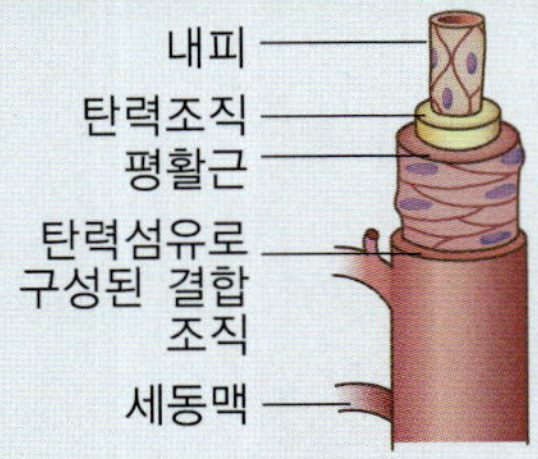	• 3중 구조: 내막(내피세포), 중막(평활근), 외막(결합조직) • 중막의 평활근 세포 사이사이를 탄력섬유가 포함된 결합조직이 메우고 있어 탄성과 신축성이 큼
정맥	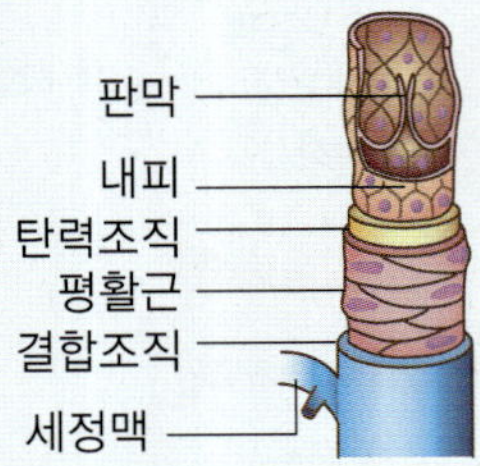	• 동맥과 같은 3중 구조 • 동맥과 달리 중막이 얇고 탄력성이 적음 • 정맥 안쪽 곳곳에 있는 일방통행성 판막(one-way venous valve)은 혈액의 역류를 막고 심장으로 혈액이 잘 유입되게 함
모세혈관	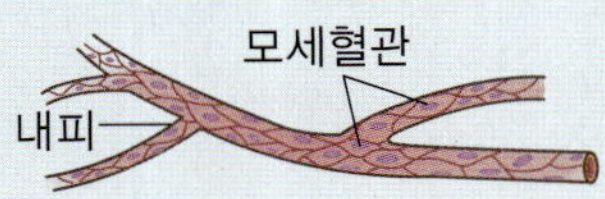	• 단층 구조: 근육층이 없고 단층의 내피세포로만 구성 • 혈액과 조직액 간에 효율적으로 물질을 교환할 수 있는 구조

3) 혈압의 조절 기전

혈압은 심장이 혈액을 신체의 구석까지 내보내는 힘이 혈관 벽에 가해지는 압력을 말한다. 혈액은 좌심실의 수축에 의해 온몸으로 내보내지는데, 이때 생기는 압력이 대동맥을 지나 온몸의 말초혈관에 전해지면서 동맥벽에 가해지는 힘이 혈압이다. 심박출량이 최대일 때의 혈압을 수축기혈압systolic pressure이라고 하며, 심실방출이 시작되기 직전에 발생하는 혈압을 이완기혈압diastolic pressure이라고 한다.

인체는 정상적인 심혈관계 기능 유지를 위해서는 (1) 심박출량과 혈관의 저항에 의해 조절되는 물리적 조절기전, (2) 혈압조절 중추에 의한 신경성 조절기전, (3) 호르몬에 의한 체액성 조절기전이 필요하다.

(1) 물리적 조절

혈압은 심박출량과 혈관저항에 의해 조절된다(혈압 = 혈관저항 × 심박출량). 혈관저항은 혈액과 혈관 벽 사이의 마찰력에 의해 발생하며 혈액의 흐름을 방해하는 인자이다. 혈관저항은 혈액의 점성과 혈관의 길이에 비례하고 혈관 반경에 반비례하는데, 이 중 혈관 반경이 혈압에 가장 큰 영향을 준다[그림 8-3]. 동맥경화로 인한 혈관 반경 감소 또는 혈중 지질 농도의 증가로 인한 혈액의 점성 증가는 혈관저항을 증가시켜 혈압을 상승시킨다.

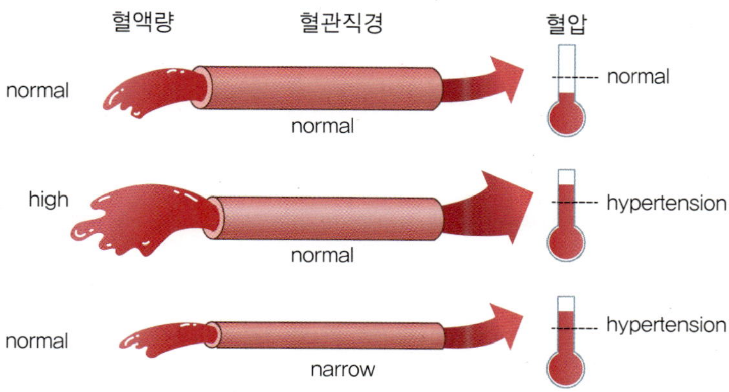

그림 8-3 | 혈압의 물리적 조절 기전

(2) 신경성 조절

연수에 위치하는 심혈관중추cardiovascular center는 심장중추에 의한 심장박출량 조절 및 혈관운동중추에 의한 혈관저항 조절을 통해 빠른 속도로 혈압을 정상적으로 유지시킨다. 심장중추는 교감신경과 부교감신경의 길항작용에 의해 심장기능을 조절하며 혈관운동중추는 주로 소동맥의 평활근에 위치하는 교감신경의 흥분도를 조절하여 혈관을 수축 또는 이완시킨다. 교감신경 외에 경동맥동carotid sinus과 대동맥궁aortic arch에 존재하는 동맥압력수용체arterial baroreceptor 또한 단기간의 혈압 조절을 가능하게 한다. 압력수용체는 뇌로 가는 혈압(경동맥 압력수용체)과 몸으로 가는 혈압(대동맥 압력수용체)에 반응하여 활동전위를 발생시켜 심혈관중추에 전달한다[그림 8-4].

알아두기

- **교감신경** : 교감신경은 신체가 위급한 상황일 때 이에 대처하는 기능을 한다. 교감신경이 흥분하면 근육의 세동맥은 확장되고 심장박동 수가 증가하며 피부와 소화관의 세동맥은 수축하여 혈압이 상승한다. 따라서 피부나 위장관의 혈액이 뇌, 심장, 근육으로 집중되는 현상이 일어난다. 또한 동공의 확대, 항문과 방광의 조임근의 수축이 나타나며 소화기관과 방광의 민무늬근육이 이완된다. 털세움근도 영향을 받아 털이 일어서고 땀이 분비되는 현상이 일어난다.
- **부교감신경** : 자율신경의 하나. 가슴부와 천골(薦骨)부로부터 시작하여 대부분은 미주신경에서, 전달물질로서 아세틸콜린을 분비한다. 교감신경계와 길항적으로 작용하며 심장에 대하여는 억제, 위에 대해서는 촉진 작용을 한다.
- **동맥압력수용체** : 주로 대동맥궁(aortic arch)의 벽과 경동맥동(carotid sinus)의 벽에 위치하는 특수 신경말단으로 흉부와 경부의 큰 동맥벽이 받는 압력의 변화를 예민하게 감지하는 일을 한다. 대동맥궁과 경동맥동에서 감지된 압력 변화는 신경에 감지되어 이 자극이 연수의 심혈관조절 중추로 유입되는데, 이 회로를 통한 반사를 감압반사(depressor reflex)라고 한다.

(3) 체액성 조절

교감신경계 및 압력수용체에 의한 조절기전이 혈압의 단기 조절에 중요한 역할을 하는 반면, 혈압의 장기적 조절에 중요한 역할을 하는 것은 호르몬에 의한 혈액량의 변화, 즉 체액성 조절이다. 예를 들어 운동 중 땀 분비로 인해 체내 수분이 감소하면 시상하부에서 혈액 삼투압 농도의 증가가 감지되고, 뇌하수체 후엽으로부터 항이뇨호르몬(바소프레신)이 분비되어 신장에서 수분의 재흡수를 증가시킴으로써 혈액량과 혈압이 정상적으로 유지된다. 또한 신장의 압력수용체에서 혈액량의 감소가 감지되면 신장에서 레닌이 분비되고 레닌은 강력한 혈관수축물질인 안지오텐신

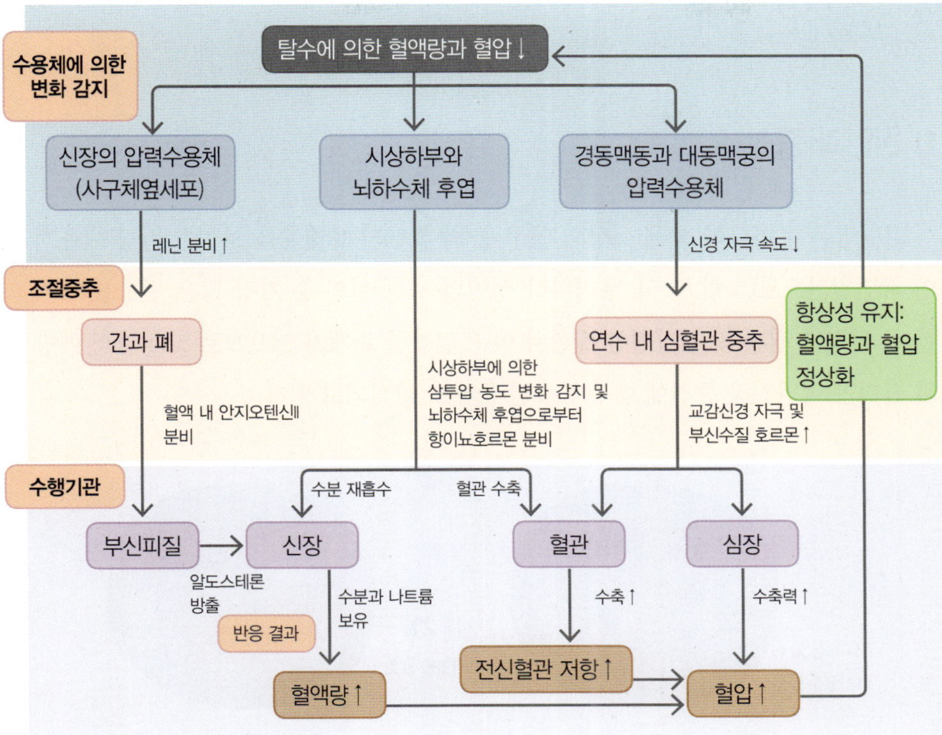

그림 8-4 | 혈압조절 기전

II를 활성화시킴으로써 혈압을 높이게 된다. 안지오텐신II는 알도스테론과 항이뇨호르몬 분비를 자극하여 신장에서 수분의 재흡수를 증가시키고, 뇌의 갈증중추를 자극하여 수분 섭취를 증가시킨다. 이를 통해 체내 수분이 정상화되면 이 호르몬들의 농도는 다시 휴지기 상태로 돌아간다.

반면 너무 많은 물을 마시게 되면 심방나트륨이뇨인자Atrial natriuretic peptide, ANP가 신장에서 이뇨를 증가시켜 혈액량을 정상으로 유지시킨다. 혈액량의 조절은 교감신경이나 압력수용체에 의한 조절에 비해 시간이 많이 걸리기는 하지만 혈압 조절에 있어서 가장 중요한 결정인자이다[그림 8-4].

3. 고혈압

1) 원인과 증상

고혈압은 우리나라 30세 이상의 인구 중 약 30%의 유병률을 보이는 가장 대표적인 국민질환으로[그림 8-5], 우리나라 성인의 사망 원인 중 가장 많은 빈도를 차지한다. 뇌혈관 질환 및 심장혈관 질환과 아주 밀접한 관계가 있으므로 고혈압의 예방과 관리가 국민건강 증진에 매우 중요한 문제로 인식되고 있다.

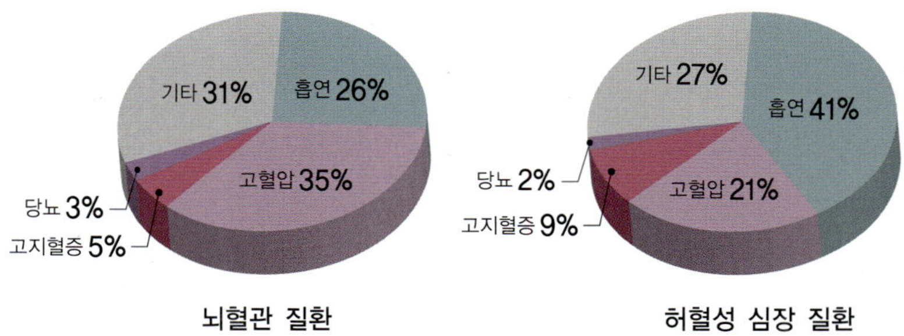

그림 8-5 | 한국 남성인구에서 고혈압 및 심뇌혈관 질환 위험인자의 심뇌혈관 질환에 대한 기여위험도

출처: 2018년 고혈압 진료지침

고혈압은 발생 원인에 따라 본태성(일차성) 고혈압 및 속발성(이차성) 고혈압으로 분류한다〈표 8-2〉. 전체 고혈압 환자의 85~90%를 차지하는 본태성 고혈압은 발생 원인이 명확하지 않지만 유전적 요인(가족력)을 비롯한 여러 요인들에 의해 복합적으로 유발되는 것으로 알려져 있다. 속발성 고혈압은 약 10% 정도를 차지하며 신장병, 심장병, 내분비 호르몬 및 신경계 이상, 임신중독 등에 의해 유발되며 원인이 되는 질환을 치료하면 정상혈압으로 돌아올 수 있다.

표 8-2 | 고혈압의 원인

본태성 고혈압의 위험인자	속발성 고혈압을 일으키는 질환	
가족력 고령 비만 스트레스 에너지, 나트륨 과다 섭취 칼륨, 마그네슘, 칼슘 섭취 부족 운동부족 음주/흡연	내분비 질환	갑상선기능 항진증 및 저하증, 쿠싱병, 부신종양
	신장 질환	신혈관 협착, 신부전, 신장염
	혈관 질환	대동맥 축약
	신경 질환	뇌압 상승 등
	임신	자간증, 임신중독증

고혈압은 증상이 없는 경우가 대부분이나, 개인차가 있어 혈압이 조금만 올라가도 심한 증상을 호소하는 경우도 있다. 혈압이 높더라도 머리가 아프거나 뒷골이 당기는 등의 증상이 있는 경우는 드물며, 혈압이 갑자기 올라가거나 정신적, 육체적 과로로 피로한 경우 두통, 어지럼증, 피로감 등의 증상이 나타날 수 있다. 고혈압으로 인한 합병증이 발생한 이후에는 의식장애, 호흡곤란, 손발부종, 가슴통증 등이 올 수 있다.

고혈압을 방치할 경우 혈압은 지속적으로 상승하고 고혈압성 혈관 질환으로 인해 표적장기가 손상될 수 있다. 심비대가 초래되며, 죽상경화증 동반 시 허혈성 심장 질환이 발생될 수 있다. 죽상동맥경화증, 복부 대동맥류, 대동맥박리 등의 혈관계 손상이 초래될 수 있고, 출혈성 뇌졸중 및 뇌경색의 위험이 높아지며, 고혈압성 뇌병증이 유발될 수 있다. 신장경화증 및 신장기능 악화, 고혈압성 망막병증 등의 위험 역시 증가된다〈표 8-3〉.

표 8-3 | 고혈압 합병증

표적장기	질병	내용
뇌	뇌졸중	• 뇌경색과 뇌출혈 모두 가장 큰 원인은 고혈압이며, 이와 같은 뇌졸중은 고혈압 환자에서 정상인보다 일곱 배 더 많이 발생한다. • 발생 기전으로는 복합된 미세 동맥류가 파열되어 뇌출혈이 발생하거나 진행된 죽상(동맥)경화증의 결과로 혈관이 막혀서 뇌경색 상태가 될 수 있다. 두통, 구토, 마비, 의식 손상 또는 갑자기 눈이 안 보이거나 사물이 둘로 보이는 복시 현상이 발생할 수 있고, 말할 때 발음이 분명하지 않고 심하면 말을 하지 못하기도 한다. • 갑자기 몸의 일부분이 마비되거나 감각 이상이 나타날 수 있다.
	고혈압성 뇌증	• 심한 고혈압으로 인해 고혈압성 뇌증이 발생할 수 있다. • 이는 고혈압에 의한 뇌출혈이나 뇌경색은 아니지만 의식의 갑작스러운 변화와 두통, 구토 등이 발생하는 경우로, 뇌의 가느다란 동맥에 압력이 올라가고 자가 조절 기전의 이상으로 뇌혈관에 과다한 혈액순환이 발생하여 뇌압 상승과 뇌부종이 초래되는 상태이다.
눈	고혈압성 망막증	• 고혈압이 지속되면 눈의 미세한 혈관들이 손상을 입으며 특히 망막의 혈관의 출혈, 미세 동맥류, 시신경 부종 등이 발생하는데 이를 '고혈압성 망막증'이라고 한다. • 증상으로는 복시, 시력 소실 등이 있고, 고혈압과 당뇨가 함께 있을 경우 이러한 위험성은 훨씬 더 증가한다.
심혈관	좌심실 비대와 심부전	• 고혈압으로 인해 높아진 혈관 압력은 심장에 과부하를 주며, 이런 상태가 지속되면 심장의 근육이 두꺼워지는 변화, 즉 좌심실이 비대해지고 심장의 근육도 두꺼워지면서 뻣뻣해지게 된다. • 심실의 이완기능 장애로 인해 신체 조직이 필요로 하는 산소 공급 능력이 떨어진다. • 고혈압에 의한 좌심실 비대는 특별한 증상을 나타내지 않지만 오랜기간 방치될 경우 심부전 상태에 이른다.
	허혈성 심장 질환 (협심증과 심근경색증)	• 고혈압은 관상동맥 질환의 동맥경화를 촉진한다. 즉 심장에 혈액을 공급해주는 관상동맥에 동맥경화증을 진행시켜 심장으로의 혈류 장애를 초래하고, 지속된 고혈압으로 심장 근육에 과부하를 초래하므로 심장 근육의 산소 소모량이 증가된다.
	대동맥 박리증	• 혈관 내피세포가 손상된 고혈압 환자가 갑자기 혈압이 상승하면 신체의 가장 큰 혈관인 대동맥 내층에 박리가 올 수 있으며 심한 흉통을 호소하게 된다. 이때 신속히 혈압을 하강시키지 않으면 혈관 파열로 사망에 이르게 된다.

표적장기	질병	내용
심혈관	부정맥	• 고혈압은 심방세동 등의 부정맥을 일으키기도 하는데, 특히 고혈압 환자가 심부전을 동반한 경우에는 40% 정도에서 심방세동이 동시에 발생할 수 있다. 이러한 심방세동은 뇌졸중을 일으키는 중요한 원인이다.
신장	신부전	• 고혈압에 의한 신장의 모세혈관 손상이 지속되면 그 정도가 증가하여 알부민뇨 또는 단백뇨가 나타나 소변을 볼 때 거품이 많이 나고, 다리나 전신이 쉽게 붓는 부종이 발생한다. • 조기에 혈압을 잘 조절하면 신장 손상의 진행을 더디게 하거나 막을 수도 있으나 이를 방치하면 결국 만성 신부전 또는 말기 신부전 상태로 진행하여 투석을 받거나 신장 이식을 받아야 하는 상태에 이르게 된다.

2) 고혈압의 진단기준

혈압은 연령에 따라 다르나 우리나라는 120/80 mmHg(수축기/이완기 혈압) 미만을 정상적인 혈압으로 분류하며, 이는 임상적으로 심뇌혈관 위험도가 가장 낮은 최적 혈압이다. 수축기혈압이 120~129 mmHg 그리고 이완기혈압이 80 mmHg 미만일 때는 '주의혈압'으로 분류한다. '고혈압 전단계'는 수축기혈압이 130~139 mmHg이거나 이완기혈압이 80~89 mmHg인 경우로 정의한다. 고혈압은 수축기혈압 140 mmHg 이상 또는 이완기혈압 90 mmHg 이상으로 혈압의 높이에 따라 '1기 고혈압'과 '2기 고혈압'으로 분류하며, 이완기혈압이 90 mmHg 미만이면서 수축기혈압만 140 mmHg 이상으로 상승된 혈압은 '수축기단독고혈압'이라 한다〈표 8-4〉.

표 8-4 | 혈압의 분류

혈압의 분류	수축기혈압(mmHg)		이완기혈압(mmHg)
정상혈압*	< 120	그리고	< 80
주의혈압	120~129	그리고	< 80
고혈압 전단계	130~139	또는	80~89

혈압의 분류		수축기혈압(mmHg)		이완기혈압(mmHg)
고혈압	1기	140~159	또는	90~99
	2기	≧ 160	또는	≧ 100
수축기단독고혈압		≧ 140	그리고	< 90

* 심뇌혈관 질환의 발생 위험이 가장 낮은 최적 혈압

출처: 2018 고혈압 진료지침. 대한고혈압학회(2018)

3) 고혈압의 치료

고혈압 치료의 목표는 혈압을 조절하여 심뇌혈관 질환을 예방하고 사망률을 낮추는 것이다. 심뇌혈관 질환이 이미 발생한 환자의 경우 혈압을 조절하여 질환의 진행을 억제하고 재발을 막음으로써 사망률을 감소시키고 삶의 질을 향상시키는 것이 목표이다. 일반적으로 목표혈압은 수축기혈압 140 mmHg 미만, 이완기혈압 90 mmHg 미만이다. 심혈관질환이 동반된 고혈압이나 심뇌혈관 위험도가 고위험군인 혈압은 130/80 mmHg 정도로 조절할 것을 고려한다.

(1) 생활요법

건강한 식사습관, 운동, 금연, 절주 등과 같은 비약물치료 또는 생활요법은 혈압을 떨어뜨리는 효과가 뚜렷하기 때문에 모든 고혈압 환자에게 중요할 뿐 아니라, 주의혈압 및 고혈압 전단계 혈압인 사람에게도 고혈압의 예방을 위하여 적극적으로 권장한다〈표 8-5〉. 그러나 생활요법은 지속적으로 유지하기가 매우 어렵고, 효과면에서 최대한 노력하더라도 2기 이상의 고혈압에서는 목표혈압까지 혈압을 낮추기 어렵다. 따라서 고혈압환자에게 지속적으로 생활요법을 유지할 수 있도록 동기를 부여하면서 동시에 생활요법의 한계점을 충분히 이해하도록 교육해야 한다. 또한, 한 가지 방법보다는 여러 방법을 병행하여 생활습관을 개선하면 효과가 더 크게

표 8-5 | 생활요법에 따른 혈압 감소 효과

생활요법	혈압 감소 (수축기/이완기혈압, mmHg)	권고사항
소금 섭취 제한	−5.1/−2.7	하루 소금 6 g 이하
체중 감량	−1.1/−0.9	매 체중 1 kg 감소
절주	−3.9/−2.4	하루 2잔 이하
운동	−4.9/−3.7	하루 30~50분, 1주일에 5일 이상
식사 조절	−11.4/−5.5	채식 위주의 건강한 식습관*

*건강한 식습관: 칼로리와 동물성 지방의 섭취를 줄이고 야채, 과일, 생선류, 견과류, 유제품의 섭취를 증가시키는 식사요법

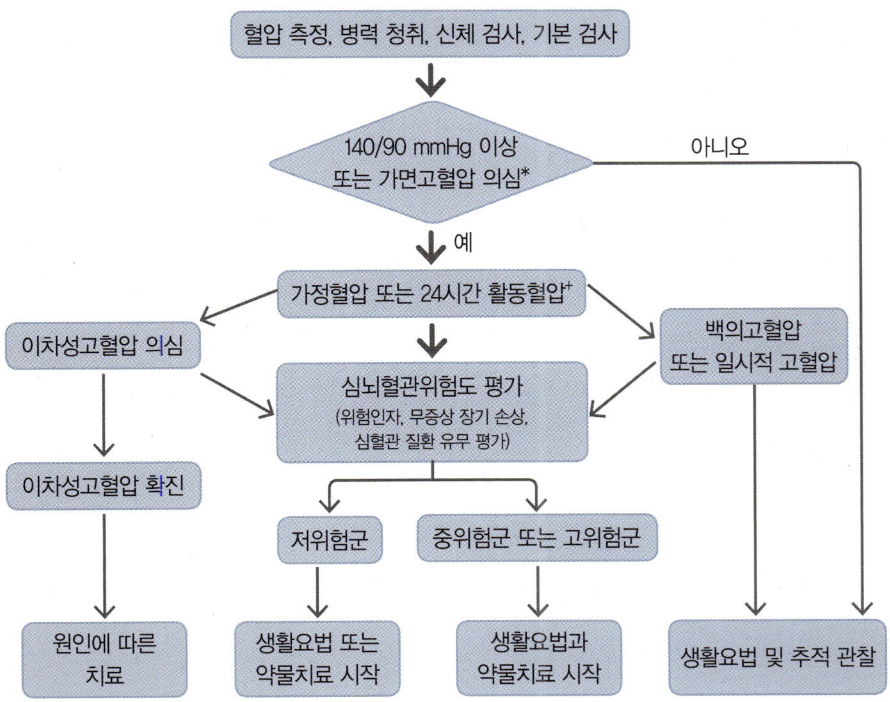

*일부 환자는 목표혈압에 따라 고혈압 전단계부터 약물치료를 고려함. + 권장 검사.

그림 8-6 | 고혈압 치료계획

나타나므로 심뇌혈관 질환을 최소화하려는 목표를 달성하기 위해서는 동시에 시행하도록 권고한다[그림 8-6].

(2) 약물요법

생활습관 개선으로 혈압이 조절되지 않으면 약물치료를 시행한다. 고혈압약은 ACE 억제제 또는 안지오텐신차단제, 베타차단제(알파-베타차단제 포함), 칼슘차단제, 티아지드(티아자이드)계 또는 티아지드 유사 이뇨제, 기타 약물(루프 이뇨제, 알도스테론길항제, 알파차단제, 혈관확장제 등) 등 크게 5가지로 분류한다. 이들 약은 용량을 조절하면 강압 효과의 강도는 서로 비슷하지만, 개개인의 강압 및 장기적 심혈관 예방 효과와 부작용 발생에 있어서 차이를 나타낼 수 있다. 환자가 다른 질환을 동반하거나 위험인자가 있을 때는 이를 고려하여 고혈압약을 선택한다. 따라서 어떤 약이 다른 약보다 더 우위에 있다고 비교하기 어려우므로 부작용을 고려하여 환자 개인의 특성에 맞도록 고혈압약을 선택하여 우선 투여해야 한다〈표 8-6〉.

표 8-6 | 고혈압약의 기전, 적응증과 금기

종류	기전	적응	주의요망	부작용	금기
ACE 억제제/ 안지오텐신 차단제	안지오텐신I으로부터 안지오텐신II 전환 억제, bradykinin 분해 저해 → 혈관 이완	심부전 당뇨병성 신증 만성콩팥병	양측성 콩팥 동맥협착증 고칼륨혈증	피부발적, 마른기침, 혈관부종, 어지럼증	임신 혈관부종
베타 차단제	심장의 베타 수용체 차단 → 심장박동과 심박출량 감소	협심증 심근경색 빈맥성 부정맥	혈당 이상 증가 말초혈관 질환	어지럼증, 수족냉증, 서맥, 중성지방 상승, 저혈당, 천식증상 악화	천식 심한 서맥

종류	기전	적응	주의요망	부작용	금기
칼슘 채널 차단제	칼슘 채널 차단 → 혈관 이완	노인 고혈압 수축기단독 고혈압 협심증	심부전	두통, 어지럼증, 심계항진, 안면홍조, 발목 부종 * 자몽주스와 같이 섭취 시 약물의 혈중 농도를 높여 약의 부작용 위험 증가	서맥
이뇨제	신장에서 나트륨과 수분의 재흡수 저해 → 혈액량 감소	심부전 수축기단독 고혈압	혈당 이상 증가	칼륨 감소로 인한 무기력감, 다리 경련 및 피로감 * 칼륨보전이뇨제의 경우 고칼륨 함유식품 섭취 제한	통풍 저칼륨혈증

(3) 고혈압의 영양관리

고혈압의 영양관리 목표는 정상체중 유지와 나트륨 제한이며 이외에 알코올과 포화지방 제한, 칼륨, 칼슘 및 마그네슘의 충분한 제공을 통해 혈압을 정상 수준으로 유지하는 것이다.

① 소금 섭취 제한

하루 소금을 10 g 정도 섭취하는 고혈압 환자가 소금 섭취를 절반으로 줄이면 수축기혈압이 4~6 mmHg 감소한다. 대한고혈압학회에서 권고하는 소금의 권장 섭취량은 1 티스푼 정도인 하루 6 g(나트륨 2,400 mg) 이하이다. 이 정도로 소금을 적게 섭취하면 혈압을 낮추는 효과는 물론 소금을 배설시키기 위해 인위적으로 이뇨제를 복용할 필요가 없어지므로, 이뇨제 복용에 의해 칼륨이 손실되는 것을 막아주고 소변으로 칼슘이 배설되는 것을 줄임으로써 골다공증과 요로결석을 예방하는 데에도 도움이 된다.

나트륨의 급원은 식품 자체의 나트륨, 음식에 첨가되는 염분, 가공 과정에서 염분이나 나트륨 화합물을 첨가하는 경우, 식수, 나트륨이 함유된 약물 등으로 구분한다. 따라서 나트륨 섭취를 제한할 경우 식품 자체에 포함된 나트륨과 식품제조 과정에서 첨가되는 나트륨, 조리 시 첨가되는 소금 등이 고려되어야 한다. 소금 1 g에 해당하는 양념의 양과 가공식품에 사용된 나트륨화합물은 〈표 8-7, 8-8〉에 제시되어 있다.

표 8-7 | 소금 1 g(나트륨 400 mg)에 해당하는 식품

식품	중량(g)	식품	중량(g)
멸치다시다	2.5	쌈장	12.2
조미료	5	청국장	18
국간장	5.5	토마토케첩	30.3
양조간장	6.7	버터	54.2
된장	9.0	마가린	88.3
고추장	12.1	마요네즈	87.9

출처: 식품영양소함량자료집, 한국영양학회(2009)

• 소금 함량으로부터 나트륨 함량 구하기 : 소금의 양(mg)×0.4 = 나트륨 함량(mg)

• 나트륨 함량으로부터 소금의 양 구하기 : 나트륨의 양(g)×2.5 = 소금의 양(g)

표 8-8 | 가공식품에 사용되는 나트륨의 화합물

화합물	사용 목적
sodium bicarbonate(baking soda)	빵제품의 팽창 증진 음료에 거품을 생기게 하는 효과
sodium bicarbonate와 sodium pyrophosphate (baking powder)	밀가루 반죽을 부풀림
sodium propionate	빵, 케이크, 치즈의 보존제
sodium carbonate, monohydrate	산 · 알칼리 평형을 유지하는 완충제

화합물	사용 목적
sodium nitrate	유해한 미생물의 성장을 억제하고 가공육의 색 증진
mono sodium glutamate(MSG)	맛의 증진, 조미료
sodium saccharin	감미료
sodium benzonate	풍미료, 소스, 샐러드 드레싱의 보존제
sodium alginate	아이스크림, 우유음료의 유화제
sodium sulfate	말린 과일의 보존제

출처: 임상영양관리지침서, 제3판, 대한영양사협회(2010)

고혈압의 정도에 따라 다음과 같이 나트륨을 제한할 수 있다.

고혈압 단계	나트륨 제한량/일	유의사항
1단계 고혈압 (140~159/90~99 mmHg)	2,000 mg 미만	• 나트륨 함량이 높은 가공식품이나 음료 제한 • 식탁염 사용 제한 • 우유 및 유제품 하루 2컵 미만으로 제한 • 가능한 저염제품 활용
2단계 고혈압 (≥160/≥100 mmHg)	1,300~2,000 mg	• 저염 또는 무염제품 활용 • 냉동식품과 패스트푸드 사용 금지 • 제품류 하루 2회로 제한

나트륨 섭취를 줄이는 방법으로 염장식품(김치, 젓갈, 장아찌류, 자반 생선류), 가공식품(햄, 소시지, 치즈, 버터), 건어물(오징어채, 쥐포) 등의 짠 음식은 그 자체에 함유된 나트륨이 있으므로 조리 시에는 소금보다 후추 등의 향신료를 사용한다. 또한 조림이나 된장을 이용한 조리법보다는 굽거나 볶는 조리법이 염분 조절에 도움이 되고, 찌개류보다는 맑은 국으로 선택하여 국물은 가능하면 남기도록 지도한다.

알아두기

혈압을 높이지 않는 소금

혈압을 높이는 물질은 소금 안에 있는 '나트륨'이란 성분 때문이다. 그래서 요즘은 고혈압 환자들을 위해 나트륨 대신 칼륨을 넣어 짠맛을 가지면서 나트륨을 줄인 소금(소금 대용품)이 시중에 나와 있다. 그러나 고혈압 치료제에 따라 칼륨이 몸에 축적되는 환자들이 있으므로 반드시 의사의 지시에 따라 사용해야 한다. 특히, 현재 심장 및 신장 질환을 앓고 있는 환자들은 소금 대용품에 들어 있는 칼륨이 문제가 될 수 있으므로 주의한다.

출처: 대한영양사협회

② 에너지 제한을 통한 체중 감량

고혈압은 체중과 밀접한 관계가 있고, 체중을 줄이면 혈압이 감소한다. 고혈압 환자가 표준체중을 10% 이상 초과하는 경우 5 kg 정도의 체중을 감량하여도 뚜렷한 혈압 감소 효과를 얻을 수 있다. 따라서 비만이거나 과체중인 경우 체중감량을 위해 에너지를 제한하여 정상체중을 유지하도록 한다.

③ DASH(dietary approaches to stop hypertension) 식단

고혈압의 영양치료를 위해 1990년대 후반 미국에서 DASH 식단이 개발되었다. 임상연구를 통해 적절한 열량 섭취 하에서 소금 섭취 감소와 칼륨, 마그네슘, 칼슘, 식이섬유 섭취 증가 시에 혈압 감소 효과가 나타났다. DASH 식단은 과일, 채소류, 저지방 우유 및 유제품, 전곡류, 어류, 조류 및 견과류를 적극 활용하고, 육류와 단순당 섭취를 제한하는 식사계획으로 총 지방과 포화지방 및 콜레스테롤 함량이 낮다. DASH 식단에 소금 섭취를 감소시킨 DASH-sodium 식단의 경우 혈압 강하 효과가 더 큰 것으로 나타났다. DASH 식단의 일일 영양소 섭취 목표치와 DASH 식단계획의 예시는 〈표 8-9, 8-10〉에 제시하였다.

표 8-9 | DASH 연구에서 사용되었던 일일 영양소 섭취 목표(2,100 kcal 기준)

영양소	일일섭취 목표	영양소	일일섭취 목표
총 지방	27%	나트륨	2,300 mg
포화지방	6%	칼륨	4,700 mg
단백질	18%	칼슘	1,250 mg
탄수화물	55%	마그네슘	500 mg
콜레스테롤	150 mg	식이섬유	30 g

표 8-10 | DASH 식단 계획

식품군	하루 권장량 (횟수/일)			1회 분량	중요도
	1,600 kcal/d	2,000 kcal/d	2,600 kcal/d		
전곡류	6	6~8	10~11	빵 한조각, 통곡물 28 g, 조리한 곡물(밥, 파스타, 시리얼) 1/2컵	에너지와 섬유질의 주 공급원
채소군	3~4	4~5	5~6	생잎채소 1컵, 생채소 혹은 조리한 채소 1/2컵, 주스 1/2컵	칼륨, 마그네슘, 섬유질 풍부
과일군	5	4~5	5~6	중간 크기 과일 1개, 말린 과일 1/4컵, 냉동 과일 1/2컵, 과일주스 1/2컵	칼륨, 마그네슘, 섬유질의 주 공급원
무/저지방 우유 및 유제품	2~3	2~3	3	우유 또는 요구르트 1컵, 치즈 40 g	칼슘, 단백질의 주 공급원
살코기, 가금류 및 생선	3~6	6 미만	6	조리한 살코기, 가금류, 생선 28 g, 달걀 1개	단백질, 마그네슘이 풍부한 공급원
너트, 씨앗 및 콩	3/주	4~5/주	1	견과류 40 g, 땅콩버터 2큰술, 씨앗류 14 g, 콩류 1/2컵	마그네슘, 단백질, 섬유질, 에너지가 풍부한 공급원

식품군	하루 권장량 (횟수/일)			1회 분량	중요도
	1,600 kcal/d	2,000 kcal/d	2,600 kcal/d		
지방과 기름	2	2~3	3	마가린 1작은술, 식물성 기름 1작은술, 마요네즈 1큰술, 샐러드 드레싱 2큰술	DASH 연구에서는 음식에 들어있는 지방과 첨가된 지방 모두 포함하여 전체 칼로리의 27%
당류 및 첨가당	0	5 미만/주	≤2	설탕 1큰술, 젤리 또는 잼 1큰술, 셔벗 또는 젤라틴 디저트 1/2컵, 레모네이드 1컵	지방 함량이 낮아야 함

DASH 식단의 실례(2,000 kcal 기준)

제공: 삼성서울병원 영양팀

아침	현미잡곡밥 2/3공기, 연두부찜 1개, 야채샐러드 1접시, 시래기나물 1접시, 무초절이
간식	찐감자 1개, 저지방우유 1컵
점심	보리 산채비빔밥(보리밥 1공기, 취나물, 시금치, 버섯, 도라지, 계란, 쇠고기), 고추장, 배추된장국, 물김치
간식	토마토 1개, 땅콩 8알
저녁	현미잡곡밥 1공기, 고등어구이 반토막, 치커리허브생채, 근대된장무침, 김구이, 포기김치
간식	딸기 150 g, 저지방우유 1컵

*모든 양념과 반찬은 저염식으로 조리

④ 기타

칼륨은 나트륨을 몸 바깥으로 배설시킴으로써 과잉의 염분 섭취로 인한 혈압 상승을 억제할 수 있다. 따라서 칼륨을 충분히 섭취하면 고혈압을 예방하고, 고혈압 환자의 경우에는 혈압을 낮출 수 있다. 그러므로 소금을 많이 섭취하는 경우에는 하루 3.5g 이상의 칼륨 섭취가 권장된다. 시금치, 무청, 근대 등의 푸른잎 채소와 버섯류, 호박 등의 채소류에는 칼륨이 풍부하게 들어있어 무침, 볶음, 나물 등의 조리법으로 먹는 것이 좋다. 과일류에는 바나나, 토마토, 참외, 키위, 잡곡류에는 현미, 보리 등에 칼륨이 풍부하게 들어있다. 그러나 신장 질환 등으로 칼륨이 높은 경우에는 칼륨 섭취에 주의가 필요하다. 가공식품은 나트륨이 높고 칼륨의 함유량이 낮은 편이므로, 고혈압 환자는 제한하는 것이 좋다. 칼슘과 마그네슘은 권장 섭취량 수준으로 충분히 섭취하도록 한다.

과도한 지방 섭취는 비만, 이상지질혈증 및 동맥경화증을 유발해 간접적으로 혈압을 높일 수 있다. 따라서 혈중 콜레스테롤이 높은 경우 총지방은 제한하되 포화지방을 줄여 포화지방 대 불포화지방의 비율을 낮춘다. 리놀레산(18:2)이나 오메가 3계 지방산은 혈관 이완작용을 하는 프로스타글란딘의 합성을 촉진함으로써 혈압을 낮추는 효과가 있다.

식이섬유는 체내 나트륨을 흡착하여 대변으로 배설시키는 작용을 통해 혈압 상승 억제 효과가 있다. 또한 혈액 내 콜레스테롤 수치를 낮추는 효과도 있고 체중조절에도 도움이 되므로 가급적 섬유소가 많은 식품을 이용하는 것이 좋다. 섬유소는 신선한 채소, 과일, 잡곡, 콩류, 해조류에 많다.

알코올의 섭취는 혈압을 상승시키고 혈중 중성지방 농도를 상승시키는 등 혈관 질환에 좋지 않은 영향을 줄 수 있다. 특히 알코올 30 g 이상의 과음은 혈중 중성지방의 수준을 증가시키는 것으로 나타났다. 가능하면 금주할 것을 권장하고, 체구가 작은 남자나 여자는 1잔(알코올 15 g, 소주 50 ml, 맥주 200 ml, 포도주 120 ml), 일반 남자의 경우 1~2잔(알코올 10~30 g) 이내로 제한한다.

알아두기

주요 식품들의 칼륨/나트륨(K/Na)

가식부 100 g당

식품	K(mg)	Na(mg)	K/Na	식품	K(mg)	Na(mg)	K/Na
국수(건면)	125	1,274	0.1	깻잎	379	5	75.8
식빵	98	516	0.2	상추(청상추)	591	17	34.8
시리얼 (옥수수)	63	434	0.1	바나나	346	0	0.0
쌀밥(백미)	19	3	6.3	오렌지주스	131	2	65.5
쌀밥(현미)	118	2	59.0	포도주스 (천연과즙)	30	1	30.0
옥수수(생것)	314	1	314.0	사과	107	0	0.0
크래커	44	634	0.1	돼지고기 (등심)	354	39	9.1
곰보빵	175	307	0.6	소고기(등심)	241	56	4.3
카스텔라	82	81	1.0	순대	176	463	0.4
감자(생것)	412	1	412.0	소시지 (비엔나)	368	732	0.5
감자칩 (튀긴 것)	818	342	2.4	달걀	131	131	1.0
고구마(생것)	370	7	52.9	고등어(생것)	310	75	4.1
대두	1,838	2	919.0	고등어(자반)	292	340	0.9
두부	132	1	132.0	멸치 (잔멸치 건조)	531	2,646	0.2
땅콩(볶은 것)	799	4	199.8	우유	143	36	4.0
해바라기씨 (볶은 것)	750	250	3.0	요구르트 (액상)	60	17	3.5
배추김치	196	232	0.8	치즈(체다)	62	928	0.1

출처: 농촌진흥청 국가표준식품성분표 제9개정판

4. 이상지질혈증

1) 이상지질혈증의 정의

식사로부터 소화 · 흡수된 콜레스테롤, 중성지방, 인지질, 유리지방산 등의 지질과 체내에서 합성된 지질은 지단백[그림 8-7]의 형태로 혈액을 따라 이동하다가 체내의 각 기관과 조직에서 사용되고 저장된다. 지단백의 종류에는 킬로미크론, VLDL, IDL, LDL, HDL 등이 있으며, 지단백의 종류에 따라 함유된 지질 및 단백질의 조성과 크기가 다양하다 〈표 8-11〉.

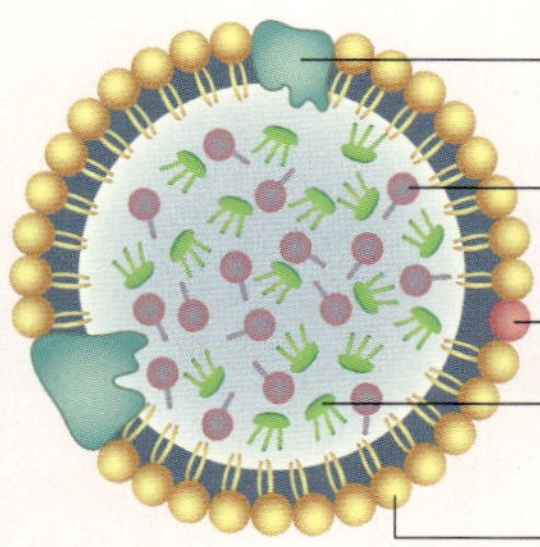

그림 8-7 | 지단백의 구조

지단백의 구성성분인 아포단백은 간과 소장세포에서 합성되며, 종류로는 아포단백A, 아포단백B(B_{48}, B_{100}), 아포단백E, 아포단백(a)[1] 등이 있다. 아포단백은 리파아제와 같이 지단백 대사에 관여하는 효소의 활성을 조절하고 지단백 특이수용체의 인식부위로 작용한다. 각 지단백을 구성하는 주요 아포단백은 〈표 8-11〉에 제시

1) 죽상동맥경화의 위아포단백(a)은 위험인자로 알려진 lipoprotein(a)의 구성성분으로 플라스미노겐의 구조와 유사하여 플라스미노겐의 혈전 용해반응을 경쟁적으로 저해시켜 죽상동맥경화를 악화시킨다.

되었다.

장에서 흡수된 지방은 장점막에서 콜레스테롤 에스테르, 중성지방, 아포단백 B_{48}, 인지질, 유리콜레스테롤 등과 함께 킬로미크론chylomicron을 형성하여 혈액을 통해 운송된다. 중성지방을 근육, 지방조직으로 전달하고, 인지질, 유리콜레스테롤, 아포단백은 HDL에 전달한 후 남은 킬로미크론 잔유물(콜레스테롤 에스테르, 소량의 중상지방 등)은 간세포 내로 유입된다. 간에서 합성된 중성지방은 콜레스테롤, 콜레스테롤 에스테르, 인지질, 아포단백B_{100} 등과 함께 VLDL을 형성하여 혈중으로 분비된 후 중성지방을 조직으로 전달하고, 유리콜레스테롤, 인지질 및 아포단백은 HDL에 전달한 후 IDL을 거쳐 LDL로 전환된다. LDL은 콜레스테롤을 간과 간 이외의 조직으로 운반하여 세포막의 구성, 스테로이드 호르몬 합성 등 체내에서 이용된다. 조직에서 사용하고 남은 콜레스테롤은 HDL에 의해 간으로 다시 운송된다.

표 8-11 | 주요 지단백의 종류와 특징

종류	근원	밀도 (g/mL)	지름 (μm)	주요 아포지단백	지질 함유 비율
킬로미크론 (chylomicron)	소장	< 1.006	80~500	A, B_{48}, C	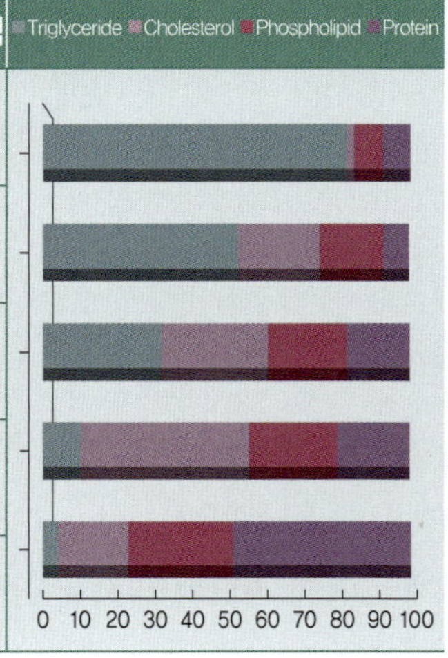
VLDL(very low density lipoprotein)	간, 소장	< 1.006	40~80	B_{100}, C, E	
IDL(intermediate density lipoprotein)	VLDL과 킬로미크론의 분해	1.005~1.019	24.5	B_{100}	
LDL(low density lipoprotein)	VLDL 분해	1.019~1.063	20	B_{100}	
HDL(high density lipoprotein)	간과 소장에서의 VLDL과 킬로미크론의 분해	1.063~1.21	7.5~12	A	

이상지질혈증dyslipidemia은 지방대사의 문제로 혈중에 콜레스테롤과 지방질이 많이 있다는 것을 말한다. 이렇게 혈중 콜레스테롤 등의 수치가 증가하면 혈관에 찌꺼기가 쌓이고 혈관이 막히게 되어 동맥경화증, 뇌졸중 등 각종 심뇌혈관 질환으로 이어질 수 있다.

예전에는 고지혈증hyperlipidemia이라고 해서 콜레스테롤과 중성지방이 증가한 상태만 지칭했다면, 최근에는 여기에 HDL 콜레스테롤이 감소한 상태도 포함하여 이상지질혈증이라 부르고 있다.

2) 이상지질혈증의 원인과 분류

전통적으로 이상지질혈증은 증가된 지단백에 따라 분류한 프레드릭슨Fredrickson 분류방법을 사용하여 왔으나 〈표 8-12〉, 이보다는 이상지질혈증 원인에 따라 일차성과 이차성으로 분류하고, 증가된 지질 종류에 따라 고콜레스테롤혈증, 고중성지방혈증 등으로 구분하는 방법이 더 실제적이다.

일차성 이상지질혈증은 체내 지단백 대사에 관여하는 유전자 변이가 주요인으로, 프레드릭슨 분류의 제IIa형(가족성 고콜레스테롤혈증)이 고콜레스테롤혈증에 해당하고, I, IV, V형은 고중성지방혈증, IIb와 III형은 콜레스테롤과 중성지방 모두 증가하는 복합형에 해당된다. 이차성 이상지질혈증은 비만, 당뇨, 갑상선기능저하, 신장 질환 등의 질환이나 대사 이상, 약물, 식사 및 기타 생활습관에 의해 발생하며 고LDL콜레스테롤혈증, 고중성지방혈증, 저HDL콜레스테롤혈증으로 구분된다 〈표 8-13〉.

표 8-12 | 지단백 농도에 따른 이상지질혈증 분류(WHO)

Fredrickson 분류	진단명	혈중 지단백 농도	혈중 지질 농도	원인
Type I	가족성 고킬로미크론혈증 (familial hyperchylomi-cronemia)	↑chylomicron	↑TG	지단백 리파아제 결핍
Type IIa	가족성 고콜레스테롤혈증 (familial hypercholester-olemia)	↑LDL	↑TC	LDL 수용체 이상 LDL 합성 증가
Type IIb	가족성 결합성 고지단백혈증 (familial combined hyperlipoproteinemia)	↑VLDL, ↑LDL	↑TC, ↑TG	LDL 수용체 이상 VLDL, LDL 합성 증가
Type III	이상지단백혈증 (dysbetalipoproteinemia)	↑IDL	↑TC, ↑TG	아포단백E 이상으로 간에서의 IDL 결합 저하
Type IV	일차성 고중성지방혈증 (primary hypertriglyceri-demia)	↑VLDL	↑TG	VLDL 합성 증가 VLDL 처리 장애
Type V	복합고중성지방혈증 (mixed hypertriglyceri-demia)	↑VLDL, ↑chylomicron	↑TC, ↑TG	VLDL 합성 증가 킬로미크론 및 VLDL 처리 장애

Adapted from: Hegele RA. Plasma lipoproteins: genetic influences and clinical implications. Nat Rev Genet 2009; 10:109–21

표 8-13 | 이차성 이상지질혈증의 원인

구분	고LDL콜레스테롤혈증	고중성지방혈증	저HDL콜레스테롤혈증
식사	• 포화지방산 섭취 • 트랜스지방산 섭취 • 에너지 과다 섭취	• 음주 • 에너지 과다 섭취 • 고탄수화물 식사	• 고당질식사
약물	• 코르티코스테로이드, 동화스테로이드(anabolic steroid), 프로게스테론	• 코르티코스테로이드, 동화스테로이드(anabolic steroid), 에스트로겐, β-차단제, 레티노이드	• 코르티코스테로이드, β-차단제, 프로게스테론

구분	고LDL콜레스테롤혈증	고중성지방혈증	저HDL콜레스테롤혈증
질병	• 폐쇄성 간 질환 • 만성콩팥병 • 신증후군 • 신경성 식욕부진	• 만성콩팥병 • 신증후군 • 패혈증	• 당뇨병 • 고중성지방혈증
대사 이상	• 비만 • 임신 • 갑상선기능저하증	• 비만 • 임신 • 조절되지 않은 당뇨병	• 비만
기타	–	• 운동부족 • 흡연	• 운동부족 • 흡연

3) 이상지질혈증의 진단 기준 및 치료 목표

이상지질혈증은 보통 증상이 없으므로 선별 검사가 필수적이다. 선별 검사를 통한 이상지질혈증 진단을 위하여 21세 이상의 모든 성인과 조기 심혈관 질환과 심한 이상지질혈증의 가족력 등의 다른 위험요인이 있을 경우에는 더 젊은 연령에서도 적어도 4~6년마다 공복 후 지질검사로, 총콜레스테롤, 중성지방, HDL 콜레스테롤, LDL 콜레스테롤(중성지방이 400 이하일 경우는 Friedewald 공식[2])으로 계산 또는 직접 측정), 그리고 non-HDL 콜레스테롤을 측정하여 이상지질혈증 평가를 시행하는 것을 권장한다. 한국지질 · 동맥경화학회에서 제시하고 있는 이상지질혈증의 진단기준은 〈표 8-14〉와 같다.

2) Friedewald 공식 LDL콜레스테롤 = 총콜레스테롤 – HDL콜레스테롤 – (중성지방/5), 각 검사항목 농도값의 단위 (mg/dL)

표 8-14 | 한국인의 이상지질혈증[1] 진단 기준

단위 mg/dL

위험도 혈액지표	적정	정상	경계	높음	매우 높음
총콜레스테롤	< 200	–	200~239	≥ 240	
LDL콜레스테롤[2]	< 100	100~129	130~159	160~189	≥ 190
중성지방	< 150	–	150~199	200~499	≥ 500
HDL콜레스테롤	≥ 60	–	–	< 40	–

1) 총콜레스테롤 ≥240 이거나 LDL 콜레스테롤 ≥160, 중성지방 ≥200 또는 HDL 콜레스테롤<40인 경우 중 한 가지 이상에 해당될 때로 정의함(이상지질혈증 치료지침 4판, 한국지질 · 동맥경화학회)

2) 이상지질혈증 진단의 LDL 콜레스테롤 '높음' 기준의 경우 치료지침의 저위험군(주요 심혈관계 위험요인 1개 이하) 환자에서 약물치료 시작 권장기준으로 사용할 수 있음. 중등도 위험군의 경우 LDL 콜레스테롤 '경계' 기준을 약물치료 시작 권장기준으로 사용할 수 있음. 고위험군 환자의 경우 LDL 콜레스테롤 '정상' 기준을 약물치료 시작 권장기준으로 사용할 수 있음. 초고위험군의 경우 LDL 콜레스테롤 값에 관계없이 약물치료 시작을 권장함

이상지질혈증의 치료목표는 혈청 지질수치를 적절한 수준으로 유지하여 심혈관계 질환의 위험을 낮추는 것이다. 〈표 8-15〉에는 위험도 분류에 따른 LDL 콜레스테롤 및 Non-HDL 콜레스테롤 조절 목표치를 제시하였다. 위험군에 따라 LDL 콜레스테롤 수치를 우선적으로 조절하고 LDL 콜레스테롤 수치가 목표치로 낮아지면 Non-HDL 콜레스테롤 수치를 조절한다.

표 8-15 | 위험도 분류에 따른 LDL 콜레스테롤 및 Non-HDL 콜레스테롤의 치료 목표

위험도		LDL 콜레스테롤(mg/dL)	Non-HDL 콜레스테롤[4](mg/dL)
초고위험군	관상동맥 질환	< 70	< 100
	죽상경화성 허혈뇌졸중 및 일과성뇌허혈발작		
	말초혈관 질환		

위험도		LDL 콜레스테롤(mg/dL)	Non-HDL 콜레스테롤[4](mg/dL)
고위험군	경동맥질환[1]	< 100	< 130
	복부동맥류		
	당뇨병[2]		
중등도위험군	주요위험인자[3] 2개 이상	< 130	< 160
저위험군	주요위험인자[3] 1개 이하	< 160	< 190

1) 유의한 경동맥 협착이 확인된 경우
2) 표적장기 손상 혹은 심혈관계 질환의 주요 위험인자를 가지고 있는 경우 환자에 따라서 목표치를 하향조정 할 수 있다.
3) 연령 (남 ≥45세, 여 ≥55세), 관상동맥질환 조기발병 가족력, 고혈압(수축기혈압 140 mmHg 이상 또는 이완기혈압 90 mmHg 이상 또는 항고혈압제 복용), 흡연, 저HDL 콜레스테롤(<40 mg/mL)
4) Non-HDL 콜레스테롤 = 총콜레스테롤 − HDL 콜레스테롤

알아두기

이상지질혈증 약물

항이상지질혈증 약물은 혈청지질 수치 강하를 위해 사용되는 약물에는 HMG-CoA 환원효소저해제, 스타틴, 에제티미브, 니코틴산, PCSK9 억제제, 피브린산 유도체 및 오메가-3지방산 등이 있다.

약제	약물 작용기전	주요 이상반응
스타틴(HMG-CoA 환원효소저해제)	콜레스테롤 전구체인 3-hydroxy-3-methylglutaryl coenzyme A (HMG-CoA)의 환원효소를 경쟁적으로 억제하여 간의 콜레스테롤 합성 감소	소화장애, 속쓰림, 복통, 간독성, 근육 독성, 당뇨병
에제티미브 (Ezetimibe)	소장의 솔가장자리(융모막, brush border)의 NPC1L1 (Niemann Pick Cell 1 Like 1) 단백에 작용하여, 음식물이나 담즙산의 형태로 장으로 분비되는 내인성 콜레스테롤이 소장 세포로 재흡수되는 것을 방해	복통, 설사, 소화불량, 위식도 역류, 식욕 감소, 관절통, 근육 연축, 흉통, 피로감, transaminase의 상승, gamma-glutamyltransferase의 상승, 근육 효소 상승

약제	약물 작용기전	주요 이상반응
니코틴산(Nicotinic acid, niacin)	지방조직에서 지방 분해를 억제하여 혈청 지방산 농도를 감소시켜 간에서 VLDL의 생산을 억제함으로써 혈청 중성지방 농도 감소 및 VLDL에서 변환되는 LDL 콜레스테롤 농도 감소	안면홍조, 간 독성, 오심, 피로감, 내당능장애, 고요산혈증
PCSK9 (Proprotein Convertase Subilisin/Kexin type 9) 억제제	혈액 내 PCSK9이 LDL 수용체에 결합하는 것을 억제하여 LDL 수용체의 발현을 증가시켜 LDL 콜레스테롤 제거	주사부위 이상반응
피브린산 유도체(Fibric acid derivatives)	주로 간에서 지단백 대사를 조절하는 단백질 유전자의 전사과정을 변화시킴으로써 혈장 지단백을 조절	소화장애, 콜레스테롤 담석, 근육병증
오메가-3 지방산	지방산 분해를 촉진하고, 간에서 VLDL, 중성지방 합성을 줄이고 장으로의 분비를 촉진하여 혈중 중성지방 감소	출혈성 뇌졸중, 혈당 상승, 면역 억제 효과, 구역, 구토, 트림, 생선 냄새가 나는 트림이나 생선 맛을 느낌, 간수치 상승, 두통, 가려움증, 관절통

(1) 에너지

비만 및 과체중은 이상지질혈증의 발생과 관련이 있다. 비만 또는 과체중인 사람들을 대상으로 한 많은 연구들에서 체중감량 시 혈액 내 총콜레스테롤, LDL 콜레스테롤과 중성지방 수치가 감소하고 HDL-콜레스테롤은 높아지는 것으로 보고되었다. 따라서 적정 수준으로 체중을 유지할 수 있도록 에너지 섭취를 조절하여야 한다.

(2) 지방

전통적으로 이상지질혈증의 치료를 위해서 지방섭취 제한을 권고해 왔다. 지방 제한 시 혈액 내 LDL 콜레스테롤 수치가 개선된다는 보고들이 있으나 대부분 체중 감량, 포화지방산, 트랜스지방산의 감소효과가 복합적으로 나타나는 경우가 많아 총 지방섭취량 감소효과라고 하기는 어렵다. 더욱이 지방 제한 시 상대적으로 탄수화물 섭취가 증가하게 되는데, 탄수화물 섭취 증가는 혈액 내 중성지방 수치를 상승시키는 것으로 확인되었다. 그러나 지나친 고지방의 경우 포화지방산과 에너지 섭취를 증가시켜 혈액 내 지질수치에 부정적인 영향을 미칠 수 있으므로, 지방섭취량을 적정 수준으로 유지하여야 한다.

한국인 영양섭취 기준에서는 지방의 적정 섭취 비율을 15~25%로 권고하고 있다. 우리나라 사람들의 지방 섭취 비율은 서구에 비해 낮은 편이지만 개인에 따라 차이가 많고, 최근 지방 섭취가 증가하는 상황이다. 총지방량보다는 지방의 종류가 혈액 내 지질 수치에 더 많은 영향을 미친다는 사실이 잘 알려져 있고, 지방 섭취가 증가되는 현실을 종합적으로 고려할 때 지방 섭취 비율이 30%를 초과하지 않도록 주의할 필요가 있다.

총 지방섭취량 제한보다는 섭취하는 지방산의 종류가 혈액 내 지질 수치에 영향을 미친다. 포화지방산을 불포화지방산으로 대처할 경우 혈액 내 LDL 콜레스테롤 수치를 낮출 수 있으며, 트랜스지방산을 불포화지방산으로 대체 시 혈액 내 중성지방 및 HDL 콜레스테롤 수치에 긍정적인 영향이 있는 것으로 확인되었다. 따라서 이상지질혈증의 지표를 위해서는 포화지방산과 트랜스지방산 섭취를 제한할 필요가 있다. 이상지질혈증 치료지침에서는 포화지방산을 총 에너지의 7% 미만으로 제한할 것을 권고하고 있으며, 트랜스지방산 섭취를 피할 것을 권고하고 있다. 포화지방산은 육류의 지방, 가금류의 껍질부위, 버터, 야자유 등에 많이 포함되어 있다. 트랜스지방산은 마가린, 쇼트닝 등의 경화유가 주요 공급원이며, 높은 온도로 오랜 시간 처리된 기름에도 많다.

오메가-3 지방산은 혈액 내 콜레스테롤 수치에는 긍정적인 효과가 없으나, 고중성지방혈증의 경우(150 mg/dl 이상)는 2~4 g 섭취하는 것이 중성지방을 낮추는 데 도움이 될 수 있다.

포화지방산을 다가불포화지방산으로 대체 시 혈액 내 콜레스테롤과 중성지방 수치를 개선하는 데 효과적이기는 하지만, 혈장 지단백의 지질 과산화를 방지하기 위해 총 에너지의 10% 이내로 섭취할 것을 권고한다.

콜레스테롤 섭취는 포화지방산과 트랜스지방산에 비해 혈액 내 LDL 콜레스테롤 수치에 미치는 영향이 적고 개인차도 많지만 과도한 콜레스테롤 섭취는 피하는 것이 바람직하다. 고콜레스테롤혈증인 경우 콜레스테롤은 1일 300 mg 이내로 섭취할 것을 권고하고 있다.

(3) 탄수화물과 식이섬유

탄수화물의 과다섭취, 특히 단순당의 과다섭취는 혈액 내 중성지방 수치를 높인다. 반면 식이섬유, 특히 수용성 식이섬유는 혈액 내 콜레스테롤과 중성지방 수치를 개선하는 데 효과적이다. 따라서 총 탄수화물과 당류 섭취량은 제한하고(각각 총 에너지 섭취량의 65%와 10~20% 이내), 식이섬유가 풍부한 통곡물, 채소류, 해조류, 과일류를 하루 25 g 이상 충분히 섭취할 것을 권고한다.

미국 이상지질혈증 지료지침(ATP III)에서는 1일 10~25 g의 수용성 식이섬유 섭취를 권고하였으며, 유럽심장학회 및 동맥경화학회ESC/EAS guideline에서는 5~15 g의 수용성 식이섬유(총식이섬유 25~40 g)를 섭취할 것을 권고하고 있다.

(4) 알코올

과도한 알코올 섭취는(10~30 g/일 이상) 혈액 내 중성지방 수치를 높이므로 주의가 필요하다.

알코올 섭취에 의한 고중성지방혈증은 지단백분해효소lipoprotein lipase, LPL의 활성 감소에 따른 킬로미크론chylomicron 분해 억제와 관련이 있다. ESC/EAS guideline에서는 과음을 하지 말고(남성의 경우 20~30 g 미만, 여성의 경우 10~20 g 미만),

고중성지방혈증 환자의 경우 금주를 권고하고 있다. 술 종류에 관계없이 해당하는 술을 제공하는 잔을 기준으로 1~2잔 정도 이내로 음주량을 제한할 필요가 있다.

(5) 기타

콩단백질의 LDL 콜레스테롤 저하효과에 대한 연구들이 많이 이루어졌다. 여러 연구들에서 콩단백질이 LDL 콜레스테롤을 저하시키는 효과가 있었다고 보고하였으나, 부정적인 결과를 보고한 연구들도 일부 있다. 메타분석 결과 하루 50 g의 콩단백질 섭취 시 LDL 콜레스테롤이 3% 정도 저하됨이 보고된 바 있으며, 다른 메타분석 연구에서도 비슷한 수준의 개선효과가 있는 것으로 보고하였다. 식물성 스테롤 phytosterol은 식물에 존재하는 스테로이드의 총칭으로 장에서 콜레스테롤이 흡수될 때 경쟁을 하게 되어 혈액 내 콜레스테롤 수치를 개선하는 데 효과적인 것으로 보고되었다. 그러나 이후 식물성 스테롤 보충이 긍정적인 효과가 없었다는 연구결과들이 보고되었고, 일부 지용성 비타민 흡수를 방해한다는 것이 알려졌다. 콩단백질이나 식물성 스테롤의 효과에 대한 과학적인 근거가 아직은 부족하므로 보충제 섭취는 권고사항에 포함되어 있지 않다.

표 8-16 | 이상지질혈증의 식사지침

내용	권고등급	근거수준
1. 적정 체중을 유지할 수 있는 수준의 에너지를 섭취한다.	I	A
2. 총 지방섭취량은 총 에너지 섭취량의 30% 이내로, 과다하지 않도록 한다.	IIa	B
3. 포화지방산 섭취량을 총 에너지의 7% 이내로 제한한다.	I	A
4. 포화지방산을 불포화지방산으로 대체하되, 오메가-6계 다가불포화지방산 섭취량이 총 에너지의 10% 이내가 되도록 제한하다.	IIa	B
5. 트랜스지방산 섭취를 피한다.	I	A

내용	권고등급	근거수준
6. 고콜레스테롤혈증인 경우 콜레스테롤 섭취량을 하루 300 mg 이내로 제한한다.	IIa	B
7. 총 탄수화물 섭취량은 총 에너지 섭취량의 65% 이내로 과다하지 않도록 하고, 당류 섭취를 10~20% 이내로 제한한다.	IIa	B
8. 식이섬유 섭취량이 25 g 이상 될 수 있도록 식이섬유가 풍부한 식품을 충분히 섭취한다.	I	A
9. 알코올은 하루 1~2잔 이내로 제한한다.	I	A
10. 통곡 및 잡곡, 콩류, 채소류, 생선류가 풍부한 식사를 한다. – 주식으로 통곡, 잡곡을 이용한다. – 채소류를 충분히 섭취한다. – 생선, 특히 등푸른 생선을 주 2~3회 정도 섭취한다. – 생과일을 적당량 섭취한다.	IIa	B

출처: 이상지질혈증 치료지침 제4판, 한국지질동맥경화학회(2018)

- 권고등급: I–근거수준(A)과 편익이 명백하고 진료현장에서 활용도가 높은 권고, IIa–근거수준(B)과 편익이 실뢰할 만하고 진료현장에서 활용도가 높거나 보통인 권고
- 근거수준: A–권고 도출에 대한 명백한 근거가 있는 경우(내용도 충분한 검증력을 가지고 잘 수행되어 일반화가 가능한 다기관–무작위 임상연구(RCT) 혹은 메타분석을 통해 명확하게 입증된 경우), B–권고 도출에 대한 신뢰할 만한 근거가 있는 경우(잘 수행된 코호트 연구 혹은 환자–대조군 연구를 통해 이를 뒷받침할만한 근거가 있는 경우)

(6) 이상지질혈증 환자를 위한 식사패턴

최근 국제적으로 심혈관계 질환의 식사지침은 단일 영양소가 아닌 전체적인 식사의 질을 강조하는 식사패턴 형태로 제시되고 있다. 이는 그동안 심혈관계 질환에서 가장 중요시되었던 지방 섭취가 양보다는 질이 더 중요하다는 근거들에 의한 것이다. 이러한 내용들을 근거로 미국심장협회/미국심장학회 가이드라인에서는 LDL 콜레스테롤과 혈압 강하를 위해 채소, 과일, 통곡, 저지방 유제품, 기름류, 생선, 콩류, 견과류가 풍부한 식사패턴을 개인의 적절한 열량과 기호에 맞추어 구성할 것을 식사지침으로 제시하고 있으며, 유럽심장협회/유럽죽상경화증협회 가이드라인도 전체적인 혈청 지질 수준을 개선하기 위해 주요 식품군(곡류, 채소, 콩류, 과일, 육

류 및 생선, 유제품, 식용유 등)의 권장식품과 주의식품들을 제시하며, 각 개인이 본인의 기호에 맞추어 건강한 식사패턴을 만들어가도록 하고 있다.

우리나라 성인은 밥을 주식으로 하는 고유한 식생활을 특성으로 하여 서구와 다르게 지방 섭취비율은 높지 않으나 탄수화물 섭취 비율이 높은 전형적인 고탄수화물 저지방 식사 형태를 갖게 되었다. 이로 인해 우리나라 성인에게는 심혈관계 질환 예방 및 관리를 위해서는 지방 섭취뿐 아니라 탄수화물 섭취의 양과 질도 중요하므로 적절한 식사패턴을 권고하는 것이 필요하다. 따라서 우리나라 사람들에게 권장하는 이상지질혈증에 바람직한 식사패턴은 쌀밥을 주식으로 하되, 잡곡 · 현미 · 통밀 등의 통곡식품의 섭취 비중을 높이거나, 전체적인 탄수화물 섭취 비율이 높지 않도록 주의해야 한다. 부식으로는 다양한 식품을 선택하는 것이 중요한데 생선, 콩류, 생채소류가 풍부하도록 구성한다. 또한 생과일과 흰 우유 섭취는 권장되지만,

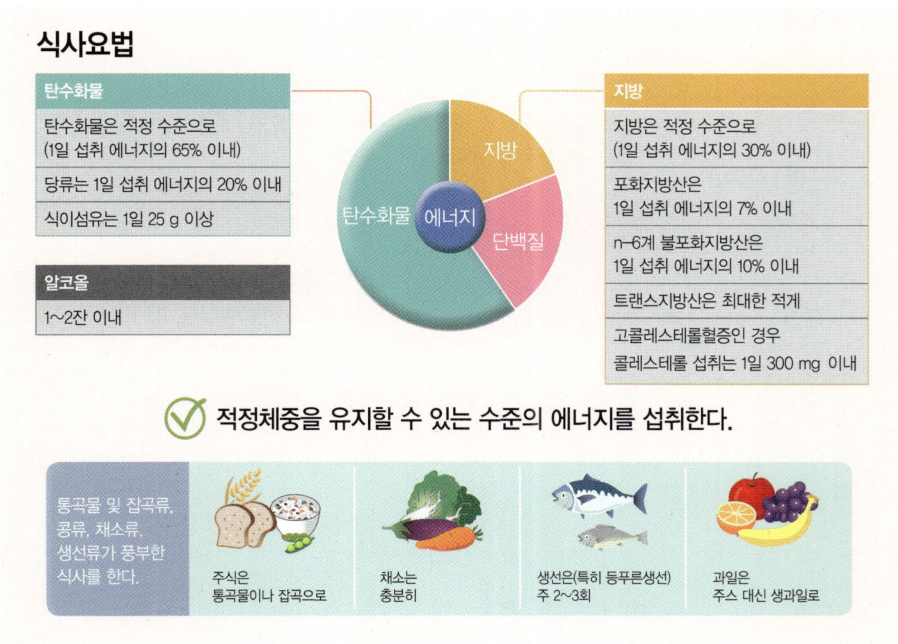

그림 8-8 | 이상지질혈증 식사 가이드

출처: 2018 한국지질 · 동맥경화학회 권고안

가능한 한 단 음료나 디저트는 자제하는 것이 필요하다. 이를 토대로 하였을 때 우리나라 식생활에 맞는 주요 식품군의 권장식품과 주의식품을 정리하면 〈표 8-17〉과 같고, 하루 식사권고안은 〈표 8-18〉과 같다.

표 8-17 | 이상지질혈증 영양관리를 위한 권장식품 및 주의식품

식품군	이런 것을 선택하세요. 그러나 섭취량은 과다하지 않게!	주의하세요. 섭취 횟수와 섭취량이 많아지지 않도록!
어육류/콩류/알류	• 생선 • 콩, 두부 • 기름기 적은 살코기 • 껍질을 벗긴 가금류 • 달걀	• 갈은 고기, 갈비, 육류의 내장(간, 허파, 콩팥, 곱창, 모래주머니 등) • 가금류 껍질, 튀긴 닭 • 고지방 육가공품(스팸, 소시지, 베이컨 등)
유제품	• 탈지유, 탈지분유, 저(무) 지방 • 우유 및 그 제품 • 저지방 치즈	• 연유 및 그 제품 • 치즈, 크림치즈 • 아이스크림 • 커피크림
유지류	• 불포화지방산(옥수수유, 올리브유, 들기름, 대두유, 해바라기유) • 저지방/무지방 샐러드드레싱	• 버터, 돼지기름, 쇼트닝, 베이컨 기름, 소기름 • 치즈, 전유로 만든 샐러드드레싱 • 단단한 마가린
곡류	• 잡곡, 통밀	• 버터, 마가린이 주성분인 빵 케이크 • 고지방 크래커, 비스킷, 칩, 버터 팝콘 등 • 파이, 케이크, 도넛, 고지방 과자
국	• 조리 후 지방을 제거한 국	• 기름이 많은 국, 크림수프
채소/과일류	• 신선한 채소, 해조류, 과일	• 튀기거나 버터, 치즈, 크림, 소스가 첨가된 채소/과일 • 가당 가공제품(과일 통조림 등)
기타	• 견과류: 땅콩, 호두 등	• 초콜릿/단 음식 • 코코넛 기름, 야자유를 사용한 제품 • 튀긴 간식류

표 8-18 | 이상지질혈증 환자를 위한 하루 식사 권고 예시

식품군	권고사항	대표 식품의 1회 분량
곡류	• 통곡물 위주로 • 매끼 2/3~1회 분량	• 빵(잡곡밥, 현미밥 등): 210 g(1공기) • 빵(통밀빵, 보리빵 등): 105 g(3쪽)
채소류	• 다양한 채소를 이용 • 매끼 2.5~3회 분량	• 채소류: 70 g(익힌 것 1/3컵) • 해조류: 30 g(익힌 것 1/5컵)
어육류	• 생선, 살코기, 달걀, 두부 • 매끼 1~2회 분량 • 등푸른생선은 주 2~3회 이용	• 생선: 60 g(중간 크기 1토막) • 살코기: 60 g(탁구공 크기 1.5개) • 달걀: 60 g(중간 크기 1개) • 두부: 80 g(1/4모)
과일류	• 생과일로 • 하루 1~2회 분량	• 과일 1회 분량: 100 g(중간 크기 사과 1/2개 정도)

알아두기

치료적 생활습관 교정(Therapeutic lifestyle change, TLC)

미국콜레스테롤교육프로그램(NCEP: National Cholesterol Education Program)에서는 이상지혈증이 있는 환자들에 대해 진단 및 치료지침(Adult Treatment Panel III, ATP III, https://www.nhlbi.nih.gov/ 참조)을 제시하였다. 이 지침에서는 심혈관계 질환의 발생위험을 경감시키기 위해 다양한 생활습관의 개선을 권고하고 있으며, 이를 치료적 생활습관 교정(therapeutic lifestyle change, TLC)이라고 명시하였다. TLC에서는 포화지방산과 콜레스테롤 섭취를 줄이고 식물성 스타놀/스테롤 및 섬유질의 섭취를 늘리며, 체중감소와 매일 30분 정도의 규칙적인 운동을 권고하였다.

ATP III에서 제시한 TLCD의 단계별 적용과 ATP III에서 권장하는 TLC 식단의 영양소 구성은 다음과 같다.

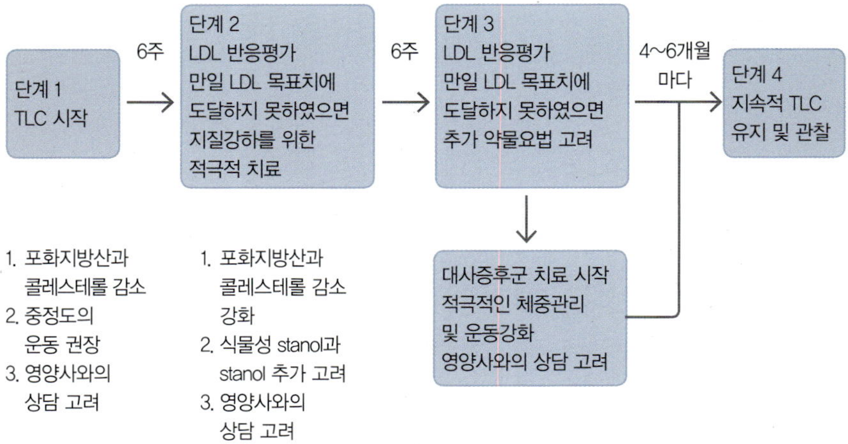

치료적 생활습관 교정(TLC) 단계

TLC 식단의 영양소 구성

영양소	권장섭취량
포화지방산	총열량의 7% 이하
다불포화지방산	총열량의 10% 이상
단일불포화지방산	총열량의 20% 이상
총지방	총열량의 25~35%
당질	총열량의 50~60%
섬유소	20~30 g/d
단백질	총열량의 15% 정도
나트륨	2,400 mg 이하
식물성 스테롤	3~4 g/d
총열량	바람직한 체중을 유지하고 체중 증가를 막을 수 있는 균형잡힌 에너지 섭취

- 트랜스 지방산은 저밀도지단백 콜레스테롤을 증가시킬 수 있는 또 다른 지방으로 적게 섭취를 해야 한다.
- 탄수화물은 주로 복합탄수화물이 많은 음식, 즉 곡류, 과일 및 채소를 통해 섭취해야 한다.
- 하루 동안의 칼로리 소비에는 최소한 중증도의 육체적인 활동이 포함되어야 한다(대략 200 kcal/d).

5. 동맥경화증

1) 동맥경화증의 정의와 분류

동맥경화증arteriosclerosis은 주로 혈관의 중간층에 퇴행성 변화가 일어나서 섬유화가 진행되고 혈관의 탄성이 줄어드는 노화현상의 일종이다. 일반적으로 동맥경화증이 심해지면 뇌졸중, 심근경색증, 말초혈관 질환이 생긴다고 알려져 있지만 엄밀히 말해 이 질병들의 발생 원인은 동맥경화증이 아니라 죽상경화증atherosclerosis이다.

죽상경화증은 혈관의 가장 안쪽을 덮고 있는 내막endothelium에 콜레스테롤이 침착하고 내피세포의 증식이 일어난 결과 '죽종atheroma'이 형성되는 혈관 질환을 말한

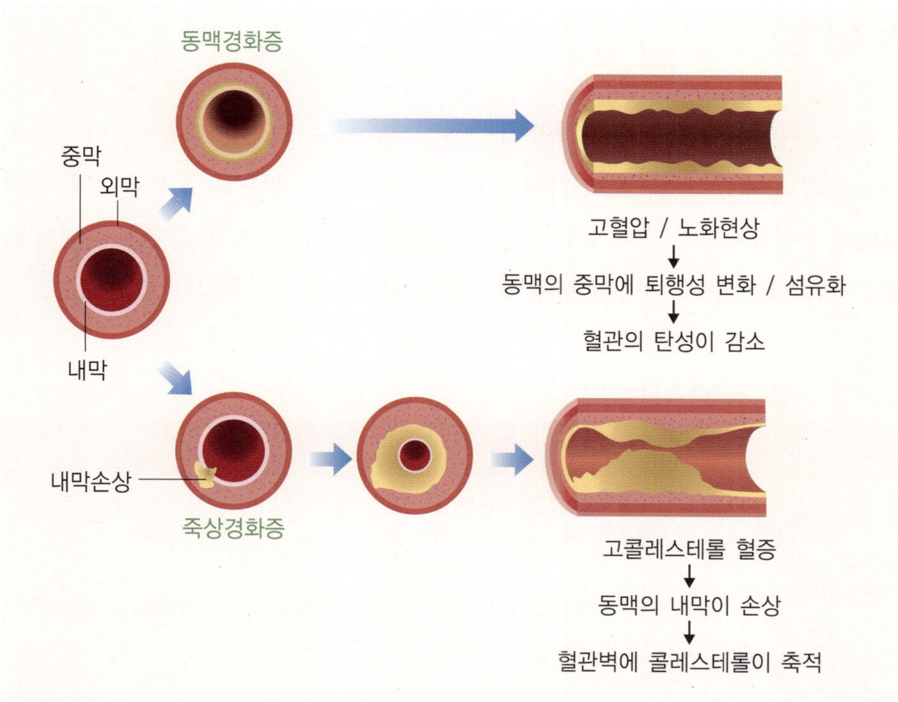

그림 8-9 | 죽상경화증과 동맥경화증

다. 죽종 내부는 죽처럼 묽어지고 그 주변 부위는 단단한 섬유성 막인 '경화반'(플라크, plaque)으로 둘러싸이게 되는데, 경화반이 불안정하게 되면 파열되어 혈관 내에 혈전(thrombus; 피떡)이 생긴다. 또한 죽종 안으로 출혈이 일어나는 경우 혈관 내부의 지름이 급격하게 좁아지거나 혈관이 아예 막히게 되고, 그 결과 말초로의 혈액순환에 장애가 생긴다. 죽상경화증 발생 장기에 따라 뇌동맥의 죽상경화에 의한 뇌경색, 관상동맥의 죽상경화에 의한 협심증 등의 구체적 병명을 붙이게 된다.

동맥경화증을 일으키는 데 가장 중요한 역할을 하는 것은 고혈압이나 노화현상인 반면에, 죽상경화증을 일으키는 데 가장 중요한 것은 혈액 속에 콜레스테롤이 너무 많은 상태인 고콜레스테롤혈증이라는 것도 중요한 차이다[그림 8-9]. 최근에는 죽상경화증과 동맥경화증을 혼합하여 죽상동맥경화증이라는 용어를 사용한다.

2) 죽상경화증 발생위험 인자

죽상경화증의 원인은 여러 가지 가설이 있지만 주로 초기에 동맥 내막이 손상을 받아 손상에 대한 반응으로 인하여 혈관 벽이 좁아지는 것으로 알려져 있다. 동맥 내막에 손상을 일으키는 중요한 원인 세 가지는 고혈압, 이상지질혈증, 흡연이고, 이외에도 비만, 당뇨, 가족력, 연령 및 생활습관 관련 요인들이 있다 〈표 8-19〉.

표 8-19 | 죽상경화증의 위험인자

구분	위험인자
중요 위험인자	이상지질혈증, 고혈압, 흡연, 당뇨병, 남자 45세 이상, 여자 55세 이상, HDL 콜레스테롤 40 mg/dl 이하, 조기에 관상동맥 질환이 발병한 가족력
생활방식에 따른 위험인자	비만, 육체적 비활동, 죽상동맥경화 유발 음식(고포화지방, 저채소류 및 저전곡류)
새롭게 거론되고 있는 위험인자	지단백(a), 호모시스틴, 프로트롬빈 인자, 염증전구 인자, 공복혈당 이상, 임상 전단계 죽상동맥경화

3) 죽상경화증의 영양관리

죽상경화증의 예방과 치료를 위해서는 〈표 8-19〉에 제시된 위험인자에 따른 영양관리가 필요하다. 무엇보다 표준체중 유지를 위한 에너지 섭취 조절과 혈청 지질 수준을 정상범위로 유지하기 위한 영양관리(이상지질혈증의 영양관리 참조)가 중요하다. 고혈압도 중상경화증의 위험인자이므로 소금 섭취 제한 및 DASH 식단 준수 등의 고혈압 환자를 위한 영양관리를 잘 따르도록 한다.

6. 허혈성 심질환

1) 허혈성 심질환의 정의와 분류

허혈성 심질환ischemic heart disease, IHD은 심장에 혈액을 공급해 주는 혈관(관상동맥)이 좁아져서 심장근육의 일부에 혈액 공급이 부족하여 발생하는 질환이다. 심

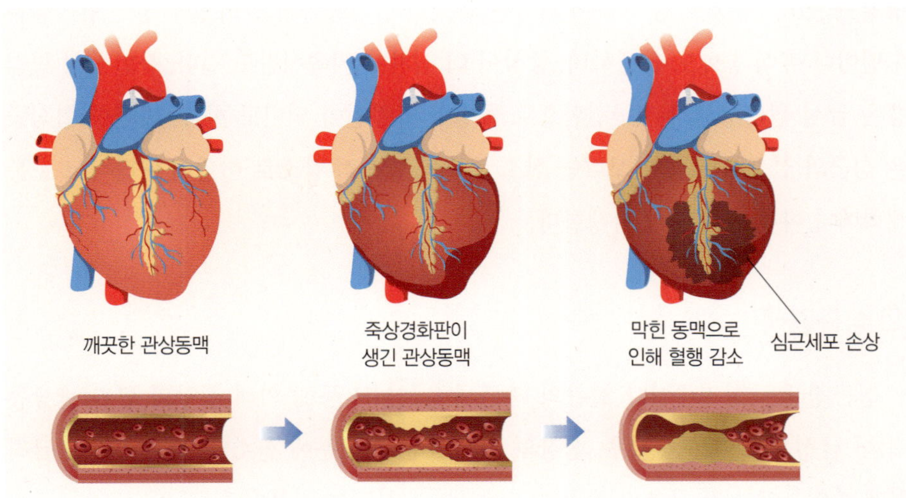

그림 8-10 | 관상동맥경화로 인한 허혈성 심질환

근의 허혈로 산소 요구량과 공급량 간에 불균형이 발생하여, 산소 부족에 의한 가슴 통증이 발생하는 협심증angina pectoris과 혈액 공급이 지속적으로 중단되어 심근이 괴사된 심근경색myocardial infarction으로 구분된다[그림 8-10].

(1) 협심증

심근에 대한 적절한 산소의 수요-공급 균형은 상당한 여유가 있는 것이어서 관상동맥 내경이 약 70%까지 막힐 때까지도 별다른 증상을 느끼지 못하고 지내다가 70% 이상이 막히게 되면 비로소 협심증 증세를 나타내게 된다. 협심증은 심장 근육이 필요로 하는 산소의 양이 증가할 때만 흉통이 발생하는 안정성 협심증Stable angina, 관상동맥이 갑자기 좁아지게 되어 산소 공급이 감소하게 되어 발생하는 불안정성 협심증Unstable angina, 관상동맥에 구조적으로 막힌 부분은 없지만, 관상동맥의 경련으로 인해 막히게 되어 발생하는 변이형 협심증Variant angina으로 나눌 수 있다.

안정성 협심증은 신체적, 감정적 스트레스 시에 흉통이 발생하며 안정을 취하면 통증이 사라지는 형태이다. 흉통 이외에 호흡곤란, 피곤, 어지러움, 발한 및 실신 등의 증상이 나타난다. 만성화된 안정성 협심증이 악화되면 불안정성 협심증으로 이행될 수 있다. 흉통 발생 예측이 가능한 안정성 협심증과는 달리 불안정성 협심증은 수면이나 휴식 중에도 발생하며, 증상이 더 심하고 지속시간도 길다. 불안정성 협심증은 급성 심근경색의 전구질환으로 돌연사의 원인이 되기도 한다. 변이형 협심증은 심근의 산소 수요 증가보다는 산소 공급의 일시적 감소로 허혈이 나타나고 보통 새벽이나 아침 휴식 중에 발생한다.

(2) 심근경색

심근경색은 혈전증이나 혈관의 빠른 수축(연축) 등에 의해 심장의 혈관(관상동맥)이 급성으로 막히는 경우, 심장의 전체 또는 일부분에 산소와 영양 공급이 급격하게 줄어들어 심장 근육의 조직이나 세포가 괴사되는 질환이다.

심근경색의 위험요인은 고령, 흡연, 고혈압(혈압 ≥ 140/90 mmHg이거나 항고혈압제를 복용하고 있는 경우), 당뇨병, 가족력(부모형제 중 남자 55세 이하, 여자 65세 이하의 연령에서 허혈성 심질환을 앓은 경우), 그 외 비만, 운동부족 등이 있다. 30분 이상 지속되는 가슴의 통증 또는 가슴의 압박감이 심근경색의 주된 증상이며, 휴식을 취하면 통증이 완화되는 협심증과는 달리 심근경색의 경우 휴식으로 완화되지 않는 격렬한 통증이 지속적으로 나타난다. 이때 발한을 동반하며 왼쪽 어깨, 양팔, 등, 목아래, 턱 부위로 통증이 방사된다.

표 8-20 | 협심증과 심근경색증의 비교

부위	협심증	심근경색증
관상동맥의 상태	혈관에 이물질이 쌓여 좁아짐	혈관이 좁아져 있으며, 혈전으로 인해 완전히 막히기도 함
가슴 통증의 정도	조이고 뻐근한 통증	가슴이 심하게 조이고 터질 것 같은 심각한 통증
흉통의 지속 시간	2~10분	30분 이상(치료를 하지 않으면 10시간 이상)
안정 시	통증이 가라앉음	통증이 가라앉지 않음
안면 창백	나타나지 않음	나타남
식은땀	가볍게 나타남	심하게 나타남
일시적 의식 상실	나타나지 않음	나타남
구토	나타나지 않음	나타남

2) 허혈성 심질환의 치료

허혈성 심질환의 치료목표는 협심증의 발생빈도를 줄이고 심근경색을 예방하는 것이다. 이를 위해 죽상동맥질환의 원인이 되는 고혈압, 당뇨, 이상지질혈증 등의 질환에 대한 치료와 금연, 적절한 운동, 체중 감량 및 콜레스테롤/포화지방산 섭취 제한 등의 생활습관 개선이 필요하다.

허혈성 심질환의 증상 조절을 위해 혈압강하제(니트로글리세린, 칼슘길항제, 베타차단제), 혈전용해제(헤파린, 아스피린) 등의 약물이 사용되며, 약물치료가 어렵거나 고위험 관상동맥질환이 있는 경우 경피적 관상동맥중재술, 관상동맥우회로술 등의 수술을 통해 혈류 확보가 가능하다.

심근경색 발작 직후 환자는 심장의 휴식과 통증 완화를 위해 처음 6~24시간 동안 절식을 유지하다가 증상이 완화되면 무카페인 맑은 유동식으로 시작해 점차 당질 위주의 저염, 저지방 및 저콜레스테롤 연식(800~1,200 kcal)을 소량씩 자주 공급한다. 어느 정도 회복이 되면 손상된 심장이 정상적인 기능을 회복할 수 있도록 환자 개개인이 지닌 위험요인을 고려해 영양치료가 이루어져야 한다. 협심증 및 심근경색 발작 후 재활기의 장기간 영양관리는 다음과 같다.

(1) 과식 방지

음식물이 소화될 때 심장 박동, 혈압 및 심박출량이 증가되며, 특히 과식을 할 경우 혈류량이 증가되어 심근의 산소요구량을 증가시키므로 과식을 피하는 것이 좋다. 숨이 차는 증상이 있을 경우 소량씩 자주 먹는 것이 도움이 된다.

(2) 지방과 콜레스테롤 섭취 조절

포화지방산과 트랜스지방산은 심혈관 질환의 유병률을 증가시킨다고 보고되고 있으므로 트랜스지방산은 가급적 섭취를 줄이고, 포화지방산은 하루 에너지 섭취량의 7% 이내, 콜레스테롤은 하루 200 mg 이하로 조절하도록 한다.

단일불포화지방산이 함유된 식물성 기름(카놀라유, 올리브유 등)과 견과류(땅콩, 아몬드 등)는 혈중 콜레스테롤 수치를 감소시킨다고 알려져 있으므로 음식 조리 시 적정 양을 사용하거나 간식으로 섭취할 것을 권장한다. 그러나 과다 섭취 시 체지방 축적을 야기하므로 주의해야 한다.

다가불포화지방산 중 오메가3 지방산은 혈중 중성지방 수치를 감소시킨다고 알려져 있으므로 오메가3 지방산이 풍부한 등푸른생선은 일주일에 2회 정도 반찬으로 먹도록 한다.

(3) 염분 섭취 조절

심근경색이 발생된 이후 경우에 따라 환자에게 울혈성 심부전이 나타날 수 있다. 따라서 심장의 부담 완화 및 혈압 조절을 위해 염분 섭취를 조절할 것을 권장한다.

(4) 탄수화물

하루 에너지 섭취량의 50~60% 정도 섭취한다. 지방을 줄이는 대신 밥이나 빵, 떡, 국수, 감자, 고구마, 옥수수와 같은 탄수화물을 과도하게 섭취할 경우 오히려 심혈관 질환의 위험이 증가될 수 있으며, 과도한 열량섭취로 체지방 축적을 야기할 수 있다. 따라서 세 끼 식사 이외 간식의 섭취는 하루 1~2회 정도로 조절하고, 탄수화물 위주의 간식보다 영양균형을 고려하여 과일이나 저지방 유제품, 견과류의 섭취를 권장한다.

(5) 섬유소

하루 25~30 g 정도 섭취한다. 수용성 섬유소를 섭취할 경우 콜레스테롤과 담즙산의 장내 흡수를 지연시키고, 담즙산의 배설을 촉진시켜 혈청 콜레스테롤과 LDL-콜레스테롤을 낮추는 것으로 알려져 있다. 미국심장협회에서는 섬유소 권장량(하루 25~30 g) 중 6~10 g을 수용성 섬유소로 섭취하도록 권장하고 있으며, 이를 위해 1일 5회분량 이상의 과일과 채소 또는 6회분량 이상의 전곡류를 섭취할 것을 권장하고 있다.

(6) 건강한 체중 유지

적절한 운동은 건강한 체중을 유지하게 해주고, 심혈관 질환의 위험요인인 각종 만성질환(고혈압, 당뇨 등)을 조절해 준다고 알려져 있다. 따라서 건강한 체중조절 및 심혈관질환을 예방하기 위해 주 5회, 30분 이상의 유산소운동을 권장한다.

(7) 절주

과도한 알코올 섭취는 중성지방을 증가시킨다고 보고되고 있다. 하루에 1~2잔 정도의 술을 마시는 사람이 전혀 술을 마시지 않는 사람보다 관상동맥 질환 위험도가 30~50% 정도 감소한 결과도 있는데, 이는 HDL 콜레스테롤 증가에 의한 영향인 것으로 보고되고 있다. 그러나 미국심장협회에서는 남자는 하루에 1~2잔, 여자는 하루 1잔 정도로 제한해서 마실 것을 권장하고 있으며, 술을 마시지 않던 사람이 건강을 위해 일부러 술을 마시는 것은 권장하지 않는다.

알아두기

허혈성 심질환의 수술적 치료

경피적 관상동맥 중재술(풍선 확장술, 스텐트 삽입술)

말초동맥(주로 대퇴동맥, 상완동맥, 요골동맥)으로 카테터(catheter)를 삽입하여 관상동맥의 좁아진 부분의 혈관을 늘리기 위한 중재방법이다. 풍선을 이용하여 협착부위를 넓히는 풍선혈관성형술과 스텐트 삽입술이 있다.

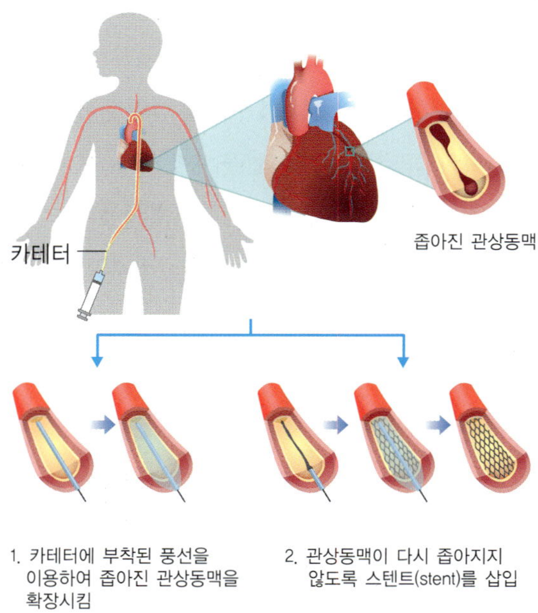

스텐트 삽입술

관상동맥우회로술(CABG, coronary artery bypass graft)
경피적 관상동맥 중재술과 달리 병변이 있는 관상동맥을 건드리지 않고 병변이 있는 부위보다 말초에 새로운 우회 혈관을 연결하는 수술적 치료 방법이다. 대부분 하지정맥의 일부를 떼어내어 대동맥과 협착 부위 이하의 관상동맥을 연결시키거나 내유동맥과 관상동맥을 잇기도 한다.

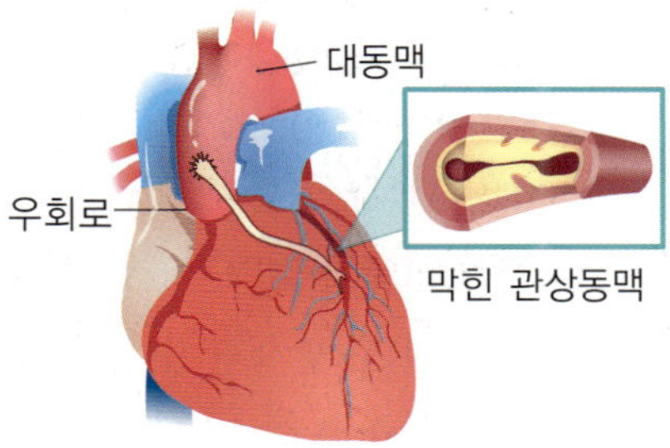

관상동맥우회로술

7. 울혈성 심부전

1) 울혈성 심부전의 정의

심부전heart failure은 심장의 구조적 또는 기능적 이상으로 인해 조직에서 필요한 양의 혈액을 공급하지 못하거나, 비정상적으로 높은 좌심실충만압을 유지해야만 조직에 필요한 양의 혈액을 공급할 수 있는 상태를 의미하며, 모든 심혈관계 질환의 말기에 초래되는 질병이다.

심부전이 발생한 경우, 심장이 이완되고 심장펌프가 제 기능을 하지 못해 신장에서 염분과 수분이 정상적으로 제거되지 못해 폐울혈이나 말초정맥의 울혈을 야기하므로 울혈성 심부전congestive heart failure, CHF이라고 한다. 심부전의 유병률은 나이가 증가함에 따라 증가된다고 알려져 있으며, 고령의 환자들의 주요 사망 원인인 것으로 보고되고 있다.

2) 원인 및 증상

울혈성 심부전은 심장 수축력이 감소되어 심장의 펌프기능이 감소되는 심장 질환 모두에 의해 유발 가능하다. 심근경색을 일으키는 관상동맥 질환, 고혈압, 심장 판막 질환, 심근병증 등이 흔한 원인이다. 심부전 환자의 75%가 고혈압이 동반되어 있으며, 심근경색 환자의 20% 정도가 5년 이내에 심부전으로 진행하는 것으로 알려져 있다.

심부전의 초기에는 좌심실의 심장 기능만 떨어지지만(좌심부전), 심장에 부담이 가중되면서 우심실 기능 저하(우심부전)도 발생할 수 있다. 흔히 우심실과 좌심실 부전이 공존한다. 좌심부전의 경우 혈액이 폐정맥과 모세혈관으로 역류하여 폐울혈이 초래된다. 좌심부전으로 인해 심박출량이 감소하면 혈압이 저하되고 신혈류량이 감소됨에 따라 레닌-안지오텐신계가 활성화되고 항이뇨호르몬이 증가되어 체내 나트륨과 수분이 보유되어 말초부종이 발생한다. 숨가쁨, 기침, 운동 시 호흡곤란, 발작성 야간 호흡곤란, 누우면 숨이 차고 앉으면 좀 더 편안한 기좌호흡 증상, 폐부

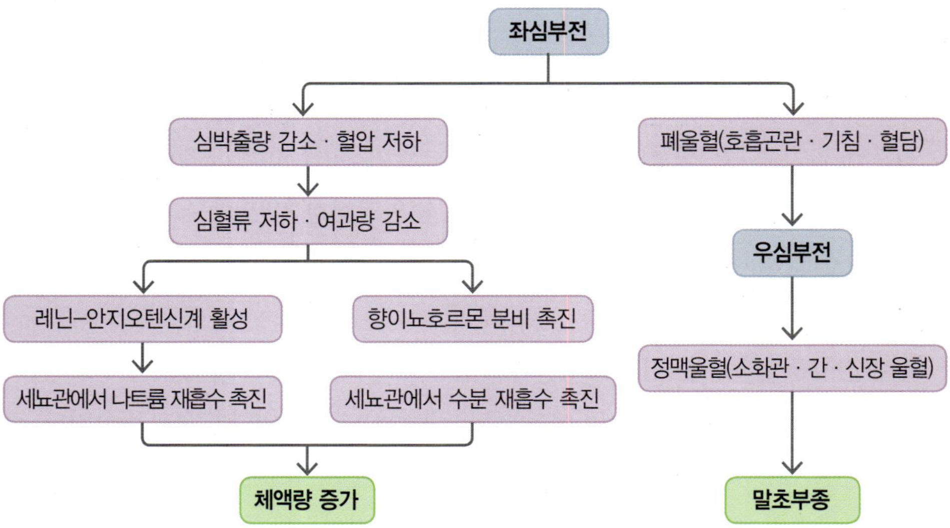

그림 8-11 | 울혈성 심부전 증상의 기전

종 등의 증상이 나타난다. 이로 인해 쉽게 피로해지고 불면증이 동반되기도 한다.

좌심부전에 의한 폐울혈로 인해 우심부전이 발생하며 이 경우 맥박의 증가, 전신 정맥과 모세혈관의 울혈 증상과 징후가 나타난다. 발목의 부종, 원인불명의 체중 증가, 간 울혈로 인한 상복부 통증, 식욕부진과 오심. 야뇨증, 경정맥 팽창 등의 증상이 나타난다[그림 8-11].

3) 울혈성 심부전의 영양관리

울혈성 심부전환자의 영양관리 원칙은 심장의 부담을 최소로 하며 심근 수축력을 증가시키고 과잉의 체액 보유로 인한 부종을 제거하는 것이므로 나트륨과 수분 섭취 제한이 환자의 회복에 가장 중요한 요소이다. 또한 울혈성 심부전 환자는 대체로 식욕, 식사량 및 소화흡수능력의 감소로 인한 극심한 영양불량과 심한 체중감소 및 체조직 소모가 나타나며(심악액질, cardiac cachexia), 이뇨제 사용으로 인한 수용성 비타민 손실이 나타나므로 영양결핍 해소를 위한 영양관리가 필요하다.

(1) 적절한 열량 섭취

정상체중일 경우 표준체중을 기준으로 1일 30 kcal/kg를 섭취하는 것이 적절하다. 그러나 과체중이거나 비만인 경우, 심근의 산소요구량이 증가되어 심장에 부담을 주므로 과도한 열량 섭취에 대한 주의가 필요하다. 이른 포만감과 숨가쁨 증상으로 인해 충분한 섭취가 어려울 경우 소량씩 자주 섭취하여 충분한 열량을 섭취하도록 노력해야 한다.

(2) 나트륨 섭취 제한

염분 섭취량이 증가하면 체내 축적되는 수분량도 증가되어 부종, 복수, 호흡곤란 등의 증세가 나타나므로 염분 섭취를 제한해야 한다. 염분 섭취의 제한 정도는 환자에 따라 다르지만 일반적인 심부전 환자의 경우 1일 2~3 g의(1/4~1/2 작은술) 염분을 섭취하도록 한다. 저염식사를 실천함으로써 이뇨제 사용효과를 증대시켜 체내 나트륨을 제거하는 데 최대 효과를 볼 수 있다.

(3) 수분 섭취 조절

심부전 환자의 경우, 심장의 기능부전으로 인해 신장에서 염분과 수분이 정상적으로 제거되지 못해 몸 속에 수분이 축적되어 부종 및 저나트륨 혈증이 발생할 수 있다. 수분 섭취 제한 정도는 부종, 피로, 숨이 차는 증상, 혈중 나트륨 수치에 따라서 다르게 적용되지만 대개 하루 2L 이하로 제한하는 것을 권장한다. 수분의 제한이 필요할 경우 물이나 음료수뿐 아니라 수분 함량이 높은 음식과 아이스크림 등의 식품 섭취도 조절해야 한다.

(4) 충분한 단백질, 비타민 B군, 엽산 및 리보플라빈 섭취

심부전 환자의 경우, 저알부민혈증이 나타날 수 있고, 근육이 감소되면서 영양불량으로 진행될 가능성이 있다. 영양불량이 심해질 경우 심장근육까지 손실되어 심부전 진행을 더 빠르게 할 수 있으므로 일반사람보다 더 많은 양의 단백질을 섭취해야 한다. 지방이 적은 살코기, 생선, 콩, 두부, 유제품 등의 다양한 단백질 식품을 매끼 적정량 섭취하도록 한다. 또한 심부전 환자의 경우 식사 섭취 부족 및 이뇨제 사용으로 인한 미량영양소 결핍이 발생할 수 있으므로 균형적인 식사를 통해 고른 영양섭취를 하도록 한다. 특히 장기간 이뇨제를 사용하는 경우 티아민 결핍의 위험이 있으므로 충분한 섭취가 권장되며(돼지고기를 포함한 육류, 삼치, 전곡, 두류 등이 주요 식품 급원임), 경우에 따라 보충이 필요할 수 있다. 그러나 비타민, 무기질 보충, 특히 칼슘과 마그네슘의 보충은 부정맥을 악화시킬 수 있으므로 보충제의 사용 시 주의가 필요하다(의사와 상의 후 복용).

(5) 포화지방산, 트랜스지방산, 콜레스테롤 섭취 주의

과도한 지방 및 콜레스테롤 섭취는 섭취열량을 증가시켜 체중조절을 방해할 뿐만 아니라 관상동맥 심장 질환의 위험요인으로 작용하여 심부전을 야기할 수 있으므로 과도한 포화지방산, 트랜스지방산, 콜레스테롤 섭취를 주의하도록 한다.

(6) 절주, 금연

음주는 심장근육을 약화시키고 부정맥을 야기할 가능성이 있으므로 권장하지 않는다. 또한 흡연을 할 경우 니코틴 성분이 일시적으로 심장박동과 혈압을 증가시키고 혈액 중에 산소량을 감소시킨다고 알려져 있으므로 심부전 환자의 경우 금연하도록 한다.

8. 뇌졸중

1) 뇌졸중의 정의

뇌졸중stroke은 뇌혈관 질환의 가장 흔한 종류로, 뇌혈관이 막히거나 터지면서 뇌에 산소와 영양소의 공급이 부족하여 뇌조직 대사에 이상을 일으키게 되고, 이에 따른 뇌조직의 기능장애가 증상으로 나타나는 질환이다. 뇌의 일부 신경세포가 기능을 할 수 없다면 그 부분에 의해 조절되는 신체의 일부도 기능을 할 수 없으므로 운동장애, 감각장애, 언어장애, 보행장애, 기억상실 등의 증상을 초래할 수 있다.

뇌졸중은 혈전 등에 의해 뇌혈관이 막히는(허혈성) 뇌졸중과 혈관이 터지는(출혈성) 뇌졸중으로 나눌 수 있다〈표 8-21〉. 허혈성 뇌졸중에는 일과성뇌허혈발작과 뇌경색이 있는데, 일과성뇌허혈발작은 적절한 치료를 통해 뇌혈류가 다시 공급되어 뇌기능이 회복 가능한 상태이고, 뇌조직이 괴사되어 회복이 불가능한 상태를 뇌경색이라고 한다. 출혈성 뇌졸중에는 출혈 부위가 뇌실 안인 뇌내출혈과 뇌막 아래인 거미막하(지주막하) 출혈로 구분한다.

표 8-21 | 뇌졸중의 분류

<table>
<tr><th colspan="2">구분</th><th>특징</th></tr>
<tr><td rowspan="5">허혈성 뇌졸중</td><td>일과성뇌허혈발작</td><td>• 뇌조직의 가역적인 허혈로 인한 일시적인 뇌기능의 국소적 손실
• 일과성 뇌허혈 발작 경험자의 1/3에서 뇌졸중 발생</td></tr>
<tr><td>큰동맥죽경화증</td><td>• 고혈압, 당뇨병, 고지혈증, 흡연에 의해 손상된 혈관 내벽에 콜레스테롤이 침착되면 뇌혈관을 점차 좁게 만들어 혈액의 흐름을 방해
• 좁아진 부위로 인하여 혈액 공급이 부족하게 되거나, 좁아진 부위에서 혈전(피떡)이 떨어져나가 먼 쪽 혈관을 막아버리거나, 좁아진 것이 심해져 그 자리에서 혈관이 막히는 방식으로 발생</td></tr>
<tr><td>열공뇌졸중</td><td>• 뇌의 큰 혈관에서 분지한 작은 혈관들이 고혈압 등으로 압박을 받으면 혈관이 막혀 발생</td></tr>
<tr><td>심장성 색전증</td><td>• 심장판막 질환이나 심방세동, 심근병 등의 심장 질환이 있는 경우 심장에서 혈전(피떡)이 만들어져서 뇌로 흘러들어가 뇌혈관을 막아 발생</td></tr>
<tr><td>기타</td><td>• 혈관이 찢어지는 동맥박리, 염증으로 혈관이 막히는 뇌혈관염, 유전혈관 질환인 모야모야병, 혈액응고 질환인 진성적혈구증가증 등의 원인으로 발생</td></tr>
<tr><td rowspan="2">출혈성 뇌졸중</td><td>뇌내출혈</td><td>• 죽상경화증이 있는 혈관벽은 신축성이 떨어져서 갑자기 혈압이 오르면 약한 혈관 부위 파열
• 이때 파열된 동맥에 의하여 산소와 영양소를 공급받던 뇌의 신경세포들은 혈류 공급이 안 되어 손상을 받게 되고, 주변 세포들은 터져 나온 피에 눌려 기능 상실</td></tr>
<tr><td>거미막하
(지주막하) 출혈</td><td>• 뇌를 싸고 있는 거미막 아래에서 동맥류(혈관벽의 약한 부분이 꽈리처럼 부풀어 오르는 것) 파열
• 10%가 병원에 도착하기 전에 사망할 정도로 치명적</td></tr>
</table>

2) 위험요인과 증상

뇌졸중의 위험요인은 나이, 성, 출생 시 저체중 및 유전적 요인 등의 조절할 수 없는 위험인자와 고혈압, 흡연, 당뇨, 심장 질환 등의 입증된 조절 가능한 위험인자, 대사증후군, 음주, 약물남용 등의 조절 가능한 잠재적 위험인자로 구분된다〈표 8-22〉.

허혈성 뇌졸중은 비만, 당뇨, 고혈압 환자에게서 발생빈도가 높고 나이가 들수록 위험도가 증가하는 반면, 출혈성 뇌졸중은 과로, 배변, 분노, 온·냉욕 시에 발생하기 쉬운 것으로 알려져 있다. 뇌졸중의 증상은 손상된 뇌 부위에 따라 다르나 공통적으로 뇌압 증가로 인한 두통, 구토, 언어장애, 연하곤란, 고열, 안면마비, 반산마비, 의식장애 등이 나타난다.

표 8-22 | 뇌졸중의 위험요인

구분	위험인자
조절할 수 없는 위험인자	나이, 성, 출생 시 저체중, 유전적 요인
입증된 조절 가능한 위험인자	고혈압, 흡연, 당뇨병, 심방세동, 기타 심장 질환(심방세동, 심부전, 협심증, 급성 심근경색 등), 이상지질혈증, 무증상 경동맥 협착, 폐경 후 호르몬 치료, 식이와 영양, 신체활동, 비만
조절 가능한 잠재적 위험인자	대사증후군, 음주, 약물남용, 경구용 피임제, 수면 중 호흡 장애, 편두통, 고호모시스테인혈증, 과다 응고증, 염증, 감염증, 무증상 열공성 병변 및 백색질 변성

3) 뇌졸중의 치료

(1) 약물 및 수술치료

뇌졸중은 중요한 사망원인이며 심각한 불구를 남기는 질환이므로 예방이 가장 중요하다. 뇌졸중의 1차 예방은 뇌졸중이 한 번도 일어나지 않은 사람에게 정기검진을 통해 위험인자를 파악해 조절하는 것이고 2차 예방은 뇌졸중이 발생한 환자에게 위험인자 조절과 함께 항혈소판제제나 항응고제를 복용하는 것이다. 항혈소판제제는 동맥경화 상태의 혈관 벽에서 혈전을 방지하기 위해 투여한다. 대표적인 항혈소판제제로는 아스피린, 플라빅스, 티클리드, 플레탈 등이 있다. 항응고제는 심장질환에 의한 뇌색전증, 혈관 박리 등에 의한 뇌경색인 경우 피의 응고를 저지시키기 위해 사용한다. 과량 들어가는 경우 뇌출혈이 생길 위험이 있으므로 투여 중 여러 번 피검사를 하여 피의 응고 상태를 적정 수준으로 맞추어야 한다. 항응고제에는 주사제제인 헤파린과 경구용 쿠마딘이 있다.

두개 내의 뇌동맥이 심하게 좁아진 경우 약물요법만으로는 뇌졸중 재발을 막는데 역부족일 수 있다. 따라서 뇌동맥의 협착 정도 및 양상, 기타 환자 조건에 따라 좁아진 혈관을 넓혀주는 스텐트 삽입술이나 동맥경화 자체를 없애주는 경동맥 내막절제술을 시행하기도 한다.

뇌혈관이 막혀 뇌혈류가 차단되면 뇌조직은 불과 몇 시간 내에 돌이킬 수 없는 손상을 초래하므로, 수 시간 이내에 막힌 뇌혈관에 혈전용해제의 투여로 혈관을 막고 있는 혈전을 녹여, 뇌혈류를 재개시켜야 한다. 치료가 잘 되면 즉시 증상의 호전을 보이기 시작하여, 수일 이내 완전히 증상이 회복되는 것을 볼 수 있다. 무엇보다 중요한 것은 적어도 3시간 내지는 6시간 내에 치료를 시작할 수 있도록 시간을 놓치지 않는 것이 중요하다.

고혈압은 뇌졸중의 가장 중요한 원인이므로 혈압을 조절하면 뇌졸중의 발생 가능성을 크게 감소시킬 수 있다. 콜레스테롤이 높은 음식 섭취를 줄이고 규칙적인 운동과 흡연, 과도한 음주를 피해야 하며, 당뇨병이나 심장질환에 대해 정기적인 검진이 필요하다.

(2) 영양관리

뇌졸중은 영양관리를 통해 치료가 어려우므로 무엇보다 예방이 중요하다. 뇌졸중 진단 후에는 재발 위험이 9~12배 정도 높기 때문에 뇌졸중의 위험인자가 되는 고혈압, 이상지질혈증, 당뇨, 비만 등의 질환 조절을 위한 영양관리가 필요하다.

뇌졸중 환자의 23~90%에서 연하곤란증이 발생하고 이로 인해 기도흡입, 폐렴, 영양실조 등이 유발된다고 보고되고 있다. 뇌졸중 발병 후 급성기와 회복기의 영양관리는 다음과 같다.

① 급성기에 환자가 의식저하나 연하곤란(삼킴장애)이 심하여 입으로 음식 섭취를 하지 못하는 경우 관을 통해 영양공급을 하고, 차츰 삼키는 능력이 회복되면 단계별로 식사로 이행한다.

② 경구섭취가 가능하다 하더라도 음식을 씹거나 삼키는 데 어려움이 있다면 삼키는 기능에 따라 유동식 또는 연하보조식, 찬류를 곱게 다진 치아보조식, 일반식으로 진행되며, 환자가 씹거나 삼키는 연습을 할 수 있도록 음식의 질감이나 농도를 조절해 준다.

③ 하루에 6~8컵 정도의 충분한 수분을 섭취한다. 연하곤란이 있는 경우 묽은 물이나 음료는 흡인의 위험이 높으므로 빨대나 스푼을 이용하여 섭취하며 흡인의 위험이 높은 경우 점도증진제를 첨가하여 점도를 조절하는 것이 도움이 된다.

④ 재발을 방지하기 위해서는 고혈압, 당뇨, 이상지질혈증, 비만 등 위험인자를 줄이고 뇌졸중 예방을 위한 식사요법을 준수하도록 한다.

알아두기

심뇌혈관 질환 예방과 관리를 위한 9대 생활수칙

1. 담배는 반드시 끊는다.
2. 술은 하루에 한두 잔 이하로 줄인다.
3. 음식은 싱겁게 골고루 먹고, 채소와 생선을 충분히 섭취한다.
4. 가능한 한 매일 30분 이상 적절한 운동을 한다.
5. 적정 체중과 허리둘레를 유지한다.
6. 스트레스를 줄이고, 즐거운 마음으로 생활한다.
7. 정기적으로 혈압, 혈당, 콜레스테롤을 측정한다.
8. 고혈압, 당뇨병, 이상지질혈증(고지혈증)을 꾸준히 치료한다.
9. 뇌졸중, 심근경색증의 응급 증상을 숙지하고 발생 즉시 병원에 간다.

출처: 질병관리본부 www.cdc.go.kr

정리하기

1 심혈관계는 심장과 혈관으로 이루어진 기관으로 산소와 영양소를 비롯한 다양한 물질의 체내 운반의 역할을 담당하고 있다.

2 고혈압의 90% 이상은 본태성으로 원인을 알 수 없는 경우가 대부분이며, 유전적인 요인(가족력), 노화, 비만, 짜게 먹는 습관, 운동 부족, 스트레스 등이 위험인자로 알려져 있다. 나머지 5~10%는 원인이 명확한 이차성 고혈압에 해당된다. 고혈압은 뇌혈관 질환 및 심장혈관 질환과 아주 밀접한 관련이 있으므로 예방과 관리가 매우 중요하다. 정상체중 유지와 나트륨 제한, 알코올과 포화지방산 제한, 칼륨, 칼슘 및 마그네슘의 충분한 제공과 더불어 운동, 금연, 절주 등과 같은 생활요법은 고혈압 개선 효과가 매우 크다.

3 이상지질혈증은 지단백의 대사 이상에 의해 발생하는 질환으로 고콜레스테롤혈증, 고중성지방혈증, 낮은 고밀도(HDL) 콜레스테롤혈증 등의 형태로 나타나며, 심뇌혈관 질환의 주 원인이다. 과체중인 경우 총에너지 섭취량을 제한하며 증가된 지질의 종류에 따라 지방의 양과 종류, 콜레스테롤, 탄수화물 및 알코올 섭취량을 조절해야 한다.

4 동맥경화증은 혈관의 중간층에 퇴행성 변화가 일어나서 섬유화가 진행되고 혈관의 탄성이 줄어드는 노화현상의 일종이다. 죽상경화증은 혈관 내막에 콜레스테롤 침착 및 내피세포 증식으로 인해 죽종이 형성된 질환으로 발생 장기에 따라 뇌경색, 협심증 등으로 나타난다. 죽상경화증의 위험인자는 고혈압, 이상지질혈증, 흡연, 비만, 당뇨, 가족력, 연령 등이다. 죽상경화증의 예방과 치료를 위해 무엇보다 체중과 혈청 지질 수준을 정상범위로 유지하는 것이 중요하다.

5 허혈성 심질환은 심장에 혈액을 공급해주는 관상동맥이 좁아져서 심장근육의 일부에 혈액 공급이 부족하여 발생하는 질환으로, 협심증과 심근경색으로 구분된다. 허혈성 심질환의 치료목표는 협심증의 발생빈도를 줄이고 심근경색을 예방하는 것이며, 이를 위해 죽상동맥질환의 원인이 되는 고혈압, 당뇨, 이상지질혈증 등의 질환에 대한 치료와 금연, 적절한 운동, 체중 감량 및 콜레스테롤/포화지방산 섭취 제한, 충분한 섬유소 섭취 등의 생활습관 개선이 필요하다.

6 울혈성 심부전은 여러 원인으로 인해 심장이 신체 조직이나 기관에서 필요한 혈액(특히 산소)

을 공급할 수 없는 병태생리학적 상태이다. 울혈성 심부전환자의 영양관리 원칙은 심장의 부담을 최소로 하고 심근 수축력을 증가시키며 과잉의 체액 보유로 인한 부종을 제거하는 것이므로, 무엇보다 나트륨과 수분섭취 제한이 환자의 회복에 가장 중요한 요소이다. 또한 울혈성 심부전 환자는 대체로 식욕, 식사량 및 소화흡수능력 감소로 인한 극심한 영양불량과 심한 체중감소 및 체조직 소모가 나타나며, 이뇨제 사용으로 인한 수용성 비타민 손실이 나타나므로 영양결핍 해소를 위한 영양관리가 필요하다

7 뇌졸중은 뇌의 일부분에 혈액을 공급하는 혈관이 막히거나(뇌경색) 터짐(뇌출혈)으로써 그 부분의 뇌가 손상되어 나타나는 신경학적 증상이다. 뇌졸중의 위험요인은 나이, 성, 출생 시 저체중 및 유전적 요인, 고혈압, 흡연, 당뇨, 심장 질환, 대사증후군, 음주, 약물남용 등이 있다. 뇌졸중은 영양관리를 통한 치료가 어려우므로 무엇보다 예방이 중요하며, 뇌졸중 진단 후에는 재발 위험이 9~12배 정도 높기 때문에 뇌졸중의 위험인자가 되는 고혈압, 이상지질혈증, 당뇨, 비만 등의 질환 조절을 위한 영양관리가 필요하다.

Case study

고지혈, 고혈압의 비만환자

[질환 병력]

최근 건강검진 시 고지혈증을 진단받고 약물처방과 함께 영양교육이 의뢰된 52세 남자로 이전 병력은 없었고 가족력으로 뇌졸중 병력이 있는 아버지가 있다.

[1차 영양판정]

52세 남자 환자는 175.3 cm에 평소 체중은 78.2 kg이었으나 지난 6달 동안 체중 변화가 없었다. IBW 67.6 kg, BMI 25.5 kg/m^2, 표준체중 대비 115.7%로 1단계 비만이며 허리둘레는 92 cm 였다. 혈중 지질에 관련된 수치는 정상보다 높았다(T-chol 256 mg/dL, HDL-C 55 mg/dL, LDL-C 167 mg/dL, TG 81 mg/dL). 혈중 간기능 수치와 혈당 수치는 정상범위에 있었다(AST/ALT 39/40, 공복혈당 98 mg/dL). 처방 약물은 고혈압과 고지혈증 약을 1일 1회 복용하고 있었다. 혈압은 약물복용 전 153/95로 고혈압 증후를 보였다. 고지혈증 관련 영양교육을 받은 경험은 없었다. 평소 1일 3끼니 식사를 하지만 술자리가 주 3~4회로 잦은 편이며, 안주로 삼겹살이나 갈비, 곱창 등을 자주 섭취하고 있었다. 아침은 한식으로 식사를 하나 주 3~4회는 도넛 2개와 커피로 섭취하고, 점심은 주로 구내식당을 이용하며, 밥 1.5공기에 반찬을 골고루 섭취하는 편이다. 저녁은 회식이 없을 때는 퇴근 후 9시경 식사하고, 회식은 주로 술과 기름진 육류안주를 먹으며, 주중에 사무실에서 빵이나 도넛, 과자를 매일 1개 정도 먹으며, 믹스커피를 하루 5~6잔 섭취하고, 과일은 주말에 가끔 먹고, 유제품은 거의 안 먹는 편이다. 평소 섭취열량은 2,800 kcal, 탄수화물:단백질:지방=54:15:31, 포화지방은 60 g(총열량의 19%)이고 콜레스테롤은 350~400 mg 정도 섭취하고 있었다. 평소 건강에 대한 자신감으로 식사와 운동관리에 대한 중요성 인식과 정보 지식이 부족한 상태이나 교육 후 이해도와 식생활 변화 의지가 양호한 편이고, 식품 보충제는 섭취하지 않았다. 소주 2~3병씩 주 2~3회 섭취하고, 과거 흡연력 15년간 1갑/일이었으나 현재는 금연 중인 상태이다. 사무직으로 신체 활동량이 많지 않으며 규칙적인 운동이 거의 없다. 양호한 영양상태로 판정되었다. 영양필요량은 IBW를 기준으로 하여 목표로 2,000 kcal/70~80 g protein/day [30 kcal/1.0~1.2 g protein/Ideal Body Weight]를 근거로 산출하였다.

[1차 영양진단]

지방 섭취 과다는 적절한 지방 섭취에 관련한 식품영양 관련 지식 부족과 연관되어 있고, 그 증거는 지방 섭취 비율이 열량의 30%(권장 15~20%)인 것으로 확인할 수 있다. 알코올 섭취 과다는 잦은 회식(주 3~4회)과 연관되어 있고, 그 증거는 주 3~4회 소주 2~3병/일 섭취한 것이다.

[1차 영양중재]

지방 섭취 과다는 고지방 식품과 간식을 제한하도록 교육하고 기름진 육류를 주 2회, 고지방 간식 대신 저지방유제품을 섭취하도록 목표를 설정한다. 알코올 섭취 과다는 과량의 알코올 섭취의 문제점을 교육하고 주 2회, 2잔 이하로 목표로 설정한다. 1달 후 외래에서 추후 관리 예정이다.

[2차 영양판정]

현재 체중은 77.1 kg로 지난 1달 동안 −1 kg 정도 체중이 감소하고 IBW 67.6 kg, BMI 25.1 kg/m^2, 표준체중 대비 114.1%로 1단계 비만으로 허리둘레는 90 cm로 2 cm 줄었다. 혈중 지질은 한 달 전보다 낮아져서 정상범위에 있었다(T−chol 201 mg/dL, HDL−C 54 mg/dL, LDL−C 127 mg/dL, TG 83 mg/dL). 빵 대신 밥과 반찬 형태로 식사하려고 노력하였고 빵, 도넛과 과자는 주 1회 정도로 줄이고 과일은 주말에만, 유제품은 섭취하지 않았다. 회식은 주 2회로 줄이고 소주 1병 정도 섭취, 기름진 육류 대신 해산물 위주로 안주를 선택하고 있었다. 평소 섭취 열량은 2,200 kcal, 탄수화물:단백질:지방=55:17:28, 포화지방은 20 g(총열량의 9%)이다. 콜레스테롤 198 mg. 식생활 관리의 중요성을 인식하고 노력 중이나 술, 과일 섭취, 운동 등에 대해 실천의 어려움을 호소하고, 규칙적인 운동은 없었다.

[영양모니터링 및 평가]

기름진 육류 대신 해산물을 선택하였지만 저지방유제품은 섭취를 하지 않아 목표 일부 달성이라고 평가하였다. 알코올 섭취 주 2회, 2잔 이하는 소주 1병씩 주 2회 섭취하여 목표 일부 달성이라고 평가하였다.

[2차 영양진단]

영양 관련 권장 사항에 대한 순응도 부족은 변화를 실행하기 위한 의지 및 사회적 지지 부족과 연관되어 있고, 그 증거는 회식 중 알코올 권장사항과 저지방 유제품 섭취를 실행하지 못하는 것이다.

[2차 영양중재]

영양 관련 권장사항에 대한 순응도 동기 부여 강화, 자기 모니터링의 필요성과 방법을 제공하여 과일과 유제품의 매일 섭취와 알코올 섭취 주 2회, 2잔 이하를 목표로 하였다.

출처: 이정숙, 고지혈증 환자의 영양관리사례. 국민영양 2012. 12.

CLINICAL NUTRITION

CHAPTER

9

신장 질환과 영양

용어 정리

- **급성신장기능 상실(acute kidney failure, AKF)** 단기간의 신기능장애, 또는 갑작스럽게 심한 신기능의 장애 등과 관련됨
- **네프론(nephron)** 정상적인 신장의 기본적 기능단위로서, 네프론은 사구체와 세뇨관 두 부분으로 구성되어 있음
- **단백뇨증(proteinuria)** 요에 정상 수준 이상의 단백질이 존재하는 증상
- **만성신장질환(chronic kidney disease, CKD)** 3개월 이상 신장 손상 또는 사구체여과율(GFR)이 < 60 mL/min/1.73 m^2인 경우로, 신장 손상은 병리학적 이상 또는 손상표지(markers of damages)로 진단
- **미세단백뇨(microalbuminuria)** 요에서 알부민이 소량 새어 나오는 증상
- **복막염(peritonitis)** 복강을 덮고 있는 막의 염증
- **복막투석(peritoneal dialysis, PD)** 복막강을 투석액 보관장소로 이용하여 복막을 반투과성 막(semi-permeable membrane)으로 사용하여 과다한 체액과 용질을 통과시키는 신장대체요법
- **사구체(glomerulus)** 신장 안에 보우만주머니(Bowman's capsule)라 불리는 배 모양의 구조
- **사구체여과율(glomerular filtration rate, GFR)** 사구체의 여과능력을 평가하는 기준
- **삼투(osmosis)** 낮은 농도의 용질에서 보다 높은 용질의 농도로 반투막성 막을 통한 액체의 이동
- **신성골이영양증(renal osteodystrophy)** 만성신부전으로 인하여 칼슘, 인, 호르몬 등 대사 이상이 원인이 되어 생기는 뼈 관련 질환
- **신장증후군(nephrotic syndrome)** 1 일 3.5 g/일 이상 단백질이 요로 손실되며, 고지혈증, 그리고 부종과 함께 낮은 알부민 수준 (< 3.5 g/dL)을 보이는 임상적 상태
- **요독증 또는 요독증후군(uremia, uremic syndrome)** 만성신장질환이 진행됨에 따라 비정상적인 생화학적 과정의 결과로서 나타나는 증후군의 집합체이며 피로, 지연된 사고, 가려움증 등이 초기 증상
- **요산(uric acid)** 퓨린대사의 최종대사물로서 결정질(crystalline) 산을 생성하며 흔한 신장 결석의 성분
- **이차성(속발성) 부갑상선 기능항진증(secondary hyperparathyroidism)** 부갑상선 자체가 아니라 만성신부전이 원인으로 부갑상선 호르몬이 과잉 분비되어 혈중칼슘 농도가 필요 이상으로 상승되는 증상
- **지속적 신장대체요법(continuous renal replacement therapy, CRRT)** 급성신장기능상실(AKF)을 치료하는 데 이용하는 신장 대체요법의 하나로 특히 다기관 기능상실(multiple organ failure)의 경우에 사용
- **핍뇨(oliguria)** 요의 방출이 400 mL 이하인 상태로, 400 mL는 1일 대사적 노폐물 부하량을 운반해야 할 정상적인 요의 최소량
- **혈뇨(hematuria)** 요에 혈액이 존재함
- **혈액투석(hemodialysis, HD)** 반투과성 막에 의해 혈액으로부터 노폐물 또는 요독성의 독성물질을 여과하고 투석액에 의해 제거하는 신장대체요법
- **확산(diffusion)** 전해질이나 노폐물 등의 작은 물질이 농도가 높은 곳에서 낮은 곳으로 이동

1. 개요

우리나라 성인 9명당 1명이 만성신장질환chronic kidney disease, CKD 환자라고 추정되고 있지만 2017년 기준 치료를 받는 환자는 4.4 % 정도로 매우 적다. 또한 연평균 만성신장질환 환자의 수와 급여 총비율의 증가율은 각각 8.7%와 7.8%로 해마다 급격하게 증가하고 있다. 신장질환에 대한 치료 비용은 고혈압의 치료 비용과 비교하면 투석 전 만성신장질환은 4배, 마지막 단계인 말기 신부전end stage kidney disease, ESKD은 21배로, 만성신장질환은 환자 1인당 진료비가 1위인 고비용 질환이다. 임상현장에서는 신장kidney이라는 용어를 사용하고 있지만 최근 우리 말의 사용 권장과 환자 중심의 치료 관점으로 변경되면서 콩팥이라는 용어로 사용하는 추세이다. 이 장에서는 임상에서 사용하는 용어의 이해를 높이기 위해 신장이라는 단어를 사용한다.

2. 신장의 구조와 기능

신장은 체내의 노폐물을 배출하는 기능 이외에도 다양한 기능을 담당하고 있다. 신기능의 저하는 체내 대사에 영향을 주어 다양한 증상이 나타나고 회복이 되지 않아 만성적으로 진행하면 말기 상태가 되면서 투석이나 신장이식을 하게 된다. 따라서 신장질환의 종류와 증상에 따라 개별화된 임상영양치료가 시행되어야 한다.

1) 구조

신장은 두 개의 강낭콩 모양으로 허리 뒤쪽에 척추를 사이에 두고 좌우에 위치하고 있다. 신장은 주먹 정도의 크기로 무게는 120~170 g이며, 주로 사구체glomerulus

가 있는 피질과 세뇨관renal tubule이 있는 수질로 구성되어 있다[그림 9-1]. 신장의 기본 단위인 네프론nephron은 신소체와 세뇨관으로 되어 있으며, 신소체는 사구체와 보우만주머니Bowman's capsule로, 세뇨관은 근위세뇨관proximal convoluted tubule, 헨레고리loop of henle, 원위세뇨관distal convoluted tubule, 집합관collecting duct으로 각각

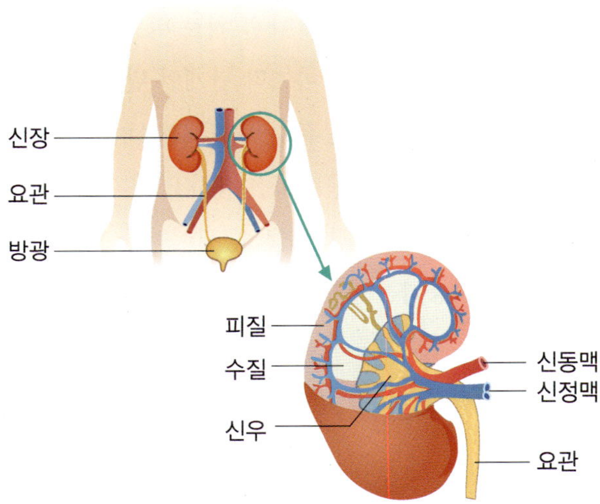

그림 9-1 | 신장의 구조

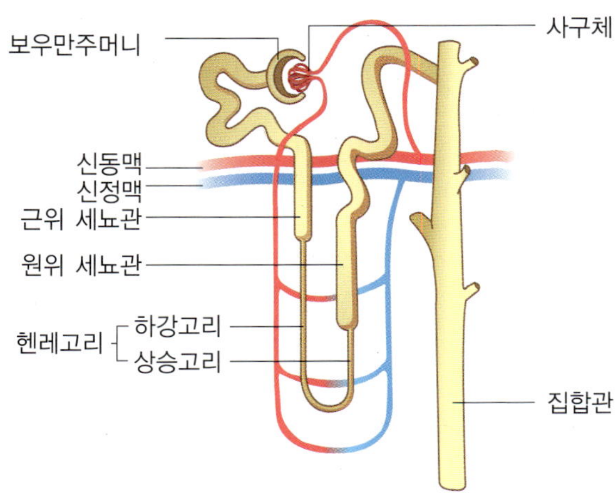

그림 9-2 | 네프론의 구조

구성된다[그림 9-2]. 사구체에서 혈액의 수분과 용질이 여과되어 보우만주머니로 모이면 인체에서 필요한 물질들은 세뇨관에서 모세혈관을 통해 체내로 다시 돌아가고, 나머지 노폐물은 더 굵은 관인 집합관을 거쳐 소변으로 배출된다.

2) 기능

신장은 노폐물을 체외로 배설하는 기능을 비롯하여 혈압조절, 수분, 전해질 및 산염기 평형조절, 조혈작용 등과 같이 중요한 대사를 조절하는 기능을 가지고 있다 〈표 9-1〉.

표 9-1 | 신장의 기능과 관련된 요인들

기능	관련된 요인들
혈압조절	레닌, 안지오텐신, 알도스테론, 항이뇨호르몬
수분평형	항이뇨호르몬
전해질 조절	알도스테론
조혈작용	에리스로포이에틴
대사산물, 약물, 독소 배출	요소, 암모니아, 크레아틴
칼슘 평형 유지	1, 25-디하이드록시 비타민 D_3

(1) 혈압, 수분, 전해질 및 산염기 평형 조절

신장은 혈액에서 노폐물을 거르고 소변을 형성하는 과정에서 세포외액의 부피와 삼투압, 전해질 농도, 산염기 평형을 조절한다[그림 9-3]. 레닌renin은 혈장 단백질인 안지오텐시노겐angiotensinogen으로부터 안지오텐신 Iangioten I으로 전환되는 것을 촉진한다. 폐에서 안지오텐신 I은 안지오텐신 IIangioten II로 전환되어 강력한 혈관수축제 역할을 함으로써 세동맥을 좁혀서 혈압을 증가시킨다. 그리고 안지오텐신

II는 부신피질로부터 알도스테론aldosterone이 분비되도록 자극하여 신장에서의 나트륨과 수분의 재흡수를 증가시켜 혈장의 부피가 증가되어 혈압이 상승하게 한다. 항이뇨 호르몬antidiuretic hormone, ADH인 바소프레신은 신장에서의 수분 재흡수 외에도 모세혈관을 수축하여 혈압을 높이는 기능을 한다[그림 9-4].

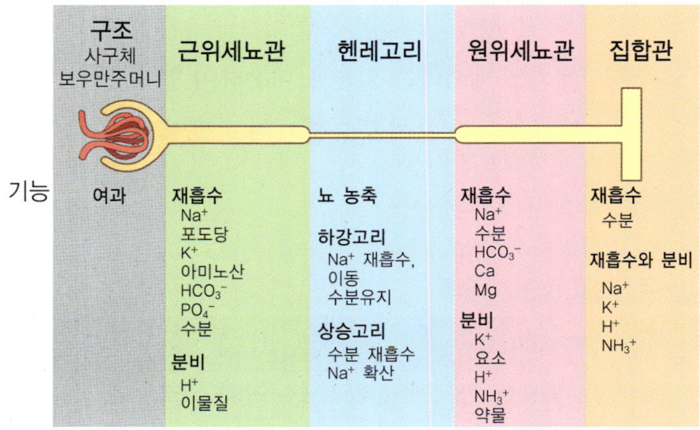

그림 9-3 | 세뇨관에서의 재흡수와 분비

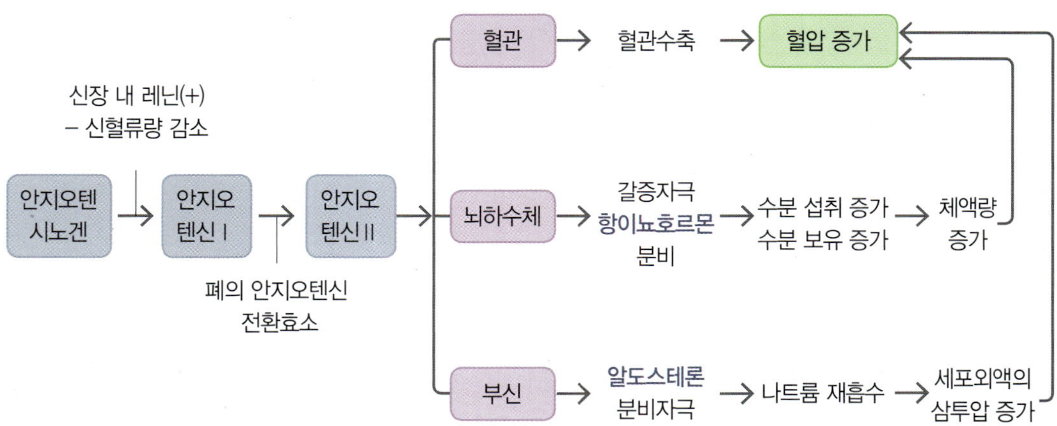

그림 9-4 | 레닌, 안지오텐신, 알도스테론 시스템

부신피질 호르몬인 알도스테론은 신장이 나트륨과 수분의 재흡수를 증가시키도록 유도한다. 뇌하수체 후엽에서 분비되는 항이뇨호르몬은 신장의 원위세뇨관과 집합관에 작용하여 수분의 재흡수를 촉진함으로써 소변의 양을 감소시킨다. 결과적으로 체액의 수분량 조절을 통해 삼투압 조절에 관여한다. 염분 섭취가 높은 경우, 세포외액의 증가로 혈압이 높아지면 신장은 사구체의 여과율을 높여 혈액량을 줄이지만, 알도스테론 분비를 억제하여 나트륨 재흡수율을 감소시킴으로써 소변 중 나트륨의 배설을 촉진한다. 또한 신장은 체내 대사산물인 산을 배출하고 알칼리는 재흡수하여 체액의 산도를 일정하게 유지한다.

(2) 조혈작용

신장의 피질에서 조혈인자인 에리스로포이에틴erythropoietin을 생성하여 적혈구를 분화, 증식, 성숙시킨다. 그러므로 신장기능이 저하되면 에리스로포이에틴의 감소로 빈혈이 나타날 수 있다.

(3) 배설 기능

대사과정에서 단백질로부터 생성된 암모니아는 혈액을 통해 간으로 운반된 후 독성이 적은 요소로 전환되어 소변으로 배설된다. 불필요한 대사산물의 배설은 사구체의 여과력에 따라 달라지므로 사구체의 여과력이 저하되면 혈액 내 노폐물의 농도가 상승한다. 사구체 질환들에서는 막의 손상으로 선택적 여과능력이 감소하여 단백뇨가 발생하게 된다. 보우만주머니를 통과한 원뇨(소변으로 농축되지 전의 체액)는 세뇨관을 통과하면서 인체에 필요한 물질은 재흡수되어 정맥순환계로 되돌아오고 인체에 불필요하거나 유해한 성분은 분비되어 소변을 만든다. 소변의 95%는 수분이고 고형성분의 50% 이상은 요소이며 나머지는 요산, 암모니아, 크레아티닌 등이다. 건강한 사람의 소변에서는 포도당과 단백질은 발견되지 않는다.

(4) 칼슘 평형 유지

신장은 칼슘, 인 그리고 비타민 D의 대사에 관여함으로써 골격형성과 무기질의 평형유지에 관여한다. 신장에는 25(OH)D_3이 1,25$(OH)_2D_3$으로 전환을 활성화하는 수산화효소1-hydroxylase가 존재한다. 1,25$(OH)_2D_3$은 혈액 내 인이나 칼슘의 농도가 저하하는 경우, 부갑상선호르몬parathyroid hormone, PTH의 분비량이 증가하여 소장 내 칼슘 흡수와 세뇨관의 칼슘 재흡수를 촉진한다. 또한 뼈에서의 칼슘의 용출을 증가시켜 혈중 칼슘 농도를 증가시킨다.

3. 신장 검사방법

1) 신장질환의 검사

신장질환은 소변검사와 혈액 성분 검사, 직접적인 신기능 검사 및 조직검사를 통해 진단한다. 이러한 검사를 통해 체내 어느 부분의 기능에 이상이 있는지를 알고, 치료방법을 결정한다.

(1) 소변검사

소변 분석은 단순하고 비교적 저렴한 검사방법으로 눈이나 현미경으로 관찰하고, 소변 성분들의 농도를 생화학적으로 분석하는 검사로 이루어진다〈표 9-2〉. 정상 소변은 색깔이 맑고 미색으로 약간의 냄새가 있고 pH는 4.5~8.0 정도이다. 탁한 소변은 다량의 단백질, 혈구, 세균 및 화농이 있는 것을 의미하며, 진한 색깔의 소변은 혈뇨나 과량의 빌리루빈bilirubin, 적혈구의 용혈과 헤모글로빈의 파괴로 형성되고 유로빌리노겐urobilinogen 형태로 신장에서 배설이 될 때 나타난다. 소변 중 적혈

표 9-2 | 소변검사

항목	정상 수치
소변의 색깔	미색
혼탁	투명
pH	4.6~8.0
포도당	없음
출혈	없음
세균	없음
적혈구, 백혈구, 결정체, 지방, 원주체	없음
단백질, 케톤, 빌리루빈	없음
나트륨	100~260 mEq/일
칼륨	25~100 mEq/일

구 배출은 신장염, 신결석, 요로계통의 질환에서 나타나고, 소변 중 백혈구의 배출은 신장에 염증이나 화농이 있을 때 나타난다.

(2) 혈액검사

신장질환이 있을 때는 혈중 요소, 요산, 크레아티닌, 칼륨, 나트륨, 인 등의 수준이 정상치 이상으로 상승하고, 총 단백질, 알부민, 칼슘 등의 수준은 정상치 이하로 떨어진다 〈표 9-3〉. 신장기능 저하 정도를 측정하는 방법은 신장의 청소율을 반영하는 사구체여과율glomerular filtration rate: GFR이다. 임상현장에서는 MDRDmodification of diet in renal disease 공식을 이용하여 신장의 기능을 평가한다.

표 9-3 | 신장질환에 따른 생화학적 지표

생화학적 지표	정상범위	신장질환에 따른 변화	대사적 요인
혈중요소질소 (blood urea nitrogen, BUN)	4~21 mg/dL	기능 저하 시 급격한 증가, 투석 시 안정적인 증가	• 단백질 섭취 과다 및 체내 이화작용으로 인한 증가 • 단백질 섭취 부족, 체액 손실 및 흡수불량 시 감소
크레아티닌	0.7~1.5 mg/dL	급·만성 신부전 증가	• 심근경색 및 근육 손상 시 증가 • 체내 근육량 손실 시 감소
총단백질	6.0~8.2 g/dL	신증후군 시 감소	• 영양불량 시 감소 • 백혈병 및 감염성 질환 시 감소
알부민	3.5~5.0 mg/dL	신증후군 시 감소	• 영양불량 및 간 질환 시 감소
나트륨	136~145 mmol/L	신장염으로 인한 감소	• 탈수 및 과다 수분 섭취로 인한 증감
칼륨	3.5~5.0 mmol/L	신부전 시 증가	• 조직 손상 및 소화관 출혈로 증가 • 흡수불량 및 체액 손실로 인한 감소
인	3.0~4.5 mg/dL	신부전 시 증가	• 비타민 D 섭취 수준, 부갑상선 기능 및 뼈 질환에 따른 증감
칼슘	9.0~10.5 mg/dL	인 수치 증가 시 감소	• 비타민 D 섭취 수준, 부갑상선 기능 및 뼈 질환에 따른 증감

(3) 영상의학검사

단순방사선 촬영, 신우 조영술, 초음파 검사, 컴퓨터 단층촬영과 자기공명영상을 통해 신장의 크기, 면적, 위치, 결석, 낭종 등의 이상 유무를 알 수 있다. 또한 신장조직검사를 통해 직접적으로 신장질환을 확인한다.

2) 신장 기능의 검사(renal function test)

신장의 기능은 신장혈장유량renal plasma flow, RPF, 사구체여과율, 근위세뇨관, 원위세뇨관/집합관의 기능을 종합적으로 검사하여 평가한다.

임상적으로는 사구체여과율이 신장 기능의 지표로서 가장 많이 이용된다. 사구체여과율의 정상수치는 약 100 mL/min이다. 즉 1분 동안에 약 100 mL의 혈장이 사구체에서 여과된다. 사구체에서 여과된 모든 양이 소변으로 버려지는 것이 아니라, 중간에 요세관에서 재흡수되거나 또는 역으로 요세관 속으로 분비되어 최종적으로 소변 양이 결정되는 것이다.

알아두기

사구체에서는 완전하게 여과되지만 요세관에서는 전혀 재흡수도 분비도 되지 않는 물질을 이용하여 그 물질의 청소율(clearance)을 계산함으로써 사구체여과율을 알 수 있다. 신장혈류량은 단위시간당(1분당) 양쪽 신장에 유입되는 혈장량을 나타낸다. 신장 혈류량은 1회의 신장순환에 의해 혈중에서 100% 제거되어, 모두 소변으로 배설되는 물질의 청소율을 구하는 것이다.
MDRD 공식은 미국에 거주하는 수천 명의 신장병 환자를 대상으로 연구하여 나온 공식으로서, 나이, 성별, 인종 및 혈청크레아티닌 농도를 알면 사구체 여과율을 쉽게 구할 수 있는 공식이다. 이 방법은 소변 수집이나 핵의학 검사 등 복잡한 검사를 하지 않고도 쉽게 사구체여과율을 계산하여 구할 수 있다는 장점이 있다.
대한신장학회(http://www.ksn.or.kr)에서는 MDRD 공식을 이용하여 사구체여과율을 계산하고 있는데, 혈청크레아티닌의 농도, 나이, 성별을 공식에 입력하면 개인의 사구체여과율이 자동으로 계산된다.

4. 신장질환의 종류와 증상

신장질환은 신장의 배설기능과 그 밖의 조절기능을 손상시킨다. 다양한 증상들은 비정상적으로 높은 혈중 요소, 전해질 및 다른 대사산물과 영양소 대사 변화로 인해 발현되므로 신장질환 치료에는 영양관리가 매우 중요하다. 신장질환 환자를 위한 영양관리의 목적은 단백질, 수분, 나트륨, 칼륨, 인 섭취를 조절하여 신기능 저하의 속도를 늦추고 증상을 개선하는 것이다. 또한 임상영양치료는 신장질환 환자에게서 흔히 나타나는 단백질-에너지 영양불량protein energy malnutrition, PEM과 심장혈관질환을 예방을 목적으로 한다. 신장질환은 신기능이 손상되는 원인과 그로 인한 증상 및 진행 과정 등에 따라 분류되는데, 신장의 기능이 지속적으로 저하되어 말기 신부전end-stage kidney disease, ESKD 상태에 이르면 투석dialysis이나 신장이식과 같은 신대체요법이 필요하다.

1) 신장질환의 일반적 증상과 영양관리

일반적 증상은 단백뇨로 소변 중 단백질이 1일 500 mg 이상인 경우 단백뇨라고 하며, 1일 150~500 mg인 경우는 미세단백뇨라고 한다. 또한 적혈구가 요로 많이 배출되는 경우 혈뇨를 보이기도 하는데, 신장염 외에 신결석, 요로 계통 질환에서 발생한다. 전해질, 수분의 균형이 깨지면서 부종이 생기기도 하며, 부종의 원인은 사구체 장애, 신혈류량 저하, 단백뇨 등이 있다. 또한 부종이 있는 경우 소변량이 감소하는 핍뇨가 발생하기도 하고 부종이 개선되면, 소변량이 많아지는 다뇨가 발생하기도 한다.

신장질환의 영양관리는 증상에 따라 상당히 복잡하지만, 노폐물이 혈액에 쌓이는 것을 방지하고 신장에 무리가 가지 않는 방향으로 접근하는 것이 핵심이다. 일반적인 신장질환을 위한 영양관리로는 단백질 제한, 나트륨 제한, 수분 제한, 칼륨 제한, 인 제한, 충분한 에너지 섭취, 칼슘, 철분 보충 등이 있다. 단백질 대사산물로 요소, 요산, 크레아티닌 등의 질소화합물이 주로 신장을 통해 배설되는데, 신장질환이 있는 경우 소변량이 감소함에 따라 질소화합물의 적절한 배설이 어려워 혈중에 쌓이게 된다. 따라서 양질의 저단백질 식사를 처방하여 질소 노폐물이 혈중에 쌓이는 것을 막아서 신장에 무리가 되지 않고, 체단백의 소모를 줄이도록 해야 한다. 신장 질환에서 핍뇨에 의한 나트륨 배설이 감소되므로 부종과 고혈압을 막기 위해 나트륨 제한이 필요하다. 또한 소변량이 감소하는 신장질환에서는 혈중 칼륨의 농도가 높아져 심장마비의 위험이 있으므로 칼륨을 제한하여야 하며, 신기능의 저하로 비타민 D의 활성화가 어려워 칼슘 흡수가 저해되므로 칼슘을 보충해주고 인 섭취를 제한하여야 한다. 신장질환에 따른 부종을 막기 위해 수분을 제한하기도 한다. 체조직단백질의 분해를 막기 위해 충분한 에너지 섭취를 권장하는데, 몸무게 1 kg당 25~40 kcal의 에너지 섭취를 권장한다. 에너지원으로는 신장에 무리가 되지 않는 당질이나 지방으로 섭취하도록 한다.

2) 신증후군

신증후군nephrotic syndrome은 사구체의 심각한 손상으로 인해 소변으로 단백질이 손실되어 나타나는 신장증상을 말한다. 혈장 단백질에 대한 투과성이 높아져서 일반적으로 하루에 3.5 g 이상 단백질이 손실되며 지속적으로 심각한 결과를 초래하면 만성신부전으로 발전될 수 있다.

(1) 원인

사구체 장애, 당뇨병성 신증, 면역성 질환, 감염, 약물 부작용, 암에 의해서 신증후군이 발생된다. 원인에 따라 재발될 수도 있으므로 단백뇨가 재발되지 않도록 지속적인 관리가 필요하다.

(2) 증상

여러 가지 증상들이 복합적으로 나타나는데 일반적으로 단백뇨proteinuria, 저알부민증, 고지혈증, 부종 등이 있다. 소변으로 손실되는 단백질을 보충하기 위해 간에서 단백질의 합성을 증가시키지만, 체내에서는 단백질의 손실과 불균형으로 인하여 식욕부진, 호흡곤란, 활동감소의 문제를 일으킨다. 혈장 단백질 중 가장 많은 양을 차지하는 알부민은 소변으로 손실되는 양도 가장 많은데, 소변으로 인한 알부민 손실은 저알부민증을 유발한다. 이와 같은 저알부민증과 나트륨 배설 이상 등은 체액이 혈장에서 세포간액으로 이동하여 부종이 발생할 수 있다. 간에서 보상작용으로 지단백의 합성이 증가하여 혈중 LDL-콜레스테롤과 총콜레스테롤 수치가 증가하여 이상지질혈증으로 동맥경화를 유발한다. 용혈을 담당하는 단백질의 소실로 말초혈관에서 혈전 생성과 폐색전증이 발생된다. 면역글로불린의 손실로 인해 감염의 위험이 높고, 뼈 성장과 유지에 관여하는 비타민 D 결합 단백질도 소변으로 손실되어 구루병이나 골격질환이 가속화되기도 한다. 신증후군이 지속되거나 자주 재발하여 단백뇨의 증상이 장기화되면 단백질-에너지 영양불량으로 인한 근육 소모가 초래된다[그림 9-5].

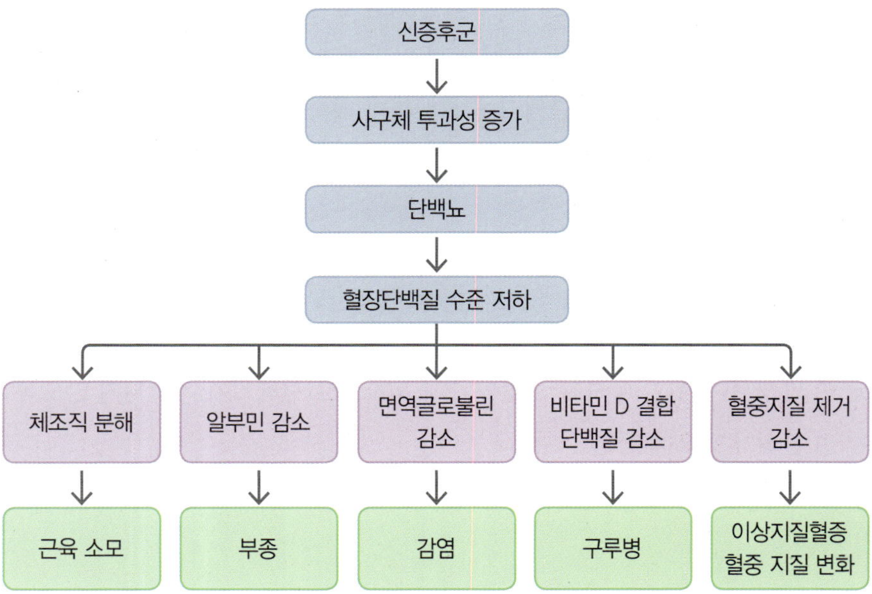

그림 9-5 | 신증후군에서 단백질 손실로 인한 대사적 결과

알아두기

신장질환에서 부종의 발생원인과 과정

혈장에서 알부민 감소(1 g/dL 이하) → 삼투압 저하 → 혈액으로부터 조직으로 수분 이동 → 혈액량 감소 → 혈압 감소 → 원위세뇨관에서 나트륨, 수분 재흡수 증가 → 부종

(3) 치료

신증후군의 진단은 임상증상과 검사소견으로 간단히 진단할 수 있으나, 정확한 진단을 위해서 신장 조직검사를 시행하기도 한다. 원인 질환을 치료하는 약제와 함께 이뇨제, 고지혈치료제, 안지오텐신전환효소 억제제, 스테로이드계 항염제 등을 사용하기도 한다.

(4) 영양관리

신증후군의 영양관리 목표는 적절한 영양을 공급하여 부종과 저알부민혈증 및 이상지혈증을 조절하고 만성신부전으로 진행하는 것을 예방하는 것이다. 단백뇨를 줄이고 혈압을 정상적으로 유지하며, 영양불량을 예방할 수 있는 식사를 계획한다.

① 에너지: 적정 수준의 에너지 섭취(35 kcal/kg/day)는 체중을 유지하고 단백질을 절약한다. 단백질의 효율적 이용을 위해 비단백질원의 열량원을 충분히 섭취한다. 건체중 감소나 감염이 있으면 추가적인 에너지 섭취를 고려한다.

② 단백질: 고단백식사는 소변으로 단백질 손실을 악화시키고 신장에 더 큰 손상을 줄 수 있어 단백질 섭취는 0.8~1.0 g/kg 표준체중/day로 조절하고, 양질의 단백질인 유제품, 어육류, 난류, 두유 등의 섭취를 권장한다.

③ 지질: 총에너지의 7% 이내로 포화지방의 섭취를 제한하고 트랜스지방산이 함유된 식품은 피하며 콜레스테롤은 200 mg 이내로 제한한다. 식사만으로 혈중 지질 수준을 조절하기는 어렵기 때문에 지질강하제가 함께 처방된다.

④ 비타민과 무기질: 미량영양소를 공급하기 위해 비타민 무기질 복합제제의 섭취를 권장하기도 한다. 특히 비타민 B_6, 비타민 B_{12}, 엽산, 철, 구리, 아연 등이 결핍될 수 있다. 뼈 손실을 예방하기 위해 칼슘(1,000~1,500 mg)과 비타민 D의 보충이 권장된다. 나트륨 섭취를 제한하면 부종 치료에 도움이 되므로 나트륨 섭취는 하루 1,000~2,000 mg 정도로 제한한다. 부종으로 인해 이뇨제가 처방되어 칼륨이 손실되므로 칼륨이 풍부한 식품을 섭취하는 것이 좋다. 칼륨은 특별히 제한하지 않으나 이뇨제를 사용하는 경우에는 혈중 칼륨 농도가 변하므로 잘 관찰하여 섭취량을 결정한다.

3) 사구체신염

사구체신염glomerulonephritis은 사구체 모세혈관에 염증이 일어나는 질환으로 3~10세 어린이에게서 주로 발생된다. 사구체신염에는 세균이나 바이러스 감염에 의하여 유발되는 급성 사구체신염과 서서히 사구체가 섬유화되는 만성 사구체신염이 있다.

(1) 원인

감염에 의한 항원에 항체와 보체가 결합하여 면역 복합체가 형성되면 사구체의 세포가 파괴되고 염증이 유발된다. 급성 형태는 대부분 완치되지만 잘 치료하지 않으면 이후에 만성으로 진행하면서 말기 신부전으로 악화될 수 있다.

(2) 증상

① 혈뇨와 단백뇨: 급성에서는 핍뇨, 혈뇨hematuria, 부종, 고혈압 등이 나타나지만 수 주일이나 수 개월 이내에 치료된다. 이후에 사구체여과율 저하, 고혈압 등 증상이 반복되면서 만성으로 진행되고 말기에는 요독증이 나타난다.

② 부종: 혈액량의 증가로 나트륨과 수분을 보유한다. 급성의 경우에는 감뇨, 무뇨증상anuria을 보인다.

③ 고혈압

④ 원주뇨cylinduria: 요에 있는 적혈구와 단백질이 응고되어 전plug 또는 원주cast를 형성하고 배설된다.

⑤ 기타 증세: 식욕부진, 사구체여과율 감소, 네프론 여과감소가 있다.

(3) 치료

대체로 휴식이 필요하며, 영양치료, 약물치료 등을 할 수 있다. 사구체신염이 만성으로 진행되는 것을 방지하는 염증 치료를 위해 적절한 항생제를 사용한다. 안정과 보온으로 신장의 부담을 줄이고 신혈류량을 확보하여 소변량을 늘리도록 한다.

(4) 영양관리

급성 사구체신염은 특별한 영양관리가 필요하지는 않으나, 좋은 영양상태를 유지하면서 만성으로 진행되는 것을 방지하는 것이 중요하다. 부종, 고혈압, 무뇨증이 없는 경우에는 나트륨을 제한하지 않아도 된다. 급성 사구체신염 초기에는 소변량이 감소하면서 혈중에 질소대사량이 증가하므로 0.6 g/kg으로 제한하고, 점차 소변량이 늘어나면 0.8~1.0 g/kg으로 늘리되 양질의 단백질 식품 위주로 공급한다.

만성 사구체신염의 경우에는 증상의 진행에 따라 적절한 영양과 단백질 공급을 통해 단백뇨와 체단백 손실을 감소시키고 부종, 고혈압, 구토 등의 증세를 완화시키도록 한다. 만성 사구체신염의 경우 구체적인 영양관리는 다음과 같다.

① 에너지: 단백질 이용을 효율적으로 하고 세포의 재생과 회복을 촉진하기 위해 충분한 열량을 공급한다(35 kcal/kg/day). 케톤증, 이상지질혈증, 체단백 분해, 심장질환을 예방하기 위해 신장에 부담을 주지 않는 탄수화물을 충분히

공급한다.

② 단백질: 혈중요소질소가 정상인 경우는 제한하지 않아도 된다. 그러나 혈중요소질소가 증가하고 감뇨현상이 일어나는 경우에는 몸무게 1 kg당 0.6 g의 단백질로 제한한다.

③ 나트륨: 감뇨의 정도에 따라 제한한다. 소변량이 감소하고 부종과 고혈압이 있다면 나트륨을 제한하고 소변 증가량에 따라 조절한다. 일반적으로 핍뇨기에는 1,000 mg 이내로 제한하고 이뇨기에는 1,000~2,000 mg, 회복 시에는 2,000~3,000 mg으로 공급한다.

④ 수분: 핍뇨기에는 전날 소변량에 500 mL를 더한 양으로 수분 섭취량을 제한하다가 이뇨기에 들어서면 1,000~1,500 mL으로 늘리고, 부종과 고혈압이 없어지는 회복기에는 수분을 자유롭게 섭취한다.

⑤ 칼륨: 심한 감뇨와 함께 혈중 칼륨이 증가하면 제한한다. 핍뇨기에는 칼륨 배설이 제한되어 고칼륨혈증으로 갑자기 심장질환을 초래할 수 있으므로 칼륨이 높은 식품을 제한한다.

4) 신부전

신부전renal failure은 급성 신부전과 만성 신부전으로 구분된다.

A. 급성 신부전

신기능이 급속히 손상되는 급성 신부전acute kidney failure은 손상의 정도는 다양하지만 즉각적인 처치를 받으면 대부분은 원상회복된다. 급성 신부전은 네프론의 사구체여과율이 감소하지만, 만성신부전은 기능을 하는 네프론의 수가 감소한다.

(1) 원인

중증 질환, 패혈증, 심한 상해에 의해서 이차적으로 급격하게 신장 손상이 생긴다. 원인에 따라 신전성prerenal, 신성intrarenal, 신후성postrenal의 세 가지 요인들로 분류한다〈표 9-4〉. 신전성은 심부전, 혈액 손실과 같은 상태에서 신장으로 들어오는 혈류 감소로 인해 사구체여과율이 감소하지만 다른 부위는 정상이므로 혈류량이 정상화되면 신장기능이 신속히 회복된다. 신성은 신장조직을 손상시키는 감염, 독성물질, 약물, 직접적인 외상으로 인하여 신기능이 서서히 회복된다. 신후성은 세뇨관 이하 부위의 폐쇄로 보우만주머니의 내압이 증가하여 사구체여과율이 감소하여 발생한다.

표 9-4 | 급성 신부전의 원인에 따른 발생빈도와 특징

신전성 (60~70%)	신성 (25~40%)	신후성 (5~10%)
• 저혈압, 혈액 부족: 화상, 패혈증, 쇼크, 소화기관 손상, 이뇨제 등 • 신동맥 장애: 혈전, 색전 • 심장 장애: 심장마비, 부정맥, 울혈성 심부전	• 혈관장애: 당뇨병, 겸상적혈구 빈혈 • 신장 내 침착: 염증, 종양, 결석 • 신장 손상: 감염, 약물, 대장균 식중독	• 요도나 방광 폐쇄: 종양, 결석, 외상 • 전립선 장애: 암 • 신장 혈관 혈전증 • 방광 장애: 방광 파열 • 임신

(2) 증상

급성 신부전 환자의 임상증상은 사구체여과율과 소변량에 따라 3단계로 나눈다. 초기에는 손상된 신장이 혈중 전해질, 산, 질소노폐물 수준을 조절하지 못하고 소변의 양이 크게 감소하는 핍뇨기oliguric phase이며, 소변을 배설하지 못하는 무뇨증으로 인해 부종이나 요독증이 나타난다. 이후 환자가 회복됨에 따라 요배설량이 증가하는 이뇨기diuretic phase가 나타나며, 서서히 신기능이 회복되는 회복기convalescent phase로 이행된다. 초기에는 나트륨, 수분, 칼륨의 보유가 많아서 조직이 손상되고, 혈중칼륨의 농도가 증가하며 식욕부진이 나타날 수 있다.

(3) 치료

급성 신부전의 치료는 수분과 전해질 균형을 회복하고 노폐물의 혈중농도를 최소화하기 위해서 약물, 투석, 식사요법을 병행한다. 의학적 치료와 식사처방은 환자의 상태에 따라 개별적으로 접근하여야 한다. 신장의 추가적인 손상을 방지하기 위해 손상을 유발한 원인에 대한 치료가 병행되어야 한다. 소변의 양에 따라 약물 투여량이 결정되고 고칼륨혈증, 저혈당증, 칼륨의 배설량에 따라 칼륨의 섭취에 주의한다.

(4) 영양관리

급성 신부전 환자를 위한 영양관리는 환자의 영양상태, 사구체여과율에 따른 급성 신부전 진행상태, 투석의 실시 여부, 요독증의 정도, 생화학적 검사 수치 및 신기능 정도에 따라 개별적으로 계획한다. 영양관리의 목표는 단백질, 에너지 필요량을 충족시키고 수분과 전해질의 균형을 회복하도록 하며, 요독증을 최소화하고 감염을 예방하는 데 있다.

초기 핍뇨기의 영양치료 목적은 수분과 전해질의 균형을 회복하고 이화작용을 예방하는 것으로 단백질, 나트륨, 칼륨, 인 등을 제한한다. 탄수화물은 적절한 에너지 공급을 위하여 충분히 공급한다. 이뇨기에는 신장이 기능을 회복하고 노폐물, 수분, 나트륨, 칼륨의 배설량이 증가할 수 있으므로 수분을 충분히 섭취하도록 한다. 단백질은 혈중요소질소와 크레아티닌의 수치가 회복될 때까지 제한한다.

① 에너지: 급성 신장 손상은 과대사증 및 근육소모 등을 동반하는 이화상태이므로 충분한 에너지를 공급하도록 한다. 초기에는 25~35 kcal/kg 표준체중의 에너지를 공급할 수 있고 체중 변화를 관찰하면서 적절한 에너지 섭취가 이루어지도록 한다. 주로 당질과 지방으로 섭취하도록 한다.

② 단백질: 단백질은 신장에 부담을 주지만 가능한 질소평형과 근육의 소모를 막

기 위해 충분한 단백질을 섭취하며 신장기능, 이화 정도, 투석 여부에 따라 단백질 섭취량을 결정한다. 투석을 받지 않거나 신기능이 저하된 환자에게는 단백질 섭취를 0.6~0.8 g/kg으로 제한한다. 투석을 하거나 신기능이 회복된 환자에게는 1.2~1.3 g/kg으로 단백질 섭취를 늘인다. 패혈증이 있거나 근육이화가 심한 환자는 단백질을 더 많이 섭취하고 질소성 노폐물의 배설을 위해 투석을 병행한다.

③ 전해질: 칼륨과 인의 혈중 농도를 정확하게 검사하여 적절한 전해질 섭취량을 결정한다. 나트륨은 부종과 고혈압 예방을 위해 제한하며, 핍뇨증이 있으면 나트륨 섭취를 2~3 g/kg으로 제한한다. 이뇨기에 있는 환자는 소변으로 전해질이 배설되기 때문에 검사 결과를 확인하면서 전해질을 보충한다.

④ 수분: 핍뇨증이던 환자가 회복되면서 세뇨관 재흡수 능력이 회복되지 못하면 다량의 수분이 배설되는 이뇨증이 초기에 나타나기도 한다. 이때 수분이 고갈되거나 전해질 불균형이 오지 않도록 주의한다.

⑤ 영양집중지원: 환자가 식욕부진이나 구토로 인해 적절한 영양섭취를 하지 못하는 경우에는 적극적인 영양지원을 한다. 감염이나 패혈증의 위험이 있는 경우에는 경장영양을 권장하고 극심한 영양불량 상태이거나 위장관을 사용하지 못하는 경우 중심정맥영양으로 시행한다.

B. 만성 신부전

만성 신부전chronic kidney failure은 급성 신부전과 달리 점진적이고 비가역적으로 신장기능이 손상되는 만성 신장질환이다. 신장은 기능적으로 예비력이 커서 수년간 특별한 증상이 없이 진행되어서 신장기능이 많이 저하된 상태에서 진단을 받는 환자들이 많다. 만성 신장질환의 진행은 사구체여과율과 알부민뇨albuminuria에 따라 진단되고 분류된다〈표 9-5〉. 지속적으로 신장 기능이 손상되어 사구체여과율이 15 mL/min/1.73m^2 미만으로 저하되면 신대체요법renal replacement therapy, RRT을 필요로 하는 말기 신부전 상태가 된다.

표 9-5 | 사구체여과율에 따른 만성신장질환의 진단과 분류에 따른 실천

병기 (stage)	사구체여과율 (mL/min/1.73cm^2)	진단	실천
만성 신부전 위험군	≥ 60	만성신장질환의 위험인자 동반	검진, 위험인자 줄이기
1	≥ 90	정상 또는 증가된 사구체여과율과 동반된 신장 손상	진단과 치료, 동반 질환 치료, 악화속도 완화, 심혈관계 위험인자 줄이기
2	60~89	경미한 사구체여과율 감소와 동반된 신장 손상	악화 속도 평가
3	30~59	중등도의 사구체여과율 감소	합병증 평가와 치료
4	15~29	사구체여과율 감소	신대체요법 준비
5	< 15 또는 투석	신장기능 상실	신대체요법 실시

출처: Kidney Disease Improving Global Outcome, Kidney Disease Improving Global Outcome KDIGO, 2012

알아두기

당뇨병 환자의 알부민뇨를 검사하면서 만성신장질환의 정도를 진단하고 보다 적극적인 치료를 한다. 다음은 사구체여과율과 알부민뇨 기준에 따른 만성신장질환의 예후를 예측하는 기준이다.

알부민뇨에 따른 구분	알부민 배설률 (mg/24시간)	소변 알부민 크레아티닌 비(mg/g)	진단
A1	< 30	< 30	정상 또는 경미한 증가
A2	30~300	30~300	중등도 증가
A3	> 300	> 300	심한 증가

1: 저위험(초록색) 2: 중등도 증가된 위험(노란색) 3: 위험도(주황색) 4: 심한 고위험(빨간색)				지속적인 알부민뇨		
				A1	A2	A3
				정상 또는 약간 증가	중등도 증가	심한 증가
				< 30 mg/g	30~300 mg/g	> 300 mg/g
사구체 여과율에 따른 범주	G1	정상 또는 높음	≥ 90	1	2	3
	G2	약간 감소	60~89	1	2	3
	G3a	약간 감소에서 중등도 감소	45~59	2	3	4
	G3b	중등도 감소에서 심한 감소	30~44	3	4	4
	G4	심한 감소	15~29	4	4	4
	G5	신장기능 상실	< 15	4	4	4

(1) 원인

말기 신부전 질환은 당뇨병(만성 신부전의 43%), 고혈압(만성 신부전의 26%), 만성 사구체신염 순서로 말기 신부전이 생기고, 이외에 신장의 염증성, 신결석, 급성 신부전, 면역성, 유전 질환들에 의해 유발되기도 한다. 최근 당뇨병 환자가 증가하면서 당뇨병성 신증도 증가하고 있다. 당뇨병성 신증 초기에는 요단백 검사에서는 단백질이 검출되지 않지만 좀 작은 단위인 알부민이 소변으로 빠져 나온다. 당뇨병 합병증을 예방하기 위해 정규적으로 알부민뇨를 검사하여 적극적으로 엄격한 혈당과 혈압 치료를 하면 신장질환의 진행을 늦출 수 있다.

(2) 진행 과정과 치료

만성 신장질환은 3개월 이상 신기능 손상이나 사구체여과율이 GFR < 60mL/min/1.73 cm^2가 되는 것으로 정의하며, 원인, 사구체여과율 수치와 알부민뇨의 수치 등을 기준으로 만성 신부전의 병기stage를 나눌 수 있다.

① 2단계: 경도 신기능 저하

별다른 증상은 없고 혈중요소질소와 크레아티닌 수준도 정상 수준이지만 신기능이 정상 수준에 비해 50% 이상 떨어지고 여과율이 60 mL/min으로 유지되는 시기이다. 이 단계에서는 환자의 혈당 관리가 필요하고 단백질의 섭취는 1.0~1.2 g/kg 표준체중/day를 유지한다.

② 3a단계: 중등도 신기능 저하(전기)

환자의 신기능이 60% 이상 손실되고 사구체여과율이 45 mL/min 정도로 감소된 단계로,혈중요소질소와 크레아티닌 수준이 약간 증가한다. 이 시기의 환자에게서는 빈혈과 고혈압이 발생하기도 한다. 엄격한 혈당관리와 혈압강하요법이 필요하며, 저단백식사와 염분섭취를 제한한다.

③ 3b단계: 중등도 신기능 저하(후기)

환자의 신기능의 70%가 손실되며, 사구체여과율이 30 mL/min까지 감소한다. 수분, 산–염기 균형을 유지하기가 어려워 칼륨을 경도로 제한한다.

④ 4단계: 심한 신기능 저하

환자의 신기능이 80%가 손실되면서 사구체여과율이 15 mL/min까지 감소한다. 환자의 혈중요소질소와 크레아티닌 수치가 증가하면서, 이 시기에 환자는 식욕부진과 피로감을 호소한다. 단백질의 섭취는 0.6~0.8 g/kg 표준체중/day로 하고 염분과 칼륨을 엄격하게 제한한다.

⑤ 5단계: 말기 신부전

환자의 신기능이 90~100%가 손실되고 사구체여과율이 15 mL/min 미만으로 감소한다. 이 시기의 환자는 불면증, 구토, 가려움증 호흡곤란 등의 요독 증상이 심해지며, 신장 대체요법을 하지 않으면 사망에 이르기도 한다. 투석 종류나 신장이식에 따라 식사요법을 하여 좋은 영양상태를 유지하여야 한다.

(3) 증상

정상적으로 기능을 하는 네프론의 수가 점차 감소하면서 신장은 기능을 상실하게 되며 신장 내의 혈액순환이 감소하고, 사구체여과율이 감소하고 요독 증상도 나타난다. 초기에는 식욕부진, 피로감, 두통, 메스꺼움, 구토, 단백뇨, 혈뇨 등이 나타나기도 한다. 비정상적인 칼슘, 인의 대사에 의해 뼈질환이 나타나기도 하며, 지질, 에너지 대사에도 이상이 생겨 심장질환, 고혈압 등이 발생하기도 한다〈표 9-6〉.

① 전해질과 호르몬의 불균형

사구체여과율이 감소해도 남아 있는 네프론의 작용이 증가하여 전해질 배출이 충분히 유지된다. 따라서 만성 신부전 G2, G3a 단계까지는 수분과 전해질 불균형이 나타나지 않을 수 있다. 호르몬들도 변화에 적응하여 전해질 수준의 조절에 도움이 되지만 이는 또 다른 문제를 발생시킨다. 대표적으로 알도스테론의 분비가 증가하여 혈청 칼륨의 증가를 막아 주지만 수분 과잉이나 고혈압을 발생시킬 수 있다. 부갑상선 호르몬의 분비가 증가하여 혈청 인의 증가를 저해하고, 그에 따른 뼈 손실과 신성골이영양증renal osteodystrohpy을 일으킨다. 전해질 불균형은 사구체여과율이 극단적으로 낮을 때, 호르몬의 적응이 불충분할 때, 수분과 전해질 섭취가 지극히 제한적이거나 과잉일 때 나타날 수 있다.

신장은 산-염기 평형 유지 기능을 담당하므로 만성 신장질환에서는 흔히 산증acidosis이 나타난다. 일반적으로 경증이지만 산증은 신성 골질환을 악화시키는데, 단백질과 인산 같은 뼈를 형성하는 화합물이 혈중의 산을 완충하기 위해 분비된다.

② 요독증후군

요독증uremia은 일반적으로 사구체여과율이 15 mL/min/1.73m^2 미만으로 떨어지는 말기신부전 단계에 발생한다. 신기능이 감소함에 따라 혈중에 질소 노폐물이 쌓여 초기에는 이뇨증, 메스꺼움, 수면장애, 피로감, 소화장애 등이 나타나고 신부전증이 진행됨에 따라 부종, 가려움증, 근육경련, 신경증 등이 발생한다.

③ 단백질-에너지 영양불량

식욕부진으로 인해 식사섭취가 불량하여 단백질-에너지 영양불량과 근육소모가 흔히 나타난다. 말기 신부전환자의 식욕부진은 호르몬 장애, 오심, 구토, 엄격한 식이제한, 요독증, 약물치료로 인해 더욱 악화된다. 정기적인 투석과 혈액 손실로 인한 영양소의 손실도 영양불량을 초래한다. 더욱이 만성 신부전은 단백질 손실을 가져오는 이화상태를 유발하므로 근육조직의 소모가 동반된다.

표 9-6 | 만성 신부전의 임상적 증상

조직 또는 기관	임상 증상
소화기계	구강건조, 구내염, 설염, 위염, 흡수불량, 오심, 구토, 소화기계 출혈
피부	소양증, 건조한 피부와 모발, 발적
내분비계	에리스로포이에틴 생성이 어려워 빈혈 발생, 활성형 비타민 D 감소에 따른 골격질환, 성장, 생식, 혈당 조절 등에 영향
순환계	수분, 전해질 불균형에 의한 고혈압, 부정맥, 심근비대, 부갑상선 호르몬 과다분비로 인한 동맥 및 심근 석회화
중앙 신경계	초기에는 오한, 과민성, 인지기능 변화, 후기에는 경련, 감각, 결손, 발작
조혈계	혈소판 혈액응고 관련 요소 결함에 의해 위장관 출혈, 빈혈 등
면역계	감염위험 증가, 피부색소 침착 등
골격계	골격성장 부진, 구루병, 골연화증, 골다공증

(4) 치료와 영양관리

치료의 목적은 질병의 진행을 늦추고, 증상을 예방하고 완화하는 것이다.

① 약물치료

만성 신장질환의 진행을 지연시키고 일부 합병증의 치료를 위해서 다양한 약제가 사용된다. 대표적인 약제로는 항고혈압제, 이뇨제, 인결합제, 항고칼륨제 및 조혈제가 있다〈표 9-7〉.

표 9-7 | 신장질환 치료 시 사용하는 약물

분류		약물 기전	약물 부작용
항고혈압제	알파 차단제	평활근을 수축시키는 알파수용체를 차단하여 혈관을 확장	기립성 저혈압, 현기증, 두통, 실신, 심계항진
	베타 차단제	베타-아드레날린 수용체를 특이하게 차단	서맥성 부정맥, 심부전, 협심증, 만성기관지염, 중성지방 증가
	칼슘 길항제	혈관과 심장의 세포막의 칼슘 채널에 적용하여 혈관을 확장	변비, 부종, 두통, 빠른 심장박동
	안지오텐신 전환효소(ACE) 억제제	안지오텐신Ⅰ로부터 강력한 혈관 수축과 알도스테론 분비를 유발하여 혈압을 상승시키는 안지오텐신Ⅱ로 전환되는 것을 저해하여 강력한 혈관 확장을 유발	저혈압, 부종, 고칼륨혈증, 마른 기침, 안면홍조
이뇨제	티아자이드 루프	세뇨관에서 나트륨 흡수를 감소시킴	저칼륨혈증, 저나트륨혈증, 혈당 상승
	칼륨 보유	피질 집합관과 후기 원위세뇨관에서 알도스테론 효과를 길항하여 집합관에서 나트륨 흡수를 감소시킴	고칼륨혈증
인결합제	탄산칼슘 제산제 칼슘아세트산	인의 흡수를 억제하여 배설을 촉진시킴	변비, 고칼슘혈증

분류		약물 기전	약물 부작용
항고칼륨제	양이온교환수지	칼륨 배설을 촉진	식욕부진, 위 불편감, 구토
조혈제	에리스로포이에틴	조혈 호르몬 공급	위장출혈
철분제	헤모콘틴	혈색소 상승	위장관 부작용

② 영양관리

- 에너지: 이상 체중을 유지하고, 단백질을 효과적으로 이용하기 위하여 충분한 에너지를 공급한다. 60세 이상은 30~35 kcal/kg, 60세 미만은 35 kcal/kg으로 제공한다. 비단백 열량(불포화지방, 탄수화물)의 공급을 권장한다.
- 단백질: 하루 0.6~0.8 g/kg 이하로 단백질 섭취를 제한하여 질소노폐물의 축적과 요독증을 예방한다. 단백질의 50% 이상은 고생물가 급원(육류, 가금류, 달걀, 우유)으로 섭취한다.
- 수분, 전해질: 수분, 전해질 섭취를 조절하여 혈압, 혈액의 나트륨 농도 변화를 조절하여 고혈압, 부종, 수분 부족을 예방한다.
- 칼륨: 고칼륨혈증은 사구체여과율이 15 mL/min 이하로 감소된 경우 자주 발생한다. 채소, 과일 등 칼륨이 풍부한 식품, 안지오텐신 전환효소, 이뇨제 등의 복용 등 원인을 파악하여 칼륨 섭취를 제한한다.
- 비타민, 무기질: 보충제를 섭취하여 엽산, 활성 비타민 D 등을 공급한다. 나트륨은 1,000~3,000 mg으로 제한한다.

5) 투석

말기 신부전 상태가 되면 생명 유지를 위해 투석이나 신장이식을 하여야 한다. 투석은 혈액이 반투과성 막을 통과하여 확산diffusion, 삼투osmosis, 한외여과ultrafiltration의 과정을 이용하여 과잉의 수분과 노폐물을 제거하는 것이다. 대표적 투석방법에는 혈액투석hemodialysis과 복막투석peritoneal dialysis 두 가지가 있다.

알아두기

투석의 원리

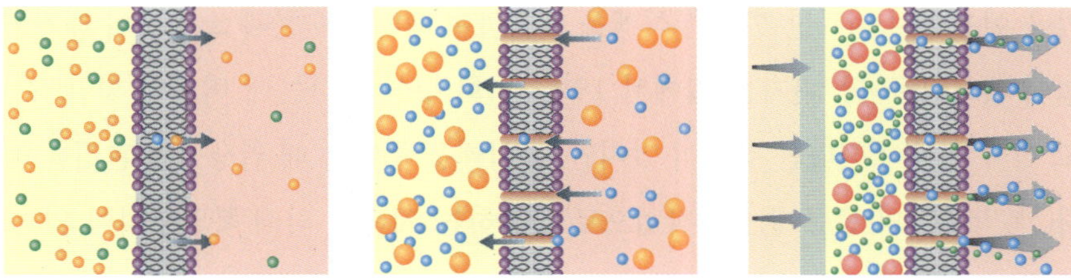

- 확산(diffusion): 전해질이나 노폐물 등의 작은 물질이 농도가 높은 곳에서 낮은 곳으로 이동한다.
- 삼투(osmosis): 물이 물질의 농도가 낮은 곳에서 높은 곳으로 이동한다.
- 한외여과(ultrafiltration): 압력이 가해져서 반투과막의 구멍을 통해 물과 작은 물질이 이동한다.

(1) 혈액투석

혈액투석hemodialysis은 반투과성 막이 있는 인공신장기를 통해 과잉의 수분과 노폐물을 제거한다[그림 9-6]. 일반적으로 1 주일에 3 회, 3~5 시간 동안 전문의료기관에서 혈액투석을 시행하며 수분 및 전해질 균형과 요독증은 호전되지만 지속적인

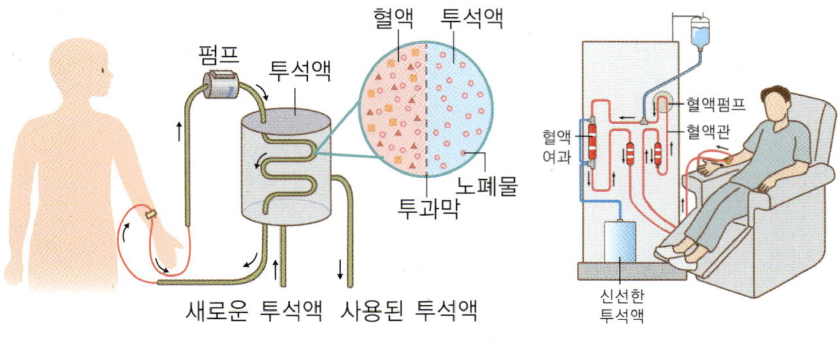

그림 9-6 | 혈액투석 장비와 원리

식사요법과 적절한 약물복용이 동반되어야 한다.

(2) 복막투석

복막투석peritoneal dialysis은 투석액을 환자 자신의 복강에 주입하여 수 시간 동안 복막을 이용하여 여과한 후에 투석액을 배출하여 체내의 수분과 노폐물이 제거되는 방법이다[그림 9-7]. 환자는 집에서 1일 3~4회 투석을 하는데 비교적 혈압조절이 쉽고 식사 제한이 적다는 장점이 있지만, 투석액을 주입할 때 위생적인 관리를 해야 한다. 복막투석의 종류에는 수작업으로 교환하는 지속적 외래 복막투석이 있는데, 최근에는 자동복막투석기를 이용하는 지속적·주기적 복막투석과 야간의 간헐적 복막투석을 통해 비교적 자유롭게 일상생활을 할 수 있다.

혈액투석과 복막투석의 특성과 장단점을 고려하여 담당 의사와 상의하여 환자가 적절한 투석방법을 선택하도록 한다〈표 9-8〉. 일반적으로 자가 관리가 어려운 환자들에게는 혈액투석을 추천하고 혈액투석 병원과의 접근성이 떨어지는 환자들은 복막투석을 우선적으로 고려할 수 있다.

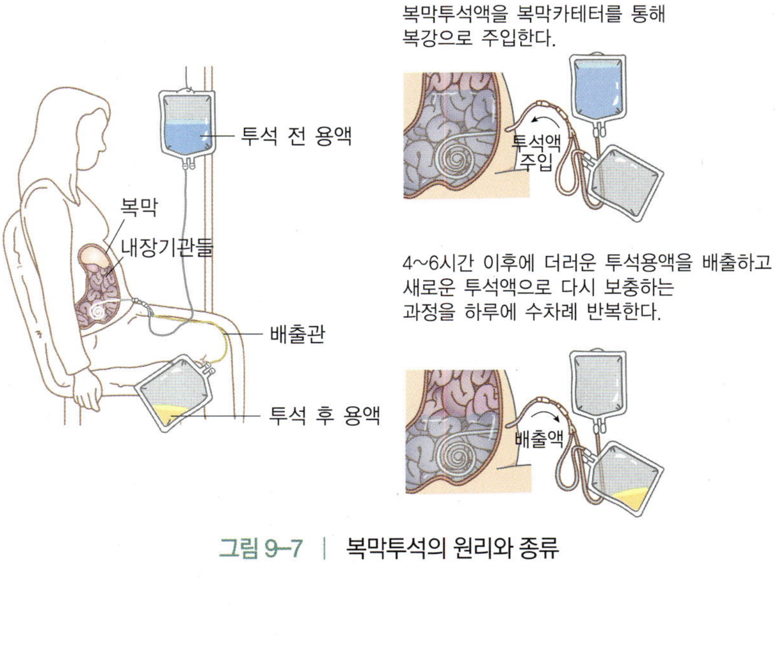

그림 9-7 | 복막투석의 원리와 종류

표 9-8 | 혈액투석과 복막투석의 장단점 비교

장단점	혈액투석	복막투석
장점	• 병원에서 의료진이 직접 투석을 시행하므로 노인이나 자가 관리가 어려운 환자도 투석이 가능하다. • 대사장애 교정이 빠르다. • 잔여 신기능이 없고 체격이 큰 환자도 적정 용질 제거율 달성이 가능하다. • 의료진이 규칙적으로 모니터링한다.	• 가정과 직장에서도 투석액 교환이 가능하다. • 잔여 신기능이 오랫동안 유지된다. • 체격이 적은 소아나 혈관이 좋지 않은 환자도 투석이 가능하다. • 투석 중 저혈압이나 부정맥이 적다. • 혈액성 감염이 적다. • 지속적인 요독과 수분 제거가 가능하다.
단점	• 병원과 투석 스케줄의 제약을 받는다. • 혈관 접근로 확보가 중요하다. • 혈관 감염 위험이 있다. • 투석 중 저혈압, 부정맥, 심혈관계 스트레스가 증가한다. • 항응고제 투여에 따르는 출혈, 헤파인에 의한 혈소판감소증의 위험이 있다. • 투석 간에는 요독과 수분이 축적된다.	• 용질 제거 효율이 낮다. • 도관을 통한 감염의 위험이 있다. • 포도당 흡수로 인해 혈당 상승, 비만, 고지혈증 등 대사성 부작용이 증가한다. • 복막의 손상과 변형으로 장기간의 복막투석을 시행하기 어렵다. • 복막수술 병력이나 유착이 심한 경우에는 시행이 어렵다.

(3) 투석환자의 영양관리

신장질환의 진행 정도, 합병증, 생화학 지표 및 영양상태에 따라 개별적인 영양관리가 필요하다. 투석 종류에 따라 영양지침이 다르므로 치료 단계별로 영양관리를 하여야 한다 〈표 9-9〉.

표 9-9 | 투석환자의 영양관리

영양소	투석 전	혈액투석	복막투석
열량(kcal/kg체중)	60세 미만은 35, 60세 이상은 30~35		
단순당질	• 부족한 열량을 보충하기 위해 이용 • 에너지를 지질, 탄수화물로부터 섭취토록 권장		투석액으로부터 흡수되는 열량을 고려
단백질(g/kg체중)	0.6~0.8 (50% 이상 질 높은 단백질로 섭취)	1.2~1.4 (50% 이상 질 높은 단백질로 섭취)	1.3~1.5 (50% 이상 질 높은 단백질로 섭취)

영양소	투석 전	혈액투석	복막투석
지방	정상적인 혈중지질 농도 유지가 가능한 수준으로 섭취		
칼륨(mg/일)	고칼륨혈증 전까지 제한하지 않음	혈중 수치에 따라 1,500~2,500	혈중 수치에 따라 2,500 내외
인(mg/일)	혈중 수치나 부갑상선 호르몬 수준에 따라 800~1,000		
칼슘(mg/일)	1,000~1,500	의사처방에 따름	의사처방에 따름
나트륨(mg/일)	1,000~3,000		2,000~4,000
수분(mL/일)	정상적인 소변 시 제한하지 않음	소변량 + 500~1,000	부종이 없으면 제한하지 않음
비타민		투석으로 인한 손실을 보충하기 위해 공급	

① 투석 전(만성 신부전) 영양관리

정상체중과 좋은 영양상태를 유지하기 위해서는 충분한 열량섭취가 기본이며 식사량이 부족한 경우에는 열량보충군(사탕, 꿀, 설탕 등)이 필요하다. 그러나 혈당조절이 필요한 당뇨병 환자는 열량보충군 대신 지방군(참기름, 들기름, 콩기름, 올리브유 등)을 조리 시 적절히 사용하여 충분한 열량을 섭취하도록 한다. 투석 전 식사는 혈압조절, 혈당조절과 더불어 잔여 신기능을 보존하기 위해 나트륨을 엄격히 조절하고 단백질의 섭취를 적절한 양으로 줄이며 필요시 칼륨과 인 및 수분을 조절한다.

② 혈액투석 영양관리

혈액투석 식사는 인공신장기를 이용하여 혈액으로부터 노폐물뿐만 아니라 몸에 필요한 아미노산이나 수용성 비타민이 손실되는 것을 고려하여 충분한 단백질과 열량 등을 공급해야 한다. 수분 부족, 부종 등을 막아주고, 혈액의 전해질 균형을 유지하며, 요독증, 합병증이 일어나지 않도록 영양치료를 실행한다. 특히 투석 중에 손실되기 쉬운 수용성 비타민을 보충해준다. 개인의 체격조건, 투석 간의 체중 증가, 투석의 종류와 횟수, 혈액검사 결과, 식욕 정도, 식품기호도 등을 고려하여 열량, 단백질, 전해질, 수분 등을 적절히 조절하는 개별적인 영양관리가 필요하다.

③ 복막투석 영양관리

복막투석은 지속적으로 복막투석액을 주입하고 배출하여 노폐물과 전해질의 농도가 거의 일정하게 유지되는 장점이 있지만, 복막투석액으로 손실되는 단백질량을 보충하기 위하여 고단백 식사가 필요하다. 1일 필요 열량은 포도당 투석액의 교환 횟수, 투석액의 양, 투석액의 농도에 따라 열량공급량을 설정하며 환자의 체격 및 잔여 신기능도 고려해야 한다. 일반적으로 투석액에 포함된 덱스트로오스의 70~80%가 체내로 흡수된다고 보며, 복막투석액으로부터 얻는 열량은 300~800 kcal 정도 되므로 열량 산정 시 고려하고 단순당 섭취를 제한한다. 복막염이 있는 경우에는 과량의 영양소 손실, 복통으로 인한 식사섭취 부족으로 인해 영양불량의 위험이 매우 높아 적극적인 영양지원이 필요하다.

④ 투석환자의 영양소별 영양치료

- 열량: 적절한 체중을 유지하고 근육 소모를 방지할 수 있는 충분한 열량을 섭취하도록 한다. 제한된 식품 선택과 식욕부진으로 영양불량인 환자는 에너지가 높은 간식과 경구보충제를 섭취하도록 권장한다. 복막투석 시 사용하는 투석액에는 수분을 제거하기 위해 포도당이 복강으로 흡수되므로 에너지 섭취량을 조절하여야 한다. 장기적으로 과잉의 열량 섭취를 하게 되면 체중 증가와 중성지방의 수치를 높이게 되므로 당질 섭취를 조절한다.
- 단백질: 투석 전에는 질소 대사물을 줄이기 위해 저단백 식사를 권장하였지만, 투석 이후에는 근육 소모를 방지하도록 필수아미노산을 함유한 질 좋은 단백질을 섭취하도록 하고 단백질 함량을 낮춘 식품을 사용할 수 있다. 투석을 시작하면 투석을 통해 질소 노폐물이 제거되고 투석 시 손실되는 아미노산을 보충하기 위해 충분한 단백질 섭취를 하도록 한다.
- 지질: 혈중 지질을 조절하고 심장질환의 위험을 줄이기 위해 포화지방, 트랜스지방산, 콜레스테롤 대신 불포화지방산을 함유한 식품을 선택하도록 한다. 부

족한 열량을 보충하기 위해 식물성 지방을 조리할 때 사용하도록 권장한다.

- 나트륨과 수분: 신장질환의 진행에 따라 소변량이 감소하거나 부종이 심한 경우에는 수분과 함께 나트륨도 제한한다. 투석을 하면서 허용되는 체중 증가 범위 안에서 수분과 염분이 들어간 음식을 조절한다.
- 칼륨: 신장질환의 진행에 따라서 고칼륨혈증을 보이면 칼륨이 많이 들어간 식품을 제한하거나 칼륨을 제거하는 조리를 하도록 한다. 칼륨을 배출하게 하는 이뇨제를 사용하거나 구강섭취의 부족, 구토나 설사로 인해 저칼륨혈증을 보이면 칼륨 보충이 필요할 수도 있다. 혈액투석 환자는 일반적으로 칼륨 섭취를 제한하고, 복막투석은 칼륨 제한이 덜 엄격하지만 혈청 칼륨 수준, 신기능, 치료약물, 투석의 정도에 따라 조정이 필요하다. 저염소금 중에는 칼륨을 함유한 제품이 있으므로 사용에 주의하도록 한다.
- 칼슘, 인, 비타민 D: 골격질환을 예방하기 위해 칼슘과 인의 섭취를 조절하여야 한다. 혈청 칼슘, 인, 부갑상선 호르몬의 수준에 따라 비타민 D를 보충한다. 일반적으로 단백질 식품에는 인의 함량도 높아서 단백질 섭취가 증가하면 식사와 같이 인결합제를 복용하여야 한다.
- 철: 에리스로포이에틴 생산의 감소, 위장관 출혈, 철 흡수 저하, 투석으로 인한 혈액 손실로 혈액투석 환자에게서는 빈혈이 많이 발생한다. 빈혈의 수치를 관찰하면서 철분과 에리스로포이에틴을 보충한다.
- 기타 비타민: 신장 질환용 비타민제를 복용한다. 충분한 양의 엽산, 비타민 B_6 및 권장섭취량 수준의 수용성 비타민을 선택하고 비타민 C, 비타민 A의 보충은 권하지 않는다.
- 영양집중 지원: 식사로 섭취가 부족한 환자에게 영양지원을 하도록 한다. 신장질환 환자용 경구보충제는 투석 유무에 따라 단백질의 함량이 다르지만, 일반 보충제와 다르게 에너지 밀도가 높고 전해질 농도가 낮다. 심각한 영양불량 환자들에게 혈액투석을 하면서 정맥영양액을 정맥으로 주입하거나 아미노산을 함유한 복막투석액을 사용할 수 있다.

6) 신장이식

신장이식kidney transplantation은 말기 신장질환 환자에게서 투석을 대체할 수 있는 가장 선호되는 방법이다[그림 9-8]. 신장이식은 생체 신장이식과 사체 신장이식으로 나뉜다. 생체 신장이식은 친족 등의 건강한 제공자로부터 신장을 이식받는 것으로, 조혈시간이 짧아서 수술 후 신속하게 배뇨할 수 있게 되고 생착률이 높으며 양호한 신장 기능을 기대할 수 있다. 반면에 사체 신장이식은 뇌사 또는 심장이 정지된 제공자로부터 신장을 이식받는 것으로 조혈시간이 길어서 조직 붕괴의 진행에 의한 요세관 괴사가 일어나는 경우가 있어, 이식 후 일시적으로 투석이 필요할 수 있고 생체 신장이식에 비해 생착률이 낮다. 이식한 신장의 기능이 저하된 경우, 재이식 또는 투석을 다시 하기도 한다. 성공적인 이식은 삶의 질이 향상되고 식사도 자유롭게 섭취할 수 있지만, 이식 후 조직 거부를 예방하기 위해 면역억제제를 평생 동안 투여받아야 한다. 또한 이식 이후에는 감염의 위험이 있어 식품의 안전에 주의하고 일부의 경우 약물의 부작용으로 고혈압, 이상지질혈증, 당뇨병의 증상이 나타날 수 있으므로 지속적인 관찰이 필요하다.

(1) 신장이식 직후 식사

이식 직후에는 수술로 인한 스트레스와 이화작용으로 열량과 단백질의 요구량이 증가한다. 단백질은 음의 단백질 균형negative nitrogen balance을 예방하기 위하여 체중 1 kg당 1.3~1.5 g 정도를 권장하며 에너지는 체중 1 kg당 30~35 kcal가 권장되지만 단백질 요구량이 많아지고 당불내성도 보일 수 있다. 전해질 불균형과 수분 보유가 있을 수 있어 혈청 전해질 수치를 지속적으로 관찰하고 면역저하를 고려해 식품안전에 유의하여야 한다. 혈액 내 칼륨 수치를 주의 깊게 관찰하고 저마그네슘과 저인산혈증이 나타나면 약물을 조정하거나 식사로 보충을 한다.

(2) 신장이식 후 식사

퇴원 후에는 이식 전과 달리 엄격한 식사 제한은 필요하지 않지만, 이식 거부반응을 막기 위해 복용하는 면역억제제가 비만, 당뇨병, 고지혈증으로 인한 심혈관계 질환 등을 초래할 수 있으므로 식사조절이 필요할 수 있다. 약물로 인한 식욕 증가와 이식 후 식사 제한이 완화되면서 체중이 증가할 수 있는데, 이는 혈압상승, 고지혈증, 고혈당을 유발할 수 있다. 허혈성 심장질환과 뇌졸중 등의 동맥경화성 질환은 신장이식 환자의 주요 사망원인이 되므로 이식 초기부터 체중 관리를 위한 식사조절이 필요하다. 또한 장기간의 약물로 인한 골다공증과 결석을 예방하기 위해 적절한 칼슘과 수분을 섭취한다. 회복기에는 적절한 체중을 유지하기 위한 에너지를 섭취한다.

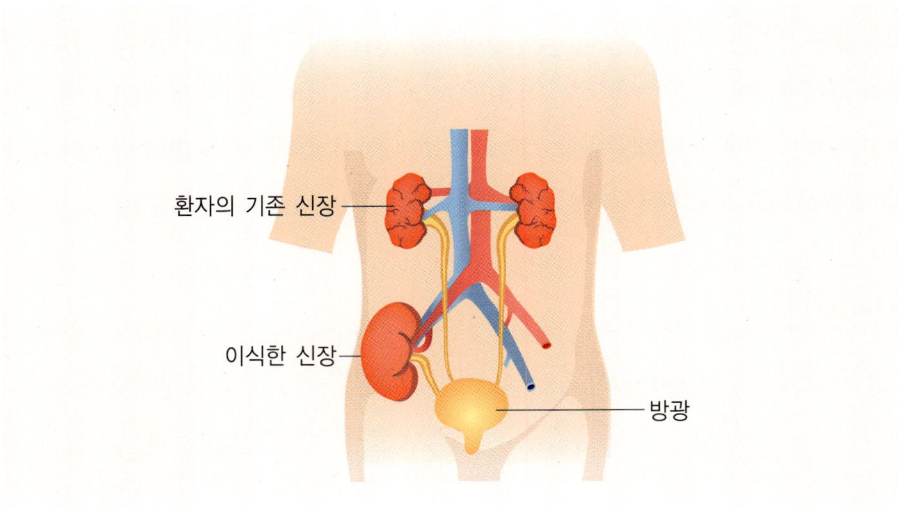

그림 9-8 | 신장이식

7) 신장질환을 위한 식품교환표의 이용

식사계획 시 신장질환을 위한 단백질, 나트륨, 칼륨, 인 등의 영양소를 조절할 수 있는 식품교환표를 이용한다〈표 9-10〉. 식품교환표란 일상생활에서 섭취하고 있는 식품들을 영양소의 구성이 비슷한 것끼리 나누어 곡류군, 어육류군, 채소군, 지방군, 우유군, 과일군 열량 보충군의 7가지 식품군으로 묶은 표이다. 곡류군은 주식, 어육류군과 채소군은 부식, 지방군은 조리용 기름으로, 우유군, 과일군, 열량보충군은 간식으로 이용하여 식사를 쉽게 계획하고 7가지의 식품군을 적절히 끼니별로 배분하여 섭취할 수 있도록 한다. 식품의 칼륨 함량을 고려하여 채소군과 과일군은 다시 3개의 소군으로 분류되고 다량의 나트륨이나 칼륨을 함유한 식품은 별도로 표시하고 있다. 심한 단백질 제한의 경우 부족한 에너지를 보충하기 위해 섭취할 수 있는 열량보충식품도 포함되어 있다.

같은 식품군 안에 있는 식품들은 영양소의 구성이 비슷하므로 서로 바꾸어 먹을 수 있다. 1회 섭취량이나 교환단위 등을 기준으로 영양소 함량이 비슷한 분량을 정하여 그 양을 '1교환단위'라고 한다. 같은 식품군 내에서 같은 교환단위끼리는 서로 자유롭게 바꾸어 먹을 수 있다.

표 9-10 | 신장 질환 식품교환표(1교환단위의 영양소 함량)

구분		단백질(g)	나트륨(mg)	칼륨(mg)	인(mg)	열량(kcal)
곡류군		2	2	30	30	100
어육류군		8	50	120	90	75
채소군	저함량	1	미량	100	20	20
	중등함량			200		
	고함량			400		
지방군		0	0	0	0	45
우유군		6	100	300	180	125
과일군	저함량	미량	미량	100	20	50
	중등함량			200		
	고함량			400		
열량보충군		0	3	20	5	100

5. 요도 질환

1) 신장결석

신장결석kidney stone은 소변 성분의 일부가 침전되고 결정화되어 요관 내에 형성되는 결정성 물질이다. 신결석의 발생률을 보면 남자가 여자보다 3~4배 더 많고 나이는 20~30대가 많으며 어린이는 드물다. 주로 수산칼슘calcium oxalate 결석이 가장 흔하고, 요산uric acid결석, 시스틴 결석, 인산칼슘 결석 등이 있다.

(1) 원인

결석의 생성 및 성장 원인은 다양하지만〈표 9-11〉, 가장 중요한 원인은 소변 내 결석 구성 성분의 농도 증가이다. 박테리아에 의한 요도감염, 가족력 등도 요인이 될 수 있다. 수산칼슘이나 인산칼슘의 칼슘결석이 전체 결석의 80%를 차지하고 나머지는 요산결석, 시스틴 결석 등이 있다.

표 9-11 | 결석 형성 위험요인

결석위험 증가요인	결석위험 감소요인
• 요 부피 감소 • 수산 • 요산 • 칼슘	• 소변의 양 증가 • 시트레이트(citrate) • 당단백(glycoprotein) • 마그네슘

(2) 결석의 종류

① 칼슘결석(수산칼슘 또는 인산칼슘)

칼슘결석은 신장결석 환자의 75% 정도를 차지한다. 칼슘결석은 대사상의 이상으로 골격에서 칼슘 재흡수가 증가하거나 식이 칼슘양의 증가로 흡수가 증가하여 혈중칼슘 농도가 높아져 요칼슘 배설량이 증가하여 발생한다. 수산염 함유식품으로 과일 중에서는 딸기, 포도, 건포도, 무화과, 오얏 등이 있으며, 채소로는 콩류, 순무, 샐러리, 가지, 케일, 고추, 시금치, 호박, 고구마, 토마토, 부추 등이 있고, 견과류에는 땅콩, 아몬드 등이 있으며 코코아, 맥주, 차 등에도 많이 함유되어 있다.

② 스트루비트 결석(Struvite stone)

칼슘결석 다음으로 많으며 결석 환자의 15%가 스트루비트 결석이다. 마그네슘 인산암모늄($MgNH_4PO_4$)으로 이루어져 있으며, 여성에게서 많이 발생한다. 감염균인 기회감염균proteusmirabilis은 요소를 암모니아로 가수분해하는 효소를 함유하고 있으며, 요도의 감염 시 많이 발생한다. 암모니아 농도가 높은 경우 스트루비트 침전과 결석이 증가한다.

③ 요산 결석(uric acid stone)

결석 환자의 6%에 해당하며, 퓨린 대사에 이상이 있는 경우에 발생한다. 고칼슘뇨증, 탈수 또는 과도한 산성뇨 등이 원인이 된다. 아스피린, 프로벤probene과 같은 약물을 이용하여 요산을 제거한다.

④ 시스틴 결석(cystine stone)

결석환자의 1~2%가 시스틴 결석이며, 유전적 문제로 인하여 아미노산의 이동이 원활하지 않아 신세뇨관에서 시스틴의 재흡수가 안 되고 요로 배설되어 결석을 형성한다. 메티오닌 섭취량을 감소시킴으로써 시스틴 농도를 낮출 수 있다.

(3) 증상

신장에 결석이 형성되어도 일반적으로 별다른 증상은 없지만, 이 결정이 요관을 통과하면서 심한 통증을 유발한다. 또한 요관을 막으면 감염이나 급성 신장손상을 일으킬 수 있다.

(4) 치료

결석의 크기나 형성되는 위치에 따라 치료법은 다양하다. 결석의 직경이 1 cm보다 작고 표면이 매끈한 것은 저절로 빠져나올 수 있으므로, 수분 섭취를 증가시키는 것이 도움이 된다. 체외충격파쇄석술이나 비뇨기과적 쇄석술을 시행하여 결석을 분쇄하여 제거한다.

(5) 영양관리

신장결석의 종류에 따라 제한해야 하는 영양소가 다르나 〈표 9-12〉, 원인과 관계없이 소변을 희석하기 위해 2,000 mL 이상의 물을 섭취하는 것을 권장한다.

표 9-12 | 신장결석 환자의 식이요법

결석의 종류	권장식이 원칙	요의 pH에 따른 식사 지침
• 칼슘 – 인산 – 수산	• 저칼슘식(400 mg) –저인식(1,000~1,200 mg) –저수산식	산성 식품
스트루비트	저인식(1,000~1,200 mg)	산성 식품
요산	저퓨린식	알칼리성 식품
시스틴	저메티오닌식	알칼리성 식품

① 수산칼슘 결석과 인산칼슘 결석

칼슘 섭취는 600~800 mg 정도로 권장하고 식사의 수산 함량 〈표 9-13〉을 제한하여 수산 배설량을 감소하도록 한다. 단백질과 나트륨이 많은 식사는 소변의 칼슘 배설을 증가시킨다. 비타민 C의 50%가 수산으로 전환되므로 비타민 C의 섭취량은 권장량을 넘지 않도록 한다. 저인 식사와 인 결합 약물을 사용하여 인산 결석의 형성을 방지한다.

② 요산 결석

퓨린 대사에 문제가 있는 통풍 환자에게 퓨린을 제한하여 소변으로 배설되는 요산의 양을 조절한다. 요산 결석은 pH 5.5 이하의 소변에서 잘 형성되므로 소변의 pH를 높이기 위해 알칼리성 식품(채소, 과일, 우유 등)과 수분의 섭취가 필요하다.

③ 시스틴 결석

다량의 수분 섭취를 통해 시스틴 결석을 예방할 수 있으나 시스틴 형성을 감소시키는 약물을 필요로 하는 경우도 있다. 알칼리성에서 시스틴 용해도가 증가하므로 지나친 산성식품을 피한다.

표 9-13 | 식품 중의 수산 함량(100 g당)

식품군	적은 식품(2 mg)	보통 식품(2~10 mg)	많은 식품(10 mg 이상)
음료	병맥주, 콜라, 위스키, 껍질 제거한 레몬수, 백포도주, 적포도주	커피(1일 2잔 이하)	생맥주, 차, 코코아
우유	전유, 저지방유, 허용된 과일을 함유한 유산균 음료	–	–
어육류	계란, 치즈, 쇠고기, 돼지고기, 가금류, 생선, 조개류	정어리	토마토소스가 첨가된 구운 육류요리, 땅콩버터, 두부
채소류	알양배추, 콜리플라워, 버섯, 양파, 완두콩(생, 냉동), 감자, 무	아스파라거스, 브로콜리, 당근, 옥수수, 오이, 완두콩 통조림, 양상추, 토마토	콩, 겨자, 사탕무, 오크라, 셀러리, 파슬리, 실파, 부추, 가지, 꽃상추, 근대, 케일, 물냉이, 고구마, 시금치, 호박
과일류	사과주스, 아보카도, 바나나, 자몽, 청포도, 망고, 멜론, 수박, 포도, 서양오얏	사과, 건포도, 오렌지, 복숭아, 배, 파인애플, 자두	블랙베리, 블루베리, 딸기, 레몬껍질, 라임껍질, 오렌지껍질, 귤
전분류	마카로니, 국수, 밥, 빵, 스파게티	옥수수빵, 토마토소스 스파게티	과일 케이크, 옥수수, 밀의 배아
지방류	베이컨, 마요네즈, 샐러드드레싱, 식물성유, 버터, 마가린	–	견과류, 땅콩, 아몬드, 캐슈넛, 호두
기타	코코넛, 젤리, 소금, 후추, 설탕	–	초코렛, 코코아, 식물성 수프, 토마토 수프, 마말레이드

2) 요도감염(urinary tract infection)

일반적으로 방광염에 의해 발생할 수 있으며, 젊은 여성에게 흔히 발생한다. 해부학적인 이유로 여성에게서 발생하기 쉽지만 기저 질환을 가지고 있는 노인이나 선천적인 기형을 가지고 있는 소아에게도 발생할 수 있다.

(1) 원인과 증상

여성은 요도가 짧아 쉽게 외부의 대장균 등의 박테리아에 의해 감염이 되기 쉽다. 배뇨에 장애가 생기거나 탈수상태가 되면 소변의 흐름이 저하되면서 면역이 저하되면 세균이 증식되어 요로감염의 원인이 된다. 급성 신우신염의 경우 발열, 오한, 통증, 오심, 구토 증상이 있고 배뇨 시 통증이나 빈뇨가 나타난다. 급성과 달리 만성으로 진행되면 특이적인 증상보다는 요농축 장애, 고혈압이 나타날 수도 있다.

(2) 치료

급성 신우신염의 치료는 항생제를 사용하면 일반적으로 7~10일 이내에 회복된다. 충분한 수분을 섭취하여 소변을 희석시키고 충분한 비타민 C를 주어 요를 산성화시킨다. 요도감염은 결석 형성의 원인이 될 수 있으므로 초기에 치료한다. 재발이 되어 만성 신우신염에서 신부전으로 진행되면 약물 투여, 식사요법, 투석요법이 필요할 수도 있다.

정리하기

1 신장은 노폐물을 체외로 배설하는 기능과 중요한 대사를 조절하는 기능을 가진다.

2 신장질환은 소변검사와 혈액성분 검사, 직접적인 신기능검사 및 조직검사를 통해 진단한다.

3 신장의 기능이 지속적으로 저하되어 말기 신부전 상태에 이르면 투석이나 신장이식과 같은 신대체요법이 필요하다.

4 신장질환은 진행 정도, 합병증, 생화학 지표 및 영양상태에 따라 개별적인 영양관리가 필요하다.

5 식사계획 시 신장질환을 위한 단백질, 나트륨, 칼륨, 인 등의 영양소를 조절할 수 있는 식품교환표를 이용한다.

6 요도기관 내 결석의 종류에 따라 제한해야 하는 영양소가 다르나 원인과 관계없이 소변을 희석하기 위해 2,000 mL 이상의 물을 섭취하는 것을 권장한다.

Case study

칼륨(K)과 혈당 조절이 필요한 만성신부전 환자

[질환 병력]

10년 전부터 고혈압으로 약물을 복용하고 있었고 7년 전 당뇨병 진단을 받고 관리 중이다. 최근 당뇨병성 신장질환으로 진단받았다. 가족력으로 아버지가 49세에 심근경색으로 사망하고 어머니는 당뇨병과 고혈압으로, 여동생은 고혈압으로 치료를 받고 있다.

[1차 영양판정]

76세 남자 환자는 157.8 cm에 평소 체중은 65.2 kg이고 최근 6개월 동안 체중 변화는 없다. IBW 54.8 kg, 조정체중 56.7 kg, BMI 26.2 kg/m^2, 표준체중 대비 119 %로 비만 1단계로 평가되었다. 혈중 단백질 영양지표, 빈혈지표와 지질수치는 정상범위에 있었다(total protein/albumin 7.4/4.0, Hgb 13, T-chol/TG 206/205). 신장기능 관련 수치는 정상에서 벗어나 있었다(BUN/Cr 26/1.77, MDRD GFR 37.6, Uric acid 7.3 mg/dL, P 3.5 mmol/L, K 5.8 mmol/L). 혈당에 관련된 수치는 과거에 비해 상승하는 추세이다(당화혈색소 6.8% → 8.2%). 처방 약물은 혈압조절약, 경구혈당강하제, 중간형 인슐린(30~32IU), 칼륨조절제(Kalimate)를 처방받았다. 당뇨병 진단 초기에 단체 당뇨식사교육을 받은 적은 있지만 최근 당뇨병성 신장질환으로 진단되어 개인 영양교육이 의뢰되었다. 당뇨병을 진단받은 이후 잡곡밥 1공기 정도와 편식 없이 식사를 규칙적으로 하는 편이다. 의치를 사용 중이나 씹는 데 문제가 없다. 매끼 나물이나 쌈채 2~3가지와 식후에 과일 섭취 각종 김치 그리고 된장국이나 찌개 등을 먹고 있었다. 최근에는 토마토, 참외를 먹고 오후에는 고구마, 감자 등을 2개 정도 먹고 매일 아침에 우유 1컵을 먹고 있다. 평소 섭취 열량은 1,800 kcal, 탄수화물:단백질:지방=74:11:15, 다양한 대중 매체를 통해 채소, 고구마, 과일이 섬유소가 많아 당뇨에 좋다고 해서 더 많이 섭취하고 있었다. 식품보충제 섭취는 없었고 알코올 섭취 및 흡연도 없었다. 규칙적인 운동은 하지 않고 주로 집안에 있고 식후에 가끔 산책을 하고 있다. 양호한 영양상태로 판정되었다. 영양필요량은 조정체중을 기준으로 하여 목표로 1,700 kcal/48 g protein/day [30 kcal/0.8 g protein/조정체중]를 근거로 산출하였다.

[1차 영양진단]

칼륨 섭취 과다는 신장질환에 대한 식품영양 지식의 부족으로 인한 고칼륨 식품 과다 섭취와 연관되어 있고, 그 증거는 잡곡밥과 칼륨이 많은 곡류와 과일의 과다섭취로 확인할 수 있다. 당질 섭취 과다는 당질과 혈당에 관한 교육경험의 부족과 연관되어 있고, 그 증거는 식후 과일 섭취와 간식으로 당질식품을 수시로 섭취한 것이다.

[2차 영양판정]

현재 체중은 유지하고 있으며 total protein/albumin 7.4/4.0, Hgb 12.9, BUN/Cr 30/1.8, Uric acid 7.0 mg/dL, P 3.3 mmol/L, K 5.5 mmol/L로 신장기능과 관련 수치들이 개선되었다. 당화혈색소 8.2%에서 7.8%으로 혈당이 조절되고 있었다. 최근 섭취 열량은 1,650 kcal, 탄수화물:단백질:지방=65:13:22이다. 당뇨병 환자로서 흰밥이 혈당을 더 올릴 것 같아 걱정했지만 혈당조절이 잘 되어 혈당조절에 대한 자신감이 생겼다. 특별히 주 4~5회 저녁 식후 20~30분간 걷기를 하여 식후 혈당이 잘 조절되어 운동에 대한 긍정적인 태도를 보였다.

[영양모니터링 및 평가]

고칼륨 식품을 1회/일 이내로 제한은 잡곡밥에서 쌀밥으로 변경하였지만 칼륨이 높은 토마토와 상추쌈을 섭취하고 있어 목표 일부 달성이라고 평가하였다. 간식으로 오전에는 우유를, 오후에는 과일을 섭취하고 있어 목표 달성이라고 평가하였다.

[2차 영양진단]

영양 관련 권장사항에 대한 순응도 부족은 습득한 정보 적용에 대한 지식 부족과 연관되어 있고, 그 증거는 고칼륨 식품 섭취빈도가 지침보다 높음에서 확인할 수 있다.

[2차 영양중재]

영양 관련 권장사항에 대한 순응도 부족은 칼륨을 제거하는 조리법과 동기면담, 자기모니터링 방법을 교육하여 고칼륨 채소의 빈도를 3회/일에서 0회/일로 줄이는 것을 목표로 하였다.

출처: 김원경. 당뇨병성 신장질환 환자의 영양관리 사례. 국민영양. 2012.9.

CLINICAL NUTRITION

CHAPTER 10

암과 영양

1. 개요 | 2. 암의 병인 | 3. 암과 영양소 대사 | 4. 암의 영양관리

용어 정리

- **양성종양(benign tumor)** 성장이 느리고 전이가 없는 종양
- **악성종양(malignant tumor)** 성장속도가 빠르고 주위 조직으로 침윤하면서 성장하며 전이가 일어나는 종양
- **돌연변이(mutation)** 유전자 혹은 염색체의 이상으로 유전자의 변화가 생겨 유전형질이 바뀌는 현상
- **발암(carcinogenesis)** 암이 발생하는 과정
- **전이(metastasis)** 악성종양이 주변의 다른 조직으로 퍼지는 상태
- **악액질(cachexia)** 중증영양불량 상태로 식욕부진 및 제지방조직의 소모가 일어나는 상태
- **사이토카인(cytokines)** 주로 면역세포나 지방세포에서 분비되어 세포 간 신호전달, 세포의 행동 조절, 면역반응 조절 등에 관여하는 인자
- **이식거부증(graft-versus-host disease)** 장기이식 시 공여자와 수혜자 조직의 면역학적 부적합성으로 인해 일어나는 거부반응
- **화학요법(chemotherapy)** 종양의 성장을 억제하는 화학적 약물치료

1. 개요

암은 1970년 이후 줄곧 우리나라의 사망원인의 1위를 차지하고 있으며, 아직까지 완전히 정복되지 않은 난치성 질환이다. 통계청의 '2019년 사망원인 통계'에 의하면 사망자의 27.5%가 암으로 사망했으며, 남자의 암 사망률이 여자보다 1.6배 높았다[그림 10-1]. 암 중에서는 폐암, 간암, 대장암, 위암, 췌장암 순으로 사망률이 높다고 보고되었다[그림 10-2]. 암의 발생은 식사요인과 밀접하게 관련이 있으며, 예방뿐만 아니라 치료를 위해서도 올바른 식생활이 중요하다. 특히 수술, 방사선 치료, 항암화학요법 등의 치료를 받는 환자들의 경우 더욱 적절한 식사요법이 요구된다. 최근에는 암환자뿐만 아니라 암 생존자들의 영양관리에도 관심이 높아지고 있다.

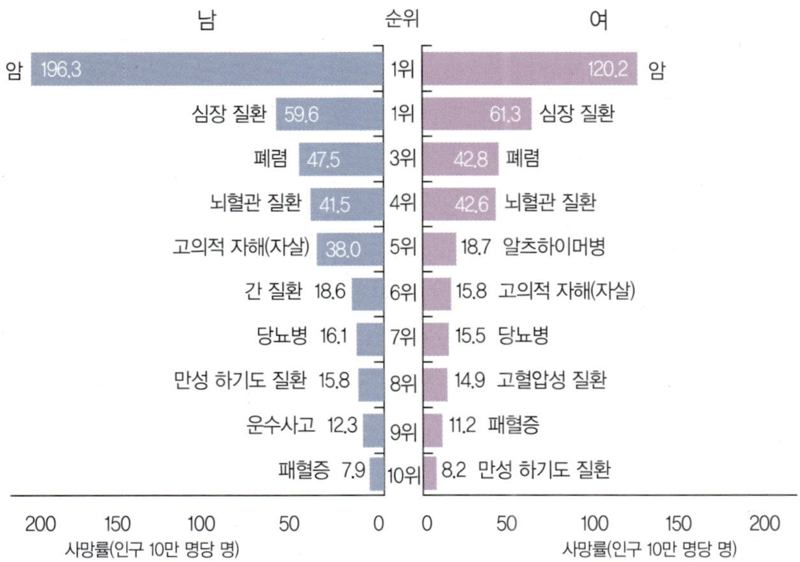

그림 10-1 | 2019년 성별 사망원인(통계청)

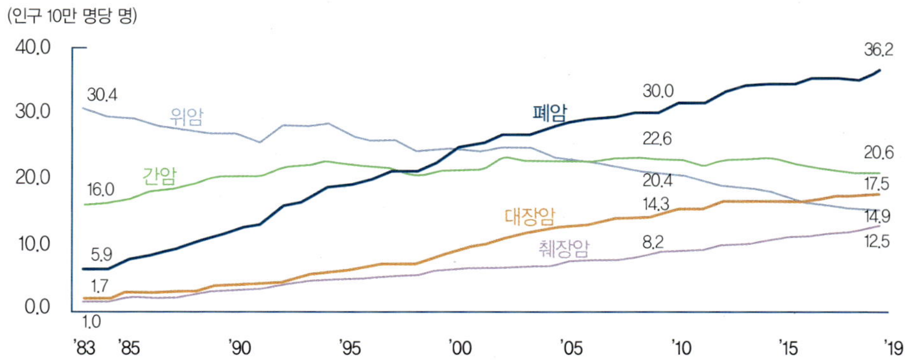

그림 10-2 | 악성신생물(암) 사망률 추이(1983~2019년)

출처: 통계청 (http://kostat.go.kr/portal/korea/kor_nw/1/6/2/ index.board)

2. 암의 병인

1) 암의 발생원인과 기전

(1) 암의 특징

암은 세포가 성장의 제한을 받지 않고 비정상적으로 자라서 근처의 조직으로 퍼져나가는 질병을 통칭하는 일반적인 명칭이다. 조절되지 않는 성장, 침투, 전이 등의 특징을 가지는 암은 악성종양malignant tumor 또는 악성신생물neoplasm이라고도 불린다. 악성종양은 양성종양과 구별되는데 성장속도가 빠르고, 주위 조직으로 침윤하면서 성장을 하며, 전이가 일어나고 전이 여부에 따라 예후가 달라질 수 있다. 이에 비해 양성종양은 성장속도가 느리고 전이가 없으며 예후가 양호한 특징이 있다.

(2) 암의 발생단계

암의 발생을 발암carcinogenesis이라고 하며, 암의 발생단계로는 개시initiation, 촉진

promotion, 진행progression의 세 단계가 있다. 개시단계는 화학물질, 방사선, 바이러스 등 여러 발암인자에 의해 유전자 손상으로 변이가 일어나 비정상적인 세포분열이 일어나는 단계이며 상당히 짧은 시간에 이루어진다. 촉진단계는 변성된 세포가 복제하고 증식하여 종양tumor을 이루는 단계이며, 서서히 진행되므로 종양에 따라 다르지만 수십 년이 걸리기도 하나 종양촉진제에 의해 가속화되기도 한다. 진행단계는 종양세포가 악성유전자형을 가지고 혈액이나 림프로 악성종양세포가 침투, 전이할 수 있는 세포로 진화하는 단계이다.

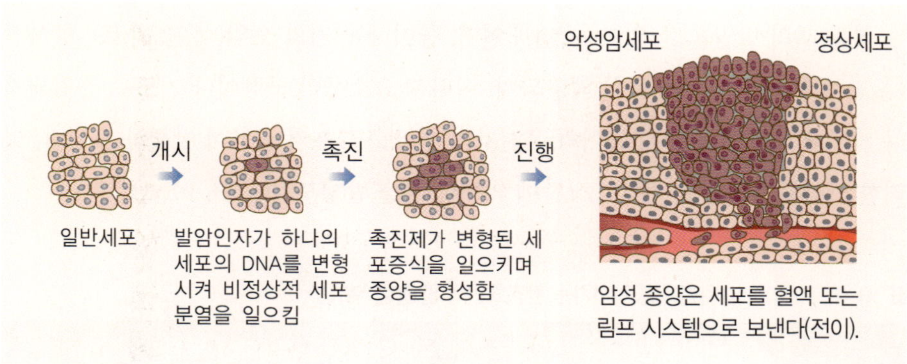

그림 10-3 | 발암단계(carcinogenesis)

알아두기

- 조직학(histology): 현미경으로 관찰하는 수준으로 조직의 형태 등을 공부하는 학문으로서 암의 진단연구에 중요한 역할을 한다. 조직학적인 분석으로 정상조직, 형성이상(dysplasia), 선암(adenocarcinoma) 등 다양한 조직 상태를 판단할 수 있다.
- 대표적인 종양촉진유전자는 RAS, MYC 등이 있으며, 세포의 분열 및 성장을 촉진시킨다. 이에 비해 종양억제유전자는 세포분화를 촉진시키거나 세포사멸을 일으켜 종양을 억제하는 유전자로 대표적으로 p53, APC 등이 있다.

(3) 암의 발생원인

정확한 암의 발생원인은 알려져 있지 않으나 유전적 요인, 바이러스, 환경적 발암물질, 영양적 요인, 스트레스 등 다양한 요인이 있다.

① 유전적 요인

암은 대부분 유전이 되지는 않지만 특정 종양촉진유전자protooncogene가 과발현하거나 종양억제유전자의 발현이 저하되는 경우 종양이 발생할 수 있다.

② 환경적 발암물질

식품 내의 발암물질, 알코올, 담배연기, 물이나 공기의 오염(석면, 타르), 방사선x-ray, 발암적 바이러스 등이 해당되며, 이러한 요소들이 구강이나 기도로 흡입되거나 피부에 닿으면 체내로 들어와 유전자의 변이를 일으켜 종양이 발생하게 된다. 이러한 발암물질들은 반복적인 노출에 의해 종양을 발생시킨다〈표 10-1〉.

표 10-1 | 암 발생 위험을 증가시키는 환경요인과 암 발생 부위

환경요인	암 발생 부위
• 아플라톡신(부패된 땅콩, 곡류)	• 간
• 알코올	• 구강, 식도, 간, 대장, 결장, 유방
• 석면	• 폐, 늑막, 복막
• 크롬	• 폐
• 에스트로겐, 프로게스테론 대체요법	• 유방
• 면역억제제	• 림프조직
• 헬리코박터 감염	• 위
• B형 간염, C형 간염 바이러스 감염	• 간
• 파필로마 바이러스(HPV) 감염	• 자궁경부
• 방사선	• 백혈구, 유방, 갑상선, 폐
• 자외선	• 피부
• 담배	• 폐, 구강, 식도, 인후, 위, 대장, 신장, 방광, 췌장

2) 암의 증상과 진단방법

(1) 암의 증상

일반적으로 초기에는 특이적 증후가 나타나지 않아 조기진단이 어려우나, 암이 진행되면서 종양의 종류, 위치, 크기 등에 따라 발열, 피로, 통증, 피부 변화, 의도하지 않은 체중 감소 등의 증상이 나타날 수 있다. 발열은 암 환자에게 나타나는 흔한 증상으로, 암세포에 의해서 만들어진 물질들이 신체대사에 영향을 주어 나타나거나, 면역력이 약해져서 감염이 되어 나타나는 경우가 있다. 피로감은 종양이 자라거나 대장암이나 위암의 경우 장관 내 출혈로 인한 빈혈에 의해 나타날 수 있으며, 피부암의 경우 피부색이 변하거나 가려움증 등이 발생할 수 있다. 의도하지 않은 체중 변화는 영양소의 대사나 입맛 등의 변화, 영양소 흡수 부족, 통증 등에 의한 영양부족 때문인 경우가 많으며, 의도하지 않게 6개월 동안 10% 이상의 체중 감소가 발생한다면 암을 의심해볼 수 있다. 이러한 체중 감소는 췌장암, 위암, 식도암, 폐암 등에서 주로 발생한다.

(2) 암의 병기

암의 진단 시에는 암세포가 퍼진 정도에 따라 암의 진행 단계인 병기를 결정한다. 병기에 따라 치료방법이 결정되므로 암의 병기를 진단하는 것은 중요하다. 암의 병기를 표시하는 방법은 암의 종류에 따라 여러 방법이 있는데, 일반적으로는 TNM법을 많이 사용한다. T는 Tumor(종양)를 뜻하며, 원발기관에서의 종양의 크기, 침윤 정도, 종양의 장벽 침범 정도를 나타낸다. N은 Node(림프절)를 뜻하고, 림프절로의 전이 정도를 나타낸다. M은 Metastasis(전이)를 뜻하며, 원격전이 유무를 판단하게 된다. 각기 TNM이 암 종류에 따라 T0, T1, T2, N0, N1, M0 등으로 세분화될 수 있다. 이러한 분류는 암의 종류에 따라 다양하게 나타낼 수 있으며, TNM법에 의해 암의 상태가 결정되면, 1기, 2기, 3기, 4기 등으로 간단히 요약할 수 있다. 1기는 조기암으로 볼 수 있으며, 아직 림프절이나 다른 장기로 퍼지지 않고 수술이나 치료를 하여 좋은 예후를 보일 수 있다. 2기, 3기, 4기 등은 진행암으로 볼 수 있으며, 치료에 의해 암을 제거하거나 진행을 억제할 수 있는 단계이다. 말기암은 여러 치료에도 불구하고 암의 진행을 억제할 수 없고 악화하는 단계이다.

(3) 암의 진단방법

암의 조기발견과 정확한 진단은 암의 성공적인 치료와 좋은 예후를 위해서 필수적이다. 암의 진단검사는 암이 의심되지 않을 때 하는 조기검진이 있고, 암이 의심될 때 하는 진단적 검사가 있다. 진단에는 의사의 진찰, 조직검사, 세포검사, 내시경검사, 암표지자검사, 영상진단검사, 핵의학검사 등이 있다. 진단은 여러 가지 검사를 복합적으로 하여 신중하게 판단해야 한다〈표 10–2〉.

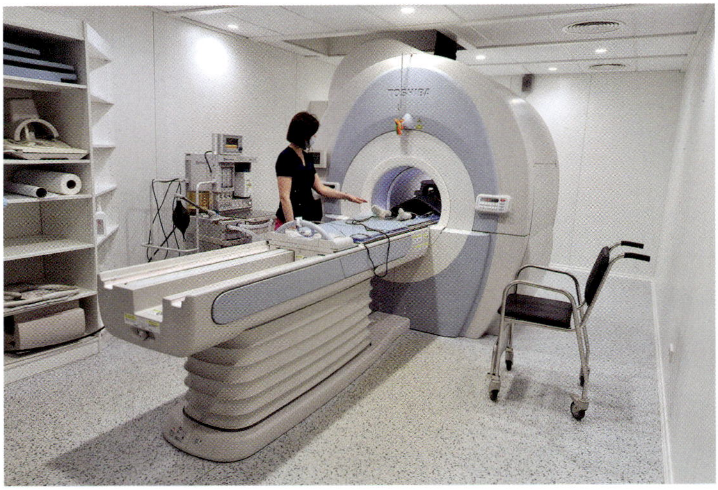

그림 10–4 | MRI 검사

표 10-2 | 암의 진단방법

<table>
<tr><th colspan="2">진단방법</th><th>내용</th></tr>
<tr><td colspan="2">의사의 진찰</td><td>• 증상 상담과 신체부위의 체계별 검진에서 시작
• 전신 진찰, 유방과 갑상선 촉진검사, 항문을 통한 직장수지검사</td></tr>
<tr><td colspan="2">내시경검사</td><td>• 내시경을 통해 병변을 직접 관찰, 암의 크기, 모양, 위치 평가, 조직검사 시행
• 위내시경, 대장내시경, 방광경</td></tr>
<tr><td rowspan="5">영상 진단 검사</td><td>단순방사선 영상</td><td>• 가장 많이 사용됨
• 방사선이 인체를 통과할 때 조직과 뼈 등의 구조와 기능에 대한 영상 검사
• 폐, 유방, 뼈 검사</td></tr>
<tr><td>투시검사</td><td>• 단순방사선영상으로 구분이 잘 되지 않는 내부 장기 검사
• 수술 시 절제범위를 결정하는 데 유용
• 상부위장조영술(upper gastro-intestinal, UGI), 대장이중조영검사, 대장투시검사, 내시경적 역행성 담췌관조영술(endoscopic retrograde cholangiopancreatography, ERCP)</td></tr>
<tr><td>전산화 단층촬영 (computed tomography, CT)</td><td>• X선을 이용하여 연조직의 해부학적 상태를 단층으로 찍어 컴퓨터를 이용하여 사진으로 모양을 보여줌
• 악성, 양성 구별 가능, 인접 장기, 간, 폐, 림프절로의 전이 여부 등 규명
• 중추신경계, 머리와 목, 폐, 복부장기</td></tr>
<tr><td>초음파검사</td><td>• 음파를 이용하여 비침습적으로 쉽게 할 수 있음
• 낭성종괴, 고형종물 구별, 종양 내부 구조 확인
• 주변 장기 침범, 림프절 혹은 다른 장기로의 전이검사
• 복부장기, 갑상선, 유방, 골반 내의 난소, 자궁, 전립선, 심장 검사</td></tr>
<tr><td>자기공명영상 (magnetic resonance imaging, MRI)</td><td>• 인체 내의 특정 핵에서 기인된 자기장과 방사파와의 상호작용 기반, 여러 방면의 단층상을 인체의 측면과 종면으로 제공
• 암과 장기 등의 조직의 여러 형태를 인식하여 정상, 양성종양, 악성종양을 구분
• 병기, 전이 여부 확인
• 뇌, 척수, 유방, 근골격계, 복부 장기
• 폐, 위, 대장 등 움직이는 장기 검사에는 적절하지 않음</td></tr>
</table>

진단방법	내용
핵의학검사	• 양전자방출단층촬영술(positron emission tomography, PET), 골 스캔, 갑상선 스캔 • 방사능 표지물질을 정맥주사하여 종양이 있거나 이상이 있는 부위에 방사능물질이 농축되는 기전에 이용 • 골스캔의 경우 뼈로 전이되는 암의 전이 여부 판정 • 암이 아닌 다른 원인에 의해서도 방사능 물질이 농축될 수 있으므로 이것만으로는 암 확진이 어려움 • 전이가 의심되나 다른 검사로 전이 위치를 알기 어려운 경우나 다른 검사로 암과 감별이 어려운 경우에 유용
종양표지자검사	• 암세포가 만드는 물질, 또는 암세포가 체내에 정상세포에 영향을 주어 나오는 물질로 혈액이나 조직, 배설물 검사 • 암의 유무, 암세포 특징, 수술 후 잔류암, 재발 등 조사 가능 • 암이 없어도 증가하거나 검출되는 경우가 있으므로 암의 확진으로 사용하기 어려움
조직 · 세포병리검사	• 암조직에서 암세포를 진단, 암의 확진 • 세포검사를 통해 암세포의 종류 확인 • 직접생검, 미세침 흡인 생검검사 등 여러 검사 • 내시경을 통한 조직검사, 정맥 채취, 골수검사, 자궁경부 세포 채취, 소변 · 가래 · 뇌척수액 등 검사

출처: 국립암정보센터

3) 암과 영양소의 관계

식사와 생활습관은 암 발생의 위험과 밀접한 관계가 있는데 DNA의 손상을 일으키기도 하고, 발암물질의 대사에 영향을 주기도 하며, 발암과정을 억제시키기도 한다. 특히 에너지 균형과 성장속도는 세포분열의 속도와 관련이 있으며 이는 궁극적으로 종양의 성장속도에 영향을 준다.

과도한 에너지 섭취는 비만을 유도하며 비만에 의해 증가된 체지방은 성호르몬인 에스트로겐이나 인슐린, 성장인자 등을 증가시켜 세포 성장에 도움을 주어 폐경 이후의 유방암이나 대장암, 결장암 등에 영향을 미치게 된다. 과도한 단당류의 섭취 또한 에너지 섭취를 증가시켜서 비만을 유도하고, 암의 위험을 증가시킬 수 있다. 훈제식품에 있는 질산염은 위암이나 식도암과 관련이 있다. 알코올 남용은 간을 손상시켜 간암을 촉진시키며, 흡연자의 고용량 베타케로틴 보충제 섭취는 폐암을 증가시킨다고 알려져 있다. 발암물질 중의 하나인 니트로사민은 단백질 함량이 높은 육류나 어육가공품의 제조과정에서 생성된다. 또한 조리방법도 특정 발암물질의 생성과 관련이 있는데 육류, 가금류, 어패류를 구운 경우 탄 부분에 형성된 발암물질은 위, 결장, 유방, 전립선의 암과 관련이 있다고 알려져 있다.

반면 생선 기름이나 올리브기름 등은 오메가3omega-3 지방산이나 중성지방이 많이 함유되어 있어 암을 예방하는 효과가 있으며, 과일이나 녹황색채소에 많은 카로티노이드carotenoid와 토마토에 많은 리코펜lycopene 등은 암 예방 효과가 있다고 알려져 있다. 비타민 A는 세포분화 기능이 있으며, 비타민 C, 비타민 E, 셀레늄selenium은 항산화 기능이 있어 암 예방을 도와주며, 특히 비타민 C는 상처치유, 면역기능 강화에 도움을 준다. 또한 식물영양소인 파이토케미칼phytochemical인 카테킨catechin, 안토시아닌anthocyanin, 레스베라트롤resveratrol 등도 항산화 작용 또는 세포 손상을 억제하는 작용이 있어 항암효과 및 면역력 강화 효과가 있다고 알려져 있다. 비타민 D는 혈액 내 칼슘의 흡수를 증가시키며, 세포분화에 관여하고, 면역증강 효과가 있어 대장암, 유방암, 난소암의 위험을 줄인다고 알려져 있다. 엽산은 DNA 합성과정과 세포분열에서 중요한 작용을 하며 정상적인 성장을 돕고, 손상된 세포의 회복을 도와주므로 암세포 증식을 억제하는 효과가 있다. 식이섬유는 위장관의 통과속도를 높여서 발암물질이 위장관의 상피세포에 닿거나 머무르는 시간을 줄여 대장이나 결장의 암 예방과 관련이 있다고 보고되고 있다 〈표 10-3〉.

표 10-3 | 암 위험과 관련된 영양요인

영양 관련 요소	암 발생 부위
위험 요소	
• 비만	• 식도, 대장, 결장, 췌장, 간, 담낭, 신장, 유방(폐경 이후), 난소, 전립선

영양 관련 요소	암 발생 부위
• 붉은색 육류, 가공식품	• 대장, 결장
• 염장식품	• 위
• 고용량 베타케로틴 보충제	• 폐
• 칼슘 함유 높은 식품(하루 1500 mg 이상)	• 전립선
• 알코올	• 구강, 인후, 식도, 대장, 결장, 간, 유방
• 적은 신체활동	• 대장, 결장
억제 요소	
• 과일, 채소	• 폐, 구강, 인후, 식도, 위
• 카로티노이드-함유 식품	• 폐, 구강, 인후, 식도
• 토마토 제품	• 전립선
• 알리움(allium) 채소(양파, 마늘)	• 위, 대장, 결장
• 비타민 C 함유 식품	• 식도
• 비타민 D 함유 식품	• 대장암, 유방암, 난소암
• 엽산 함유 식품	• 췌장, 대장, 결장
• 식이섬유 함유 식품	• 대장, 결장
• 우유, 칼슘 보충제	• 대장, 결장
• 높은 신체활동	• 대장, 결장, 유방(폐경 이후), 자궁내막

3. 암과 영양소 대사

1) 악액질

악액질cachexia은 그리스어 "kakos(나쁜)"와 "hexis(모양)"의 합성어이며, 암의 직접적인 혹은 간접적인 영향으로 인하여 지속적인 체중감소와 식욕부진, 지방조직 및 근육의 쇠퇴, 영양학적 대사 불균형 등을 초래하는 증후군이다. 진행된 병기의 경우 전체 환자의 50~80%가 경험이 있으며, 극심한 체중감소, 식욕감소, 만복감, 쇠약증, 빈혈, 부종 등이 발생한다. 특히 소화기암인 췌장암, 위암 등에서 많이 나타나며 림프종이나 유방암에서는 드물게 발생한다.

악액질의 정확한 발생원인은 아직 알려지지 않았지만, 일차적으로 종양이 분비하는 염증매개물질인 사이토카인이 원인이며, 이차적으로는 메스꺼움, 구토, 우울, 구내염, 맛이나 냄새의 변화, 점막 손실 등이라고 알려져 있다. 악액질은 단순한 영양섭취 부족에 의한 영양실조와 구분이 되는데, 영양실조의 경우 모든 장기의 부피가 감소하며 음식물의 섭취를 늘리면 체중이 돌아오는 데 반해, 악액질의 경우 주로 제지방이 줄어든 것이므로 음식 섭취가 늘어나도 체중이 되돌아오지 않는 특징이 있다〈표 10-4〉.

표 10-4 | 기아와 종양의 적응대사 차이

구분	기아 (starvation)	종양 (tumor)
에너지 균형 조정기간	○	×
에너지원	• 간과 근육의 글리코겐을 분해 • 지방을 분해하여 케톤체 사용	• 근육이나 비지방조직으로부터의 절약기전(saving mechanism)이 나타나지 않음 • 아미노산으로부터의 포도당 신생합성이 꾸준히 나타남
열량 및 영양소 재공급 시	대사 기전이 회복되면서 체중 증가	과대사와 이화작용이 일어나 지속적인 체중감소
장기 무게	감소	면역기능 관련 장기(간, 비장 등)의 무게가 증가함

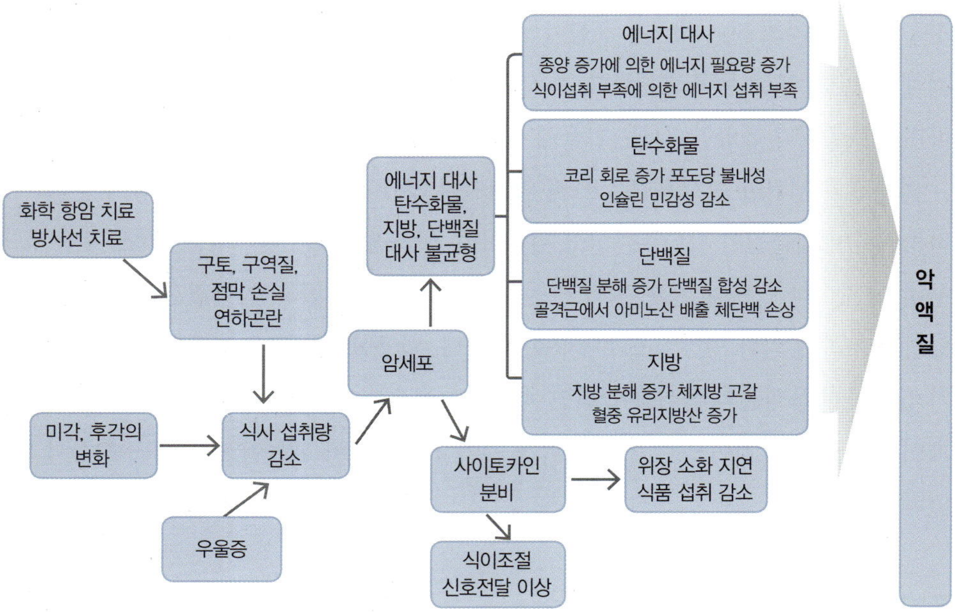

그림 10–5 | 악액질의 발생기전

출처: Mondell 등, 2015

악액질의 진단 요인으로는 몸무게 변화, 제지방 변화, 식이섭취 상태, 피로감, 혈청 알부민 등이 있다〈표 10–5〉.

표 10–5 | 암악액질의 진단

지표	변화
• 몸무게	• 의도하지 않은 몸무게 감소(> 5% 지난 6개월)
• 근육단백질	• 근육감소(남성 < 7.26 kg/m^2; 여성 < 5.45 kg/m^2)
• 식이섭취	• 거식증, 식욕부진
• 피로감	• 증가
• 운동반경	• 감소
• 삶의 질 수치	• 감소
• 혈청 C-반응단백질	• 증가(급성기 반응)
• 혈청 피브리노겐	• 증가(급성기 반응)
• 혈청 헤마토크릿	• 감소(빈혈)
• 혈청 알부민	• 감소

출처: The Lancet Oncology, (2011), 12:489–495

2) 암세포에서의 영양소 대사 변화

(1) 에너지 대사

암조직이 자라면서 암조직 1 kg당 하루 200~300 kcal 정도의 기초대사량이 증가함에 따라 에너지 필요량이 증가한다. 암세포는 종양이 자라면서 영양소와 산소의 필요량이 증가하므로 새로운 혈관을 만드는데, 필요한 에너지를 보충하기 위해 산소를 이용하지 않고 에너지를 만드는 특이한 대사를 하게 된다. 과도하게 늘어난 에너지 필요량을 보충하기 위해 글리코겐(포도당) 열량원 부족 시 체지방과 단백질을 분해하게 된다.

(2) 탄수화물 대사

탄수화물은 포도당의 가장 중요한 공급원이며 세포의 주요 에너지 급원이다. 암 환자는 식욕이 저하되어 글리코겐으로 저장된 포도당의 양이 급격히 떨어지게 되며, 이용할 수 있는 포도당이 저하된다. 이때 저장된 단백질을 분해하여 포도당을 만들어서 에너지원으로 쓰게 된다. 암 환자의 경우 암세포로부터 분비된 사이토카인(cytokine, 염증매개물질)에 의해 인슐린에 대한 민감도가 떨어지고 당불내증이 생기며, 당신생이 증가한다. 따라서 암 환자의 경우 혈당 상승이 자주 관찰된다.

(3) 단백질 대사

암 환자의 경우 글리코겐 부족 시 포도당을 에너지원으로 사용하기 위해 체단백질이 분해되며 당신생이 발생한다. 암세포에서 분비된 사이토카인으로 인해 단백질 대사가 증가하고, 단백질 분해가 증가하는 반면에 단백질 합성은 감소하여 근육량이 감소한다. 또한 골격근에서 아미노산이 유출되어 당신생에 이용되므로 제지방량이 감소된다.

(4) 지방 대사

암 환자의 경우 암세포에 의한 사이토카인 분비와 필요한 에너지를 공급받기 위해 체내지방을 분해하지만 합성은 감소하므로 저장된 지방량이 감소하게 된다. 이에 따라 혈중 유리지방산의 농도가 증가하며, 고중성지방혈증이 증가하고 지단백질 지질분해효소 활성도는 감소하게 된다. 이러한 지방 분해현상은 필요한 당이 공급된 후에도 계속 일어나므로, 대부분 암 환자의 체중감소는 지방손실에 의한 것이다.

표 10-6 | 종양 발생 시의 대사적 이상

영양소	대사적 이상
일반적	체중 감소, 식품섭취량 감소, 총열량소비율 증가, 기초대사량 증가
탄수화물	인슐린 민감도 감소, 당불내증 증가, 당신생 증가, 혈당 증가
단백질	체단백 순환율(turnover) 증가, 근육에서 알라닌(alanine)과 글루타민(glutamine) 방출 증가, 단백질 분해 증가 및 합성 감소, 당신생 증가, 시토크롬 c(cytochrome c) 산화효소 활성 감소
지방	혈중 글리세롤, 중성지질 증가, 지방분해 증가, 총체지방량 감소, 혈중 유리지방산 증가, 담즙염이나 췌장 리파아제(lipase) 결핍 또는 활성 저하

3) 암 환자의 식욕부진 기전

암 환자에게서 식욕부진은 새로 진단받은 환자의 50%, 암이 진전된 환자의 65% 이상이 경험할 정도로 흔한 증상이다. 식욕부진의 원인으로는 뇌의 식이조절 신호전달의 이상, 미각과 소화기관의 이상, 염증매개물질인 사이토카인의 분비 증가 등이 있다.

(1) 뇌의 식이조절 신호전달의 이상

중추신경계는 식욕을 조절하는 중요한 부분이며, 암 환자의 경우 정상적인 중추신경계에서 식욕이 조절되는 작용이 제대로 일어나지 않는다. 식이섭취를 조절하는 뇌의 중추성 신호전달체계, 말초성 신호전달체계의 불일치에 기인하여 식욕이 억제된다. 식욕 촉진 뉴로펩타이드 와이/아구티-펩티드neuropeptide Y/agouti-related peptide; NPY/AgRP는 암 발생 시 억제되며, 호르몬이 정상적으로 분비되지 않아 식욕 저하가 발생한다. 암세포에서 분비되는 사이토카인도 뇌하수체에 작용해 식이 섭취 저하에 영향을 주게 된다. 또한 피로감, 통증, 우울증, 항암치료 등의 여러 요인도 암 환자의 식욕을 떨어뜨리는 데 영향을 준다.

(2) 미각과 소화기관의 이상

암 환자의 상당수는 항암치료를 받고 있으며, 이러한 항암제는 혀의 미각세포에 영향을 주게 되어 입맛을 변화시킨다. 특히 금속의 맛을 느끼게 되어 고기에 함유된 철분의 금속 맛에 예민하게 반응하여 육류 섭취를 꺼리는 경우가 있다. 따라서 암 환자에게는 침샘 자극이 덜하고 부드러우며 오래 씹지 않고 삼킬 수 있는 적당한 온도의 음식을 섭취하는 것이 권장되며, 아연, 엽산, 비타민 B 등이 충분한 음식을 섭취하여 미각을 호전시키는 것도 암 환자의 영양섭취에서 중요하다.

(3) 염증매개물질 분비

앞에서 언급한 대로 암세포에서 분비되는 염증매개물질인 사이토카인은 뇌하수체에 작용해서 환자의 식욕을 저하시켜 악액질을 유도한다. 필수아미노산을 포함한 질 좋은 단백질의 섭취와 비타민, 무기질이 풍부한 채소, 과일의 섭취 등 다양한 식품의 섭취는 환자의 식욕을 증가시키고 건강 유지에 기여하여 항암치료를 성공적으로 수행하는 데 도움이 된다.

4. 암의 영양관리

암 환자의 영양관리 목표는 체중과 근육조직의 감소를 최소화하고 면역감소를 예방하기 위하여 영양부족이 생기지 않도록 하는 것이다. 여러 가지 합병증이 있는 경우에도 잘 극복할 수 있도록 즐겁게 식사를 하도록 한다. 적절한 영양섭취는 환자의 체력을 유지하고 암으로부터의 회복을 증가시킨다. 따라서 초기의 영양상태 스크리닝과 치료 중과 회복기의 지속적인 영양부족에 대한 모니터링이 중요하다.

1) 에너지와 단백질

에너지가 부족한 경우 체내의 단백질이 분해되어 에너지를 생성하므로 근육감소가 발생할 수 있다. 따라서 적절한 수준의 에너지와 단백질의 섭취가 필수적이다. 에너지와 단백질 요구량은 암의 종류 및 환자의 상태에 따라 다르지만 대체로 에너지는 몸무게 1 kg당 25~35 kcal가 필요하며, 이는 환자의 현재 몸무게, 활동량, 대사 스트레스 정도, 조직 손상이나 몸무게 회복을 위한 에너지 필요량에 따라 달라진다.

단백질의 경우, 요구량은 대사적 스트레스 치료과정이나 악액질 유무에 따라 다르며 하루에 체중 1 kg당 1.0~1.5 g의 단백질을 섭취하여 근육조직을 유지하도록 한다. 심한 근육 손실을 회복하기 위해서는 체중 1 kg당 1.5~2.5 g의 단백질이 요구된다. 정기적으로 체중, 영양상태의 모니터링에 따라 에너지와 단백질 요구량 조절이 필요하다. 필요한 경우 보충제도 고려할 수 있다.

2) 암 환자의 치료방법과 영양문제

암치료의 목적은 ① 암세포 제거, ② 암세포 증식 방지, ③ 증상 완화이고 이를 위한 치료방법에는 수술, 항암치료, 방사선치료, 혼합치료가 있다. 이러한 치료방법들은 여러 부작용을 동반하게 되는데, 특히 영양상태가 좋지 않은 상태에서 수술이나 항암치료를 하는 경우 면역력이 떨어지고 감염률이 높아져서 치료가 더욱 어렵게 되고 치유가 지연된다.

(1) 수술

종양을 제거하고 치료하기 위해 시행하는 근치적 수술과 치료와 증상을 완화시키기 위한 완화적 수술이 있다. 수술은 암의 초기에 시행하기 좋은 치료 방법이며, 수술에 의한 급성대사적 스트레스에 의해 에너지와 단백질의 필요가 증가하게 된다. 또한 식욕부진, 구토 등에 의한 영양손실, 영양부족이 초래될 수 있다.

머리 수술환자들의 경우 저작, 연하 곤란의 문제가 발생할 수 있고, 식도, 위 절제의 경우는 위의 연동운동이나 위산 분비 등이 적어지며, 지방과 단백질 등의 영양소의 흡수불량, 덤핑 증후군dumping syndrome 등의 부작용이 발생할 수 있다.

(2) 화학요법

종양 성장을 억제하기 위해 약물을 사용하는 방법으로 대부분의 약물은 암세포뿐만 아니라 건강한 세포에까지 영향을 줄 수 있다. 암 종양 절제가 불가능하거나 암이 전이된 경우, 수술 후 암이 재발한 경우의 치료에 시행될 수 있으며, 오심, 구토 등 영양과 관련한 다양한 부작용이 생길 수 있다.

표 10-7 | 항암 및 방사선 치료에 의한 부작용과 대사 변화

구분	영양섭취 부족 원인	영양 손실 원인	대사 변화
화학요법	• 복통 • 식욕부진 • 구강궤양 • 메스꺼움 • 미각 변화 • 구토	• 설사 • 장궤양 • 흡수불량 • 구토	• 체액, 이온 불균형 • 고혈당 • 음의 질소, 칼슘 균형 • 영양부족의 2차 영향 • 감염, 조직 손상

구분	영양섭취 부족 원인	영양 손실 원인	대사 변화
방사선요법	• 식욕부진 • 치아 손상 • 연하곤란 • 식도염 • 구강궤양 • 메스꺼움 • 침분비 감소 • 미각 변화 • 구토	• 장, 방광으로부터의 혈액 손실 • 설사 • 누공 • 장폐색 • 흡수불량 • 방사선 장염 • 구토	• 구토, 설사, 흡수 불량에 의한 체액, 이온 불균형 • 영양 부족의 2차 영향 • 감염, 조직 손상

또한 화학요법으로 인해 식욕부진, 구토, 설사, 메스꺼움, 점막염, 변비 등이 발생할 수 있다. 메스꺼움, 구토 증상이 있는 경우 무리하게 음식을 섭취하지 말고 안정될 때까지 기다린 후, 묽은 음식부터 조금씩 자주 먹는다. 당분이 많거나 기름진 음식은 피하고 메스꺼움이 심한 경우 얼음조각을 물고 있거나 입을 자주 헹구어 주는 것도 도움이 된다. 입이나 위장에 궤양이 생긴 경우에는 자극이 적고 부드러운 음식을 섭취하고 딱딱하고, 맵고, 짜고, 신 음식은 피한다. 설사가 있는 경우에는 장을 쉬게 하면서 설사로 손실된 수분과 전해질을 보충해주도록 하며, 변비가 생긴 경우에는 하루에 8컵의 물을 섭취하고, 생과일, 채소, 현미밥 등 섬유질이 많은 음식을 섭취한다.

항종양제로 많이 사용하는 메소트렉세이트Methotrexate는 엽산과 길항작용이 있으며, 엽산 및 비타민 B_{12}, 지방 흡수 불량, 고요산혈증을 일으킬 수 있고 우유 섭취 시 지방 흡수가 저하될 수 있다. 혈액 속 고농도의 요산을 배설하기 위해 알칼리 생성식품 섭취를 증가시키며, 하루에 2L 정도의 수분을 섭취하고 알코올 섭취를 금지하도록 한다.

항암제 복용 시 구토억제제Phenothiazines인 컴파진Compazine, 토레칸Torecan, 페너간Phenergan 등이 사용되는데 도파민에 의해 자극되는 뇌의 구토중추를 차단하여 구토를 억제시키지만 이상운동증, 근육긴장 이상, 발작, 신경마비성 악성증후군 등의 부작용이 있을 수 있다. 또 다른 구토억제제로 스테로이드제Corticosteroids인 덱사메타존Dexamethasone, 메틸프레디니솔론Methylprednisolone 등이 사용되는데 쿠싱증후군, 졸림, 어지러움 등이 생길 수 있다.

항암제의 종류와 그 기전, 영양 관련 부작용〈표 10-8〉과 주의해야 할 특정 식품 및 영양소〈표 10-9〉는 다음과 같다.

표 10-8 | 항암제의 종류와 영양 관련 부작용

항암제의 종류	기전/특징	영양 관련 부작용
• 알킬화제(alkylating agents) – 부설판(Busulfan) – 다카바진(Dacarbazine) – 나이트로젠 머스타드(Nitrogen mustards) – 나이트로소유레아(Nitrosoureas) – 플래티노이드(Platinoids) – 테모달(Temozolomide)	DNA 알킬화, 교차연결 및 억제	• 구내염 • 오심, 구토 • 심혈관 독성 • 골수 억제 • 신독성
• 항대사산물(antimetabolites) – 메소트렉세이트(Methotrexate) – 퓨린 아날로그(Purine analogues) – 피리미딘 아날로그(Pyrimidine analogues)	DNA 및 퓨린 합성 억제	• 구내염 • 오심, 구토 • 설사 • 심혈관 독성 • 골수 억제
• 유사분열 억제제(antimitotics) – 탁산(Taxanes) – 빈카 알카로이드(Vinca alkaloids)	Microtubule 중합의 중단, 불안정화	• 구내염 • 심혈관 독성 • 골수 억제
• 항생물질(antibiotics) – 안트라사이클린(Anthracyclines) – 닥티노마이신(Dactinomycin) – 미토마이신 씨(Mitomycin C) – 미톡산트론(Mitoxantrone) – 블레오마이신(Bleomycin) – 플리카마이신(Plicamycin)	자유라디칼 형성 DNA 결합 및 합성 억제 RNA 번역 및 합성 억제 토포이소머라제 II 억제	• 구내염 • 심혈관 독성 • 신독성

항암제의 종류	기전/특징	영양 관련 부작용
• 단일클론 항체(monoclonal antibodies) – 엘 아스파라키나제(L-asparaginase) – 알렘투주맙(Alemtuzumab) (CD52) – 베바시주맙(Bevacizumab) (VEGFR) – 세툭시맙(Cetuximab) (EGFR) – 젬투주맙(Gemtuzumab) (CD33) – 이브리투모맙(Ibritumomab) (CD20) – 리툭시맙(Rituximab) (CD20) – 트라스트주맙(Trastuzumab) (HER2)	세포 표지자에 대한 단일클론 항체 생성	• 심혈관 독성 • 골수 억제
• 단백질 키나제 억제제(protein kinase inhibitors) – 다사티닙(Dasatinib) (BCR/ABL, Src) – 엘로티닙(Erlotinib) (EGFR) – 게피티니브(Gefitinib) (EGFR-TK) – 이마티닙(Imatinib) – 라파티닙(Lapatinib) (EGFR, HER2) – 소라페니브(Sorafenib) – 수니티닙(Sunitinib)	단백질 키나제 억제(protein kinase inhibition)	• 구내염 • 골수 억제 • 신독성
• 선택적 에스트로겐 수용체 조절제(Selective estrogen receptor modulators) – 타목시펜(Tamoxifen)	에스트로겐 수용체 길항작용	• 오심
• 토포이소머라제 억제제(Topoisomerase inhibitors) – 캄토테신(Camptothecins) – 에피포도필로톡신(Epipodophyllotoxins)	토포이소머라제 I 억제 토포이소머라제 II 억제	• 구내염 • 오심, 구토 • 설사

출처: Zhanna Livshits, 2014

표 10-9 | 항암제의 종류와 주의해야 할 특정 식품 및 영양소

항암제의 종류	기전/부작용	주의해야 할 특정 식품 및 영양소
옥살리플라틴(Oxaliplatin*)	냉감성 뉴런 온도 역치 변화로 냉민감성 발현	• 차가운 음식 및 음료
메소트렉세이트(Methotrexate)	Methotrexate 유도성 간 손상 위험 증가	• 주류, 알코올성 음료, 맥주

항암제의 종류	기전/부작용	주의해야 할 특정 식품 및 영양소
타목시펜(Tamoxifen)	이소플라본(Genistein, Daidzein)의 에스트로겐 알파 및 베타 수용체 결합으로 타목시펜과 경쟁	• 붉은 토끼풀(이소플라본 포함)
다사티닙(Dasatinib) 엘로티닙(Erlotinib) 게피티닙(Gefitinib) 이마티닙(Imatinib) 라파티닙(Lapatinib) 소라페니브(Sorafenib) 수니티닙(Sunitinib) 이리노테칸(Irinotecan**)	CYP3A4 유도로 혈중 농도 변화 및 감소	• 성요한풀(Saint John's wort)
에토포사이드 (Etoposide***)	당 조절 스트레스 단백질 유도로 Topoisomerase II 발현 감소해 약물 효과 감소	• 상어 연골, 글루코사민

* alkylating agents 중 Platinoids의 한 종류
** 캄토테신(camptothecins)의 한 종류
*** 토포이소머라제 억제제(topoisomerase inhibitors) 중 에피포도필로톡신(epipodophyllotoxins)의 한 종류
출처: 대한민국 의약정보센터 http://web.kimspoc.co.kr 2020

(3) 방사선요법

암세포의 DNA를 손상시켜 세포를 제거하기 위해 방사선을 조사하는 방법이며, 수술이 어려운 국소 부위의 암 치료에 사용된다. 직접적으로 암세포에 영향을 줄 수 있을 뿐만 아니라, 주위의 다른 정상세포에까지 영향을 줄 수 있다. 침샘 부분에 조사하는 경우 구강건조, 연하곤란, 충치, 메스꺼움 등이 발생할 수 있고, 소화기 점막에 조사하는 경우 점막염, 홍반, 부종, 미각 변화 등이 발생할 수 있다. 또한 가슴 부분에 조사하는 경우 연하곤란, 상체에 조사하는 경우 메스꺼움, 하체에 조사하는 경우 설사, 흡수불량 등이 나타날 수 있다〈표 10-7〉. 손상된 점막을 회복하기 위하여 많은 양의 단백질이 필요하므로 기름이 적은 부위의 육류나 생선, 달걀, 콩 등을 섭취하며, 거부감이 적은 탄수화물 위주의 식사를 한다. 맵거나 신 자극적인 음식은 상처를 덧나게 할 수 있으므로 피하고 구토증상이 있는 경우 증상이 완화될 때까지

기다려야 한다.

(4) 골수이식

골수이식bone marrow transplantation은 백혈병, 림프암 등의 치료를 위해 시행된다. 골수이식 후의 식욕부진, 구토, 설사, 연하곤란, 미각 변화 등의 부작용이 발생할 수 있으며, 이식거부증graft-versus-host disease, GVHD을 완화하기 위해 면역억제제 등의 약물이 필요하다.

3) 암 자체나 치료에 따른 식품 섭취 문제 관리

종양 자체나 여러 수술, 방사선, 약물치료에 의해 식품 섭취가 감소되는 원인에 따라 다양한 영양관리가 필요하다. 암 자체나 치료에 따른 식품 섭취 문제는 식욕부진, 메스꺼움, 구토, 저작과 연하곤란, 구내염 등으로 나타나며, 이러한 증상 등에 의한 식품섭취 문제와 영양부족은 각 환자의 특성과 증상에 따른 영양중재에 의해 관리되어야 한다.

(1) 식욕부진

항암치료 등에 의한 조기 만복감, 맛, 냄새의 변화 등으로 식욕부진으로 이어져 식품 섭취가 감소할 수 있다. 이러한 경우 소량씩 자주 먹는 것이 중요하다. 식사시간에 너무 얽매이지 말고 식욕이 있을 때, 좋아하는 음식을 선택하되 가능한 단백질, 열량 등을 추가하는 것이 좋다. 영양밀도가 높은 식품을 간식으로 준비하여 자주 먹도록 하고, 가능하면 가벼운 운동 등을 함께 하도록 한다. 고형물을 먹기 어려운 경우는 주스, 수프, 우유 등을 마시고, 아이스크림, 과일, 스낵 등을 자주 섭취하도록 한다.

(2) 메스꺼움, 구토

항암치료, 방사선 치료 등으로 메스꺼움, 구토가 심해진 경우 식사를 소량씩 자주 하거나 스낵 섭취를 권한다. 처음에는 육수나 부드러운 음식을 주도록 하며, 지방이 많거나 너무 맵거나 단 음식은 피한다. 식사 장소도 환기를 잘하여 음식냄새가 많이 나지 않도록 하며, 항암치료를 하기 2시간 전에는 음식물을 섭취하지 않도록 한다.

(3) 저작 및 연하곤란

농도가 너무 묽지 않은 음료와 식품을 섭취하도록 하고, 건조식품이나 너무 점도가 높은 음식은 삼키기 어려우므로 피한다. 점도증진제 등을 사용하여 환자의 상태에 따라 농도를 조절한다. 삼키기 어려운 경우에는 빨대 등을 사용하거나 머리를 약간 높여 삼키기 쉬운 자세로 음식물을 섭취한다.

(4) 구내염과 점막염

부드럽고 습기가 있는 음식을 섭취하고, 건조식품이나 질감이 거친 음식은 피하도록 한다. 건조식품의 경우는 소스를 찍어 먹거나 부드럽게 만들어 섭취할 수 있다. 알코올, 카페인, 신 음식, 매운 음식 등도 삼가고, 환자가 불편하지 않은 적절한 온도의 음식을 제공하도록 한다.

표 10-10 | 암 환자의 식사관리

증상	목표	허용식품	제한식품
구토	구토 조절	토스트, 크래커, 요구르트, 셔벗, 얼음, 시지 않은 과일착즙, 차가운 음식	기름진 음식, 쿠키, 케이크, 맵고 짠 음식, 향이 강한 음식

증상	목표	허용식품	제한식품
설사	탈수 예방	따뜻한 물, 보리차, 이온음료, 수용성 섬유질, 쌀, 국수, 포도주스, 익은 바나나, 달걀(프라이 제외), 껍질 제거한 닭고기, 생선	기름진 음식, 생채소, 고식이섬유 채소, 강한 향료
구내염	침 분비량 증가, 상처 회복	얼음, 사탕, 고열량음식, 시지 않은 과일착즙, 연두부, 젤리, 단호박죽, 음료는 빨대 사용	기름진 음식, 거친 음식, 강한 향료, 맵고 짠 음식

4) 암 예방을 위한 식사지침

현재 암은 치료를 위한 여러 약물이나 치료법이 많이 개발되고 있지만 여전히 사망률이 높은 난치병이다. 따라서 발병 이전에 적절한 식생활, 운동, 스트레스, 음주, 금연 관리를 통해 예방을 하는 것이 중요하다.

세계암연구재단The World Cancer Research Fund, WCRF과 미국암연구소The American Institute for Cancer Research, AICR는 2018년에 세 번째 보고서인 식사, 영양, 신체활동 보고서: 국제적 관점Diet, Nutrition, Physical Activity and Cancer: A Global Perspective을 발간하였다. 이 보고서는 특별히 일반 개인의 건강과 건강정책을 위한 암 예방지침과 암뿐만 아니라 비만 등의 만성질환에도 도움이 될 수 있는 식사지침을 제공하고 있다. 다음 내용의 1번은 가장 강력한 권고안이며, 2, 3번은 암 위험을 줄이고 체중 증가와 비만을 줄이기 위한 권고안이며, 4~7번은 암 위험과 비만을 줄이기 위한 음식과 음료수의 섭취 권고안이며, 8번은 보충제에 관한 권고안이다. 마지막으로 9, 10번은 특별한 그룹인 수유부나 암 진단을 받은 환자를 위한 권고안이다.

알아두기

암 예방을 위한 식사, 영양, 신체활동 지침 10가지

1. 건강체중을 유지하자.
2. 신체적으로 활발한 활동을 하자.
3. 전곡류, 채소, 과일, 콩류가 풍부한 식사를 하자.
4. '패스트푸드'와 지방, 전분이나 당류가 많은 가공식품 섭취를 제한하자.
5. 붉은 색의 육류와 가공육의 섭취를 제한하자.
6. 가당음료수의 섭취를 제한하자.
7. 알코올 섭취를 제한하자.
8. 암 예방을 위해 보충제 섭취를 하지 말자.
9. 수유부의 경우 가능한 한 모유수유를 하자.
10. 암 진단을 받은 후에도 가능한 이 권고안을 따르자.

출처: 세계암연구재단, 미국암연구소, 2018

(1) 건강체중을 유지하자

자신의 체중을 정상범위 내에서 유지하고 성인 이후의 체중 증가를 피하는 것이 중요하다. 성장기와 청소년기의 체중을 성인의 건강 BMI 범위 중 낮은 수치로 유지하는 것이 좋다. 또한 일생 동안 건강범위에서 낮은 수치로 체중을 유지하는 것이 필요하며 체중이나 허리둘레로 측정한 비만 정도를 자주 확인하여 체중이 늘지 않도록 주의한다.

(2) 신체적으로 활발한 활동을 하자

매일의 일상생활에서 걷기를 일상화하여 활동적으로 생활하며, 앉아서 지내는 시간을 줄이도록 한다. WHO에서는 매일 활동적으로 생활하기를 권장하며, 매주 적어도 150분 동안 중간 단계의 에어로빅 신체활동(정원 가꾸기, 30분 이상 활보 등)을 하고 적어도 75분 동안 강력한 에어로빅 신체활동(20분 이상 달리기, 에어로

빅, 하이킹 등)을 권유하고 있다. 이러한 신체활동은 내장지방을 감소시키고 면역기능을 활성화시키며 에스트로겐 농도와 인슐린 저항성을 개선하는 등 암 예방에 효과가 있다.

(3) 전곡류, 채소, 과일, 콩류가 풍부한 식사를 하자

전곡류, 채소, 과일, 렌틸lentil bean과 같은 두류를 매일의 식사에서 풍부하도록 구성하며, 적어도 30 g의 섬유소를 식품으로부터 섭취하도록 권하고 있다. 채소와 과일을 포함한 식물성 식품을 적어도 하루에 400 g 섭취하도록 권고하고 있다. 전곡류는 대장암, 결장암, 비만을 예방한다. 채소, 과일에 풍부한 항산화 영양소와 파이토케미칼들은 생리활성과 대사의 조효소로 작용하며, 다양한 항암 기전에 관여한다.

(4) 패스트푸드와 지방, 전분, 당류가 많은 가공식품의 섭취를 제한하자

패스트푸드와 가공식품 섭취를 제한하는 것은 이러한 식품들에 많이 함유되어 있는 에너지 밀도가 높은 고지방, 높은 가당 등의 섭취를 줄이게 되는 효과가 있으므로 에너지 섭취 조절와 건강한 체중 유지에 도움이 된다. 높은 당부하glycemic load 식품의 섭취는 자궁내막암의 원인이 되며 과도한 체지방은 여러 암의 원인이 된다.

(5) 붉은 색의 육류와 가공육의 섭취를 제한하자

소고기, 돼지고기, 양고기 등의 붉은 육류의 섭취를 350~500 g으로 제한하고 특히 가공육류의 섭취는 최소한으로 줄이도록 한다. 육류는 단백질, 철분, 아연, 비타민 B_{12}의 좋은 급원이므로 완전히 붉은 육류의 섭취를 제한하지 않되 적절한 수준으로 유지하는 것이 중요하다. 육류 대신 가금류나 생선류의 섭취로 대체하는 것도 좋은 방법이며, 난류나 유제품 또한 단백질과 미량영양소의 급원이므로 섭취하는 것이 중요하다. 그러나 육류나 생선류를 높은 온도에서 굽는 경우 발암물질이 형성되므로 주의하는 것이 좋다.

(6) 가당음료수의 섭취를 제한하자

가당음료수는 에너지를 제공하여 성인뿐만 아니라 성장기 어린이들의 몸무게 증가와 비만의 원인이 되므로 대체로 물이나 무가당 음료수를 마시도록 권한다. 과도한 비만은 암과 당뇨병 등 만성질환의 위험요인이 될 수 있다.

(7) 알코올 섭취를 제한하자

알코올의 대사과정에서 생산되는 아세트알데히드acetaldehyde는 발암물질로 알려져 있으며, 이러한 알코올의 섭취는 여러 가지 암의 원인으로 알려져 있다. 비록 심장병이나 특정 암을 예방한다는 보고가 있지만 알코올 섭취로 인한 다른 여러 암의 발생 위험이 증가하는 것을 감안하면 알코올 섭취는 가능한 한 제한하는 것이 권고된다.

(8) 암 예방을 위해 보충제 섭취를 하지 말자

흡연자에게서 고용량의 베타케로틴의 보충제가 폐암을 증가시켰으며, 고농도의 보충제를 복용한 임상실험에서도 긍정적인 결과를 얻지 못했다. 비록 칼슘보충제가 대장암을 예방했다는 연구결과가 있지만 대부분의 다른 암 부위에서 부작용을 일으켰다. 따라서 특별한 경우가 아니면, 영양소의 섭취는 보충제가 아닌 식품으로 섭취하는 것이 암 예방을 위해서 중요하다고 하겠다.

(9) 수유부는 가능한 한 모유수유를 하자

WHO에서는 생후 6개월간 모유수유를 강력히 권장하고 있으며, 생후 2년간은 이유식과 함께 모유수유를 권장한다. 모유수유는 산모의 유방암 예방에 효과가 있으며, 신생아의 과도한 몸무게 증가와 비만을 예방하여 암 발생을 줄여준다.

(10) 암 진단을 받은 후에도 가능한 이 권고안을 따르자

급성기의 치료가 필요한 경우가 아니라면, 암 진단을 받은 암 환자에게도 위와 같은 권고가 추천된다. 또한 이러한 권고는 암뿐만 아니라 다른 만성질병의 예방과 비감염성 질환의 예방에도 도움이 되며, 암 치료의 성공률을 높인다.

정리하기

1 암은 세포가 비정상적으로 성장의 제한을 받지 않고 자라며 근처의 조직으로 퍼져나가는 질병이다.

2 암의 발생원인은 유전적 요인, 바이러스, 환경적 발암물질, 영양적 요인, 스트레스 등 다양하다.

3 식사와 생활습관은 암 발생의 위험과 암 예방에도 영향을 준다.

4 악액질은 암의 영향으로 인한 지속적 체중 감소, 식욕부진, 지방조직 및 근육의 쇠퇴, 영양학적 대사 불균형을 초래하는 암 환자에 자주 나타나는 증후군이다.

5 암세포는 비정상적인 영양소 대사를 하며, 특히 에너지, 탄수화물, 단백질, 지방 대사가 일반세포와 다르게 비효율적으로 일어난다.

6 암 환자의 영양관리를 위해서는 체중과 근육조직의 감소, 면역 저하의 예방을 위하여 영양부족이 생기지 않도록 지속적인 모니터링이 중요하다.

Case study 1

항암화학요법 영양관리 사례

■ 1차 항암치료일

[영양판정]

58세 여자로 건강검진을 통해 폐암으로 진단받고 폐 절제수술(VATS Lobectomy) 후 외래 추적관찰 중 1년째 양전자방출단층촬영(PET-CT) 추적검사를 통해 림프절 및 갈비뼈 전이가 확인됨에 따라 고식적 항암요법(Pallitaive chemotherapy, Alimta+CDDP#1)을 3주 간격으로 시작하기로 하여 외래 진료과로부터 항암화학요법 영양교육 협진이 의뢰된 사례이다.

신장 160 cm, 체중 52 kg, BMI 20.3 kg/m^{2}으로 체중상태는 정상범위였고, 영양 관련 임상혈액지표도 양호하였다(Hgb/Hct 10.1 g/dL/30.7% total protein/ albumin 7.0/3.8 (g/dL) AST/ALT 18/16(U/L), BUN/Cr 9.0/0.7 (mg/dL).

폐암 전이를 진단받은 후 붉은 육류 섭취량을 줄여, 1일 1,500 kcal의 에너지 섭취, 단백질 40 g 가량으로 평소 섭취 대비 30%가량 단백질 섭취량이 줄었다. 항암화학요법 전 영양평가 결과 전반적인 영양상태는 현재까지 양호한 것으로 판정하였고, 영양필요량은 평소 체중 유지를 목표로 1일 1,500~1,600 kcal/60~80 g protein(30 kcal/1.2~1.5 g protein/current body weight)로 산정하였다.

[영양진단 및 영양중재]

항암화학요법에 대한 식사요법 교육경험이 없었고, 폐암 수술 후 추적관찰하며 전이를 확인하자 육류를 기피하기 시작해 단백질 요구량 대비 약 30%가량의 섭취 부족으로 제반 식품 관련 지식 부족의 문제점이 있었다. 또한 항암약물로 인한 제반 소화기 불편감 등으로 요구량 대비 경구섭취 부족의 가능성이 높아 치료 중 영양상태의 유지 및 요구량에 준한 영양소 섭취를 위한 식사량 계획과 항암약물에 의해 발생 가능한 식사 관련 부작용과 증상별 식사요령에 대한 교육자료를 제공하였다.

3주 후 2차 항암치료 시작 시에도 지속영양관리가 필요하여 영양상담을 재예약하였다.

Case study 2

항암화학요법 영양관리 2차 사례

■ 2차 항암치료일

[2차 영양판정]
영양 관련 혈액지표는 (Hgb/Hct 9.9g/dL/30.3% Total protein/albumin 7.1/3.9 (g/dL) AST/ALT 21/20 (U/L), BUN/Cr 10.0/0.66 (mg/dL)이었고, 항암제 투여 약 5~7일부터 오심, 음식 냄새에 대한 예민함으로 경구섭취량 감소에 따른 식사량 감소가 있었으나 2주차 후반부터 회복되었고 단백질 강화 영양보충음료 섭취로 부족한 식사량을 보충하며 영양요구량의 70%까지 회복하였다. 일평균 경구섭취량은 1,300 kcal/45 g protein가량으로 경구섭취 지속 부족 시 경증의 영양불량 진행 가능성이 있었다.

[2차 영양모니터링 및 평가]
에너지 요구량의 80% 이상 섭취를 목표로 하였고 이를 달성하였다.
단백질 요구량의 80% 이상 섭취를 목표로 하였고 일부를 달성하였다.

[2차 영양진단]
항암제 복용 중 오심 및 냄새 민감으로 경구섭취량 감소에 따른 체중의 감소와 에너지 및 단백질 섭취 부족의 문제가 있었다.

[2차 영양중재]
3차 항암치료까지 영양보충음료 활용방법과 부족한 단백질 섭취 급원 식품 및 영양밀도가 높은 간식류의 예시 자료를 제공하였고 3차 항암치료 시에도 지속영양관리가 필요하여 영양상담을 재예약하였다.

CLINICAL NUTRITION

CHAPTER

11 신경계 및 골격계 질환과 영양

Ⅰ. 신경계 질환 | 1. 개요 | 2. 뇌전증 | 3. 치매 | 4. 파킨슨병 | 5. 다발성 경화증 | 6. 중증 근무력증 |

Ⅱ. 골격계 질환 | 1. 개요 | 2. 관절의 구조와 기능 | 3. 관절 질환 | 4. 골 질환

용어 정리

케톤식(ketogenic diet) 지방섭취량을 증가시키고 단백질, 탄수화물 비율을 줄여서 체내 케톤체를 생성함으로써 항경련 효과를 내는 식사형태

알츠하이머성 치매(Alzheimer's disease) 뇌에 노인성반과 신경원섬유가 비정상적으로 축적되면서 뇌기능이 손상되어 점진적으로 착란, 성격, 행동 변화, 판단장애를 일으키는 질병

혈관성 치매(vascular dementia) 순환기 만성질병에 의해 뇌의 혈관이 막히거나 좁아져서 뇌손상이 발생하여 생기는 치매

신경수초(myelin sheath) 신경섬유 주위를 초상으로 둘러싸는 통 모양의 피막

활액막(synovial fluid) 관절과 관절을 연결해주는 부분에서의 관절 내부를 둘러싸는 얇은 막

조골세포(osteoblast) 척추동물의 골세포를 만드는 세포로, 골아세포라고도 함

파골세포(osteoclast) 뼈를 파괴하는 세포로 뼈가 자라도록 하기 위하여 석회화된 연골과 뼈 조직을 녹이는 세포

피질골(cortical bone) 치밀뼈로 이루어진 뼈의 바깥 부분

해면골(trabecular bone) 몸을 효과적으로 지탱할 수 있게 골소주로 이루어진 뼈의 안쪽 부분

오스테오칼신(osteocalcin) 뼈의 비콜라겐성 단백질에 많이 존재하며, 뼈의 대사에 중요한 역할을 하는 호르몬

Ⅰ. 신경계 질환

1. 개요

최근 사회가 고령화되고 평균수명이 길어짐에 따라 여러 가지 퇴행성 신경계 질환인 뇌졸중, 치매, 파킨슨병, 다발성 신경염 등이 심각한 사회적 건강문제로 대두되고 있다. 신경계 질환은 구조적, 생화학적, 전기적인 뇌, 척수, 신경장애에 의한 질병으로 마비, 근육위축, 감각상실, 발작, 인지기능 장애 등의 증상을 보인다. 신경계 질환은 영양적 병인을 가지고 있으며, 특히 영양소의 흡수불량, 알코올 중독 등의 영양상태가 불량한 경우 더욱 영향을 받을 수 있다. 신경계 질환 환자는 독립적으로 일상생활과 식사를 할 수 없는 경우가 많으며, 연하곤란 등 식품섭취에 영향을 미치므로 영양불량이 더욱 가속화될 수 있다. 따라서 신경계 질환 환자를 위한 영양관리는 환자의 삶의 질을 향상시키는 데 기여할 수 있다.

2. 뇌전증(epilepsy)

수백만 개의 뇌세포는 전기에너지를 방출하여 세포들 사이의 신호를 전달하고 정보를 교환하여 운동, 감각, 인지 등의 기능을 수행하게 되는데, 이러한 뇌신경세포의 일부가 갑자기 과도한 전기를 무질서하게 방출하여 경련을 일으키는 신경계의 교란증상을 뇌전증 또는 간질이라고 한다.

1) 원인과 증상

원인을 알 수 없는 특발성이 대부분을 차지하고 그 이외에 유전, 출생 시 선천성 질환, 뇌손상, 머리 외상, 감염, 뇌졸중, 종양 등도 원인이 될 수 있다. 뇌전증의 발작은 전신발작과 부분발작으로 나눌 수 있는데, 전신발작은 가장 흔한 형태의 발작으로 대뇌 양쪽 반구의 광범위한 부분에서 시작하며 전구증상 없이 갑자기 정신을 잃고 쓰러지며 전신에 수 분 정도 경련이 일어난다. 부분발작은 대뇌피질의 일부분에서 시작되는 신경세포의 과흥분성 발작이며 전구증상이 있고 의식이 유지되는 특징이 있으며 자신도 모르게 반복적인 행동을 보인다. 대부분의 뇌전증 발작은 소아에서 발생하며, 2세 이전에 발작을 하는 경우는 대부분 발달장애, 출생 시 뇌손상, 대사질환에 의한 경우가 많다.

2) 치료

주로 항경련제인 페니토인phenytoin, 페노바비탈phenobarbital, 프리미돈primidone 등에 의해 치료될 수 있으나, 이러한 항경련제의 경우 환자의 영양상태에 영향을 줄 수 있다. 예를 들어 페니토인, 페노바비탈, 프리미돈은 간에서 비타민 D의 대사를 변화시켜 장에서의 칼슘 흡수를 방해한다. 이러한 장기간의 약물 사용은 성인에게서는 골감소증, 어린이에게서는 구루병을 유발시킬 수 있다. 따라서 이러한 경우 비타민 D 보충제 섭취가 필요하다. 또한 엽산 보충은 페니토인 대사를 방해하므로 주의하여야 하며, 페니토인은 혈액에서 알부민과 결합하여 혈청 알부민 농도를 감소시켜 영양불량을 초래할 수 있다.

3) 식이요법

약물요법으로 치료되지 않는 모든 종류의 소아경련은 케톤식ketogenic diet을 사용할 수 있다. 케톤식은 경련제와 같이 신경전달을 방해하며 경제적이고 부작용이 적은 장점이 있다. 지방과 탄수화물/단백질의 비율을 4:1로 공급하며, 소아식단의 경우 에너지의 75%를 지방으로 공급한다. 이때 지방급원으로는 MCT유oil 사용이 가능하다. 케톤식은 맛이 없어 먹기 힘들고 지속하기도 어렵기 때문에 심리적인 지원이 동반되어야 한다.

알아두기

케톤식(ketogenic diet)

1920년대부터 다양한 경련증을 위한 치료로 이용되어 온 고전적 케톤식은 당질이 극도로 적고, 지방의 비율을 높여 총 에너지 섭취량의 80~90%를 지방으로부터 얻는 식사이다. 일반식사가 케톤성(지방) : 항케톤성(비지방, 당질 및 단백질) 비율을 1 : 3으로 유지하는 데 비해 케톤식은 4 : 1 또는 3 : 1로 유지한다.

케톤식의 식단작성 지침

- 환아의 연령에 해당하는 에너지 요구량을 결정하고 케톤체의 항경련 효과를 위해서는 충분한 케토시스(ketosis)의 유발이 필요하며 대략 권장량의 75~85% 정도로 열량을 산정한다.
- 처음 1개월은 10 g으로 시작하여 치료 효과에 따라 탄수화물 섭취량을 증량 조절할 수 있으나 케토시스가 유지되는 범위 내에서 1일 최대 허용량은 20~30 g가량으로 유지한다.
- 성장발달에 필요한 단백질 필요량을 단위 체중 kg당 1~1.5 g으로 산정한다.
- 케톤 비율(ketogenic ratio)을 일반적으로 3~4 : 1로 시작한다.

  4 : 1 ratio일 경우 지방 4 g, (탄수화물 + 단백질) 1 g으로
  단위당 에너지는 36 kcal(4 g × 9 kcal) : 4 kcal(1 g × 4 kcal)가 된다.

  식이단위당 열량
  = 지방 4 g × 9 kcal +(탄수화물 + 단백질) 1 g × 4 kcal
  = 40 kcal

- 1일 필요 에너지 요구량 1,200 kcal, 1일 단백질 요구량 18 g을 기준으로 제공해야 할 총 식이단위 수는 30(1,200 kcal / 40 kcal)이며 이를 기준으로 지방, 단백질, 탄수화물을 계산하여 1끼니씩 식단을 작성한다.

① 하루 필요 식이 단위 수 = 총 필요열량 ÷ 식이 단위당 열량

(여기서는 1,200 kcal ÷ 40 kcal = 30)

② 지방 필요량(g) = 하루 총 식이 단위 수 × 4

(여기서는 30 × 4 = 120)

③ 단백질 필요량(g) = 1–1.5 g/kg

(여기서는 체중 15 kg, 체중당 1.2 g 가정하여 15 × 1.2 = 단백질 18 g)

④ 탄수화물 필요량 = 하루 필요 식이 단위 수 – 단백질량

(여기서는 30 – 18 = 탄수화물 12 g)

하루 섭취량(1,200 kcal)		한끼 섭취량 (400 kcal)	에너지
지방	120 g	40 g	1,080 kcal
단백질	18 g	6 g	72 kcal
탄수화물	12 g	4 g	48 kcal

케톤 비율(Ketogenic ratio) 4 : 1의 한 끼 400 kcal 식단의 예

국가표준식품성분표 제 9개정판 및 2020년 개정된 '국가표준식품성분 DB 9.2'의 탄수화물(g), 단백질(g), 지방(g), 에너지(kcal)를 기준하여 식단표를 작성하면 다음과 같다.

끼니	식단	식품	g	탄수화물 (g)	단백질 (g)	지방 (g)	에너지 (kcal)
아침	치킨 수프	닭고기, 가슴(껍질 제거), 생것	10	0	2.297	0.097	10.7
		양파, 생것	15	1.002	0.1425	0.006	4.05
		양송이버섯, 생것	10	0.371	0.356	0.019	1.5
		방울토마토, 생것	10	0.602	0.1	0.013	2.5
		휘핑크림	10	0.47	0.2	4.07	39.9
		버터	18	0.3258	0.1062	14.7672	136.98

끼니	식단	식품	g	탄수화물 (g)	단백질 (g)	지방 (g)	에너지 (kcal)
아침	스크램블에그	달걀, 생것	18	0.6138	2.2392	1.3266	24.48
		표고버섯, 생것	10	0.61	0.2	0.03	1.8
		피망, 초록색, 생것	10	0.536	0.09	0.004	2.2
		올리브유	20	0	0	20	184.2
합계				4.5306	5.7309	40.3328	408.31

출처: 농촌진흥청 국립농업과학원 http://koreanfood.rda.go.kr/kfi/fct/fctFoodSrch/list

부작용

지방이 많아 맛이 없어 먹기가 매우 곤란하므로 식욕 저하, 음식 거부, 메스꺼움, 구토, 설사, 체중감소, 저혈당 등의 부작용이 생길 수 있다. 임시로 혈중 콜레스테롤이 증가하기도 하지만 케톤식을 중단하면 수치가 정상으로 돌아올 수 있다.

변형된 케톤식으로 비율을 1 : 1 또는 2 : 1로 줄이거나 변형된 앳킨스(Atkins) 식사, 저당지수 식사(low glycemic index treatment, LGIT) 등이 사용되기도 한다.

3. 치매(dementia)

최근 중앙치매센터 보고서에 의하면 노인 치매환자 1인 관리비는 연 2,100만 원이다. 치매는 뇌기능 장애로 인하여 일상생활에 지장을 주는 질환으로 기억과 인지능력이 후천적으로 점차 상실되는 증후군이다. 치매는 크게 알츠하이머성 치매Alzheimer's disease와 혈관성 치매vascular dementia로 나눌 수 있는데〈표 11-1〉, 최근 혈관성 치매가 알츠하이머성 치매 다음으로 노인 치매의 중요한 원인으로 부각되며, 대부분의 경우 알츠하이머성 치매가 혈관성 요인들과 같이 나타난다고 알려져 있다.

1) 알츠하이머성 치매

1907년 독일 의사인 알로이스 알츠하이머Alois Alzheimer에 의해 최초로 보고되었으며, 치매의 가장 흔한 형태로 전체 치매의 50%를 차지한다. 발병률은 남녀가 유사하며 40세 이후에 기하급수적으로 증가한다.

(1) 원인과 증상

비정상적인 베타-아밀로이드β-amyloid와 소포체 관련 결합단백이 누적되어 일어난다. 노화가 가장 큰 위험요인이며 65세 이상인 경우 매년 발병률이 2배씩 증가한다. 원인으로는 유전적 요인, 산화적 스트레스에 의한 손상, 고혈압, 이상지질혈증 등의 심혈관계 위험인자, 뇌졸중 등이다. 장기간에 걸쳐서 서서히 완만히 진행되며, 주요 증상으로는 처음엔 인지능력 감퇴로 시작하여 후에는 신체적 변화가 일어난다. 기억상실, 언어기능 손상, 근육수축, 이름 기억 어려움, 타인의 언어 반복적 모방 등의 증상이 나타나며, 운동기능 악화, 반사작용 변화, 행동 및 인격의 변화 등도 나타날 수 있다. 마지막 단계에서는 운동능력을 상실하고 지적 능력이 중지된다.

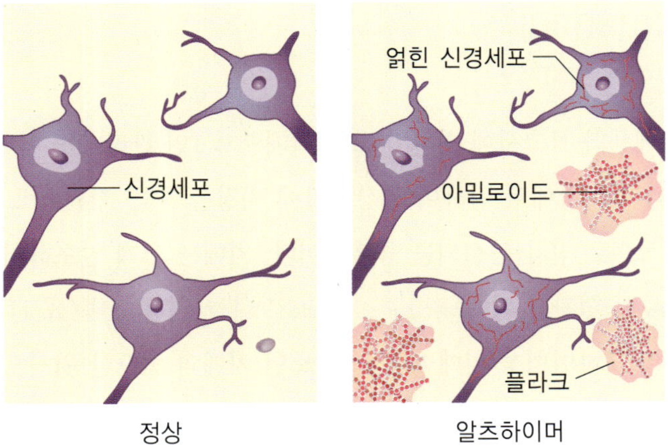

그림 11-1 | 알츠하이머 뇌의 신경

(2) 치료

현재 명확한 치료방법은 없으며, 증상과 관련된 여러 문제를 완화시키는 치료를 주로 하게 된다. 특히 노인성 치매환자는 감염률이 높고 에너지 소모량이 증가하며, 식욕과 기능 부진으로 영양불량과 체중감소, 탈수의 위험이 크다. 건강관리를 위해 적당한 영양 섭취와 운동이 필요하며, 환자의 심리적 지지가 필요하다. 또한 기억력을 향상시킬 수 있는 약물치료도 필요하다.

2) 혈관성 치매

(1) 원인과 증상

치매의 20~30%를 차지하며 뇌졸중 등의 뇌조직 손상과 고혈압, 흡연, 당뇨병, 동맥경화, 이상지질혈증 등의 순환기계 질환에 의해 발생한다. 혈관성 치매는 알츠하이머성 치매에 비해 갑자기 발생한다. 종류로는 다발뇌경색 치매multi-infarct dementia, 전략뇌경색 치매strategic infarct dementia 및 피질하혈관 치매subcortical dementia 등이 있다.

증상으로는 인지 및 정신기능이 조금 나빠졌다가 그 수준을 유지하고 다시 나빠지는 식의 악화증상이 나타난다. 팔다리 마비, 언어장애, 운동장애 등이 나타나며, 한쪽 마비를 가지고 있는 경우가 많다.

(2) 치료

다발뇌경색 치매와 전략뇌경색 치매는 뇌졸중의 치료와 비슷하며, 피질하혈관치매의 경우는 인지기능 개선을 위해 알츠하이머 치료 억제제를 사용하기도 한다.

표 11-1 | 알츠하이머성 치매와 혈관성 치매 비교

임상증상	알츠하이머성 치매	혈관성 치매
동맥경화 병력	흔하지 않음	뇌졸중, 동맥경화 위험요인 (당뇨, 고혈압 등)
증상	점차적으로 악화	점차적 또는 갑자기 나타남
진행	서서히 진행	서서히, 단계적으로 진행
걸음걸이	대부분 정상	걸음걸이가 불편하고 한쪽 마비가 흔함
기억력	초기부터 장애가 심함 최근의 기억장애가 심함	초기엔 심하지 않음
업무수행 능력	장애가 서서히 진행	장애가 초기부터 두드러지게 나타남
시공간 파악 능력	초기부터 손상	알츠하이머성 치매보다 덜함

3) 치매의 영양치료

영양치료로는 환자가 인지기능 손실로 인한 배고픔, 갈증, 포만감을 느끼지 못해 어려움이 있고 연하곤란이 있을 수 있으므로 간식을 자주 제공하고 영양밀도가 높은 음식과 영양보충식이 등으로 체중감소를 막아준다. 비타민 E, 셀레늄, 콜린이 포함된 비타민, 무기질을 충분히 섭취하도록 도와준다. 정상체중 유지를 위하여 충분한 단백질과 에너지를 섭취하도록 하며, 탈수예방을 위해 수분을 충분히 섭취하도록 한다. 식사는 충분한 시간을 가지고 천천히 하도록 한다.

보건복지부 중앙치매센터에서는 '치매 예방 수칙 3.3.3'을 권고하고 있는데, 그 내용은 3권: 즐길 것(운동, 식사, 독서), 3금: 참을 것(절주, 금연, 뇌손상 예방), 3행: 챙길 것(건강검진, 소통, 치매 조기 발견)이다.

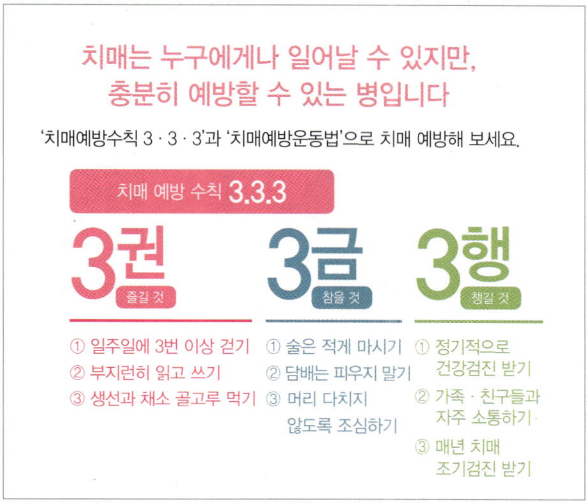

그림 11-2 | 치매 예방 수칙 3.3.3

출처: 보건복지부 중앙치매센터

4. 파킨슨병(Parkinson's disease)

1817년 의사 제임스 파킨슨James Parkinson에 의해 처음으로 기술된 파킨슨병은 점차적으로 진행되며 장애를 일으키는 신경퇴행성 질환이다. 운동능력 감소, 근육 경직, 떨림, 자세불안을 특징으로 하며, 환자의 66%가 5년 이내 불구가 된다. 알츠하이머병 다음으로 흔한 신경계 질환 중 하나이다. 50세 이상에서 많이 발생하며, 남자가 여자보다 많은 발병률을 보이며, 질병관리청에 따르면 국내 인구 10만 명당 파킨슨병 유병률은 27.8명이다.

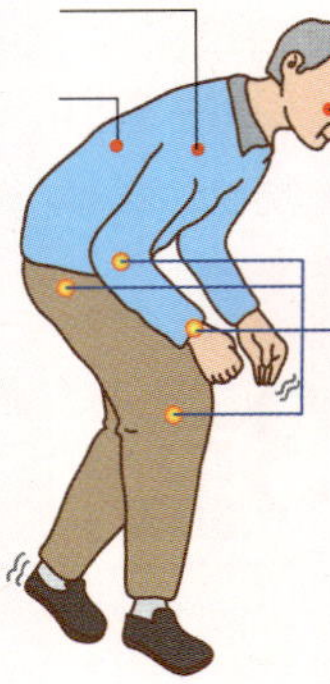

그림 11-3 | 파킨슨병의 주요 증상

출처: 보건복지부, 국립보건연구원, 대한의학회

1) 원인과 증상

정확한 원인은 알려지지 않았지만, 신경전달물질인 도파민을 분비하는 뇌의 흑절substantia nigra 내 신경의 손실과 도파민 형성에서의 속도제한 효소인 티로신 수산화효소tyrosine hydroxylase의 저하, 산화적 스트레스 등 유전과 환경적 인자들의 상호작용에 의한 것으로 알려져 있다.

증상은 몇 년에 걸쳐 점진적으로 나타나는데 손이 떨리고, 행동이 느려지며, 팔다리 경직 등이 일어나고 구부정한 자세가 된다. 몸의 중심을 잡기가 힘들어 자꾸 넘어지고 얼굴의 무표정함, 목소리 크기의 감소, 관절통, 우울증, 변비, 빈뇨 등이 생기기도 한다.

2) 치료

도파민의 전구체인 L-도파(L-dopa 또는 levodopa)를 처방하는데, 이는 도파민이 혈액뇌장벽을 가로질러 갈 수가 없으므로 도파민의 전구체인 L-도파가 투여되어 도파민으로 전환되어 혈액뇌장벽을 통과할 수 있도록 하기 위함이다. 부작용으로 구토, 변비, 식욕부진, 입안건조증이 오기도 한다. 이 외에도 물리적 치료나 심한 경우 수술에 의한 치료가 이용된다.

3) 영양치료

파킨슨병의 영양치료는 L-도파 투여와 관련된 영양문제를 해결하는 데 목적이 있으며, 식욕을 증진시키고, 적절한 몸무게를 유지하도록 한다. 단백질은 L-도파와 경쟁하여 L-도파가 혈액 및 뇌로 흡수되는 것을 지연시키므로 0.5~0.8 g/kg으로 제한한다. 활동이 많은 낮 시간에는 단백질 섭취를 줄이고, 저녁에 단백질 섭취를 늘림으로써 1일 단백질 권장량을 맞추고 L-도파의 약효가 방해받지 않도록 한다.

비타민 B_6는 L-도파의 효과를 낮추므로 비타민 B_6의 섭취를 제한하여야 한다. 변비를 예방하기 위하여 충분한 수분, 과일, 야채를 공급하고 부드러운 음식을 제공하도록 한다. 손 떨림과 연하곤란으로 식사가 어려워 영양부족이 되기 쉬우므로 적정 체중을 유지하기 위해 충분한 에너지와 영양섭취가 필요하다. 이를 위해 소량의 식사를 자주 제공하고, 먹기 좋게 자르거나 다져서 부드러운 형태로 소화가 잘 되도록 한다.

5. 다발성 경화증(multiple sclerosis)

중추신경계에 영향을 주는 만성질환으로 신경수초myelin sheath의 파괴로 인한 전기적 신경전달기능이 손상되어 점진적으로 신경퇴화와 기능 손상을 가져오는 질환이다. 다발성이라는 용어는 시신경, 척수, 뇌 등의 여러 부위에 발생하기 때문이며, 주로 젊은 연령층인 20~40세에 많이 발생한다.

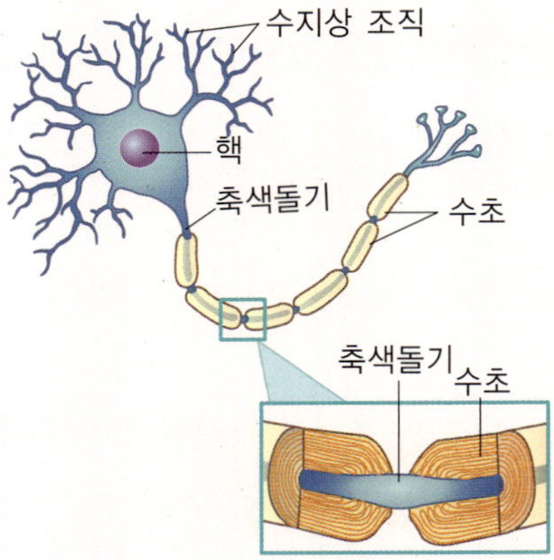

그림 11-4 | 신경수초의 구조

1) 원인과 증상

정확한 원인은 알려지지 않았으나 중추신경계의 면역질환으로 간주되며, 유전적 요인과 환경적 요인에 의해서도 발생할 수 있다. 특히 고도가 높은 곳에서 발병이 증가된다고 알려져 있고, 햇빛 노출에 의한 비타민 D의 흡수량 부족이 위험률을 증가시킨다고도 보고되고 있다.

증상은 시각장애나 손실, 감각 및 운동장애, 배뇨 및 배변장애, 균형능력 장애 등 매우 다양하게 나타날 수 있다.

2) 치료 및 영양관리

단기간의 스테로이드제제가 사용되는데 증세를 완화하고 회복을 빠르게 하지만 식욕 증가나 몸무게 증가, 수분 보유, 신경과민, 불면증 등의 부작용이 나타날 수 있고 혈액 중 비타민 B_{12}나 엽산의 감소 등도 문제가 될 수 있다. 장기적 치료제로는 인터페론 베타interferon beta, 글라티라머 아세테이트glatiramer acetate, 미토산트론 mitoxantrone 등이 사용된다.

활동량 감소와 우울증으로 인하여 체중 증가를 보이는 경우가 있고, 한편으로는 식욕이 감소되고 음식에 대한 관심이 줄어들기도 한다. 따라서 영양관리의 주요 목표는 적정한 체중 유지로서 무엇보다 균형된 식사가 중요하다. 신경인성 방광에 의한 요실금, 요절박, 빈뇨를 예방하기 위하여 자기 전의 수분 공급을 제한하고 변비 예방을 위해 적당한 수분의 섭취와 식이섬유 섭취의 증가, 항산화 영양소, 오메가-3 지방산 등을 충분히 섭취한다.

6. 중증 근무력증(myasthenia gravis)

중증 근무력증은 비교적 드문 질환으로, 신경근접합부의 신경 전달 장애에 의해 발생하며, 근육이 약화되고 비정상적으로 피로해지는 것이 특징이다.

1) 원인과 증상

근무력증은 신경근육 접합부neuromuscular junction의 면역 결함으로 발생하는 자가면역질환이다. 즉 자동면역 결함으로 인하여 생긴 항체가 신경말단으로부터 근막까지 신호를 전달하는 데 중요한 아세틸콜린 수용체에 대한 항체를 만들어 아세틸콜린 수용체와 결합하여 수용체를 무기력하게 만든다. 수용체의 부재는 근육에 대한 신경자극을 감소하게 하여 근육에 극심한 피로를 가져오며, 외안근 무력증에 의한 복시(사물이 둘로 보임)나 눈꺼풀이 쳐지고, 연하곤란, 호흡곤란 등 눈, 얼굴, 인두, 후두, 호흡계 등에 다양한 증상이 나타나게 된다.

2) 치료 및 영양관리

약물치료로 아세틸콜린 에스터라아제acetylcholine esterase를 저해하는 항콜린에스터라아제가 사용되는데, 이 약물은 신경근접합부에 아세틸콜린의 양을 증가시키며 코티코스테로이드corticosteroid는 면역억제제로 사용될 수 있다. 또한 항체 생산의 장소인 흉선을 절제하는 흉선절제술, 항체를 제거하는 혈장교환술이 시행될 수 있다.

연하곤란으로 인해 저작과 삼키는 것이 어려우므로 식사를 소량으로 자주 공급하며, 영양밀도가 높고 부드러운 질감의 식품을 섭취하도록 한다. 환자가 피로감을 느끼기 전에 영양밀도가 높은 음식을 제공하도록 하며, 소량씩 자주 먹도록 한다.

알아두기

신경계 질환의 치료제로 사용되는 여러 약물은 영양소와 다양한 상호작용을 보인다.

약제의 종류	기전/특징	약물과 영양의 상호작용
• 뇌전증 치료제 – 항경련제	• 뉴런 간 나트륨 통로 차단 또는 감마 아미노낙산 또는 감마 아미노뷰티르산(γ-Aminobutyric acid, GABA) 활성 증가에 의한 신경전달 억제	• 엽산 흡수장애에 의한 엽산 결핍 • 비타민 D 대사 증가로 비타민 D 결핍 증가 • 카페인에 의한 약물효과 감소 • 알코올에 의한 중추신경 억제 증가
• 파킨슨병 치료제 – L-도파	• 도파민 공급 • 도파민 분해 억제 및 수용체 자극에 의한 신경세포 활성화	• 고단백식이에 의한 약효 감소 • 비타민 B_6에 의한 L-도파 분해에 의한 약효 감소 • 고지방 및 고섬유소에 의한 L-도파 흡수 지연

정리하기

1 뇌전증은 뇌신경세포의 과도한 전기방출로 인한 신경계의 교란증상이며, 케톤식이 중요한 식사요법이다.

2 치매는 알츠하이머성 치매와 혈관성 치매로 나눌 수 있으며, 연하곤란을 막고 적정한 체중을 유지하도록 하는 것이 중요하다.

3 파킨슨병은 신경퇴행성 질환으로 도파민의 전구체인 L-도파를 처방하며, L-도파 투여와 관련된 영양문제를 해결하는 것이 중요하다.

4 다발성 경화증은 주로 젊은 연령층에서 발생하며, 신경수초의 파괴로 인한 신경퇴화와 기능 손상이 동반되는 질환으로 적정한 체중 유지와 수분 및 식이섬유 섭취를 권장한다.

5 근무력증은 자가면역질환으로 근육이 약화되고 비정상적으로 피로해지며, 연하곤란, 호흡곤란 등 다양한 증상이 나타난다. 연하곤란으로 저작과 삼키는 것이 어려우므로 식사는 소량을 자주 섭취하고 부드러운 질감의 식품을 섭취하도록 한다.

Ⅱ. 골격계 질환

1. 개요

골밀도는 성장기에 최대 골질량에 도달한 후 나이가 들어감에 따라 서서히 감소하며, 골밀도 감소는 노인기 골절의 주요 원인이 되고 있다. 골다공증은 노인기의 대표적 질환 중 한 가지로 골절의 위험을 증가시키며 심한 경우 사망률에까지 영향을 미치는 질환이다.

특히 골다공증은 50대 폐경기 이후의 여성에게서 발병률이 높고 심각한 문제로 야기되지만, 남성의 경우에도 70세 이후에는 노인성 골다공증의 이환률이 급격히 높아진다. 또한 사회가 고령화됨에 따라 골관절 질환도 증가하고 있으며, 우리나라 65세 이상 노인의 골관절염 유병률은 2017년 기준 30.9%로 노인 질환 유병률에서 2위를 차지한다. 이처럼 사회적 변화에 따른 노인인구 및 기대수명의 증가로 골관절염을 비롯한 골 질환의 질병 부담은 점점 더 커지게 될 것이다. 따라서 골 질환을 예방하고 노인기 삶의 질을 높이기 위한 올바른 식사관리 등의 노력이 무엇보다 절실하다.

2. 관절의 구조와 기능

관절은 표면에 윤활제를 분비하고 골의 연결 시 마찰을 줄여 자연스럽게 운동을 할 수 있도록 하는 구조이다. 관절의 양쪽 뼈는 관절막joint capsule으로 연결되어 있고, 그 내부는 활액막synovium으로 싸여있는데, 활액막 안에는 윤활작용을 하는 활액synovial fluid이 있다. 뼈의 끝부분은 연골로 덮여있고, 연골은 혈관이 없어 활액을 통해 영양분을 흡수한다. 또한 뼈에 붙은 근육부위를 인대ligament, tendon라고 하는

데 인대는 뼈의 움직임을 위해 필요하다[그림 11-5].

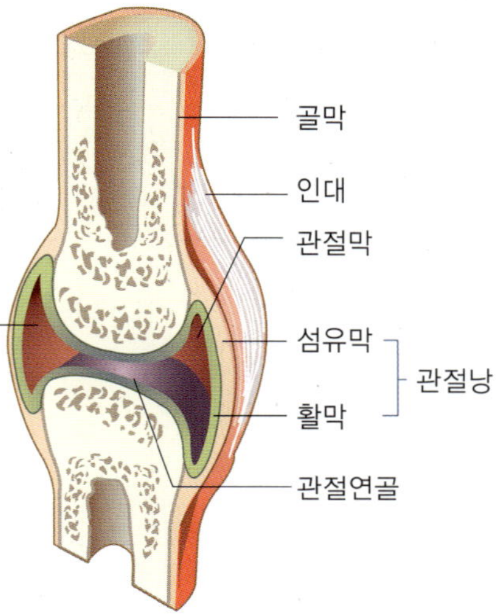

그림 11-5 | 골관절의 구조

3. 관절 질환

관절염arthritis은 관절에 염증이 생기거나 직접적인 외상에 의해 연골 및 뼈의 손상을 초래하는 질병이다. 이는 다양한 염증 변화의 상태로서 관절, 인대, 뼈, 근육 등에 다양하게 나타날 수 있다. 자가면역 관절염으로 류머티즘성 관절염rheumatoid arthritis과 통풍이 있으며, 국소적인 골관절염osteoarthritis이 있다〈표 11-2〉.

표 11-2 | 관절염의 종류 및 특징

구분	류머티즘성 관절염	골관절염	통풍
특징	자가면역	자가면역 아님	자가면역
발병 부위	• 손, 발의 작은 관절	• 무릎, 발목, 손가락 마디	• 발가락, 발목
증상	• 아침에 통증 • 움직이지 않으면 통증 없음 • 국소발열 및 전신발열	• 움직일 때 아픔 • 발열 없음	• 가만히 있어도 아픔 • 국소발열 및 전신발열 • 통풍석 형성
진행	• 다발성으로 여러 곳에서 발생 • 부종 등이 생겨 움직이기 힘듦 • 2~3년 사이에 급격히 진행	• 국소적, 한 부위에 서서히 진행	• 한 부위에 발병 • 빨갛게 염증반응이 심함
연령	20~50세 여성	50세 이상	남성이 대부분, 30세 이상
영양치료	균형 잡힌 식사, 면역반응 보전을 위한 식사	균형 잡힌 식사, 충분한 오메가-3 지방산, 칼슘, 비타민 D 섭취	퓨린 제한 식사

1) 류머티즘성 관절염(rheumatoid arthritis)

류머티즘성 관절염은 관절의 활액막이 감염되어 부으면서 염증과 통증을 일으키는 만성적 자가면역질환이다[그림 11-6]. 골관절염보다 발병률은 낮지만 좀 더 심각할 수 있다. 주로 35세 전후에 나타나며, 여자가 남자보다 3배 정도 많다.

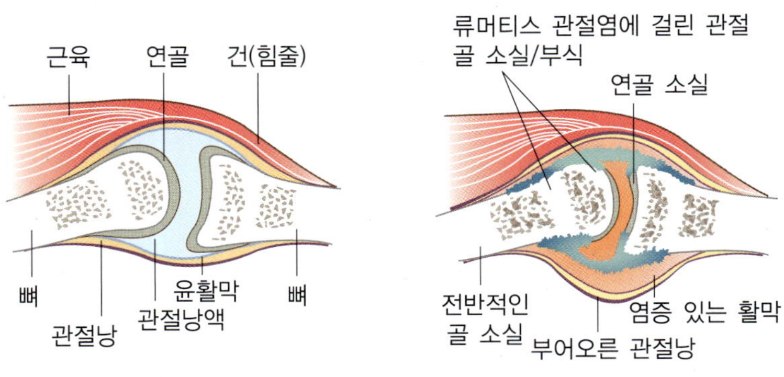

그림 11-6 | 정상 관절(왼쪽)과 류머티즘성 관절염에 걸린 관절(오른쪽)

(1) 증상과 원인

류머티즘성 관절염은 상태가 진행되면 연골을 파괴하고 관절의 변형을 가져오며, 내부의 다른 장기, 혈관, 뼈, 연골, 폐, 눈 등에까지 침범할 수 있는 다발성 관절염의 형태를 나타낸다. 때로는 손, 발 등의 관절 끝 부분에 나타나는데, 주로 아침에 통증이 나타나고, 주위 조직의 염증에 따른 활액이 쌓임에 따라 부종이 생기고 뻣뻣해지는 느낌을 받으며, 증상이 30분 이상 지속된다. 고열, 오한이 동반되기도 하며, 체중이 감소하기도 하고, 근육과 뼈가 약해지고, 심혈관 질환 등이 발생하기도 한다. 이러한 관절염은 증상완화와 악화가 반복되며, 여자의 경우, 임신, 모유수유, 피임약 복용 등으로 인한 호르몬의 변화에 의해 발생하기도 한다.

(2) 약물치료 및 영양치료

정기적으로 의사를 방문하여 혈액, 소변, 엑스레이 검사를 받고, 비스테로이드성 소염제로 아스피린aspirin, 브루펜brufen, 나부메톤nabumetone, 브렉신brexin 등이 사용되고 있으며, 항류머티즘 약제로 설파살라진sulfasalazine, 페니실라민penicillamine, 면역억제제 등을 사용하기도 하지만 다양한 부작용을 동반하기도 한다. 물리치료가 시행되기도 하며, 심각한 경우 수술을 하기도 한다.

류머티즘성 관절염은 감염 시 영양요구량 증가, 영양소 흡수불량, 약물 사용으로 인한 위궤양과 위염 등으로 영양소 섭취 및 식욕감퇴, 연하곤란에 의한 영양불량이 생기기 쉬우므로 적절한 영양공급이 필요하다. 균형 잡힌 식사, 면역반응 보전을 위한 식단이 필요하다〈표 11-3〉. 비만이나 체중과다인 경우, 몸무게를 줄이도록 노력하며 균형있는 식사를 하도록 한다.

표 11-3 | 류머티즘성 관절염 환자의 영양치료

영양소	내용
에너지와 단백질	• 균형 잡힌 식사, 이상체중 유지 • 빈혈의 경우 에너지, 단백질 섭취 증가
지방	• 오메가-3 지방산 섭취 증가(염증반응 억제)
비타민	• 약물로 인한 대사영향을 받을 수 있으므로 비타민 B_6, 비타민 C를 충분히 섭취
무기질	• 골다공증, 골연화증이 자주 나타나므로 칼슘과 비타민 D를 충분히 섭취 • 혈청 아연 감소 시 아연 보충 • 빈혈의 경우, 철 섭취 증가 • 나트륨 섭취 제한

2) 골관절염(osteoarthritis)

퇴행성 관절염이며, 관절염 중 가장 흔하다. 관절 주위나 관절연골의 손실에 따라 관절통과 관절의 변형을 초래하는 질환으로 특히 체중을 지탱하는 하부, 자주 사용하는 관절인 무릎, 엉덩이, 발목 등에서 자주 발생한다[그림 11-7].

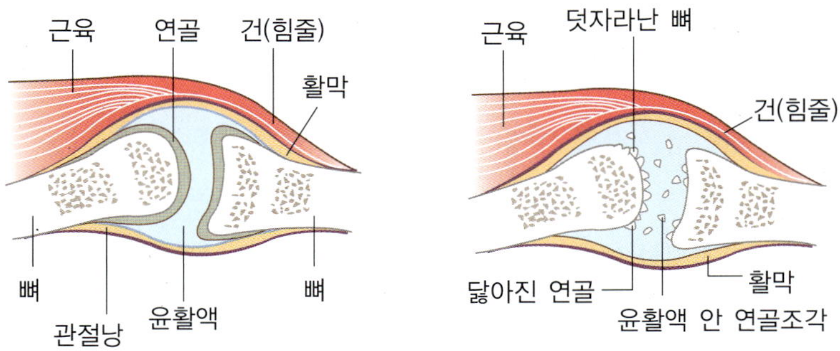

그림 11-7 | 정상 관절(왼쪽)과 골관절염의 관절(오른쪽)

(1) 원인과 증상

골관절염은 복합적인 원인에 의해 발생하는데 유전적 요인, 연령, 관절의 과다 사용, 비만 등이 영향을 미치며, 여성이 남성보다 발생률이 높다. 류머티즘성 관절염과는 달리 체중 과다, 영양 과잉이 원인이 되기도 한다.

초기 증상은 관절부위가 붓고 뻣뻣해지고 통증이 나타나며, 특히 관절을 과다하게 사용한 날의 오후나 잠자기 전에 통증이 심해진다. 골관절염은 서서히 진행되었다 호전되었다를 반복하면서 점차 악화되는데 류머티즘성 관절염과는 달리 전신증상이 나타나지 않고 국부적이고 비대칭적으로 나타나고 관절에 변형이 나타나기도 한다[그림 11-8].

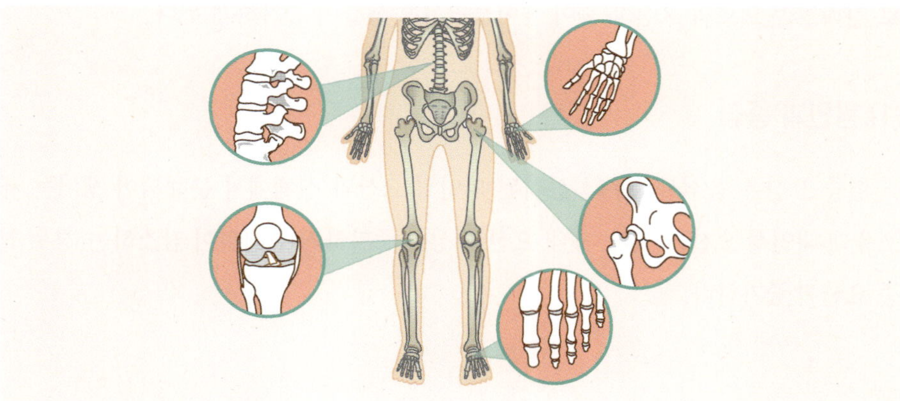

그림 11-8 | 골관절염 발생 부위

(2) 약물치료 및 영양치료

치료의 목적은 통증을 줄이고, 관절과 기능의 손상을 최소화하여 질환의 진행을 늦추는 데 있다. 약물치료, 물리치료, 운동요법, 수술치료, 영양치료 등 다양한 치료를 시행할 수 있다. 약물치료로는 비스테로이드성 항염증제 및 살리실레이트 salicylate, 코르티코스테로이드corticosteroid 진통제 등을 사용하고 있다. 영양치료로는 이상체중 유지와 균형있는 식사, 오메가-3 지방산과 충분한 칼슘, 비타민 D 섭취가 필요하다.

3) 통풍

통풍gout은 기원전 5세기에 이미 기록되어 있는 의학역사상 매우 오래된 질환이다. 통풍의 발생은 체내의 퓨린체의 대사 이상으로 최종산물인 요산uric acid의 혈중 농도가 증가하여 발생한다. 요산이 증가하면 연골관절 주위 조직에 요산일나트륨 결정monosodium urate crystal이 축적되면서 염증을 발생시켜 통풍이 발병하게 된다. 여성보다 남성에게서 더 많이 발병하며 여성의 경우 폐경 이후 에스트로겐 부족으로 인해 소변으로의 요산 배출이 줄어들면서 발생률이 증가하게 된다.

(1) 원인과 증상

혈중 요산은 음식물로부터 섭취된 외인성 요산과 신체에서 분해되어 생기는 세포유래 내인성 요산이 있다. 체내 요산 생성이 증가하거나 배설이 감소하는 경우 혈중 요산이 증가한다.

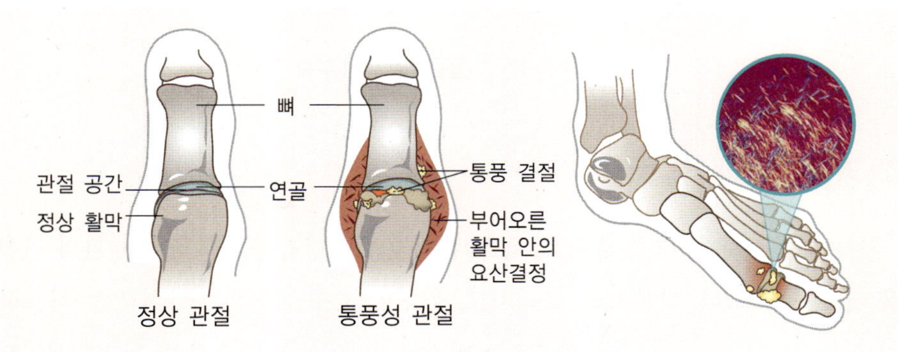

그림 11-9 | 정상관절(왼쪽)과 통풍성 관절(오른쪽)

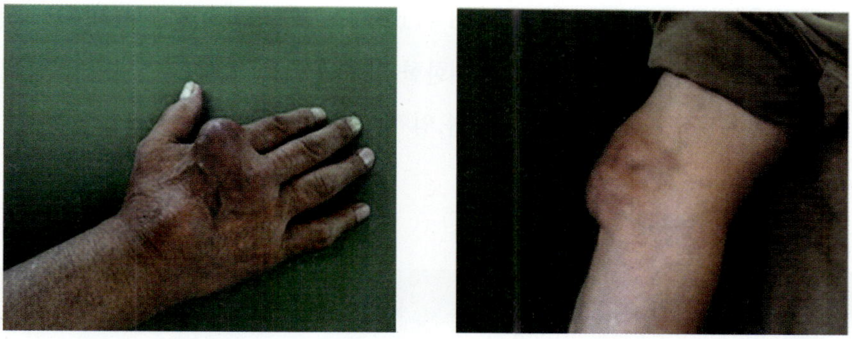

그림 11-10 | 통풍 환자의 손과 팔꿈치 부위

요산의 과잉 생성은 고퓨린식 섭취, 선천적 퓨린 대사 이상, 과음, 비만, 심한 운동 등에 의해 발생할 수 있다. 요산 배설 감소의 원인으로는 신장 질환, 고혈압, 음주, 약물 등이 있다. 혈중 요산 정상치는 3~6 mg/dL이며, 고요산혈증은 남자 7 mg/dL, 여자 6 mg/dL 이상인 경우를 말한다. 알코올 섭취는 요산의 생성을 증가시키며, 과식, 과로, 정신적 스트레스 등으로 요산 배설이 감소되거나 유전적 요인에 의해서도 통풍이 발생한다.

요산 통풍은 대부분 급성 통풍 발작으로 시작하는데 엄지발가락의 염증이 가장 많이 발생하고 팔꿈치, 발목, 무릎 등 하지의 관절에 흔히 발생한다. 때로는 발열, 오한, 두통, 위장장애가 나타나기도 하며, 신장에 축적되어 신우염, 신결석 등의 신장 질환이 나타나기도 한다. 특히 고혈압, 비만, 이상지질혈증, 동맥경화 등 환자의 60% 정도에서 통풍이 발생한다.

(2) 치료

통풍치료의 목적은 급성기의 통증을 완화하고 통풍이 심해지는 것을 예방하며, 통풍결절의 생성을 막는 데 있다. 치료로는 약물치료가 우선이지만 외인성 요산을 감소시키기 위해 저퓨린 식이요법을 통해 대사적 부담을 줄여 약물 사용을 감소시키는 것도 중요하다.

영양치료로 정상인은 하루 평균 600~1,000 mg 퓨린 함유 식사를 하는 데 비해 통풍 환자는 퓨린을 100~150 mg로 제한한 저퓨린 식사를 하도록 한다. 퓨린 함유 식품인 등푸른생선, 내장 등의 어육류를 엄격히 제한하고, 수분 섭취를 증가시켜 퓨

표 11-4 | 식품 중의 퓨린 함량

높은 수준의 퓨린 함유 식품 (100~1,000 mg purine nitrogen/100 g)	통풍 환자 식사에 포함시키지 않아야 함
가리비 거위고기 고등어 내장육	육수 정어리 홍합 효모균
중정도의 퓨린 함유 식품 (9~100 mg purine nitrogen/100 g)	**통풍 환자 식사에 소량 포함시키도록 함**
육류(소고기, 돼지고기, 가금류 등) 생선류 조개류	아스파라거스 콩류 버섯류 시금치
낮은 수준의 퓨린 함유 식품	**통풍 환자 식사에 포함시킬 수 있음**
견과류 곡류 과일 난류 대부분의 채소 마카로니 면류 빵 버터, 마가린, 크림(적정량 사용) 설탕(적정량 사용) 소금 식초 아이스크림 올리브 우유	유지류 젤라틴 지질(적정량 사용) 차 초콜릿 치즈 커스터드 커피 케이크, 쿠키 크래커 탄산음료(적정량 사용) 팝콘 푸딩 피클 허브

린 배설을 촉진시킨다. 에너지는 전분 형태의 고탄수화물을 통해 섭취하도록 하며, 단백질은 중정도의 양(체중 kg당 1~1.2 g, 하루 60~75 g 정도)으로 섭취한다. 지방은 요산의 배설을 감소시키고 통풍의 합병증인 고혈압, 심장병, 이상지질혈증, 비만과도 관계가 있으므로 과다하게 섭취하지 않도록 한다. 식품 중 퓨린 함량은 〈표 11-4〉와 같다.

4. 골 질환

뼈는 일생 동안 끊임없는 재생과 활발한 대사를 하고 있으며, 뼈 조직은 조골세포osteoblast와 파골세포osteoclast의 균형을 통해 유지된다. 노화가 진행되거나 폐경 이후에는 파골세포의 활동이 증가하면서 뼈의 손실도 증가하게 된다.

1) 골격의 구조와 대사

뼈는 35%가 유기질기질로 이루어져 있으며, 기질은 90%가 콜라겐으로 되어 있다. 뼈의 65%는 칼슘, 인, 마그네슘 등의 무기질로 이루어져 있는데, 이 중 몸 전체 칼슘의 99%, 인의 85% , 마그네슘의 66%가 뼈에 존재한다. 뼈 조직은 두 가지로 분류되는데 뼈의 겉부분인 피질골cortical bone, 뼈의 안쪽 부분인 해면골trabecular bone로 되어 있다. 팔, 다리 등의 긴 뼈는 주로 피질골을 포함하고 손목, 발목뼈, 척추 등의 짧은 뼈는 해면골을 많이 포함한다. 뼈 세포는 조골세포, 파골세포, 골세포 세 가지로 분류할 수 있는데 이 중 조골세포는 뼈 조직을 형성하는 세포로 콜라겐 기질을 만들고 칼슘과 인을 침착시킨다. 이에 반해 파골세포는 뼈의 무기질을 분해시키고 재흡수resorption하는 역할을 한다. 골세포osteocytes는 뼈에 많이 분포되어 있는 구성 세포이며, 세포외액과 혈액 사이의 무기질 교환에 의한 무기질화를 하는 기능이 있다.

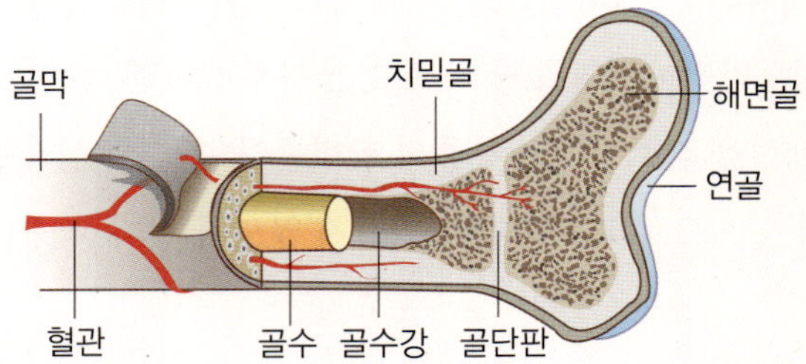

그림 11-11 | 뼈의 구조

뼈는 몸의 형태를 유지하고 심장, 폐 등의 주요 기관을 보호하며, 무기질을 저장하고 산-알칼리 균형을 유지하는 역할을 한다. 뼈는 계속적으로 재형성remodeling되는데, 파골세포에 의한 뼈의 재흡수에 따른 조골세포의 콜라겐 기질 형성과 그 이후 인산칼슘염 침착의 석회화 과정에 의해 이루어진다. 1년마다 약 10%의 뼈가 교체되므로, 우리 몸의 뼈가 전부 새롭게 바뀌는 데는 약 10년이 걸린다.

알아두기

뼈의 재형성

신체는 항상 골 흡수와 재생 과정을 거쳐서 우리 몸 뼈의 약 20%를 새로운 뼈로 대체한다. 뼈는 재흡수(bone resorption)하면서 만들어지는데, 이 과정을 재형성이라고 부르며, 재흡수란 파골세포가 뼈를 분해하여 무기질을 혈액으로 용출하는 과정이다. 이 결과 칼슘 등이 뼈에서 혈액으로 이동하게 되며, 새 뼈를 만드는 데 무기질이 사용될 수 있도록 하기 위하여 이러한 과정을 거치게 된다.

2) 골격 대사

골격의 대사는 부갑상선 호르몬parathyroid hormone, PTH, 비타민 D1,25-dihydroxycholecalciferol, 칼시토닌, 에스트로겐, 성장호르몬 등의 호르몬에 의해서 조절된다〈표 11-5〉.

표 11-5 | 골격 대사에 영향을 미치는 호르몬

호르몬의 종류	기능
부갑상선 호르몬	• 신장에서 비타민 D 활성화 • 뼈에서의 칼슘 용출 촉진 • 신장에서 인의 재흡수 감소 • 콜라겐 합성 방해
비타민 D	• 소장에서 칼슘과 인의 흡수 증가 • 신장에서 칼슘, 인의 재흡수 촉진 • 뼈에서의 칼슘 용출 촉진
칼시토닌	• 비타민 D 활성화 저해 • 신장에서의 칼슘, 인의 재흡수 저해 • 소장에서 칼슘 흡수 제한 • 뼈에서의 칼슘 용출 억제
에스트로겐	• 부족 시 뼈에서의 칼슘 용출 촉진, 골다공증 유발
성장호르몬	• 연골과 콜라겐 합성 자극 • 비타민 D 생성과 칼슘 흡수 증가
갑상선 호르몬	• 뼈의 칼슘 용출 촉진
인슐린	• 콜라겐 합성 촉진 • 부족 시 성장과 골 질량 저해

혈청 칼슘 농도가 낮을 때 부갑상선 호르몬이 분비되어 골 재흡수를 촉진하고 1,25$(OH)_2$D의 생성을 촉진하며, 신장에서 칼슘을 재흡수하고 뼈에서 칼슘을 용출하여 혈액의 칼슘 농도를 올린다. 또한 혈청 칼슘 농도가 증가할 때는 갑상선에서 칼시토닌이 분비되어 부갑상선 호르몬과 길항작용을 하여 비타민 D 활성화를 저해하고 신장에서의 칼슘 재흡수와 소장에서의 칼슘 흡수를 제한하며, 뼈에서의 골 재흡수를 억제하여 혈중 칼슘 농도를 낮춘다[그림 11-12].

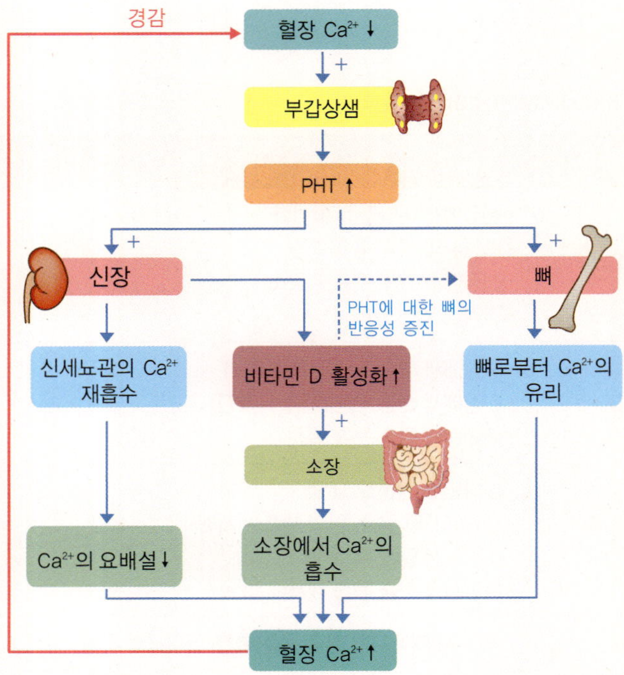

그림 11-12 | 혈중 칼슘 농도 감소 시 인체 내 보상반응

3) 골 질환

(1) 골다공증(osteoporosis)

나이가 들면서 조골세포에 의한 뼈의 생성보다 파골세포에 의한 뼈 조직의 손실이 증가함에 따라 골 질량이 감소되고, 골 강도도 약해져서 골절의 위험이 증가되는 질환을 골다공증이라고 한다.

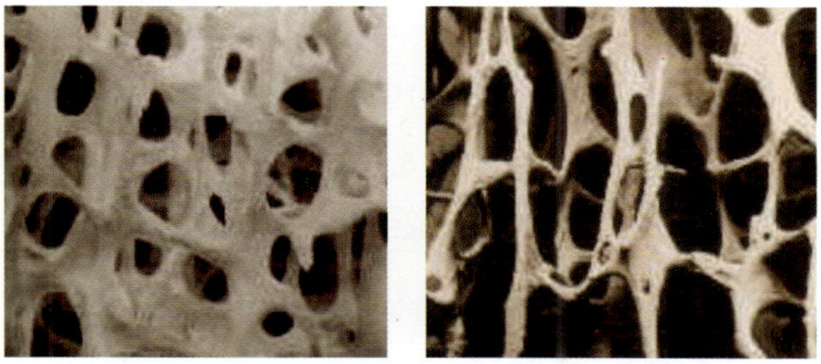

그림 11-13 | 정상 뼈(왼쪽)와 골다공증의 뼈(오른쪽)

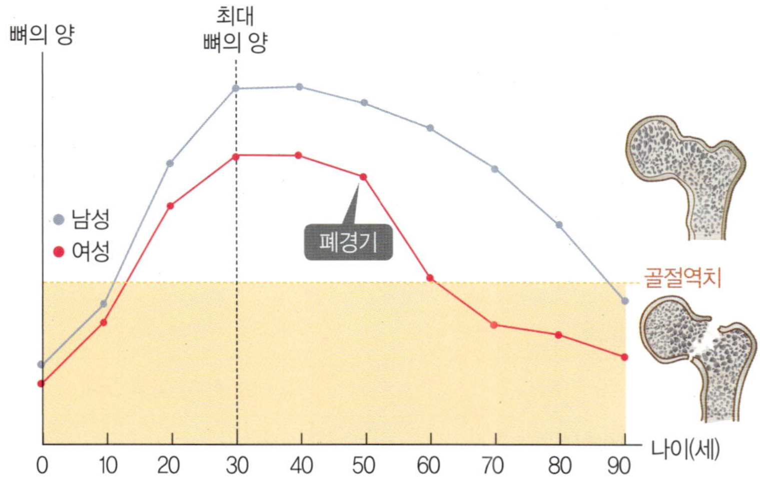

그림 11-14 | 최대 골량의 형성과 나이에 따른 뼈의 감소

출처: 보건복지부, 대한의학회

① 골다공증의 분류

골다공증은 일차성 골다공증인 폐경성 골다공증(제1형), 노인성 골다공증(제2형)과 이차성 골다공증으로 분류된다. 폐경성 골다공증은 여성이 폐경 후 에스트로겐 분비량이 급격하게 감소되어 일어나는데 폐경 후 10~15년이 경과한 여성에게서 주로 나타난다. 주로 해면골에서 발생하며 등이 굽어 척추압박과 키의 감소 등이 나타나고 통증이 있다. 보통 비만인 여성이 마른 여성보다 폐경성 골다공증에 걸

릴 위험이 적은데, 그 이유는 지방세포에서의 에스트로겐 합성비율과 최대 골질량이 높기 때문이다. 노인성 골다공증은 70세 이상의 남녀 노인에게 많이 발생하며 $1{,}25(OH)_2D$의 생합성 감소와 부갑상선 호르몬의 활성 증가 등이 원인이 된다. 주로 피질골, 해면골에서 나타나고 엉덩이, 손목 등의 골절이 많이 발생한다.

이차성 골다공증은 질환이 있거나 갑상선기능항진증, 부갑상선기능항진증, 백혈병 등의 질병이나 칼슘 흡수, 비타민 D 활성형 전환 관련 소장, 간, 신장 등에 질병이 있는 경우와 이러한 원인 질환의 치료를 위해 복용한 약물(코르티코스테로이드, 헤파린, 갑상선호르몬)이 골 질량 감소를 유발하여 발생할 수 있다〈표 11-6〉.

표 11-6 | 일차성 골다공증의 분류

분류	폐경성 골다공증(제1형)	노인성 골다공증(제2형)
성별	주로 여성	여성, 남성
발병 시기	50세 이후 (폐경기 이후)	70세 이후
뼈 조직	해면골	해면골, 피질골
골절 부위	손목, 척추	고관절, 척추, 그 외 골격
발병 원인	성호르몬 분비 감소	노화

② 골다공증의 발생 요인

골다공증의 발생 원인으로는 부적절한 영양섭취, 알코올, 흡연 및 운동 부족, 에스트로겐의 분비 감소, 칼슘 섭취 부족, 칼슘의 생체이용률 저하, 소화기계 질환(담낭경화, 만성 폐색성 황달) 등이 있다. 혈중 에스트로겐은 부갑상선 호르몬의 작용을 억제하고 칼시토닌의 작용을 촉진함으로써 칼슘의 혈액으로의 재흡수를 막고 칼슘평형을 개선한다. 그런데 폐경 후에는 에스트로겐 수준이 낮아져 부갑상선 호르몬에 대한 반응이 예민해지고 뼈로부터의 칼슘 용출이 증가한다[그림 11-15].

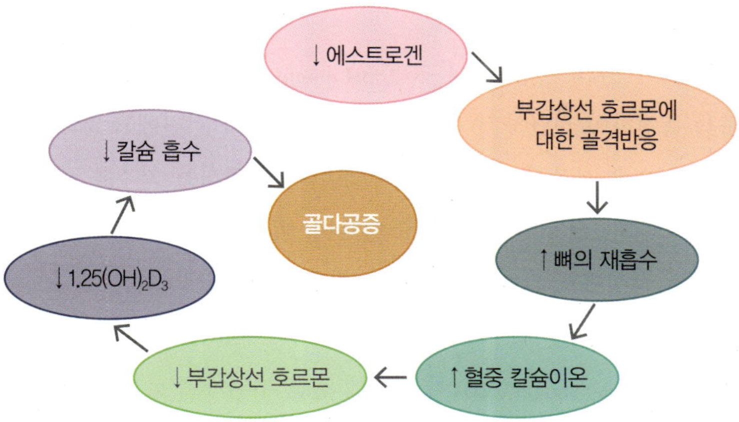

그림 11-15 | 에스트로겐 수준 감소에 의한 골다공증 발생 기전

활발한 신체활동은 조골세포를 자극하여 뼈의 재형성을 촉진하고, 적절한 체중 부하운동은 뼈, 관절, 근육에 중력을 가하여 골질량을 증가시킨다. 알코올은 직접 조골세포에 작용하여 골 형성을 억제하고 칼슘 흡수를 방해하며, 소변으로의 칼슘 배설을 증가시킨다. 카페인 또한 칼슘 흡수를 방해하고 배설을 증가시킨다. 흡연은 에스트로겐 수준을 감소시킴으로써 골다공증 발생위험을 높인다. 다양한 골다공증 유발위험 요인은 〈표 11-7〉과 같다.

표 11-7 | 골다공증 유발위험 요인

• 나이: 60세 이상 • 여성 • 저체중 • 흡연 • 일부 약물의 지속적 복용 – 알루미늄 함유 제산제 – 테트라사이클린 – 갑상선 호르몬 – 항경련제 – 헤파린	• 몸의 칼슘을 저하시키고 골다공증을 유발하는 상태 – 갑상선 항진증 – 당뇨병 – 만성 신부전 – 만성 설사, 장관 흡수 저하 – 부갑상선 항진증 – 위 절제 – 반신불수 – 신체활동 부족	• 칼슘, 비타민 D 섭취 부족 • 알코올, 식이섬유, 커피의 과다 섭취 • 낮은 에스트로겐 수준 – 폐경 – 조기 난소 절제

③ 골다공증의 진단과 증상

골다공증은 이중에너지방사선흡수법dual energy X-ray absorption, DEXA을 이용하여 골밀도를 측정하여 진단하거나[그림 11-16], 혈액과 소변에서 골대사에 관련되는 생화학적 지표를 사용하기도 한다. 세계보건기구에서는 척추와 대퇴골을 측정한 것을 골다공증의 기준으로 분류하고 있으며, 이 두 부위를 측정할 수 없는 경우는 손목 부위의 측정으로 진단할 것을 권고한다. 골무기질량bone mineral density은 뼈 1 cm^2당 무기질 함량 (g/cm^2)으로 표시한다. 이외에도 정량적 컴퓨터단층촬영법quantitative computed tomography, QCT이 있는데 진단 부위가 주로 척추로 제한되어 있으며, 정량적 초음파법quantitative ultrasound, QUS은 발꿈치의 종골이나 무릎 뼈 등의 골밀도를 측정해서 뼈의 탄성과 강도를 알아볼 수 있다.

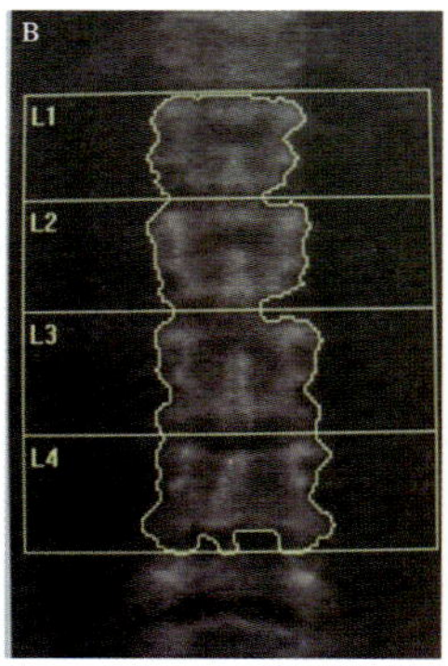

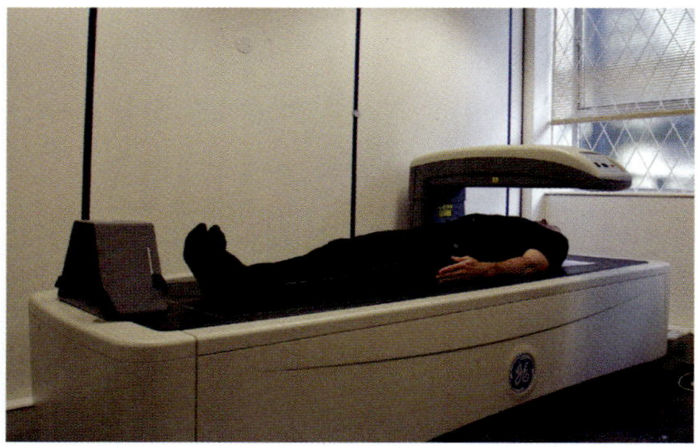

그림 11-16 | 척추의 골밀도(DEXA)와 DEXA를 이용한 골다공증 진단

골다공증을 진단할 때에는 주로 T-값과 Z-값을 이용한다. 폐경 이후의 여성과 50세 이상의 남성은 T-값을 이용하고 소아, 청소년, 폐경 전 여성과 50세 미만의 남성은 Z-값을 이용하여 진단한다. Z-값이 −2.0 이하인 경우, T-값이 1만큼 감소하면 정상인에 비하여 골절위험이 2~3배 증가한다. Z-값이 −2.0 이하이면 '연령 기대치 이하below the expected range for age'라고 하며, 이차성 골다공증의 가능성을 고

려해야 한다. T-값을 이용한 골다공증의 진단기준은 〈표 11-8〉과 같다.

표 11-8 | T-값을 이용한 골다공증 진단기준

진단	T-값
정상	> 1.0
골감소증	−1.0 ≥ T-값 > −2.5
골다공증	T-값 ≤ −2.5
심한 골다공증	T-값 ≤ −2.5, 골절

골다공증이 있는 경우 손목뼈, 엉덩이뼈, 척추뼈가 가장 흔하게 골절이 나타나는 부위이다[그림 11-17]. 이러한 부위의 골절은 다른 부위보다 합병증에 의한 사망률이 훨씬 높다. 만성적인 골다공증으로 인해 우울감, 불면증, 식욕부진, 영양부족 등이 나타날 수 있으며, 활동이 적어짐에 따라 자신감도 떨어질 수 있다.

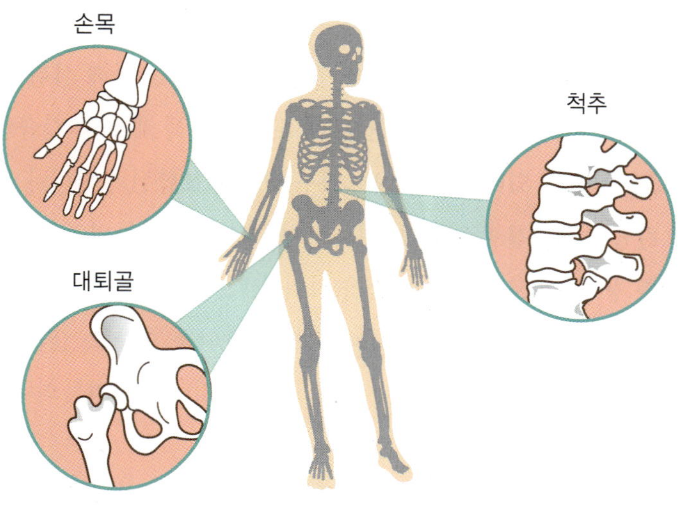

그림 11-17 | 골다공증 환자에게서 골절이 많이 일어나는 부위

④ 영양관리

골다공증은 치료보다 예방이 더 중요하다. 성장기부터 충분한 칼슘과 비타민 D를 섭취하고, 운동으로 최대 골질량을 형성하고 골 소실을 막는 것이 중요하다. 골다공증의 영양관리에서 가장 중요한 것은 충분한 칼슘의 섭취이다. 이러한 칼슘의 섭취를 높이기 위하여 다양한 노력이 필요하다. 또한 뼈의 재흡수를 막기 위하여 칼슘, 비타민 D, 에스트로겐, 칼시토닌의 제공이 필요하며, 뼈 생성을 촉진하기 위해 불소 또한 필요하다. 뼈 대사와 조골세포의 활성과 근육강화와 유연성, 균형감각 등의 유지를 위하여 규칙적인 운동이 필요하다.

• 칼슘

한국인 영양섭취기준(2020)에 의하면 칼슘의 1일 섭취량은 19세 이상 성인 기준으로 700~800 mg이며, 골다공증을 예방하기 위해 50세 이후의 성인은 1일 800~1,000 mg이 권장되고 있다(대한골대사학회, 2015). 한국인의 1일 섭취량은 2013~2017년 국민건강영양조사 자료에 의하면 평균필요량보다 적게 섭취한 인구가 70% 이상에 달하고 있으며, 대부분 평균필요량의 60~70% 수준으로 섭취하고 있다. 충분한 칼슘의 섭취를 위해서는 우유 및 유제품을 통해 섭취하는 것이 가장 효과적이며, 그 외에 뼈째 먹는 생선류, 해조류, 녹황색 채소 중 칼슘의 함유량이 높은 무청, 고춧잎 등이 있다〈표 11-9〉. 일부 채소에 포함된 수산이나 피틴산 등의 음이온들이 칼슘의 흡수를 방해한다. 인, 나트륨, 식이섬유, 카페인, 고지방 등 또한 칼슘의 흡수를 방해하므로 이러한 식품을 섭취할 때 주의해야 한다. 또한 과량의 단백질 섭취는 신장에서 칼슘의 배출을 촉진하므로 주의를 요하고, 칼슘의 흡수는 위산의 도움이 필요하므로 무염산증이나 위산 분비가 저하된 환자들의 경우 이를 고려하여야 한다.

골다공증 치료를 위한 칼슘 섭취는 식품을 통한 섭취만으로는 부족하여 칼슘보충제를 사용하기도 하는데, 칼슘염의 종류, 부작용 등을 최소화하도록 하여야 한다. 장기간 복용하게 되는 경우 고칼슘혈증, 고칼슘뇨증, 요석증 등의 부작용이 생길 수

표 11-9 | 칼슘의 급원식품과 칼슘 함유량

식품		1회 섭취량	칼슘 함유량(mg)
유제품	일반우유	1컵(200 mL)	200
	저지방 고칼슘우유	1컵(200 mL)	460
	플레인 요플레	1개(85 g)	85
	호상 요구르트(딸기)	1개(100 g)	105
	가공치즈	1장(20 g)	120
	피자치즈	20 g	150
어육류군	큰멸치 말린 것	20 g	380
	잔멸치 말린 것	20 g	180
	정어리 통조림	소 1토막(50 g)	120
	명태	소 1토막(50 g)	55
	두부	1/5모(50 g)	100
	순두부	1/2봉(200 g)	95
	계란(삶은 것)	1개(60 g)	22
채소 및 과일	칼슘 강화 오렌지주스	1컵(200 mL)	210
	케일(생것)	70 g	196
	돌나물	70 g	148
	청경채	70 g	63
	근대(삶은 것)	70 g	42
	브로콜리(데친 것)	70 g	33
곡류	칼슘강화 시리얼	40 g	70
	우유식빵	1쪽(30 g)	11
	쌀밥	1공기(210 g)	3

출처: 국가표준식품성분 데이터베이스, 농식품종합정보시스템

있으므로 주의한다. 칼슘보충제의 종류는 탄산칼슘, 구연산칼슘, 구연산말산칼슘, 젖산칼슘 등이며, 이 중 탄산칼슘은 칼슘 함량이 가장 높으나 위산의 도움이 필요하므로 식후에 섭취한다. 그리고 이는 철 흡수를 방해할 수 있으므로 철 보충제와는 함께 섭취하지 않는다. 칼슘의 권장량에 따른 식품 섭취방법은 〈표 11-10〉과 같다.

표 11-10 | 칼슘 섭취방법

식품	칼슘	식품	칼슘
우유 1컵	200 mg	우유 2컵	400 mg
잔멸치 1/4컵(또는 뱅어포 2장)	130 mg	잔멸치 1/4컵(또는 뱅어포 2장)	150 mg
치즈 1장	120 mg	치즈 2장	250 mg
두부 1/4모	150 mg	두부 1/4모	150 mg
푸른잎채소 2/3컵	100 mg	생선통조림 1/2컵	150 mg
		푸른잎채소 2/3컵	100 mg
합계	700 mg	합계	1,200 mg

• 비타민 D

태양의 자외선을 받아 피부에서 합성되므로 충분한 야외활동이 도움이 된다. 비타민 D는 간과 신장에서 활성화되어 칼슘과 인의 흡수를 돕고 골밀도를 증가시키는 역할을 한다. 급원식품으로는 동물의 간, 기름진 생선류, 달걀, 버섯, 우유 및 유제품과 비타민 D 강화식품 등이 있으며, 활성형은 콜레칼시페롤cholecalciferol이다.

• 기타 영양소

단백질 과잉섭취는 신장에서 칼슘의 배출을 촉진하므로 적절한 양을 섭취하는 것이 좋다. 비타민 K는 오스테오칼신osteocalcin의 합성, 골기질의 칼슘화에 필요하며, 충분한 녹색채소와 과일의 섭취가 비타민 K의 섭취에 도움이 된다. 불소의 경우, 조골세포를 자극하여 뼈의 형성을 촉진하므로 충분한 양을 섭취하는 것이 좋으며, 1일 불소요구량은 1.5~4.0 mg이다.

적절한 산보, 달리기, 댄스와 같은 운동은 가볍게 하중을 받으므로 골다공증에 도움이 된다. 하지만 성장기에는 충격하중이 큰 운동을 충분히 해서 최대골질량을 확보하는 것이 중요하다. 중년 이후에는 균형감각, 근력강화, 탄력성, 유연성을 기르는 운동이 중요하며, 중정도의 중량운동weight training이 골다공증 예방에 도움이 된다. 흡연과 알코올 섭취는 피하는 것이 좋으나 불가피한 경우 하루 1~2잔으로 제한한다.

알아두기

골다공증의 영양관리

- 칼슘이 풍부한 유제품, 해조류, 무청, 뼈째 먹는 생선 등을 충분히 섭취한다.
- 단백질, 비타민 D, K, 불소 등이 포함된 식품을 적정한 양으로 섭취한다.
- 나트륨과 카페인이 많이 함유된 음식을 피한다.
- 콩, 두부 등의 섭취를 충분히 한다.
- 중정도의 중량운동을 꾸준히 실행한다.
- 흡연을 피하고 술은 하루 1~2잔 정도로 제한한다.
- 충분한 야외활동을 통해 충분한 비타민 D를 섭취한다.
- 균형 잡힌 식사를 한다.

골다공증 약물과 영양소의 상호작용

약제의 종류	기전/특징	약물과 영양소의 상호작용
골다공증 치료제	• 골 흡수 억제 • 칼슘 결핍의 예방	• 카페인에 의한 약물 흡수 감소 • 알코올에 의한 칼슘 흡수 감소 및 소변으로의 칼슘 배설 증가 • 과도한 나트륨에 의한 칼슘 배출 촉진 • 옥살산, 피틴산, 과량의 인 섭취에 의한 칼슘 흡수 장애

(2) 골연화증(osteomalacia)

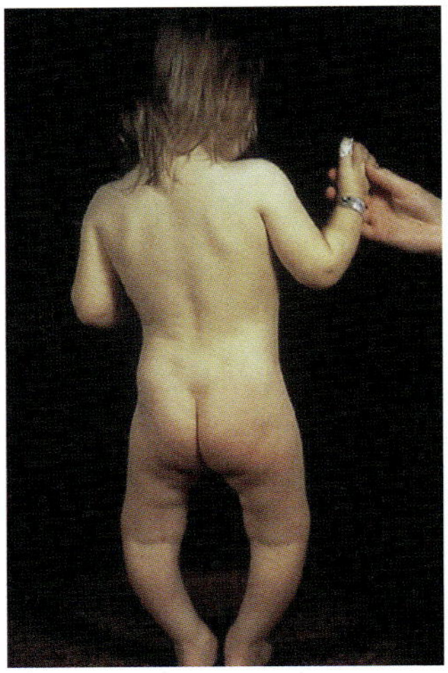

그림 11-18 | 구루병인 어린이

영유아의 경우 비타민 D의 결핍으로 인해 뼈가 충분히 석회화되지 못하여 몸무게를 지탱하지 못하고, 다리가 활처럼 굽거나bow leg 늑골 말단 이상 등의 골격기형이 유발되는 경우를 구루병rickets이라고 하는데, 어른에게서 나타나는 구루병을 골연화증이라고 한다. 뼈의 무기질화가 잘 안 되어 뼈가 쉽게 구부러지고 얇아짐으로 인해서 뼈의 통증, 근육약화 등이 발생한다.

① 원인

자외선 노출 제한, 비타민 D 섭취 부족, 비타민 D 대사의 유전적 결함이나 활성화 불능, 칼슘 섭취 부족 등에 의해 발생하며 다산, 임신, 만성적인 산중독증, 항경련성 진정제 등도 골연화증의 원인이 된다.

② 증상

뼈가 연해지고, 쉽게 구부러지며, 뼈의 통증, 근육약화 등으로 인해 척추가 체중을 지탱하지 못하여 신체가 구부러지기도 한다. 심한 경우 뼈의 골절이 발생하기도 한다.

③ 영양관리

태양광선에 충분히 노출하여 비타민 D 합성이 될 수 있도록 하고 비타민 D 보충제나 강화식품, 그리고 양질의 단백질과 유제품 등의 칼슘 급원식품을 섭취하도록 한다.

정리하기

1 자가면역 관절염으로는 류머티즘성 관절염과 통풍이 있으며 국소적인 관절염으로는 골관절염이 있다.

2 통풍은 체내의 퓨린체의 대사 이상으로 최종산물인 요산의 혈중 농도가 증가하고 요산일나트륨 결정으로 축적되어 염증이 발생하는 질병이다.

3 골다공증은 일차성 골다공증인 폐경성 골다공증(제1형)과 노인성 골다공증(제2형), 그리고 이차성 골다공증으로 분류된다.

4 골다공증은 성장기부터 충분한 칼슘과 비타민 D 섭취, 운동으로 최대 골질량을 형성하고 골소실을 막는 것이 중요하며, 뼈의 재흡수를 막기 위하여 칼슘, 비타민 D, 에스트로겐, 칼시토닌, 불소 등의 제공이 필요하다.

5 골연화증은 영유아나 어린이에게서 비타민 D의 결핍으로 뼈가 충분히 석회화되지 못해서 발생한다.

Case study

뇌졸중 진단 후 연하곤란 영양관리 사례

[영양판정]

94세 여성 치매환자로 1년 전부터 요양병원 입원 중이었으며 얼굴 한쪽의 마비를 시작으로 좌측 팔다리 마비증상이 발견되어 응급실을 통해 입원하여 뇌졸중 진단을 받았고 기저질환이 없어 약물복용 이력은 없었다.

신장 152 cm, 체중 65 kg로 BMI 28.1 kg/m^{2}의 경도비만이었고, 임상혈액 지표는 Hgb 10.4 g/dL, Hct 29.2%, total protein 7.3 g/dL, albumin 4.6 g/dL, total cholesterol 241 mg/dL LDL-choelesterol 142 mg/dL, glucose 90 mg/dL, HbA_{1c} 6.1%, homocystein 18.2 μmol/L이었다.
영양상담 경력이 없었으며 입원 전 요양병원에서는 일반식 죽과 다진 찬을 틀니를 착용하고 삼킬 수 있었으나 한쪽 얼굴의 마비가 시작되면서 국물이나 물 섭취 시 흘리거나 사레걸림으로 기침을 하곤 하였다.
틀니가 잘 맞지 않아 제거하였고, 아래쪽 치아가 없는 상태로 조절된 바륨 삼킴 검사(MBS test, modified barium swallow test) 결과 권고대로 점증제 포함 연하보조식 죽(갈아서 만든 죽, 반찬 포함) 처방에 따라 병원식 제공을 시작하였으며 삼킴연습을 진행하며 1일 에너지 800 kcal, 단백질 40 g가량을 섭취하였다.

입원 시 영양상태는 양호하였으나 연하곤란으로 인한 영양불량 진행 위험요인이 있었고 영양필요량은 1일 약 1,400 kcal/60 g protein(28 kcal/1.2 g protein/IBW)으로 산정하였다.

[영양진단]

고령의 낮은 수준의 활동량으로 BMI 28.1의 비만 문제가 있었고, 뇌졸중으로 인한 연하곤란으로 삼킴 시 사레걸림의 증상 때문에 요구량의 60% 미만의 영양섭취 부족 문제가 있었다.

[영양중재]

재원 4일째, 입원 시 영양상태가 양호하였으나 영양요구량의 60% 미만의 경구섭취 진행상태로 단백질 파우더를 4 g씩 하루 5회 죽(간식 죽 2회 포함)에 포함하여 제공하였고, 7일째까지 경구섭취 요구량의 60% 미만일 경우 보조적 영양지원을 검토하기로 하였다.

CLINICAL NUTRITION

CHAPTER 12

면역 관련 질환과 감염 및 호흡기 질환

1. 면역 관련 질환 | 2. 감염 | 3. 호흡기 질환

용어 정리

- **선천성 면역** 출생 시부터 가지고 태어나는 면역기능으로 이물질에 대해 비특이적인 일차적 방어 기전, 감염 즉시 작용하는 면역
- **후천성 면역** 출생 후 노출된 항원에 특이적으로 작용하는 면역기능
- **세포매개성 면역** 후천성면역기능 중 T세포(림프구)가 직접적으로 관여하는 면역기능
- **체액성 면역** 후천성면역기능 중 B세포(림프구)가 분비하는 항체가 관여하는 면역기능
- **염증(inflammation)** 물리적 손상이나 외부 이물질이나 바이러스, 박테리아 등의 감염에 대한 대응 반응
- **과민성 반응(hypersensitivity)** 과민반응이라고도 하며 알레르기 발생 물질인 항원에 반복적으로 노출되면서 발생하는 민감화된 반응
- **식사알레르기** 식사에 포함된 알레르기 유발 항원에 의해 발생하는 알레르기
- **천식(asthma)** 호흡기에 발생하는 알레르기 질환
- **아나필렉시스(anaphylaxis)** 정상인에게는 무해한 물질이 항원으로 작용하여 과민하게 나타나는 알레르기 반응 중 하나로 호흡곤란으로 치명적인 결과를 초래할 수 있음
- **후천성면역결핍증후군(acquired immunodeficiency syndrome, AIDS)**: HIV 감염으로 인해 후천적으로 도움T세포의 기능 저하로 발생하는 면역결핍증
- **감염(infection)** 외부의 미생물이 신체적 접촉이나 섭취, 흡입, 매개체 감염 등으로 인해 인체(숙주) 내로 침입, 번식하여 인체 내에 손상을 입히는 것
- **만성폐쇄성 폐 질환** 비가역적인 폐의 손상으로 폐 기능인 저하되는 질환
- **기억세포(memory cell)** 후천성 면역작용 이후 항원에 대한 기억을 가지고 있는 세포로 같은 항원에 노출된 경우 이를 기억하여 빠르고 강하게 작용하도록 함. T세포와 B세포 모두 존재함
- **단핵구(monocyte)** 골수 유래 혈액세포의 한 종류로 대식세포의 전구세포. 염증 발생 시 염증 부위로 동원되어 대식세포로 분화됨
- **대식세포 (macrophage)** 단핵구에서 유래한 조직 기반 포식세포로, 선천성 면역에 중요한 역할을 함. 활성화된 대식세포는 미생물을 포식하여 제거하고, 염증성 사이토카인을 분비하며, 항원을 도움 T세포에 제시하는 항원제시세포로 작용함
- **도움 T세포(helper T cells, Th)** T림프구의 기능적 종류 중 하나로 세포-매개 면역반응에서 대식세포를 활성화시키고, 체액성 면역반응에서 B세포 항체 생산을 촉진함
- **비만세포(mast cell)** 골수 전구세포에서 유래한 알레르기 반응에 주요한 작용세포로 혈관 가까운 조직에 존재하며, 매개체 역할을 하는 과립내용물의 방출뿐 아니라 다른 매개체의 합성과 분비에 관여함
- **사이토카인(cytokine)** 면역 및 염증반응의 매개체로 작용하는 분비단백질들. 선천면역반응에서는 호중구, 대식세포와 자연살해세포(natural killer cell, NK cell) 등이 생산 · 분비하고, 적응면역반응에서는 T세포가 주로 생산 · 분비함
- **세포독성 T세포(cytotoxic T cell, Tc)** 바이러스나 그 외에 세포 내 미생물로 감염된 숙주세포를 인식하고 제거하는 것이 주요 기능인 T림프구의 한 유형
- **자연살해세포(natural killer cell, NK cell)** 골수 유래 림프구로 선천면역반응에 관여하여 암세포나 바이러스 감염세포를 즉각적으로 감지하고 제거. 사이토카인을 분비하여 T세포나 B세포 활성에도 관여함
- **조절 T세포(regulatory T cell, Tr)** 다른 T세포들의 활성화와 기능을 조절하는 T세포
- **항체(antibody)** 당단백질의 일종으로 면역글로불린(immunoglobulin, Ig)으로도 불리며, 항원과 결합한 B세포에서 생산. 항원(antigen) 중화, 보체 활성화, 포식작용 촉진, 미생물 파괴 등 다양한 기능을 수행
- **호산구(eosinophil)** 골수 유래 과립세포로, 과민반응으로 인한 알레르기 질환의 발병과정에 기여함
- **호중구(neutrophil)** 혈액 내 가장 많이 존재하는 백혈구로, 다형핵백혈구(polymorphonuclear cell)로도 불리며 염증 부위에 동원되어 미생물을 포식하고 효소로 소화시킴. 급성염증반응에 관여함
- **호염기구(basophil)** 골수에서 유래한 과립백혈구의 한 유형으로, 비만세포의 과립에 포함된 것과 동일한 종류의 여러 염증 매개체를 함유하고 있는 과립과 IgE의 Fc 수용기 발현 등 비만세포와 구조적 및 기능적 유사성을 가짐
- **형질세포(plasma cell)** B세포에서 분화된 세포로 리보좀을 가지고 있는 조면 소포체를 많이 가지고 있어 빠른 시간 안에 많은 항체를 만들어내는 세포
- **B세포(B cell)** 골수에서 유래된 림프구. 항체를 생성할 수 있는 세포유형으로 체액성 면역반응에 관여
- **T세포(T cell)** 흉선에서 분화하는 림프구들로 세포매개성 면역에 관여
- **Th1** 도움 T세포의 한 기능적 소집합(subset)으로, 인터페론 감마(interferon-γ)를 비롯한 특정 염증성 사이토카인을 분비함. 주요 기능은 감염에 의한 세포 내 미생물에 대한 대식세포 매개작용을 통한 면역작용 활성화
- **Th2** 도움 T세포의 기능적 소집합(subset)으로 면역글로불린 E (IgE) 및 호산구/비만세포-매개 알레르기 반응에 관여

1. 면역 관련 질환

1) 개요

우리 체내는 외부로부터 병원균의 침입이나 이물질에 대한 방어체계를 가지고 있는데 이를 면역immunity이라 한다. 따라서 외부 물질에 대한 방어에 관여하는 물리적인 방어(피부나 소화기나 호흡기의 상피세포 등) 또는 생화학적인 방어벽(점액질, 위산 등)이나 면역세포, 항체 등이 면역에 포함된다. 이처럼 면역에 관여하는 세포, 조직과 이들이 만들어내는 매개 물질들을 포괄적으로 면역체계immune system라고 한다. 인체 내 존재하는 면역체계의 기능은 병원균의 침입을 막아 감염을 예방하거나 감염 시 병원균을 제거하여 감염의 진행을 막는 것이다. 이러한 면역체계의 이상은 감염을 증가시키고 다양한 질환을 유발한다.

(1) 면역의 종류

체내에 존재하는 면역체계는 크게 선천성 면역innate immunity과 후천성 면역acquired immunity으로 나누어지고 후천성 면역은 적응면역adaptive immunity이라고도 한다.

① 선천성 면역

선천성 면역은 출생 시 가지고 태어나는 비특이적 면역nonspecific immunity으로 단순하게 자기self와 비자기non-self를 구별하는 것이다. 선천성 면역은 감염을 포함한 물리적, 화학적 자극에 의한 조직 손상 등을 포함하는 외부 침입에 대한 일차적인 방어기전으로 작용한다. 선천성 면역기관으로는 피부, 장점막, 기관지 같은 물리적인 방어막에 해당하는 기관들이 포함된다. 하지만 이러한 물리적 방어막에도 불구하고 침입한 외부 물질들은 다양한 세포나 조직의 손상을 유발하며 다양한 선천성 면역반응들을 유도한다. 선천성 면역에 관여하는 면역세포들로는 혈액 내에 존재하는 백혈구들 중 호중구neutrophil와 단핵구monocyte, 대식세포macrophage, 자유 살해세포natural killer cell, NK cell가 있다.

선천성 면역작용의 대표적인 경우는 포식작용으로 외부 유래 미생물을 인지하고 섭취하여 제거한다. 호중구neutrophils와 단핵구monocytes에서 유래한 대식세포macrophages가 포식작용에 관여하는 세포들로 염증작용을 일으켜 감염 이전의 상태로 회복시키기 위한 일련의 과정을 시작한다.

체내에서 식세포작용을 하는 세포들로는 호중구와 대식세포macrophages 이외에도 특정 조직-간(쿠퍼세포, kupffer cell), 뇌(소교세포, microglia), 폐(폐포 대식세포, alveolar macrophage) 등-에서 포식작용을 하는 식세포들도 포함된다.

② 염증

우리가 일반적으로 알고 있는 염증inflammation 반응은 선천성 면역의 가장 대표적인 증상이다. 염증은 물리적 손상이나 이물질이나 바이러스, 박테리아 등의 감염에 대한 대응 반응으로 발열, 발적redness, 통증, 부어오름swelling을 특징으로 한다. 이 과정을 통해 백혈구가 감염부위에 모이게 되어 이물질을 제거함으로써 혈액을 통한 감염체의 이동을 저해시킨다.

급성염증반응은 혈관의 확장과 혈관 투과성을 증가시켜 감염부위로 백혈구의 이동을 촉진시키고 식세포 작용에 의해 이물질을 제거한다.

이러한 급성염증이 완전히 제거되지 않거나 감염이 지속되면 만성염증으로 발전하게 되는데, 이것이 다양한 만성질환의 발병 기전과 관련이 있다. 만성염증반응은 급성염증반응과는 달리 후천성 면역에 관여하는 림프구들이 주로 작용한다.

③ 후천성 면역

후천성 면역 또는 적응면역은 체내 이미 노출된 적 있는 특정 외부 물질이나 병원균에 대하여 특이적으로 나타나는 면역반응으로, 특이적 면역specific immunity이라고도 한다. 후천성 면역은 출생 후 발달하기 시작하며 특정 병원균에 대한 노출 유무에 따라 면역력이 생기기 때문에 이전에 노출된 적이 있는 항원에 대해 특이적으로 반응한다. 흉선thymus에서 유래한 T세포와 골수bone marrow에서 유래한 B세포가 해당된다.

• 세포매개성 면역

T세포가 직접적으로 관여하는 면역반응을 세포매개성 면역cell mediated immunity이라 한다. T세포는 세포매개성 면역반응에서 담당하는 역할에 따라 도움 T세포helper T cell, Th, 세포독성 T세포cytotoxic T cell, Tc, 조절 T세포 regulatory T cell, Tr로 나뉜다.

• 체액성 면역

B세포에서 분비하는 항체antibody 또는 면역 글로불린immunoglobulin, Ig에 의해 조절되는 면역을 체액성 면역humoral immunity이라 한다. 골수에서 분화하는 B세포는 T세포에 의해 활성화되면 분열이 일어나고 형질세포plasma cells와 기억세포memory cells로 분화한다. 항체는 구조의 차이에 의해 크게 5가지(IgG, IgA, IgM, IgD, IgE)로 분류된다. 이 중 IgG는 혈액 내 가장 많은 양이 존재하고(75%), 혈청과 조직 사이를 쉽게 이동할 수 있으며, 임산부의 태반도 통과 가능하다. IgE는 천식이나 비염 등의 호흡기계 알레르기 질환이나 아토피성 피부염 등과 같은 알레르기 질환의 발병과 관련이 있다. 알레르기 질환에 대한 부분은 질환과 관련된 부분에서 자세히 다루도록 한다.

이러한 면역작용은 각각의 기능을 가지고 있지만 개별적인 기능뿐 아니라 선천성 면역과 후천성 면역 사이의 상호작용을 통해 더욱 효율적으로 외부 침입에 방어할 수 있다.

2) 영양과 면역

영양상태는 다양한 면역기능에 영향을 주는 것으로 알려져 있다. 영양불량의 결과로 면역기능 저하를 초래할 수 있다. 이는 단순히 음식 섭취량의 문제가 아니라 에너지, 단백질, 비타민과 무기질 등의 다양한 영양소들의 부족이나 과잉에 의해 선천성 면역기능과 후천성 면역기능이 저하되는 것이다. 따라서 최적의 면역기능을 유지하기 위해 영양소의 과잉이나 부족이 되지 않도록 적절한 영양상태를 유지하는 것이 중요하다. 선천성 면역과 후천성 면역을 포함한 면역기능에 미치는 다양한 영양소와 그 역할은 다음과 같다.

(1) 단백질

단백질열량 영양불량과 면역기능의 저하는 영양과 면역의 관계를 설명하는 대표적인 예로 사용된다. 단백질열량 영양불량인 경우 면역기관인 흉선의 크기가 작아지게 되어 후천성 면역에 관여하는 T세포와 사이토카인 분비를 저하시키는 세포매개성 면역기능을 저하시킬 뿐만 아니라 항체 형성을 저하시켜 체액성 면역 저하에 모두 영향을 주는 것으로 알려져 있다.

(2) 비타민 C

비타민 C는 잘 알려진 항산화 영양소로 선천성 면역반응에서 면역세포에 의해 병원균이 제거되는 과정에서 생기는 활성산소종이나 활성질소종에 대한 항산화 방어 작용에 사용된다. 또한 다른 항산화 물질인 비타민 E와 글루타티온glutathione의 산화-환원 반응을 통해 이러한 항산화 물질의 재생에 사용되며 콜라겐 합성을 통한 피부상피세포의 상태를 유지하도록 한다. 또한 백혈구들의 생산과 기능, 이동 등을 자극하며 혈액 내 보체의 농도를 증가시킨다. 이외에도 감염부위에서 대식세포에 의한 사용된 호중구의 제거 과정에도 관여한다. 후천성 면역반응 중 비타민 C는 혈중 항체의 농도를 증가시키고 림프구의 분화와 증식에 관여한다.

(3) 비타민 D

비타민 D는 비타민 D 수용체를 통해 선천성 면역에 관여하는 면역세포들의 발현을 증가시키고 단핵구가 대식세포로 분화되는 것을 증가시킨다. 또한 면역세포의 증식과 사이토카인 생성을 증가시키며 병원균을 제거하는 데 사용되는 항미생물 단백질의 생성을 조절한다. 후천성 면역반응에서 비타민 D는 면역 억제작용을 통해 항체 생성과 T세포 증식을 저해하여 면역 조절작용을 한다.

(4) 비타민 A

비타민 A는 선천성 면역에 해당하는 피부나 호흡기 점막의 구조와 기능성을 유지하는 데 중요한 역할을 한다. 특히 호중성구나 대식세포 등의 기능 유지에 중요한 역할을 한다. 후천성 면역에서도 T세포와 B 세포의 적절한 유지에 필수적인 역할을 하여 항체 반응을 유지시키는 데 중요한 역할을 한다. 또한 Th1세포와 Th2 세포의 발달과 분화에 관여한다.

(5) 비타민 E

강력한 항산화제인 비타민 E는 활성산소종에 의한 세포막 손상을 방어하는 역할을 하며 자연살해세포의 세포독성 기능의 활성과 IL-2 생성에 도움을 준다. 또한 후천성 면역반응에서는 T세포 매개기능과 림프구 증식을 촉진시킨다. 또한 Th1의 증진과 Th2의 억제를 통해 도움 T세포의 기능을 최적화하는 데 도움을 준다.

(6) 비타민 B_6

비타민 B_6는 선천성 면역반응에서 염증작용 조절에 도움을 주며 자연살해세포의 활성과 사이토카인 생산에 관여한다. 후천성 면역반응에서 비타민 B_6는 아미노산 대사를 통해 사이토카인과 항체 생성에 관여하고 림프구의 증식, 분화, 성숙에 관여한다. 이 외에도 Th1면역반응과 항체 생성에 관여한다.

(7) 엽산

엽산은 선천성 면역에 관여하는 자연살해세포의 활성을 유지한다. 또한 엽산은 후천성 면역에서 세포매개성 면역에 관여하고 Th1세포가 관여하는 면역반응에 영향을 미친다. 체액성 면역에서는 항체의 반응에 관여한다.

(8) 아연

아연은 활성산소종과 활성질소종 등의 프리라디칼free radical에 대한 손상을 줄이는 항산화기능과 사이토카인 분비와 Tc 세포의 증식에 관여한다. 아연은 선천성 면역작용으로 피부와 점막 유지에 중요한 역할을 한다. 또한 아연은 세포의 증식과 분화를 통해 후천성 면역에 관여하는 T세포의 발달과 활성에 영향을 주고 Th1 반응을 지원한다.

(9) 철분

철분은 선천성 면역작용에 관여하는 세포에서 분비되는 사이토카인 생성 조절에 영향을 미치며, 호중구 내에서 독성이 강한 프리라디칼을 만들어 박테리아 제거 등 병원균의 제거에 관여한다. 후천성 면역에서는 T림프구의 분화와 증식에 관여하며 면역세포들의 기능에 중요한 효소들의 구성요소로 작용한다.

(10) 구리

구리는 활성산소를 제거하는 항산화효소인 슈퍼옥사이드 디스뮤테이즈superoxide dismutase, SOD의 구성요소로서 항미생물 작용을 가진다. 또한 구리는 염증 부위에 축적되어 면역세포의 작용에 관여하는데, 박테리아 감염에 대한 선천성 면역작용과 항체 생성, T세포 분화와 관련된 후천성 면역에 관여한다.

(11) 셀레늄

셀레늄은 다양한 셀레늄 의존 효소들의 구성요소로 작용하며 세포 내 항산화제로 작용하는데, 특히 백혈구와 자연살해세포의 기능에 영향을 주는 항산화 방어기전에 중요하게 작용한다. 또한 셀레늄은 후천성 면역작용에서 T세포 분화와 체액성 면역에 관여하는 항체 형성에 영향을 준다.

3) 면역 관련 질환

(1) 알레르기성 질환

알레르기 반응은 과민반응hypersensitivity이라고도 하며 외부의 항원allergen에 반복적으로 노출되면서 민감화sensitization 반응에 의해 발생한다. 알레르기 반응에 관여하는 항원들은 보통 무해하지만 개인에 따라 과민성 면역반응이 일어나 알레르기 질환으로 발전하기도 한다. 알레르기 반응은 갑작스럽게 빠른 시간 안에 발생하는 즉시형(15~30분)과 시간이 지나 늦게 발생하는 지연형(delayed hypersensitivity, 24~48시간)으로 나눌 수 있다. 즉시형 알레르기 반응이 주로 B림프구에서 분비되는 항체인 IgE가 관여하는 반응이라면, 지연형 알레르기 반응은 T림프구가 활성화되면서 분비되는 사이토카인에 의해 발생한다.

① 즉시형 과민반응

즉시형 과민반응 중 가장 흔히 볼 수 있는 1형 과민반응은 우리가 익히 알고 있는 천식이나 알레르기성 비염, 아토피, 식품 알레르기 등을 포함한다. 제1형 과민반응은 IgE와 관련된 알레르기 반응으로 특정 식품이나 꽃가루, 포자, 동물의 털이나 피부 각질, 먼지, 진드기 등을 포함한 항원들에 반응한다. 이러한 항원들이 체내에 유입되어 B 세포와 결합하여 IgE를 분비하게 되면 비만세포mast cell를 활성화한다. 활성화된 비만세포는 히스타민을 포함한 다양한 매개체를 분비하는데, 이는 재채기,

충혈된 눈, 콧물, 호흡기 문제들을 발생시킨다. 항원이 포함된 식품을 섭취한 경우에도 점액의 비만세포의 활성화로 인해 경구 염증, 경련, 구역질, 설사, 가스, 발진(두드러기), 호흡기 문제를 유발시킨다. 알레르기 반응으로 인한 피부 세포로부터 분비된 히스타민은 혈관의 팽창, 체액 유출, 부종을 유발시켜 발진과 가려움증을 일으킨다. 가장 심각한 알레르기 반응은 과민성 쇼크 상태인 아나필락시스anaphylaxis로 호흡곤란을 일으켜 심각한 경우 사망에 이르게 할 수 있다. 알레르기와 관련된 항원이 점막을 통해 유입되면 도움 T세포 중 알레르기 반응에 관여하는 Th2 세포를 활성화시켜 Th2 사이토카인인 IL-4를 분비시키고, 더 많은 B 세포로부터 IgE를 만들어낸다. IgE는 비만세포에 부착되어 히스타민과 같은 매개체를 분비하도록 하여 평활근을 수축시키고, 혈관 벽을 느슨하게 만들어 침투성vasopermeability을 증가시켜 호흡곤란을 포함한 다양한 알레르기 증상을 유발한다[그림 12-1].

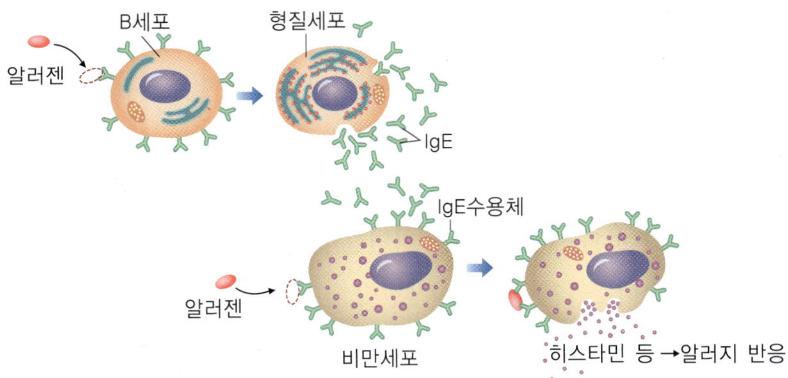

그림 12-1 | IgE에 의한 알레르기 반응

② 지연형 과민반응

지연형 과민반응은 T세포가 관여하는 세포매개성 과민반응으로 염증성 반응과 관련이 있는 1형 도움T세포Th1에 의한 대식세포의 활성화에 의해 나타난다. 주로 피부 과민반응으로 나타난다. 만성 비염이나 만성 천식과 같은 만성 알레르기 질환이 항염증성 2형 도움 T세포Th2 활성화와 관련이 있다.

③ 식품 알레르기

식품 알레르기는 즉시형 알레르기 중 하나로 알레르기를 일으키는 항원인 알러젠allergen에 노출된 후 빠른 시간 안에 반응이 나타난다. 알레르기의 발생빈도는 영유아 시기에 높다가 나이가 들면서 사라지는 경우가 많지만 일부는 평생 알레르기를 가지고 있는 경우도 있다.

• 원인

보통 식품 알레르기를 일으키는 식품원은 동물성이 식물성보다 많다. 식품 알레르기의 원인 식품으로는 달걀, 우유, 콩, 갑각류, 견과류, 고등어, 딸기, 복숭아, 메밀, 밀, 토마토 등이 있다.

• 증상

식품 알레르기의 증상은 순환기, 소화기, 근골격, 호흡기, 피부 등에 나타나지만 이는 알레르기 정도에 따라 차이가 난다. 심각한 경우는 과량의 IgE 생성과 히스타민 분비에 의해 기관지가 부풀어 오르면서 기도가 좁아져 나타나는 아나필락시스와 같은 쇼크 상태를 일으켜 사망까지 이르게 된다.

• 진단

알레르기 진단방법은 임상병력, 식사일기, 알레르기 혈액검사, 피부반응검사, 식품제거 및 유발검사 등이 포함된다. 임상병력은 이전에 알레르기를 일으켰던 식품의 종류, 섭취량, 증세, 빈도 등을 알아보고 식사일기를 통해 의심 식품에 대해 생각해 볼 수 있다.

혈액검사는 가능성 있는 알러젠과 결합하는 혈청 IgE 농도를 측정하는데, 이는 대상자에 따라 IgE가 매개된 경우와 매개되지 않은 경우들이 있어 혈청 IgE만으로 판정하는 데 어려움이 있다.

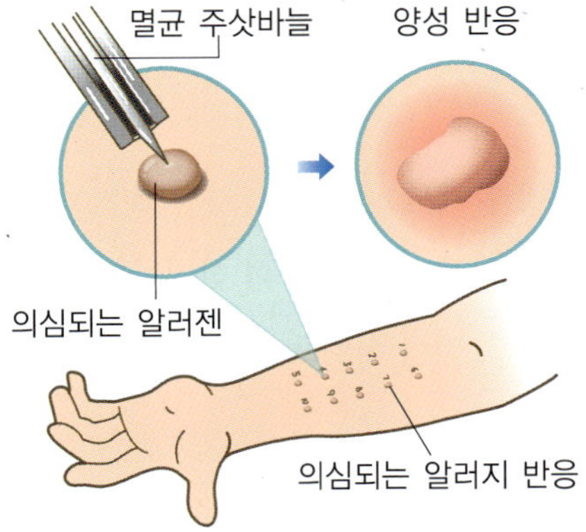

그림 12-2 | 피부검사를 통한 알레르기 반응

피부반응 검사는 IgE에 의해 활성화된 비만세포에서 분비되는 히스타민에 대한 반응을 측정하는 것으로 환자의 팔이나 등에 의심되는 알러젠을 주입하여 15~30분 이내에 부풀어 오른 정도와 발적을 측정하여 판정한다[그림 12-2].

식품제거 검사는 알러젠으로 의심되는 식품을 한 가지씩 식단에서 제거하면서 알레르기 증상이 사라지는지를 확인하는 방법이다. 반대로 식품 알레르기 유발 검사는 알레르기 증상이 사라진 후에 식품을 하나씩 추가하면서 알레르기 발생 유무를 확인하여 알러젠을 찾아낸다.

- **약물치료**

알레르기 질환에 가장 흔하게 사용되는 약물은 항히스타민제로 비만세포에서 분비하는 히스타민의 분비를 억제하여 콧물이나 재채기, 눈 가려움 등의 알레르기 증상이나 감기 증상을 완화시키는 작용을 한다.

알아두기

항히스타민제는 졸음이나 어지러움증을 유발할 수 있으므로 복용 후 운전이나 기계조작은 피하는 것이 좋다. 또한 사과나 자몽 등의 과일주스와 함께 복용하는 경우 위산도를 높여 약물의 흡수를 저해할 수 있으므로 물과 함께 섭취하도록 한다.

- **영양관리**

알레르기 유발식품으로 확인된 경우는 그 식품을 식단에서 완전히 제거하도록 한다. 예를 들어 우유 알레르기가 있는 것으로 확인된 영아의 경우 우유 성분을 함유한 분유의 섭취를 제한하고, 모유나 이를 대체할 수 있는 우유가 전혀 함유되지 않은 특수 조제분유를 공급하도록 한다. 다양한 식품 알레르기를 줄이는 방법으로는 가능한 한 생후 6개월 이후 이유식을 시작하도록 하며, 알레르기를 많이 발생시키는 것으로 알려진 식품을 제공하는 경우 한 가지씩 조심스럽게 시도하도록 한다.

(2) 후천성면역결핍증후군(acquired immune deficiency syndrome, AIDS)

① 원인

후천성면역결핍증후군은 감염성 질환으로 HIVhuman immunodeficiency virus 감염의 결과로 발생된다. 특히 후천성 면역기능에 중요한 역할을 하는 도움 T세포의 기능이 저하되어 도움 T세포가 영향을 주는 선천성, 후천성 면역기능에 이상을 초래해 다양한 감염성 질환에 노출된다. HIV는 T세포 내에서 자신의 RNA 정보를 역전사효소를 이용하여 DNA를 만들어내게 되므로 T세포 파괴를 일으키고 후천성 면역에 결핍을 초래한다.

② 감염경로

HIV의 감염경로는 감염자의 체액(혈액, 정액, 질 분비물 등)이다. 주로 성적인 행위나 혈액을 통해 감염되지만, 감염된 어머니로부터 아이에게 감염되는 빈도도 매우 높다.

③ 증상

HIV에 감염된 경우, 초기에는 증상이 없는 것이 특징이나 가벼운 감기 증상을 보이는 수도 있어 초기에 감염 여부를 확인하는 데 어려움이 있다. 이후 수 년 동안의 무증상 잠복기를 가지는데, 이 기간 동안 면역기능은 지속적으로 감소하고 다른 사람들에게 전염이 가능하다. 잠복기 이후 발열, 오한, 설사, 체중 감소 등의 초기 증상이 나타나기 시작하면 구강염, 지루성 피부염을 포함한 다양한 피부질환, 대상포진, 만성모낭염 등이 발생한다. 감염 말기가 되면 정상인은 감염되지 않는 다양한 바이러스나 세균에 감염이 빈번하게 발생하며 육종이나 임파선종 같은 악성 종양 등으로 사망할 수 있다.

④ 진단

HIV의 진단은 HIV 항체검사를 통해 확인할 수 있다. 하지만, 감염 후 6~14주가 지나야 항체가 생기므로, 항체 생성 이전에 검사로는 감염 여부를 확인하기 어렵다. 항체 생성 이전의 경우에는 HIV 항원검사를 통해 확인이 가능하다.

⑤ 영양치료

후천성면역결핍증에서 발생하는 영양문제는 체중감소와 영양결핍이다. 이를 예방하기 위해서는 균형잡힌 식사를 제공하고 충분한 단백질과 수분 섭취를 권장한다. 구토, 메스꺼움, 설사, 발열, 연하곤란 등의 증상을 동반하는 경우에는 경구섭취를 감소시키고, 식사를 소량씩 자주 섭취해야 한다. 필요한 경우에는 경장영양을 병행하고 심각한 체중감소가 있는 경우는 정맥영양을 시행하도록 한다. 증상이 없는 HIV 감염 상태에서는 체중 유지를 위해 정상인과 비교해 약 10%가량의 에너지 요구량이 증가하고, 증상이 있는 경우 20~30%가량이 상승되며 체중감소가 있는 아동의 경우 50~100%가량의 에너지 요구량이 상승하기도 하므로 이를 고려한 에너지 요구량을 산정하도록 한다.

⑥ 약물치료

현재 개발된 HIV 증식 억제 약물은 병의 진행을 지연시킬 수는 있으나 완벽한 치료는 불가능한 상태이다.

⑦ 기타

후천성면역결핍증후군 환자는 감염의 위험이 높아 다양한 감염성 합병증이 발생할 수 있다. 합병증 발생 시에는 합병증에 적합한 치료를 실시하도록 하나 치료가 끝난 후에도 재발이 되지 않도록 장기적인 관리가 필요하다. 특히 합병증으로 인한 흡수불량이 의심되는 경우에는 저지방식이나 중쇄지방식을 이용하도록 한다.

2. 감염

1) 감염

감염은 외부의 미생물이 신체적 접촉이나 섭취, 흡입, 매개체 감염 등으로 인해 인체(숙주) 내로 침입, 번식하여 인체 내에 손상을 입히는 것으로 주로 병원성 미생물에 의해 발생한다. 감염이 일어나면 체내 방어기전인 면역기능이 미생물을 제거하기 위해 작용한다. 하지만 노화나 영양부족, 신체적 또는 정신적 스트레스 등에 의한 면역력의 저하로 인해 미생물이 제거되지 않거나, 상처나 화상과 같은 물리적 손상으로 인해 미생물의 유입이 차단되지 않고 증가하게 되면 감염증상들이 나타나고 숙주의 건강상태를 악화시킨다.

감염의 국소적인 증상은 염증, 통증, 발적, 열감을 포함한다. 이외에도 호흡기의 경우는 재채기와 호흡곤란을 동반하는 경우가 있고, 소화기의 경우는 구토나 설사를 동반한다. 전신증상으로는 열, 피로, 두통, 오심, 허약, 백혈구의 증가를 포함한다.

(1) 감염의 단계와 대사의 변화

감염은 크게 잠복기, 전구기, 급성기, 회복기, 해소기로 구분할 수 있다[그림 12-3]. 증상의 정도나 감염된 균의 종류, 균의 수에 따라 각 단계의 정도나 기간이 달라질 수 있다. 잠복기는 병원균에 감염이 되었으나 아직 활발하게 작용하지 않아 감염증상이 분명하게 나타나지 않는 단계이다. 전구기는 감염에 의해 숙주에서 증상이 나타나는 초기 단계로 두통, 미열, 근육통, 피로감 등이 나타난다. 급성기는 감염성 질환의 증상이 최대로 나타나는 시기로 병원균의 증식과 전염이 빠르게 진행되는 과정으로 감염된 조직의 손상이 증가하고 염증반응이 증가하는 단계이다. 마지막 단계인 회복기/해소기는 체내 면역작용과 치료 등에 의해 감염이 더 이상 진행되지 않고 손상된 조직의 복구가 일어나며 증상이 완화되는 단계이므로 더 이상의 증상이나 징후가 나타나지 않는다. 하지만 병원균이 완전히 제거되지 않고 감염 상태가 지속적으로 유지되면 만성 염증 상태를 유발하게 되어 만성 질환으로 이어질 수 있다.

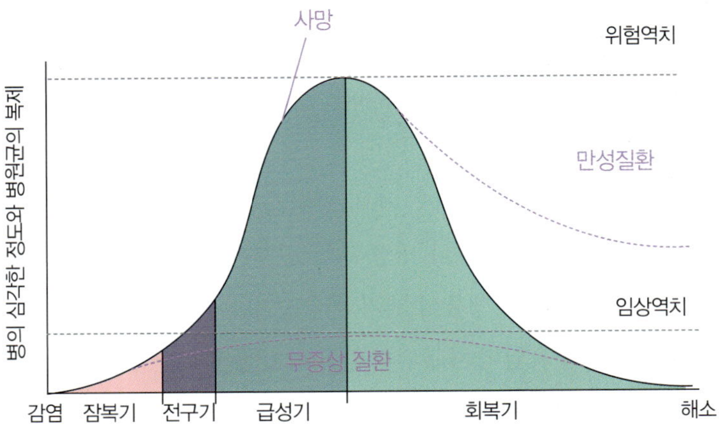

그림 12-3 | 감염 단계

병원균이 인체 내로 침입하여 감염이 되면 다양한 대사의 변화를 유발한다. 감염 시에는 체내 항상성이 깨지면서 다양한 호르몬의 작용으로 이화작용이 촉진된다. 초기 감염 시에는 감염으로 인한 스트레스 상태로 당질 코르티코이드(코티졸)의 분비가 증가하고 글루카곤과 성장호르몬의 분비도 증가시킨다.

(2) 감염 시 호르몬 변화에 따른 에너지 대사의 변화

감염 시의 다양한 호르몬의 변화는 체내 이화작용을 촉진한다. 감염 시 증가한

당질 코르티코이드, 글루카곤, 성장호르몬은 저장된 글리코겐의 분해를 증가시키고 당신생을 촉진하여 혈당을 상승시켜 탄수화물을 에너지원으로 사용하면서 대사를 항진시킨다. 탄수화물 대사 항진에도 불구하고 급성 감염 시에는 에너지 필요량이 증가되어 체단백의 근원인 골격근의 분해가 증가하여 단백질이 당신생의 급원으로 사용되므로 단백질 분해가 촉진된다. 이러한 단백질의 분해는 급성기를 지나면서 지방산을 에너지원으로 대체하여 사용하고 케톤체를 이용하면서 감소한다.

(3) 감염 시 수분대사와 관련 호르몬의 변화

감염으로 인한 증상은 주로 식욕 감소, 호흡량 감소, 발열 및 발한 증가, 구토, 설사 등을 들 수 있다. 이러한 과정을 거치면서 다양한 영양소의 손실, 수분 및 무기질의 손실이 동반된다. 이러한 변화에 관여하는 호르몬은 알도스테론aldosterone과 항이뇨호르몬antidiuretic hormone, ADH으로 이들 호르몬의 분비 증가로 인해 수분과 무기질의 손실을 보상하고자 하는 기전이 작용한다. 따라서 감염 시 충분한 수분을 공급하는 것을 우선으로 한다. 특히 고열이 동반되는 경우 발한량이 증가하므로 수분의 공급이 부족하지 않도록 주의해야 한다.

2) 급성 감염과 영양치료

급성 감염의 경우는 짧은 시간에 진행되어 고열을 동반하며 영양결핍이 쉽게 나타나므로 적절한 영양공급이 필요하다.

(1) 에너지

급성 감염으로 열이 동반되면 기초대사량이 증가하므로 충분한 에너지 공급이 이루어지도록 한다. 특히 발열로 인해 식욕이 저하되었을 경우에는 농축 에너지 식품을 공급하도록 한다. 급성감염 상태에서의 에너지 요구량은 단위 체중(kg)당

30~40 kcal가량으로 상승된다. 휴식대사량REE, resting energy expenditure을 산정할 수 있을 경우 활동계수를 일반환자에서는 1.3, 누워있는 환자일 경우는 1.2를 곱하고 감염 상태의 스트레스 계수로 1.0~1.4를 곱하여 활동에너지를 산출할 수 있다.

(2) 단백질

감염 시에는 당질 코르티코이드의 증가로 에너지원으로 근육 단백질의 이용이 증가되면서 체단백 분해가 늘어나고 질소 배설량도 증가한다. 따라서 감염에 의해 단백질 섭취량보다 배설량이 늘어나는 '음의 질소 평형 상태'가 된다. 질소 평형 상태는 감염의 정도에 따라 다르므로 감염 정도에 따라 손상된 체단백을 고려하고 면역력 유지를 위한 충분한 단백질의 공급이 필요하다. 하지만 감염으로 인한 고열을 동반하는 경우에는 오히려 고단백질 식이가 대사 항진을 촉진시킬 수 있으므로 단백질의 공급에 주의하여야 한다. 이런 경우는 질환이 완화되는 회복기에 공급하는 것을 권장한다. 성인의 경우는 1.2~2.0 g/kg, 소아의 경우는 3 g/kg의 충분한 단백질을 공급하도록 한다.

(3) 탄수화물

급성 감염 시 대사 항진으로 인해 간의 글리코겐 분해가 증가하여 단백질이 에너지원으로 사용되므로 단백질 절약 작용과 케토시스의 방지를 위해 하루 에너지의 25~50%를 탄수화물로 공급하도록 한다.

(4) 지방

급성 감염 시에는 에너지 요구량이 증가하므로 에너지를 충분히 공급하기 위해 적절한 지방의 공급이 권장된다. 지방 중에서 소화가 쉽고 농축된 형태의 단쇄 지방산이나 중쇄 지방산의 형태나 유화지방 형태로 공급하는 것이 좋다.

(5) 비타민

급성 감염 시에는 고열로 인한 에너지 대사 항진으로 에너지 대사와 관련된 비타민의 요구량이 증가한다. 에너지 대사와 관련된 비타민 B군 중 티아민, 리보플라빈, 니아신 등의 요구량이 증가하여 충분한 섭취를 권장한다. 또한 면역력 증가를 위해 비타민 C와 A 등을 충분히 공급하도록 한다.

(6) 무기질

급성 감염 시에는 발열, 구토 등으로 수분과 나트륨 손실이 발생하고 이화작용으로 인한 칼륨 손실이 발생한다. 따라서 나트륨은 과량 섭취하지 않는 범위 내에서 수분과 함께 공급하고 칼륨은 충분히 공급하도록 한다.

3) 만성 감염과 영양치료

만성 감염 상태에서는 수개월 내지 몇 년에 걸쳐 장기간 에너지 및 체단백의 손실이 지속적으로 이루어지므로 다양한 영양소의 결핍이 만성적으로 발생할 수 있다.

(1) 에너지와 단백질

만성 감염으로 인한 에너지와 단백질의 필요량은 고열의 유무에 따라 달라질 수 있다. 감염 시에는 체근육의 손실이 증가하므로 손실된 양을 보충할 수 있도록 에너지와 단백질의 공급이 원활하게 이루어지도록 충분한 공급이 필요하다.

(2) 탄수화물

감염으로 인한 대사량 증가와 간의 해독작용의 증가로 글리코겐 저장량이 감소되므로 이를 보충하고 단백질의 에너지원으로 이용을 저하시키고 케토시스를 예방하기 위해 총에너지의 50~60%를 탄수화물로 공급하도록 한다.

(3) 비타민과 무기질

만성 감염으로 인한 영양 불균형이 초래되지 않도록 충분한 비타민과 무기질을 공급하도록 한다. 다양한 비타민 부족은 체내 면역력의 저하를 초래하므로 감염에 대한 저항력을 감소시킨다. 또한 비타민 B 복합체는 에너지 대사에 관여하므로 만성 감염에 대한 치료와 대사를 위해 충분히 공급하도록 한다.

3. 호흡기 질환

1) 호흡기 구조와 기능

폐는 흉부 늑골 아래 심장의 뒤쪽에 위치하여 폐순환계로 연결된다. 호흡계는 [그림 12-4]와 같이 매우 복잡하게 구성되어 있다. 외부로부터 코로 유입된 공기는 비강, 인두, 후두, 기관, 기관지bronchi를 거쳐 양쪽 폐로 전달된다. 다시 세기관지bronchioles로 나뉘어지고 이것은 포도송이 모양의 폐포로 이어진다. 각각의 폐포의 얇은 막을 통해 들이마신 공기에 포함된 산소와 대사에 의해 생성된 이산화탄소가 확산을 통해 이동이 가능하다. 공기 중에 포함된 산소는 폐포의 벽에 존재하는 모세혈관을 통해 정맥혈에 전달되고, 반대로 이산화탄소는 기도를 통해 외부로 배출된다.

산소와 이산화탄소의 기체 교환을 하는 호흡계에서 중요한 역할을 하는 물질 중 하나가 표면활성물질surfactant이다. 표면활성물질은 폐포alveoli 표면에 존재하는 물질로 인지질과 단백질로 구성되어 폐포가 쪼그라들지 않도록 표면장력을 유지하는 역할을 한다. 비정상적인 표면활성물질의 문제는 천식이나 기관지염, 만성 폐쇄성 폐 질환 등의 다양한 폐 질환에서 발생한다.

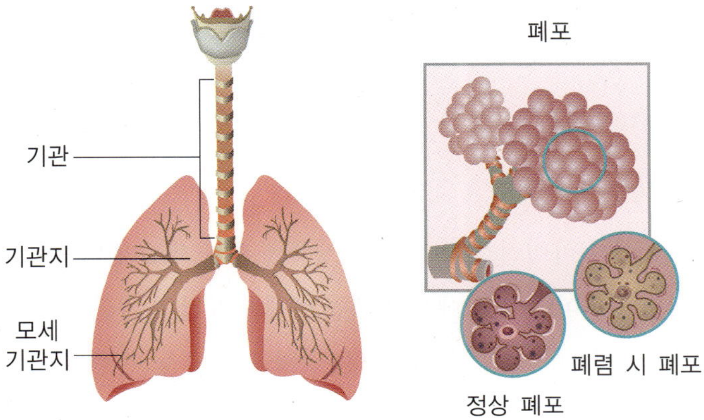

그림 12-4 | 폐의 구조

2) 호흡기와 영양

단백질과 항산화 영양소는 표면활성물질을 만들고 유지하는 데 사용된다. 특히 생선이나 과일, 채소의 섭취를 통해 충분한 단백질과 항산화 비타민과 무기질의 섭취는 천식이나 만성 폐쇄성 폐 질환의 증상을 완화해주는 기능이 있다고 알려져 있다. 비타민 D는 건강한 폐 기능을 유지시키는 데 중요한 역할을 하고, 비타민 C, 비타민 E, 베타카로틴, 셀레늄과 같은 항산화 영양소들은 폐 기능을 보호하는 역할을 한다. 특히 비타민 E는 폐렴이나 기관지염, 비염과 관련된 백신에 잘 반응할 수 있도록 도와준다. 단백질 열량 영양불량은 면역기능의 저하와 관련이 있어 감염성 폐 질환으로 인한 사망률을 증가시키는 것으로 알려져 있어 충분한 단백질과 에너지의 섭취가 요구된다.

3) 호흡기 질환

(1) 폐렴(pneumonia)

① 정의와 병태생리

폐렴은 박테리아나 바이러스, 곰팡이, 기생충에 의한 폐포의 감염으로 인한 급성 염증이 동반되는 질환이다. 서구에서의 폐렴 발생률은 감염 질환 중에서도 매우 높은 편이며, 외래 환자보다 입원 환자의 경우 사망률이 더 높다. 특히 요양 시설에서의 발병률이 높은 것으로 보고되고 있다.

감기나 독감이 걸린 경우 폐포는 분비물이 증가하게 되어 기침을 유발한다. 지속적인 기침은 매우 고통스러우며 분홍, 갈색, 녹rust색으로 진행되는 가래를 만들어 낸다. 건강한 사람들보다 저체중이나 저알부민혈증을 가진 노인들에게 더 빈번하게 발생하는 폐렴은 노인뿐 아니라 영유아나 당뇨, 심혈관계질환 등의 만성 질환을 동반하는 사람들에게도 발생하며 감염으로 인한 발열과 대사항진이 동반된다.

② 약물치료

일반적으로 박테리아성 폐렴은 치유되는 시간이 1~2주이고 바이러스성 폐렴은 좀 더 오랜 시간이 걸린다. 감염원이 확인된 경우, 약물치료로 항균제, 항진균제 등을 사용하여 감염원을 제거한다.

알아두기

항균제 중 퀴놀론계 약물 또는 테트라사이클린계 약물이나, 항진균제를 사용하는 경우에는 약물의 계열에 따라 우유나 유제품을 복용하거나 제산제나 무기질이 첨가된 과일주스 등과 복용할 경우 약물이 무기질과 결합하여 약물 대사를 방해하므로 함께 복용하지 않도록 주의해야 한다.

③ 영양치료

금식이 아닌 경우, 원활한 배출과 체온을 낮추기 위해 3리터 이상의 충분한 수분을 공급하도록 한다. 가능하면 고열량의 식사를 제공하나 과체중일 경우 나이와 성별을 고려한 정상 열량식을 공급하도록 한다. 환자의 중증도에 따라 에너지 요구량은 달라질 수 있으나 일반적으로 체중 유지를 위해서는 단위 체중(kg)당 25~30 kcal, 체중증량을 위해서는 30~35 kcal로 산정한다.

필요하다면 조기 장관영양을 공급하도록 하여 상부 위장관의 문제나 병원감염성 폐렴hospital acquired pneumonia에 노출되지 않도록 하고 소량의 부드러운 식사를 여러 번에 나누어 공급하도록 한다.

비타민 A, C, D, E와 셀레늄을 포함한 종합영양제는 폐렴에 도움을 줄 수 있다. 특히 비타민 A는 점막의 기능에 도움이 되고 비타민 D는 선천성 면역반응에 도움을 주는 것으로 알려져 있다. 또한 변비를 동반하는 경우 식이섬유소를 추가시키도록 하며, 적절한 과일을 섭취시켜 항산화 영양소뿐 아니라 충분한 칼륨을 공급하도록 한다.

폐렴에서의 적절한 영양관리

- 탈수 예방
- 편안한 호흡과 절대 안정, 충분한 산소 공급
- 과대사로 인한 체중 감소 예방
- 적절한 항산화제 공급과 고영양밀도 식이 공급
- 추가적인 감염을 피하고 전신성 염증(sepsis)이나 다장기 부전증(multi-organ dysfunction syndrome) 예방

(2) 폐결핵

① 정의와 병태생리

폐결핵은 마이코박테리움 튜베르쿨로시스Mycobacterium tuberculosis의 호흡기 감염에 의해 발생하는 염증성 질환이다. 주로 비위생적이고 영양이 불량한 지역에서 많이 발생하는 것으로 알려져 있다. 우리나라에서는 위생관리나 영양상태가 좋아지

면서 발병률이 급격히 저하되었으나 최근 들어 다양한 요인들로 인한 영양불량이 증가하면서 발병률이 다소 증가하는 경향을 보인다. 특히 영양불량으로 인한 면역력 저하로 발생할 수 있으므로 영양부족이 되지 않도록 하여야 한다.

② 영양치료

• 에너지

급성 폐결핵의 경우는 고열을 동반하므로 고단백질, 고열량의 유동식을 공급하고 회복 정도에 따라 일반식으로 이행하도록 한다. 정상체중을 유지하도록 하고 열을 동반하는 경우 열로 인한 에너지 손실을 고려하여 추가 에너지를 섭취하도록 한다. 다른 감염성 질환과 마찬가지로 활동성 폐결핵 상태에서는 기초대사율이 약 14%가량 상승하는 것이 보고되기도 한다. 체중 유지를 위해서는 에너지 요구량이 증가하며 다량영양소의 구성비는 탄수화물로부터 45~65%, 단백질 15~30%, 지방 25~35%의 구성이 일반적으로 권고된다.

• 단백질

체단백의 소모가 심한 활동성 결핵 환자의 경우는 질소 배설량이 증가하므로 고단백 식사를 권장한다. 단백질 공급원으로는 단백가가 높은 동물성 단백질로 총 단백질의1/3~1/2을 섭취하도록 한다.

• 비타민 및 무기질

결핵환자는 혈중 비타민 C의 농도가 낮고 중증의 경우는 비타민 A의 결핍을 동반하기도 한다. 따라서 충분한 비타민 C와 A를 섭취하도록 권장한다. 또한 결핵균의 활동을 억제하기 위해 칼슘의 뼈 용출이 증가하여 칼슘이 부족하기 쉬우므로 칼슘이 풍부한 우유 및 유제품, 멸치 등을 권장한다. 또한 칼슘의 흡수를 돕기 위한 비타민 D도 충분히 섭취하도록 한다.

(3) 천식(asthma)

① 정의와 병태생리

천식은 가쁜 숨wheezing을 동반하는 호흡기에 발생하는 알레르기 질환으로 기저막이 부풀어 오르고 기관지가 좁아지면서 발생한다[그림 12-5]. 이는 심부전으로 인한 숨가쁨과는 차별화된다. 천식은 알레르기성 질환을 가진 아이들에게서 발생하게 되는데, 발병 기전은 앞서 설명한 알레르기성 질환의 발병 기전과 같으므로 이를 참고하도록 한다. 간략히 설명하면 반복되는 알러젠allergen에 대한 노출은 천식을 포함한 다양한 알레르기 질환의 발병 원인이 된다.

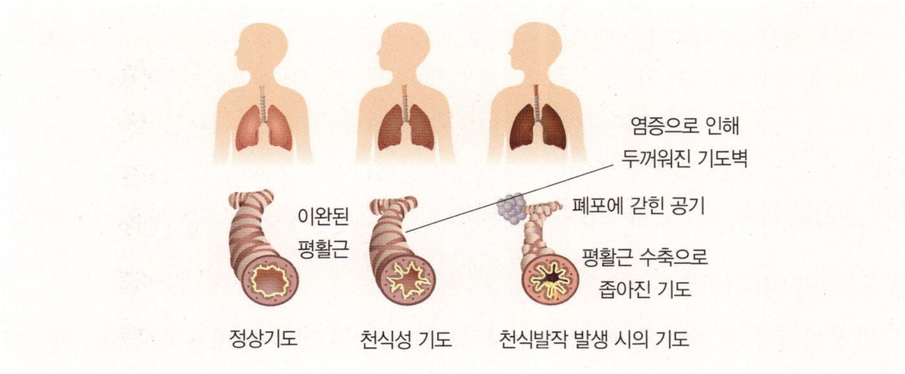

그림 12-5 | 천식으로 인한 기도폐쇄

② 영양치료

모든 알레르기 질환의 식사요법과 마찬가지로 천식의 알러젠으로 확인되거나 의심되는 식품은 제거하도록 한다. 알레르기 질환과 알러젠 노출에 대한 지속적인 영양교육이 우선되어야 한다.

영양치료로는 적절한 폐 기능 유지를 위해 영양불균형을 초래하지 않도록 고단백, 비타민과 무기질이 풍부한 영양밀도가 높은 균형식이 권장된다. 필요에 따라 저열량식을 통한 체중 감량을 권장하도록 하며 알레르기 질환에 도움을 줄 수 있는 항산화 영양소가 풍부한 과일이나 채소의 충분한 섭취를 권장한다.

③ 약물요법

항생제는 장기간 사용할 경우 설사를 동반하고 장의 미생물 균총을 무너뜨리므로 사용에 제한을 두어야 한다. 항콜린 제제의 경우는 효과가 좋으나 입이 마르는 문제가 있다. 기관지 평활근 이완에 도움을 주는 베타 아고니스트beta-agonist가 가장 효과적인 약물로 사용되지만 적절한 사용이 권장된다. 기관지 확장제는 기도를 열어주어 천식으로 인한 증상들을 완화해주는 용도로 사용된다.

알아두기

기관지 확장제로 사용되는 약물들은 카페인과 같이 섭취할 경우 중추신경계를 자극하여 부작용을 일으키므로 카페인이 포함된 차나 초콜릿, 커피 음료 등의 복용을 피하는 것이 좋다.

(4) 만성폐쇄성 폐 질환(chronic obstructive pulmonary disease, COPD)

① 정의와 병태생리

만성폐쇄성 폐 질환은 폐 기능이 저하되는 경우를 말하며 비가역적으로 진행되어 원인을 제거하더라도 원래대로 복구되지 않는다. 만성기관지염과 폐기종 등의 질환이 치료되지 않고 장기적으로 노출된 경우 발생하며 폐의 만성적 염증과 호흡곤란 증상을 동반한다. 간접 흡연을 포함한 흡연이나 화학물질, 분진 등에 장기간 노출되는 것이 위험요인이 될 수 있다. 이외에도 실내 공기 오염과도 관련이 있는 것으로 보고되었다.

• **만성기관지염**(chronic bronchitis)

과량의 점액물질이 공기를 통해 세기관지를 막아 발생하며 만성적인 기침과 가래, 운동 시 호흡곤란을 동반한다. 질병의 진행 정도에 따라 가래의 양이 많아지고 점도가 높아져 가벼운 활동에서도 호흡곤란을 겪게 된다[그림 12-6].

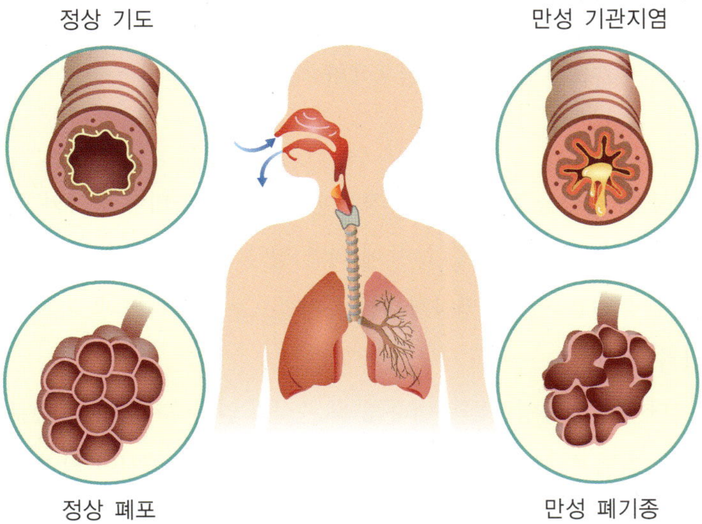

그림 12-6 | 만성 COPD

• **만성 폐기종**(emphysema)

폐에 구조적인 변화가 발생하여 세기관지 내 공간이 파괴되면서 영구적으로 말초 기도나 폐포가 커지면서 폐의 공기가 축적되어 호흡곤란을 야기한다[그림 12-6]. 질환이 진행되면서 활동이 없는 경우에도 호흡곤란이 발생한다. 흉부 압박감과 숨쉴 때 색색거리는 소리들을 동반하며 체중이 급감한다.

만성폐쇄성 폐 질환의 진단은 폐활량을 측정하여 정상 기준치의 80% 미만을 기준으로 한다.

② 약물치료

현재 만성폐쇄성 폐 질환의 약물치료는 폐의 염증을 완전히 제거하는 치료가 어려우므로 증상 개선을 목표로 한다. 특히 기관지 확장제, 스테로이드 제제, 항생제 등으로 치료한다. 이 중 가장 많이 사용하는 것이 기관지 확장제이다. 천식에서도 사용되는 기관지 확장제는 증상의 호전 정도, 일상생활의 가능성과 운동능력 및 증상 경감 등을 함께 고려하여 선택한다.

스테로이드 제제는 부작용이 심하므로 폐 기능이 심각하게 저하된 경우에만 사용하고 항생제는 가래가 짙게 변한 경우에만 사용하도록 한다.

③ 영양치료

만성폐쇄성 폐 질환을 가진 환자의 경우에는 에너지 소비량 증가와 에너지 섭취량의 감소, 폐포 산소포화도의 감소 등에 의한 영양 결핍을 동반할 수 있다. 따라서 영양 손실을 보충하고 적절한 영양상태를 유지함으로써 폐 기능을 유지하고 감염을 최소화시킬 수 있다.

에너지는 단백질 열량영양 불량이나 근육 손실이 일어나지 않도록 충분히 섭취하되 과잉으로 섭취될 경우 이산화탄소 발생을 증가시키므로 과잉이 되지 않도록 주의한다. 만성폐쇄성 폐 질환 환자의 에너지 요구량은 개별 환자의 안정 여부, 질환의 중증도 및 활동 수준에 따라 달라지나 일반적으로 체중 유지를 위해서는 단위체중(kg)당 30 kcal 가량이 필요하고, 체중 증량을 위해서는 단위체중(kg)당 45 kcal까지도 산정할 수 있다. 에너지 공급원 중 탄수화물은 호흡계수respiratory quotient, RQ가 1로 가장 높으므로 섭취량이 너무 높아지지 않도록 한다. 반면 지방은 호흡계수가 0.7로 만성폐쇄성 폐 질환에서는 공급이 용이한 에너지원으로 섭취를 권장한다. 단백질의 경우는 질환으로 인한 체단백의 분해 증가로 인한 손실을 보충하기 위해 충분히 공급하도록 한다.

이외에도 식사 전 30분간 휴식을 취하고 식사 후 한 시간 내에는 운동을 삼가고 음식은 소량씩 섭취하며, 음료는 식사와 분리해서 섭취하도록 한다.

독감(인플루엔자, influenza), 신종플루, 코로나바이러스, 감기는 어떻게 다른가?

• 독감

독감은 인플루엔자라는 바이러스에 감염된 질환으로 겨울을 거쳐 봄까지 유행한다. 인플루엔자 바이러스는 A, B, C형이 있는데, 이 중 A형이 자주 발생하는 바이러스들이다. 이런 인플루엔자들은 변이가 많이 일어난다. 이러한 독감들은 WHO에서 유행이 예측되는 인플루엔자 3종을 포함하여 만든 백신을 통해 예방이 가능할 수 있으나 예측이 빗나가게 되면 백신 접종에도 불구하고 독감에 걸리게 된다. 또한 바이러스들은 지속적으로 변이를 일으키므로 다른 예방 백신과는 달리 매년 접종이 필요하다.

• 신종플루

2009년 유행했던 신종플루도 A형의 인플루엔자 바이러스 중의 한 종류인 A/H1N1에서 변이가 일어난 바이러스이다. 신종플루의 경우에는 이전에 한번도 유행한 적이 없는 인플루엔자이기 때문에 누구도 예측할 수 없고 저항력이 없기 때문에 면역력이 낮은 어린이나 노인들, 만성 질환을 가지고 있는 환자들의 경우 감염이 쉽고 치명적인 결과를 초래할 수 있다.

• 코로나바이러스

2019년 말부터 전 세계적으로 유행하는 코로나바이러스(COVID-19)의 경우도 이전에 보고된 적이 없어 예측이 어렵고 전염력이 강하며 다양한 변이가 일어나는 것으로 보고되고 있다. 예방률이 높은 백신 개발에도 어려움이 있으며 전 세계적으로 수많은 인명 피해를 초래하였다.

이러한 특정 바이러스 유형들과 관련이 있는 독감, 신종플루, 코로나바이러스와는 달리 감기는 계절과 상관없이 다양한 바이러스가 원인이 된다. 따라서 독감 예방 접종과는 무관하게 흔히 걸리게 된다.

정리하기

1 면역은 외부의 침입에 우리 체내를 방어하는 것으로 크게 선천성 면역과 후천성 면역으로 나누어진다.

2 선천성 면역은 비특이적 면역반응으로 이물질의 침입에 대해 일차적으로 방어하는 면역이다.

3 후천성 면역은 특정 항원에 대한 특이적 반응으로, T세포가 관여하는 세포매개성 면역과 B세포가 생성하는 항체가 관여하는 체액성 면역으로 나누어진다.

4 영양상태는 선천성 면역과 후천성 면역에 모두 영향을 주어 감염이나 질환의 발생률을 증가시킬 수 있으므로 영양 과잉이나 부족이 발생하지 않도록 적절한 영양상태를 유지한다.

5 알레르기 질환은 알레르기를 일으키는 특정 항원에 대한 반응으로 일반적으로 호산성구의 증가와 B세포에서 분비된 IgE의 증가로 인한 비만세포의 활성화로 히스타민 분비에 의해 다양한 알레르기 반응들이 일어난다.

6 식품 알레르기는 즉시형 과민반응으로 식품에 포함된 특정 물질이 알러젠으로 작용하여 발생하며, 이를 예방하기 위해 알레르기 유발 식품의 섭취를 제한하도록 한다.

7 감염으로 인한 발열이 있는 경우에는 에너지 소비량 증가로 충분한 에너지 공급이 필요하며 대사 항진으로 인한 체단백의 손실을 막기 위해 고단백 식이를 공급하여야 한다. 또한 탄수화물과 지방의 적절한 공급이 이루어져야 하며, 에너지 대사에 필요한 비타민 B군과 면역력을 높이기 위한 비타민과 더불어 충분한 수분과 무기질의 공급이 필요하다.

8 호흡기 질환 중 알레르기성 질환인 천식의 경우 다른 알레르기 질환과 같은 영양치료를 실시하고 만성폐쇄성 폐 질환의 경우에는 영양불량이 발생하지 않도록 충분한 에너지를 공급하되 과량의 이산화탄소 발생으로 폐에 부담이 되지 않도록 에너지원을 조절하여 공급한다.

CLINICAL NUTRITION

CHAPTER 13

수술과 화상

용어 정리

- **이화작용(catabolism)** 체내 물질을 분해하는 과정으로 에너지를 생성하여 사용
- **동화작용(anabolism)** 외부에서 섭취한 영양소를 이용하는 과정으로 고분자화합물을 합성
- **장폐색(intestinal obstruction)** 장관이 막히면서 장 내용물의 정상적인 흐름이 방해를 받아 배변과 가스가 장내에 축적되는 현상
- **9의 법칙(rule of nines)** 체표면적을 아홉 부분으로 나누어 체표면적에 대한 화상 면적의 비율을 추정

1. 개요

수술, 화상 등의 신체적 충격은 생리적 스트레스를 유발한다. 절식과 다른 생리적 스트레스로 인한 대사적 반응은 염증반응, 대사항진, 이화작용을 일으킨다. 따라서 대사적 스트레스가 있는 동안에 적절한 영양공급을 받지 못하면 영양결핍 상태를 초래하게 되고, 이 상태가 지속되면 상처 치유가 지연된다. 그러므로 계획된 영양관리와 적극적인 영양치료는 회복에서 매우 중요한 역할을 한다.

2. 수술

수술 전 환자의 영양상태와 수술 종류에 따라 영양관리를 한다. 영양상태가 양호한 환자들은 수술 후 회복도 빠르고 비교적 합병증도 적다. 그러나 수술 전후에 식욕부진, 통증, 구토, 소화불량, 출혈 등으로 인한 영양불량이 흔하다. 게다가 금식 기간에 따라 음식 섭취가 충분하지 못하여 심각한 영양불량의 위험이 있다. 그러므로 영양사는 환자의 영양상태를 파악한 후 적절한 개입으로 환자의 영양상태를 개선하여야 한다.

1) 수술 전 영양관리

응급수술이 아닌 경우에는 수술 전에도 영양치료가 가능하다. 장기적 구강 섭취 부족이나 대사적인 문제로 발생된 영양불량 상태를 적극적인 영양지원으로 개선한다. 고혈당이나 전해질 이상은 적절한 약물 조절이나 수액 공급으로 정상 수치를 유지하게 하여야 한다. 고도비만은 수술의 위험을 증가시킬 수 있기 때문에 적절한 체중감소가 필요하다.

(1) 영양관리 계획

① 영양지원: 수술 전 경구섭취가 불가능하거나 심각한 영양불량의 위험이 있는 환자들에게 경관급식이나 정맥영양을 고려할 수 있다.

② 저잔사식: 복부나 위장관 수술을 하는 경우에는 수술 후 감염을 방지하기 위해 위장관 내 잔여물이 제거되어야 한다. 수술 전 1~2일간 저잔사식이나 유동식을 제공한다.

③ 금식: 수술하기 8시간 전부터 구강으로 음식 섭취를 금하며 위에 음식이 남아 있지 않도록 한다. 위에 음식이 남아 있는 경우 수술이나 회복하는 동안에 구토에 의해서 질식이나 음식이 폐로 흡인될 위험이 있다. 수술 직전에 관장을 하여 남은 잔변을 배출시킨다.

(2) 영양 요구량

① 에너지와 단백질

수술 전 영양불량인 환자는 평소보다 30~50%가 더 부가된 에너지 공급이 필요하다. 수술 전과 수술 시 충분한 양의 탄수화물 공급, 특히 포도당 공급은 체내 단백질을 절약하고 수술 후 케톤증과 구토 방지에 도움을 주며, 간에 글리코겐 저장량을 증가시켜 간 기능을 보호한다. 수술 중 혈액 손실이나 수술 후 대사항진으로 인한 체조직 분해에 대비하여 체내에 단백질을 충분히 보유하여야 한다.

② 비타민과 무기질

에너지 대사를 위한 비타민 B 복합체와 상처 회복에 필요한 비타민 C를 보충한다. 비타민 K는 혈액 응고의 과정에 필수적이므로 적절한 상태를 유지하도록 한다. 출혈로 인한 빈혈을 예방하고 조혈을 위하여 철, 구리가 필요하고, 상처치유와 면역기능 증진을 위하여 아연을 보충한다.

③ 수분과 전해질

수술하는 동안 수분과 전해질의 손실 위험이 있어 균형을 유지하도록 한다. 탈수의 위험이 있는 경우에 구강 섭취가 불가능한 환자에게는 정맥주사를 통해 충분한 양의 전해질과 수분을 공급해야 한다.

2) 수술 후 영양관리

수술의 종류와 환자의 건강상태에 따라 영양관리는 다르다. 수술로 인하여 혈액, 수분, 전해질이 손실되고 구토와 상처로부터 손실된 체액으로 인하여 수분과 전해질 손실은 더 커진다. 그러므로 이로 인한 탈수와 쇼크를 방지하기 위하여 정맥주사, 피하주사를 통해 수분과 전해질을 보충한다.

(1) 수술에 따른 체내 대사의 변화

① 대사 반응

수술 후 즉시 발생되는 썰물기ebb phase는 심박출량, 산소 소비량, 체온 등의 저하로 인해 저혈량증, 쇼크, 조직 저산소증 등이 나타난다. 밀물기flow phase는 수분과 산소공급이 정상적으로 회복된 후 심박출량, 산소 소비량, 체온, 에너지 소비량, 체단백질의 이화작용 증가 등이 나타난다〈표 13-1〉.

표 13-1 | 수술 후 대사적 특징

썰물기	밀물기	
저혈량증으로 인한 쇼크	급성기	적응기
	이화작용	동화작용
대사율 ↓ 산소소비량 ↓ 혈압 ↓ 체온 ↓	글루코코르티코이드 ↑ 글루카곤 ↑ 카테콜아민 ↑ 사이토카인 ↑ 질소 분비 ↑ 대사율 ↑ 산소소비량 ↑	대사항진 ↓ 체단백질 보유 ↑ 영양소 섭취에 의한 상처 치유

출처: Mahan LK et al. Kranse's Food, Nutrition & Diet Therapy, 10th ed. Saunder. 2000

② 호르몬

수술 후 체내 호르몬 변화로 인하여 영양소의 이화작용이 활성화된다〈표 13-2〉. 카테콜아민, 코티솔, 글루카곤 등의 호르몬 분비가 증가하여 탄수화물, 지질, 단백질 대사에 변화를 가져온다. 인슐린에 대한 저항성이 증가되어 당뇨병와 비슷한 고혈당 증세가 나타난다. 이때 인슐린을 투여하면 혈당이 정상화될 수 있고, 당뇨병 유병률과 사망률을 낮추는 효과가 있다. 아미노산으로부터 당신생이 증가하기 때문에 체단백질의 분해가 촉진되어 소변 중 단백질 대사산물인 질소 화합물이 다량 배출되는 음의 질소 평형이 발생한다. 지방을 에너지원으로 이용하기 위하여 체지방으로부터 지방산이 유리되므로 체지방이 급속히 감소한다. 항이뇨호르몬과 알도스테론의 분비가 증가되어 소변량과 나트륨 배설이 감소된다.

표 13-2 | 수술에 따른 체내 호르몬의 변화

호르몬	농도 변화	대사 변화
카테콜아민	↑	간 글리코겐 분해 ↑ 아미노산으로부터 당신생 ↑ 유리지방산 이동 및 분해 ↑
코티솔	↑	아미노산으로부터 당신생 ↑ 유리지방산 이동 및 분해 ↑
글루카곤	↑	간 글리코겐 분해 ↑ 아미노산으로부터 당신생 ↑ 글리코겐, 체단백질, 체지방 ↓
항이뇨호르몬	↑	신장에서 수분 보유 ↑
알도스테론	↑	신장에서 나트륨 보유 ↑

출처: Whitney EN et al. Understanding Normal and Clinical Nutrition. Wadsworth. 2008

③ 절식과 스트레스 시의 대사 비교

절식과 생리적 스트레스로 인한 대사적 반응의 비교 내용은 〈표 13-3〉과 같다. 절식기간에 따라 초기 24시간 동안은 간과 근육에 저장된 글리코겐이 사용된다. 그 이후에는 근육에 있는 단백질이 아미노산으로 분해되어 사용되고 인체가 절식에 적응되면 단백질 절약 효과를 위해 체지방이 지방산, 글리세롤와 케톤체로 분해되어 에너지원으로 사용된다. 반면에 스트레스 상황에서는 절식에서 일어나는 적응 반응이 적절히 이루어지지 않는다. 생리적 스트레스가 발생하면 고혈당, 인슐린 저항, 단백질 이화작용 등의 대사적 반응이 증가하여 에너지 소비와 질소 손실이 커지지만, 시간이 더 지나면 대사적 반응 정도가 줄면서 환자가 회복되기 시작한다.

표 13-3 | 절식과 생리적 스트레스의 대사적 반응 비교

대사반응	절식	생리적 스트레스	대사반응	절식	생리적 스트레스
기초대사량	↓	↑	케톤체 합성	↑	↓
글루카곤	↑	↑	혈청 지질농도	↑	↑↑
인슐린	↓	↑	체단백질	보존	분해
당신생작용	↑	↑↑	내장단백질	보존	분해
혈당	↓	↑	주요 에너지원	지방	복합

출처: Matarese LE et al. Contemporary Nutrition Support Practice. Saunders. 1998

(2) 영양관리 계획

수술 후 음식 섭취는 장음bowel sound과 가스 배출로 장 기능이 정상화된 것이 확인된 후 허용한다. 일반적으로 1~2일 후 맑은 유동식으로부터 유동식, 연식, 일반식사 순으로 진행된다. 식사 이행 속도는 환자의 적응 정도에 따라 다르므로 복부팽만이나 장 경련 등이 있는지 확인한다. 수술 후 장기간 음식 섭취량이 충분하지 못한 경우, 환자의 상태에 따라 경관영양 또는 정맥영양을 고려한다.

① 정맥영양

수술 후 1~2일 동안은 입으로 아무것도 주지 않는 금식none per oral intake, NPO 기간이다. 이 기간에는 수술로 인하여 신체의 모든 기능이 저하되어 있고, 특히 위, 소장 및 대장이 본래의 위치에 있지 못하므로 이들의 소화, 흡수 및 배설 기능이 원활하지 못하다. 따라서 이 시기에 음식물을 경구 섭취하면 구토물이 침전되어 장이 막힐 위험이 있으므로 장기들이 제자리를 찾아서 원래의 기능을 시작했다는 신호로서 장음, 가스 배출(방귀)이 있을 때까지는 입으로는 음식 섭취를 금하고 대신 정맥영양에 주로 의존한다. 수술 직후에는 체조직 단백질 분해가 심하므로 영양소의 과공급은 체내 대사를 항진시켜 오히려 위험하므로 피해야 한다.

② 경관급식

오랫동안 경구섭취가 불가능한 경우 수술 시 경관영양관을 삽입하여 영양지원을 준비한다. 소장 기능은 정상이거나 구강으로 섭취하는 영양이 장기적으로 부족할 때에는 경관영양을 병행한다.

③ 경구섭취

수술 후에 흔히 시행하는 말초정맥영양을 통해서는 영양공급이 충분하지 않으므로 가능한 한 빨리 경구섭취를 시작하는 것이 좋다. 또한 수술 후 되도록 빨리 영양공급을 하는 것이 합병증을 감소시키고 수술 후 장폐색을 예방할 수 있다.

(3) 영양 요구량

일반적으로 수술 후에는 열량과 영양소 필요량이 늘어난다.

① 에너지와 단백질

에너지 필요량은 수술 내용에 따라 다양하지만 에너지 필요량의 10~25%까지 증가한다. 증가된 에너지 필요량은 충분한 당질과 지방으로 공급하지 않으면 단백질이 대신 손실되어 상처 회복이 지연된다. 상처의 빠른 회복, 출혈로 손실된 혈구의 회복, 빈혈 예방, 항체 및 효소의 생성을 위해서 단백질은 1일 단위체중 kg당 1.5~2 g 정도로 충분히 공급한다.

② 무기질과 비타민

영양상태가 양호한 환자의 간단한 수술 후에는 비타민과 무기질 보충이 필요하지 않으나 영양상태가 불량하거나 큰 수술을 받은 환자의 경우에는 권장섭취량보다 많은 비타민과 무기질 섭취가 필요하다. 그러나 비타민 C를 과잉으로 섭취할 경우 설사, 신결석, 혈청 비타민 B_{12}의 농도가 저하되므로 적절한 용량으로 공급되어야 한다.

수술 후 회복에 필요한 비타민과 무기질

- 비타민 C: 결체조직, 세포벽, 새로운 조직 합성 시 콜라겐 형성에 필요하다.
- 비타민 A: 상피조직의 구성에 필요하므로 결핍 시 상처회복이 지연된다.
- 비타민 K: 부족 시 프로트롬빈 농도가 감소하여 지혈에 지장을 주므로 수술 전후로 충분히 공급한다.
- 비타민 B 복합체: 원활한 대사를 위해서 충분히 공급해야 한다. 화상 후 에너지 및 단백질 요구량이 증가하므로 부족해지기 쉽다.
- 아연: 상처 치유와 면역기능 유지를 위하여 충분히 공급한다.
- 철분: 혈액 손실로 철분결핍성 빈혈이 생길 수도 있다.

③ 수분과 전해질

수술 도중 또는 구토나 상처를 통해 혈액, 수분과 전해질이 손실되고 발한으로 인해 수분의 손실이 더욱 증가한다. 그러므로 수술 직후 탈수로 인한 쇼크를 방지하기 위해 수분과 전해질 균형을 적절하게 유지해야 한다. 수술 후 환자는 구강으로 다량의 물을 섭취하지 못하므로 정맥을 통한 수분 공급을 하고 이후에는 가능한 한 빨리 구강을 통해 수분을 섭취하도록 한다. 섭취량은 개인 요구량에 맞게 탈수 또는 부종이 일어나지 않도록 조절하며, 매일 체중을 측정하여 수분 요구량을 결정한다.

(4) 수술 부위에 따른 영양문제

① 머리와 목 수술

입, 인후, 목, 혀에 관련된 수술은 환자가 정상적인 방법으로 식사를 할 수 없으므로 식사의 형태를 변경하여 제공한다. 액체 형태로 농축된 식사를 제공한다. 혼수상태이거나 연하곤란 환자에게는 경관급식을 한다.

② 소화기관 수술

수술 부위와 방법에 따라 환자에게 적절한 식사 형태를 제공하고 회복상태에 따라 일반 식사로 이행하도록 한다.

3. 화상

화상은 뜨거운 기체 또는 액체와 고체 형태의 물질, 화염, 일광, 방사능, 전기 등에 의해 피부 또는 피부와 연결된 조직에 생긴 손상을 입는 질환이다. 손상된 체표면적이나 피부조직의 깊이에 따라서 치료계획이 결정된다.

1) 화상 후 생리적 변화

(1) 화상의 분류

화상의 깊이에 따라 4단계로 분류한다[그림 13-1]. 1도 화상은 표피층 정도에만 손상을 받아 동통, 발적 현상, 부종이 동반되나 피부의 감염 방어능력은 손상되지 않으므로 상처가 감염되는 일은 없다. 2도 화상은 피부의 상피층과 진피층 일부에 손상을 받은 것이다. 진피의 일부만이 손상된 화상은 약 2주일이 지나면 표피가 재생되어 흔적 없이 낫는다. 3도 화상은 피부의 전층이 손상을 받아 피부가 건조해지

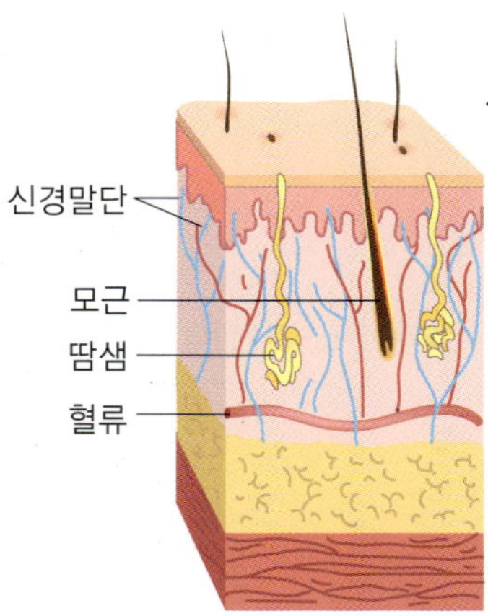

조직층	피부두께(인치)	화상 정도
표피	0.010	1도
진피	0.020	2도
피하지방조직	0.035	3도
근육	0.040	4도

그림 13-1 | 화상의 정도

며 흰색 또는 검은색으로 변한다. 피부감각을 상실하여 핀으로 찔러도 통증을 느끼지 못한다. 4도 화상은 피부의 전층과 함께 피하의 근육, 힘줄, 신경 또는 골조직까지 손상받은 경우이다.

체표면적에 대한 화상면적의 비율을 추정함으로써 체액 손실에 의한 수액 공급의 여부와 용량을 결정할 수 있다. 화상의 넓이를 측정하는 방법으로 체표면적에 대한 화상 면적을 백분율로 표시한다. [그림 13-2]와 같이 인체를 아홉 부분으로 나누어 계산하는 방법으로 9의 법칙rule of nines이 간단하여 많이 이용된다.

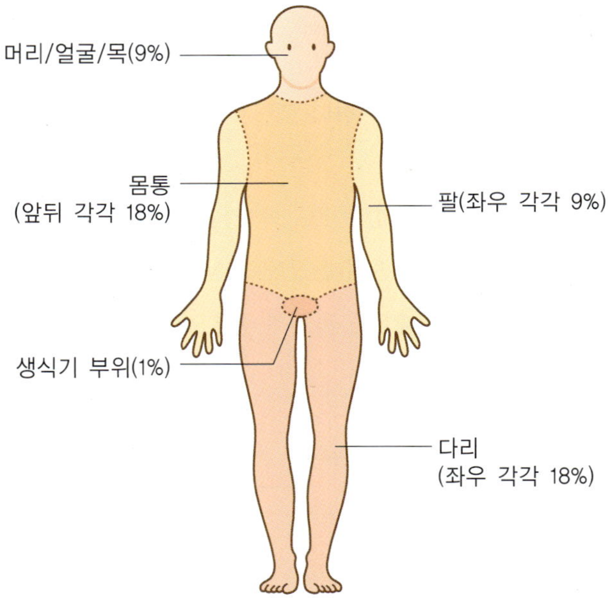

그림 13-2 | 체표면적을 추정하는 9의 법칙

(2) 대사적 변화(과대사, 단계)

화상은 호르몬, 면역반응 및 대사적 변화, 박테리아 감염 등으로 과대사hypercatabolism 상태를 유발하여 체내 저장된 에너지와 단백질을 고갈시켜 에너지 요구량을 증가시킨다. 또한 화상에 의한 상처를 통한 수분 손실이 증가하고, 체온 유지를 위한 열 생산이 증가하여 에너지 요구량도 증가한다.

- **초기 단계(쇠퇴기)**

화상 직후부터 3~5일 정도에는 대사율이 감소하고 산소 소비량, 심박출량, 혈액량, 체온이 저하된다. 또한 수분의 이동 및 축적, 상처로부터 수분 손실이 나타난다. 따라서 이 시기에는 다량의 수분 손실을 보충하기 위한 수분 공급이 이루어진다.

- **회복기(급성기, 이화단계)**

다음 단계로 대사적 스트레스로 대사항진과 이화작용이 나타난다. 즉 카테콜아민, 글루카곤, 코티솔 등의 호르몬이 증가하여 단백질과 지방의 분해, 질소 배설, 당신생이 증가한다. 화상 후 일어나는 대사항진은 호르몬 분비의 변화뿐만 아니라 상처를 통한 수분 증발 시 열이 손실되면서 체온 유지를 위한 열량 요구량이 증가되어 나타나기도 한다. 화상 후 7~12일째에 대사율이 최고에 이르게 된다.

- **회복기(적응기, 동화단계)**

이후 상처가 회복되고 피부조직이 정상화되면서 스트레스 호르몬이 감소하며, 점차 대사율과 이화작용이 감소하여 동화상태로 변화한다.

2) 화상 후 영양관리

화상 직후에는 많은 양의 수분과 전해질이 손실되고 혈액량 감소로 쇼크가 발생할 수 있으므로 초기 24~48시간에 가장 먼저 하는 치료는 수분과 전해질의 보충이다. 영양상태는 상처의 치료와 회복에 영향을 미친다.

(1) 영양관리계획

① 요구량

체중 감소는 화상 환자에게 자주 나타나는 합병증으로 상처회복은 신체가 동화작용 상태에 있을 때만 이루어질 수 있다. 화상이 발생한 뒤에는 가능한 빨리 영양공급이 이루어져야 하고 입원 4~12시간 내에 빠르게 경장영양을 도입하면 과이화작용을 줄일 수 있다.

② 공급방법

경구 섭취가 가장 바람직하나 대부분의 심한 화상은 경구 섭취만으로는 불충분하므로 영양지원이 필요하다. 경관영양은 화상 환자에게 감염 및 궤양을 예방하고 단백질 이화작용을 줄인다. 심한 화상 환자의 경우 화상쇼크 동안 위장관 마비가 나타날 수도 있기 때문에 소장을 통해 경관영양 공급을 하기도 한다. 경장영양만으로 영양공급량이 불충분할 경우에는 정맥영양으로 영양이 공급되어야 하나, 고혈당을 고려하여 과공급을 주의하여야 한다.

③ 식사공급의 원칙

단백질을 여러 음식에 추가하여 식사로 제공하면 많은 양의 식사를 하지 않아도 되므로 공급에 도움이 된다.

(2) 영양요구량

① 에너지

일반적으로 상처 회복을 위해 20~30% 정도의 열량 증가가 필요하다. 발열, 패혈증, 외상, 수술 스트레스 등이 나타나면 추가적인 열량이 필요할 수도 있다.

② 단백질

소변과 상처의 손실, 조직 재생에 필요한 양의 증가로 필요량이 높아진다. 총열량의 20~25%를 질 높은 단백질로 공급하는 것이 권장되고 체중 kg당 2.5~3 g의 단백질이 권장된다.

③ 탄수화물, 지방

탄수화물은 주 열량원이지만 과다한 탄수화물은 고혈당을 악화시킨다. 지방은 농축된 열량원이지만 대부분의 지방은 많이 섭취했을 때 면역반응이 저하되고 감염 위험성이 높아진다. 그러나 오메가-3 지방산은 면역반응을 향상시키는 것으로 보고되고 있다.

④ 비타민, 무기질

비타민 요구량이 증가하므로 보충제가 필요한 경우가 많다. 면역기능과 상처의 회복을 위해 비타민 A와 C는 중요한 영양소이다. 혈청 마그네슘은 화상 상처를 통해 손실이 많이 일어나므로 관찰과 보충이 필요하다. 아연은 열량과 단백질 대사에 매우 중요한 영양소이므로 아연 보충제를 공급하기도 한다. 화상 초기에 나타나는 빈혈 증상은 철분 부족과는 관련이 없는 경우가 많으므로 적혈구를 공급하여 치료한다.

⑤ 수분과 전해질

나트륨과 칼륨 등의 전해질 불균형은 수분 공급에 의해 조절된다. 회복을 위해 수분을 많이 공급받는 경우 혈청 인산이 저하될 수 있는데, 이때는 인의 보충이 필요하다.

정리하기

1 수술 전후에는 위장과 관련된 문제로 인해 영양불량의 위험이 있으므로 수술 후 치료 및 회복을 위해 충분한 영양공급이 요구된다.

2 수술 후 스트레스로 인한 대사적 변화를 절식의 대사적 변화와 비교하여 이해한다.

3 화상으로 인해 손상된 체표면적과 피부조직의 깊이에 따라 치료계획이 결정된다.

4 화상 직후에는 많은 양의 수분과 전해질이 손실되므로 초기 치료에서는 수분과 전해질의 보충이 중요하고 상처의 치료와 회복에 있어 영양상태는 중요한 영향을 미친다.

CLINICAL NUTRITION

CHAPTER 14

선천성 대사장애

용어 정리

- **갈락토오스혈증(galactosemia)** 갈락토오스 대사에 관여하는 효소의 유전적 결함으로 인해 갈락토오스를 포도당으로 분해하지 못하는 대사장애
- **단풍당밀뇨증(maple syrup urine disease, MSUD)** 곁가지 알파케토산 탈수소효소 복합체(branched-chain alpha-keto acid dehydrogenase complex, BCKDC)의 유전적 결함으로 인해 곁가지 아미노산이 정상적으로 대사되지 않아 곁가지 케토산이 요로 배설되는 대사장애
- **당원병(glycogen storage disease, GSD)** 글리코겐이 포도당으로 대사되지 못하여 발생하는 당원 축적병
- **선천성 대사장애(inborn error of metabolism)** 유전적 결함으로 인해 대사에 관여하는 특정 효소가 없거나 활성이 낮아 발생하는 대사장애
- **티로신혈증(tyrosinemia)** 티로신 분해효소의 유전적 결함으로 인해 티로신과 티로신 대사산물의 혈중 농도가 증가하고, 간, 중추신경계, 신장 등에 축적되는 대사장애
- **페닐케톤뇨증(phenylketonuria)** 페닐알라닌 수산화효소의 결핍 또는 불활성화로 인해 체내 페닐알라닌 농도가 증가하여 요를 통한 이의 배설이 증가하는 대사장애

1. 개요

선천성 대사장애inborn error of metabolism는 특정 효소의 유전적 결함으로 인한 특정 영양소 대사 이상으로, '하나의 유전자one gene, 하나의 효소one enzyme' 개념을 가진다. 이로 인해 대사되지 않은 특정 물질이 체내에 과도하게 축적되어 독성을 가지고, 정상적인 대사 과정을 통해 생성되어야 할 대사물질이 충분하게 생성되지 않아 종종 정상적인 성장과 발달을 저해한다. 출생 후 초기에 바로 적절한 치료가 시작되지 않으면 정신지체를 가지게 되거나 생명을 유지할 수 없으므로 빠른 진단과 치료가 필요하다.

2. 정의와 현황

선천성 대사장애는 영양소 대사에 관여하는 특정 효소의 유전자에 선천적 결함이 있어 특정 효소가 없거나 특정 효소의 활성이 감소되어 발생하는 대사 이상이다. 선천성 대사장애는 생후 초기에 치료하지 않으면 성장과 발달이 저해되고 사망하게 되므로, 생후 3~7일 사이에 선천성 대사장애 검사를 실시하도록 한다.

현재 우리나라는 아기가 태어난 직후 입원 상태에서 검사를 받게 되면 50여 종의 선천성 대사장애검사에 건강보험이 적용되어 무료로 검사를 받을 수 있다. 1차 검사에서 대사장애로 진단되면 2차 정밀검사를 하게 되고, 선천성 대사장애로 확진된 경우 보건소에 등록하면 특수조제분유 및 저단백식품을 지원받거나 선천성 갑상선 대사 이상 저하증의 경우에는 지원한도(연 250,000원) 내에서 의료비를 지원받을 수 있다.

선천성 대사장애는 조기에 발견 및 치료하면 정상적인 성장과 발달이 가능하므로 출산 직후 바로 검사를 실시하도록 한다. 한국인에게 발병빈도가 높은 선천성 대사장애는 페닐케톤뇨증, 갑상선기능저하증, 호모시스틴뇨증, 단풍당뇨증, 갈락토오스혈증 등으로 알려져 있다.

선천성 대사장애의 치료방법은 결손물질의 보충, 전구물질 섭취 제한, 효소 보충요법, 축적물질의 배설을 촉진시키는 약물치료, 원인 유발약물의 제한, 조효소 보충요법, 유전자 치료, 장기이식 등이 제안되고 있다.

선천성 대사장애의 주요 증상은 〈표 14-1〉과 같다.

선천성 대사장애 검사

선천성 대사장애 검사는 생후 3~7일 사이에 실시하는데, 검사를 위해 신생아의 발뒤꿈치 외측부에서 채혈하여 채혈지에 그려져 있는 4개의 원에 혈액이 충분히 스며들게 한다. 현재 총 50여 종의 항목에 대해 건강보험의 적용을 받아 무료로 검사받을 수 있다.

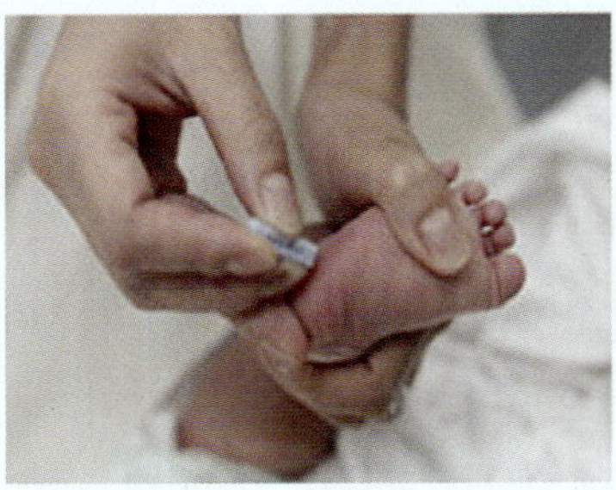

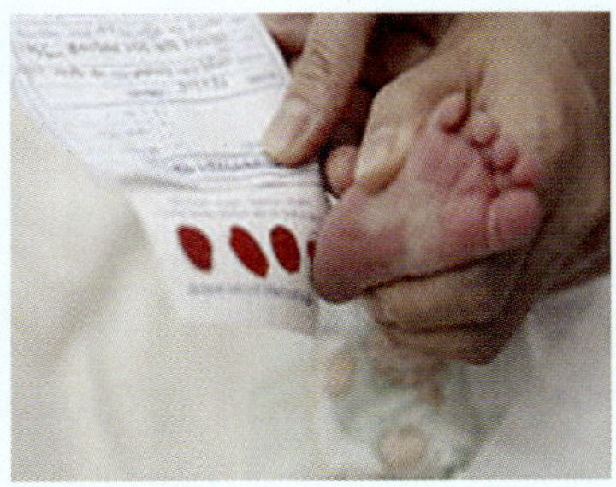

• 선천성 대사장애 검사항목

Tandem mass 검사법을 이용한 50여 종 검사		
아미노대사이상 질환	유기산대사이상 질환	지방산대사이상 질환
Phenylketonuria	Propionic Acidemia	Carnitine Uptake Defect
Hyperphenylalaninemia	Methylmalonic Acidemia	Carnitine Palmitoyl Transferase Type I Deficiency
Defects of Biopterin Cofactor Biosynthesis	Methylmalonic Acidemia, Vit. B_{12} responsive	Short Chain Acyl CoA Dehydrogenase Deficiency
Defects of Biopterin Cofactor B Regeneration	Methylmalonic Acidemia, with Homocystinuria	Short Chain Hydroxy Acyl CoA Dehydrogenase Deficiency
Tyrosinemia Type I	Malonic Aciduria	Medium Chain Acyl CoA Thiolase Deficiency
Tyrosinemia Type II	Ethylmalonic Aciduria	Medium Chain Ketoacyl CoA Thiolase Deficiency
Tyrosinemia Type III	Isovaleric Aciduria	Multiple Acyl CoA Dehydrogenase Deficiency(GA II)
Neonatal tyrosinemia	2-Methylbutyryl CoA Dehydrogenase Deficiency	2, 4- Dienoyl CoA Reductase Deficiency
Maple Syrup Urine Disease	3-Methylbutyryl CoA Dehydrogenase Deficiency	Very Long Chain Acyl CoA Dehydrogenase Deficiency
Hypervalinemia	Multiple Carboxylase Deficiency	Mitochondria Trifunctional Protein Deficiency 등
Homocystinuria 등	3-Methylglutaconic aciduria 등	
Tandem mass 이외 검사법으로 실시하는 질환		
갈락토오스혈증	갑상선기능저하증	선천성부신과형성증

표 14-1 | 선천성 대사장애의 주요 증상

신경학적 증상	위장관 증상
포유 곤란(dystithia) 무기력 근육긴장조절장애 (근육긴장항진증 또는 근육긴장저하증) 반사 소실 경련 학습장애 행동장애	수유 곤란 구토 설사 역류
호흡기 증상	**장기 기능장애**
과다 호흡 호흡기능 상실 빠른 호흡 무호흡	간 비대 간 기능장애 심장 비대 심근병증
기타 증상	
비정상적인 냄새 비정상적인 머리카락 자해 혈뇨 조화운동 불능(ataxia) 근육병증	신결석 수정체 편위(ectopia lentis) 각막 혼탁 관절염 근육긴장이상증 경화증(cirrhosis)

출처: Nelms and Sucher, Nutrition therapy and pathophysiology, 4th edition, Cengage Learning, 2019

3. 페닐케톤뇨증

페닐케톤뇨증phenylketonuria, PKU은 주로 백인에게 발병하는 것으로 알려져 있고, 전 세계적으로 15,000명당 1명의 발병률을 가지며, 한국인의 경우 7만 명 신생아당 1명에게 발병하는 것으로 알려져 있다.

1) 원인

페닐케톤뇨증은 페닐알라닌 수산화효소phenylalanine hydroxylase의 결핍 또는 불활성화로 인한 질환이다[그림 14-1]. 페닐알라닌은 티로신으로 대사되는데, 페닐케톤뇨증에서는 페닐알라닌이 티로신으로 전환되지 않아 페닐알라닌의 체내 축적이 증가하고 티로신 농도는 감소한다. 페닐알라닌 수산화효소뿐만 아니라 dihydropteridineH_2 biopterin을 tetrahydropteridineH_4 biopterin으로 전환시키는 효소인 dihydropteridine reductase의 선천적 결함이 페닐케톤뇨증의 원인이 될 수 있다. Tetrahydropteridine은 페닐알라닌 수산화효소의 보조인자cofactor이고, 페닐케톤뇨증 환자의 혈중 페닐알라닌 농도를 낮추기 위한 약물치료방법으로 사용되기도 한다. 페닐케톤뇨증에서는 페닐알라닌 이외에도 phenylpyruvate, phenylethylamine, phenyllactate, phenylacetate의 체내 축적이 증가하게 된다[그림 14-1].

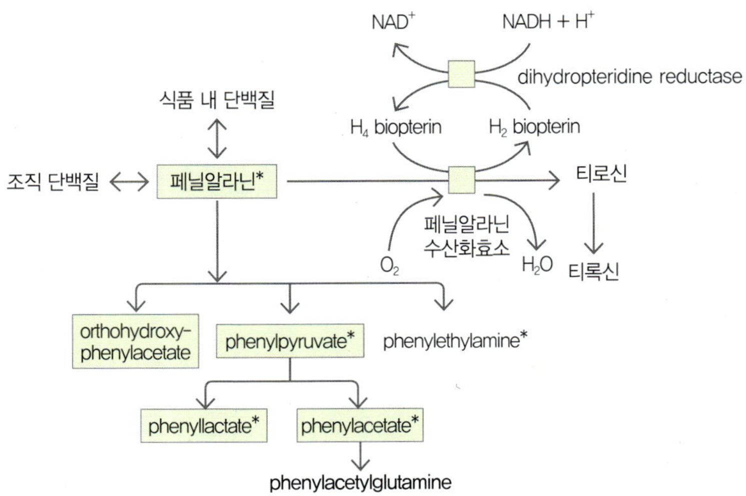

그림 14-1 | 페닐케톤뇨증의 대사 변화

* : 페닐케톤뇨증에서 증가, □ : 페닐케톤뇨증에서 유전적 결함을 가지는 효소
출처: Nelms and Sucher, Nutrition therapy and pathophysiology, 4th edition, Cengage Learning, 2019

2) 증상

식사 섭취 후 혈중 페닐알라닌 농도가 6~10 mg/dL(360~600 μmol/L) 이상, 혈중 티로신 농도가 3 mg/dL(165 μmol/L) 이하인 경우 페닐케톤뇨증으로 진단한다. 페닐케톤뇨증의 증상은 금발머리, 창백한 피부, 경련, 성장과 발달 부진, 정신지체(IQ 25~50) 등이다.

3) 식사요법

페닐케톤뇨증 식사요법의 목적은 저페닐알라닌 식사 섭취를 통해 체조직의 분해를 방지하면서 정상적인 성장과 발육을 돕는 것이다. 식사요법을 통하여 혈중 페닐알라닌 농도를 1~6 mg/dL(60~360 μmol/L) 수준으로 유지하도록 한다. 페닐알라닌이 소량 함유된 식품(당질 위주의 식품, 채소, 과일, 기름 등)을 섭취하고, 무페닐알라닌분유, 저페닐알라닌분유, 저단백밥을 사용할 수 있다. 보건소에 등록하여 관리하는 경우 〈표 14-2〉와 같이 각 선천성 대사장애 식사요법에 필요한 분유를 지원받을 수 있다.

페닐케톤뇨증 환자를 위해 개발된 특수분유들의 경우 페닐알라닌 함량은 거의 없거나 매우 낮은 반면, 티로신 함량은 다른 분유와 비교하여 높아 페닐케톤뇨증 환자에게 부족되기 쉬운 티로신 공급에 도움이 된다.

생후 초기에는 페닐알라닌 섭취를 엄격하게 제한하더라도 이후 성장단계에서 페닐알라닌 섭취량이 필요량보다 지나치게 적으면 발육장애, 빈혈, 저단백혈증 등의 증상이 나타날 수 있다. 따라서 성장하면서 혈중 페닐알라닌 농도를 측정하여 페닐알라닌 결핍과 과잉을 예방할 수 있도록 하고, 필요하다면 페닐케톤뇨증 환자용 특수분유와 일반 분유를 적절하게 혼합하여 섭취하는 것이 성장 및 발달에 도움이 된다.

페닐케톤뇨증 환자를 위한 영양권장량은 〈표 14-3〉과 같다.

표 14-2 | 선천성 대사장애 질환별 분유지원표

구분	질환명	질병코드	분유명	용량(g)	비 고
선천성 대사장애 질환	페닐케톤뇨증	E70.0	PKU-1	450	
			PKU-2	450	
			PK AID-4	500	
	단풍당뇨증	E71.0	BCAA	450	
			케토넥스-1	400	
			케토넥스-2	400	
	호모시스틴뇨증	E72.1	메치오닌-1	450	
			메치오닌-2	450	
	갈락토오스혈증	E74.2	베이비웰소이	400	
	이소발레릭산혈증	E71.1	루신프리	450	
	프로피온산혈증 메틸말론산혈증	E71.1	MPA-1	450	
			MPA-2	450	
			프로피멕스-2	400	
	요소회로대사장애 (아르기닌혈증 시트룰린혈증 등)	E72.2	UCD-1	450	
			UCD-2	450	
			사이클리넥스	400	
	글루타릭산뇨증	E72.3	글루타렉스-1	400	
			글루타렉스-2	400	
	고글라이신혈증	E72.5	NKH	400	
	타이로신혈증	E70.2	TYR	400	
	고칼슘혈증	E83.5	칼실로XD	375	
	지방산대사장애	E71.3	MCT	350	2019년 추가 지원
	-	-	프로테인	450	단백질 제한 시 (UCD, MPA 등과 함께 복용)
	-	-	프로비민	150	
	-	-	프로프리	400	

구분	질환명	질병코드	분유명	용량(g)	비 고
희귀 난치성 질환	크론병	K50	엘리멘탈028	100	
			모노웰	87	
	단장증후군	K91.2	네오케이트	400	1세 이전
			HA	400	1세 이전
			엘리멘탈028	100	1세 이후
			모노웰	87	1세 이후
	담도폐쇄증	Q44.2	MCT	350	2019년 추가 지원
	장림프관확장증	I89.0			

출처: 보건복지부

표 14-3 | 페닐케톤뇨증 환자를 위한 영양권장량

연령	페닐알라닌 (mg/kg)	티로신 (mg/kg)	단백질 (g/kg)	에너지 (kcal/kg)	수분 (mL/kg)
0~3개월	25~70	300~350	3.0~3.5	120(95~145)	135~160
3~6개월	20~45	300~350	3.0~3.5	120(95~145)	130~160
6~9개월	15~35	250~300	2.5~3.0	110(80~135)	125~145
9~12개월	10~35	250~300	2.5~3.0	105(80~135)	120~135
연령	**페닐알라닌 (mg/day)**	**티로신 (g/day)**	**단백질 (g/day)**	**에너지 (kcal/day)**	**수분 (mL/day)**
1~4세	200~400	1.72~3.00	≧ 30	1,300(900~1,800)	900~1,800
4~7세	210~450	2.25~3.50	≧ 35	1,700(1,300~2,300)	1,300~2,300
7~11세	220~500	2.55~4.00	≧ 40	2,400(1,650~3,300)	1,650~3,300
여성					
11~15세	250~750	3.45~5.00	≧ 50	2,200(1,500~3,000)	1,500~3,000
15~19세	230~700	3.45~5.00	≧ 55	2,100(1,200~3,000)	1,200~3,000
19세 이상	220~700	3.75~5.00	≧ 60	2,100(1,400~2,500)	2,100~2,500

연령	페닐알라닌 (mg/day)	티로신 (g/day)	단백질 (g/day)	에너지 (kcal/day)	수분 (mL/day)
남성					
11~15세 15~19세 19세 이상	225~900 295~1100 290~1200	3.38~5.50 4.42~6.50 4.35~6.50	≥ 55 ≥ 65 ≥ 70	2,700(2,000~3,700) 2,800(2,100~3,900) 2,900(2,000~3,300)	2,000~3,700 2,100~3,900 2,000~3,300

출처: Nelms and Sucher, Nutrition therapy and pathophysiology, 3rd edition, Cengage Learning, 2015

4. 단풍당밀뇨증

단풍당밀뇨증maple syrup urine disease, MSUD은 곁가지 아미노산(류신, 이소류신, 발린)의 대사장애이고, 전 세계적으로 200,000명당 1명의 발병률을 가지는 것으로 알려져 있다.

1) 원인

단풍당밀뇨증은 곁가지 알파케토산 탈수소효소 복합체branched-chain alpha-keto acid dehydrogenase complex, BCKDC의 유전적 결함으로 인한 곁가지 케토산뇨증branched-chain ketoaciduria이다[그림 14-2].

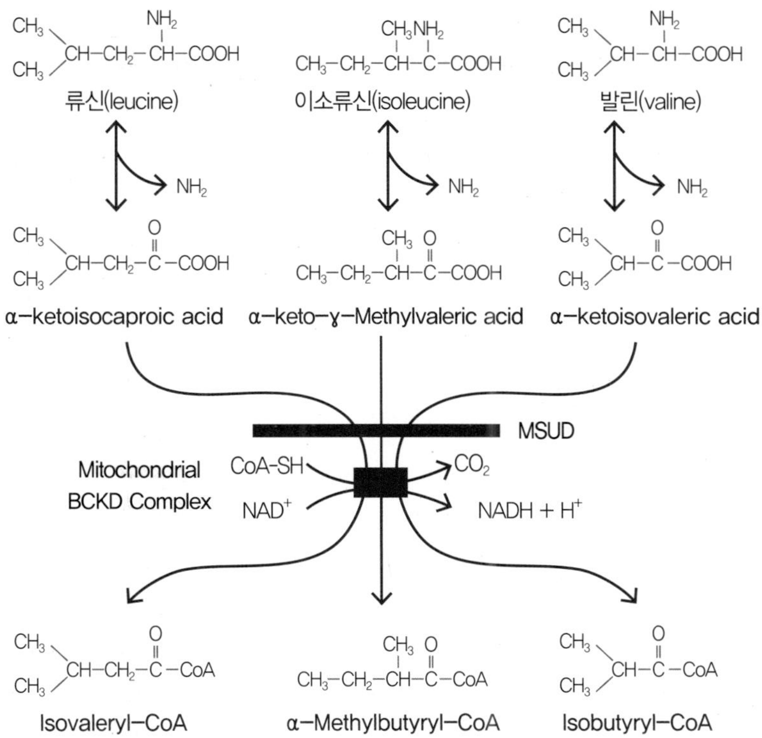

그림 14-2 | 곁가지 아미노산의 대사와 단풍당밀뇨증(MSUD)

2) 증상

곁가지 아미노산의 대사장애로 인해 혈중 곁가지 아미노산과 곁가지 알파케토산이 증가하고 요로 다량 배설되어 특유의 단풍시럽 향이 난다. 주요 증상은 식욕감퇴, 수유곤란, 구토, 호흡곤란, 무기력, 경련, 요에서 단풍시럽 향이 남, 성장과 발육부진 등이다. 요에서 단풍시럽 향이 나면 복막투석 또는 교환 수혈을 실시한다. 생후 초기에 치료가 되지 않으면 대사성 산증, 저혈당, 신경계 손상, 혼수, 사망이 발생한다.

3) 식사요법

단풍당밀뇨증 식사요법의 목적은 곁가지 아미노산 섭취를 제한하여 이의 혈중 농도를 정상으로 유지하는 것으로 혈청 류신의 농도를 2~5 mg/dL로 유지하도록 한다. 정상적인 성장과 발육을 위해 충분한 열량과 단백질, 무기질, 비타민을 공급하도록 하고, 특히 단백질 요구량 충족을 위해 곁가지 아미노산을 제거한 특수분유를 제공한다〈표 14-2〉. 정상적인 성장과 발달을 위해 생후 1년 이후부터 곁가지 아미노산 제거 특수분유와 다른 일반 분유를 혼합하여 제공한다.

5. 티로신혈증

티로신혈증tyrosinemia은 티로신 분해효소의 유전적 결함으로 인해 티로신을 분해하지 못하므로 티로신과 티로신 대사산물의 혈중 농도가 증가하여 간, 중추신경계, 신장 등에 축적되는 대사장애이다. 전 세계적으로 1형 티로신혈증은 약 10만 명 당 1명, 2형 티로신혈증은 약 25만 명당 1명의 발병률을 가지고, 3형 티로신혈증은 매우 드문 것으로 알려져 있다.

1) 원인

티로신혈증은 티로신 대사에 관여하는 효소의 유전적 결함으로 인해 발생하는데, 결함을 가진 효소의 종류에 따라 3가지 유형으로 나누어진다[그림 14-3].

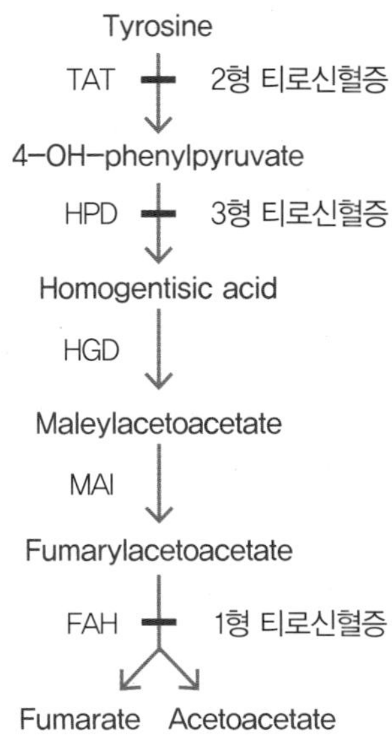

그림 14-3 | 티로신의 대사 경로와 티로신혈증의 유형

FAH, fumarylacetoacetate hydrolase; HGD, homogentisate 1,2-dioxygenase; HPD, 4-hydroxyphenylpyruvate dioxygenase; MAI, maleylacetoacetate isomerase; TAT, tyrosine aminotransferase.

① 1형 티로신혈증

1형 티로신혈증은 티로신 대사의 마지막 단계에 필요한 효소인 푸마릴아세토아세테이트 하이드로라아제fumarylacetoacetate hydrolase: FAH의 유전적 결함에 의한 대사장애이다. 일반적으로 출생 직후 발병한다.

② 2형 티로신혈증

2형 티로신혈증은 티로신 대사의 첫 번째 단계에 필요한 티로신 아미노전이효소tyrosine aminotransferase의 유전적 결함에 의한 대사장애이다. 일반적으로 2~4세 전후에 발병한다.

③ 3형 티로신혈증

3형 티로신혈증은 티로신 대사에 필요한 4-하이드록시페닐피루베이트 디옥시

제나제4-hydroxyphenylpyruvate dioxygenase의 유전적 결함에 의한 대사장애이고, 다른 유형의 티로신혈증과 비교하여 매우 드물게 발병한다.

2) 증상

① 1형 티로신혈증은 출생 직후 증상이 나타나고, 바로 치료하지 않으면 생후 1년 이내에 사망할 수 있다. 다른 유형의 티로신혈증과 비교하여 심각한 증상을 보이고, 주로 간과 신장에 독성물질인 푸마릴아세토아세테이트가 과도하게 축적된다. 간기능이 저하되고 간경화로 진행되며, 심한 경우 간 기능 부전이 발생한다. 신장에서는 세뇨관에서의 재흡수가 제대로 되지 않아 소변량이 증가하고 체내 수분 및 전해질 부족으로 구토, 발열, 탈수가 나타날 수 있다. 또한 혈중 티로신, 페닐알라닌, 메티오닌 농도가 증가하는데, 특히 비타민 C가 결핍되어 있고, 고단백 식사를 하며, 간 기능이 충분히 성숙하지 못한 경우 체내 티로신 축적이 보다 심해진다.

② 2형 티로신혈증은 주로 눈과 피부에 증상이 나타난다. 과도하게 눈물이 나오고 눈부심이 심하며 눈의 통증과 충혈이 심해진다. 또한 손바닥과 발바닥 부위에 통증을 수반하는 피부 병변이 생긴다. 적절하게 치료되지 않으면 정신지체가 나타난다.

③ 3형 티로신혈증의 증상은 발작, 간헐적 운동실조ataxia, 정신지체 등이다.

3) 식사요법

티로신혈증의 식사요법은 식사 중 페닐알라닌과 티로신을 제한하는 것이다. 적절한 식사 관리를 위해 주기적으로 혈중 아미노산 농도를 분석하고, 혈중 아미노산 농도와 신체 성장 수준에 따라 식사 중 아미노산 함량을 조정한다. 1형 티로신혈증의 경우 종종 혈중 메티오닌 농도가 높은데, 이 경우 식사 중 메티오닌 함량을 제한한다.

6. 갈락토오스혈증

갈락토오스혈증galactosemia은 갈락토오스 대사에 관여하는 효소의 유전적 결함으로 인해 갈락토오스를 포도당으로 분해하지 못하는 대사 이상이다. 전 세계적으로 50,000명당 1명의 발병률을 가지는 것으로 알려져 있다.

1) 원인

갈락토오스혈증은 갈락토오스 대사에 관여하는 효소의 유전적 결함으로 인해 발생하고, 결함을 가진 효소의 종류에 따라 3가지 유형으로 나누어진다[그림 14-4].

- 1형 갈락토오스혈증: galactose-1-phosphate uridylyl transferase의 유전적 결함
- 2형 갈락토오스혈증: galactokinase의 유전적 결함
- 3형 갈락토오스혈증: uridine diphosphate(UDP) galactose epimerase(UDP-glucose 4-epimerase)의 유전적 결함

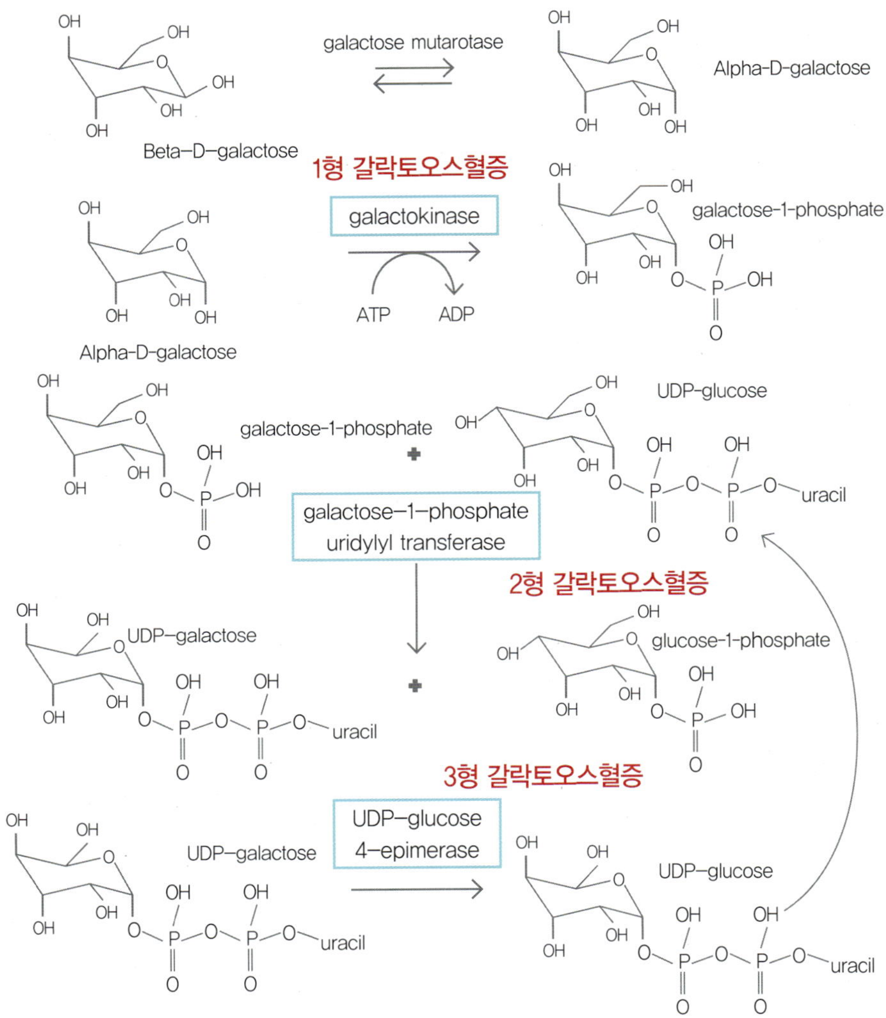

그림 14-4 | 갈락토오스의 대사 경로와 갈락토오스혈증의 유형

2) 증상

갈락토오스혈증의 증상은 구토, 설사, 수유곤란, 식욕감소, 백내장, 간과 비장 비대, 황달, 간기능부전, 패혈증, 성장과 발육부진, 정신지체 등이다.

3) 식사요법

갈락토오스혈증의 식사요법은 식사 중 갈락토오스 섭취를 제한하는 것이다. 갈락토오스 함유 식품은 모유, 우유, 요구르트, 치즈, 아이스크림 등인데, 이들의 섭취를 제한하고 대신 갈락토오스가 함유되어 있지 않은 대체식품(두유, 카제인 가수분해물 등)을 섭취하도록 한다〈표 14-4〉. 또는 콩을 주원료로 한 분유soy formula, 저알레르기 분유hypoallergenic formula를 사용한다〈표 14-2〉.

표 14-4 | 갈락토오스혈증 식사요법을 위한 식품 선택

허용식품	제한식품
과일, 채소, 육류, 생선, 난류, 견과류 유제품을 재료로 사용하지 않은 빵류/곡류/유지류	우유, 크림, 버터, 치즈, 요구르트, 아이스크림, 모유, 밀크초콜릿

7. 당원병

당원병glycogen storage disease, GSD은 글리코겐 대사에 관여하는 효소의 유전적 결함으로 인해 글리코겐을 포도당으로 대사하지 못하는 당원 축적병이고, 60,000명 신생아당 1명의 발병률을 가진다.

1) 원인

당원병은 글리코겐 대사에 관여하는 효소의 유전적 결함으로 인해 발생하고, 결함을 가진 효소의 종류에 따라 8가지 유형으로 나누어진다〈표 14-5〉.

2) 증상

당원병의 주요 증상은 저혈당, 간 비대, 젖산산증, 고지혈증, 요산 증가, 골다공증, 성장 부진 등이고, 각 유형별 증상은 〈표 14–5〉와 같다. 1형 당원병의 경우 glucose–6–phosphatase의 결함으로 인해 글리코겐이 포도당으로 대사되지 않아 저혈당이 발생한다. 대신 다른 경로로 대사가 활성화되어 체내 요산, 젖산, 알라닌, 지질 생성이 증가하여 고요산혈증, 젖산산증, 고알라닌혈증, 고지혈증 등의 증상이 나타난다[그림 14–5].

표 14–5 | 당원병의 유형

유형	선천적 결함을 가지는 효소	주로 영향받는 조직	증상
1형	glucose–6–phosphatase	간, 신장, 소장	저혈당, 간 비대, 젖산산증, 고지혈증, 고요산혈증, 성장부진, 골다공증
2형	lysosomal acid alpha–glucosidase	대부분의 조직: 특히 근육	심장 비대, 근육긴장저하증
3형	glycogen debranching enzyme	간, 근육	간 비대, 저혈당, 1형과 유사
4형	branching enzyme	간, 백혈구, 섬유모세포(fibroblast)	간경화, 간–비장 비대, 성장장애, 복수
5형	muscle phosphorylase	근육	쉽게 피로해짐, 격렬한 운동 이후 통증을 수반하는 경련, 미오글로빈뇨
6형	liver phosphorylase	간, 백혈구	가벼운 정도의 간 비대, 저혈당, 고지혈증, 성장 지체
7형	muscle phosphofructokinase	근육	쉽게 피로해짐, 격렬한 운동 이후 통증을 수반하는 경련, 미오글로빈뇨, 퇴행성 뇌 질환
9형	phosphorylase kinase의 4개의 subunit 중 하나	간, 근육	가벼운 정도의 간 비대/저혈당, 고지혈증, 성장 지체

출처: Nelms and Sucher, Nutrition therapy and pathophysiology, 4th edition, Cengage Learning, 2019

3) 식사요법

당원병 식사요법의 목적은 정상 범위의 혈중 포도당 농도를 유지하여 저혈당을 예방하는 것이고, 이를 위해 포도당 급원을 제공한다. 주로 찬물과 혼합한 옥수수전분, 복합당질과 저지방 식사 섭취가 저혈당 예방을 위해 도움이 된다. 경구 옥수수전분 섭취로 충분하지 않으면, 특히 밤 시간 동안 저혈당 예방을 위해 경관 급식의 방법으로 포도당 중합체를 제공하기도 한다. 옥수수전분 제공량은 개별화해야 하는데, 1형 당원병을 가진 어린이들에게는 1.6~2.5 g/kg의 옥수수전분을 4~6시간 간격으로 제공하는 것이 효과적이다. 당원병 식사요법으로 옥수수전분을 주로 섭취하는 경우 옥수수전분이 철분 흡수를 억제하므로 철분 보충이 필요하다.

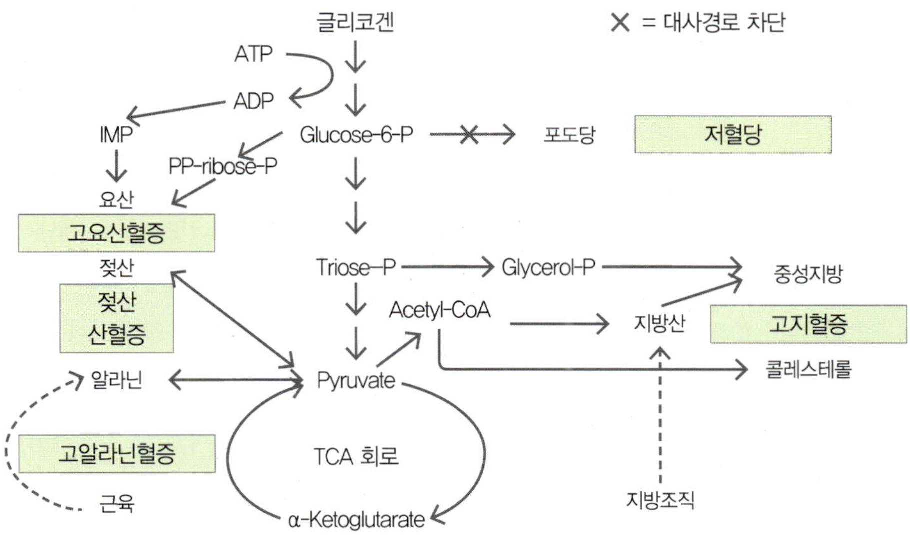

그림 14-5 | Type 1 당원병의 대사 변화(IMP, inosine monophosphate)

출처: Nelms and Sucher, Nutrition therapy and pathophysiology, 4th edition, Cengage Learning, 2019

8. 윌슨병

윌슨병Wilson disease, WD은 구리의 과도한 체내 축적으로 인한 간렌즈핵변성hepatolenticular degeneration을 특징으로 하는 유전 질환이다. 이의 발병률은 40,000명당 1명인 것으로 보고되었다.

1) 원인

윌슨병은 구리 운반 단백질인 ATP7B의 유전자 이상으로 인해 구리가 체외로 배설되지 못하고 체내 조직에 과도하게 축적되는 선천성 대사장애이다.

2) 증상

일반적으로 구리-알부민 결합체의 형태로 간으로 운반된 구리의 90%가 구리 결합 단백질인 세룰로플라즈민ceruloplasmin 생성에 사용되는데, 윌슨병에서는 체내 구리가 세룰로플라즈민 생성에 사용되지 못하고 조직에 과도하게 침착된다.

증상은 5~40세 사이에 나타나는데, 초기 증상은 집중시간 단축, 불분명한 발음, 우울증 등이다. 신경학적 증상의 3가지 유형은 근육긴장이상 증후군, 실조성ataxic 증후군, 파킨슨 증후군이다. 조기에 진단 및 치료되지 않으면 조직에 구리가 과도하게 침착되어 조직 경화, 문맥 고혈압, 복수, 정맥류 출혈, 신경 손상, 콩팥/뇌/각막 등의 조직 손상을 일으키고 종종 30세 이전에 사망한다.

3) 식사요법

윌슨병의 치료는 주로 구리 킬레이트제chelating agent를 우선적으로 적용하는 것인데, 손상된 간세포를 대체하는 간 이식이 최상의 치료법이 될 수 있다.

윌슨병에서 식사요법의 목적은 구리 섭취 제한으로 정상 수준의 혈중 구리 농도를 유지하는 것이다.

- 일반 식사는 하루 2~5 mg의 구리를 포함하는데, 윌슨병 환자에게는 하루 1~2 mg 수준의 구리를 포함한 식사를 제공한다. 구리의 급원식품은 간, 내장육, 조개, 견과류, 말린 과일, 말린 콩, 버섯, 초콜릿, 가금류, 전곡류 등인데 이들의 섭취를 제한한다.
- 수분 섭취를 증가시킨다. 단, 알코올 음료 섭취는 제한한다.
- 과량의 아연이 구리 흡수를 억제시키므로 아연의 섭취를 증가시키는 것이 도움이 될 수 있다.

정리하기

1 선천성 대사장애는 특정 효소의 유전적 결함으로 인한 특정 영양소 대사 이상이다. 최근 기술의 발달로 인해 보다 정확한 진단이 가능해졌고, 조기에 발견하면 문제가 되는 전구물질 또는 영양소의 섭취 제한을 포함한 적절한 영양관리에 의해 성장 및 발달 부진, 정신지체 등의 심각한 문제 발생을 막을 수 있다.

2 페닐케톤뇨증은 페닐알라닌 수산화효소의 결핍 또는 불활성화에 의해 체내 페닐알라닌이 과도하게 축적되는 질환이다. 저페닐알라닌 식사를 섭취해야 하고, 성장에 따라 식사로부터의 페닐알라닌 허용량이 증가한다. 일반적으로 페닐케톤뇨증 환자용 특수분유(무페닐알라닌분유, 저페닐알라닌분유)와 저단백밥을 사용한다.

3 단풍당밀뇨증은 곁가지 아미노산의 대상 이상으로 체내 곁가지 아미노산과 곁가지 알파케토산이 과도하게 증가하는 질환이다. 곁가지 아미노산 함량이 낮은 식사를 섭취해야 하고, 곁가지 아미노산을 제거한 특수분유를 사용한다.

4 티로신혈증은 티로신 분해효소의 유전적 결함으로 인해 티로신과 티로신 대사산물의 혈중 농도가 증가하는 질환이다. 페닐알라닌과 티로신 함량이 낮은 식사를 섭취하도록 한다.

5 갈락토오스혈증은 갈락토오스 대사효소의 유전적 결함으로 인해 체내 갈락토오스 농도가 과도하게 증가하는 질환이다. 갈락토오스 제한 식사를 적용하고, 갈락토오스가 들어있지 않은 대체식품(두유, 카제인 가수분해물 등)을 활용하며, 콩을 주원료로 한 분유, 저알레르기분유를 사용한다.

6 당원병은 글리코겐 대사효소의 유전적 결함으로 인해 글리코겐이 정상적으로 대사되지 않고 다른 경로로의 대사가 활성화되는 질환으로 저혈당, 고요산혈증, 젖산산증, 고알라닌혈증, 고지혈증 등이 발생한다. 특히 1형 당원병의 경우 옥수수전분 등의 복합당질과 저지방 식사를 섭취하도록 한다.

7 윌슨병은 구리 운반 단백질의 유전자 이상으로 인해 체내 조직에 구리가 과도하게 축적되는 질환이다. 구리 섭취를 제한하도록 하고, 구리 킬레이트제를 적용한다.

●●● 참고문헌

1장

Clinical Nutrition(2003). 22(4): 415~421 ESPEN Guidelines for Nutrition Screening 2002.

Elia M. Screening for malnutrition: a multidisciplinary responsibility. Development and use of the 'Malnutrition Universal Screening Tool'('MUST') for adults. MAG, a Standing Committee of BAPEN(ISBN 1899467 70 X) 2003.

Gazzotti C, Albert A, Pepinster A et al. Clinical usefulness of the mini nutritional assessment(MNA) scale in geriatric medicine. J Nutr Health Aging 2000;4: 176~181.

Lacey K and Pritchett E. Nutrition Care Process and Model: ADA adopts road map to quality care and outcomes management. J Am Diet Assoc. 2003;103: 1061~1072.

대한영양사협회(2011). 국제임상양표준용어지침서(번역서). International Dietetics & Nutrition Terminology(IDNT) Reference manual :Standard Language for the Nutrition Care Process 2nd ADA.

보건복지부, 한국영양학회. 2020 한국인 영양섭취기준.

서정숙. 질병별 임상영양치료를 위한 직무표준. 국민영양. 2015 9~10월호.

한국영양교육평가원. 임상영양 실습 지침서. 2018.

2장

Abdul Jabbar 등(2003). Gut Immunology and the Differential Response to Feeding and Starvation. Nutrition in Clinical Practice 18(6): 461~482.

Andrew Ukleja 등(2010). Standards for Nutrition Support: Adult Hospitalized Patients. Nutrition in Clinical Practice 25(4): 403~414.

Andrew Ukleja 등(2018). Standards for Nutrition Support: Adult Hospitalized Patients. Nutrition in Clinical Practice 33(6): 906~920.

Boullata J 등(2009). Drug administration through an enteral feeding tube: the rationale behind the guidelines. Am J Nurs. 109(10): 34~42.

Britta Brown 등(2015). Enteral Nutrition Formula Selection: Current Evidence. and Implications for Practice. Nutrition in Clinical Practice 30(1): 72~85.

Brown B 등(2015). Enteral nutrition formula selection: Current evidence and implications for practice. Nutr Clin Pract. 30(1): 72~85.

Chales 등(2017). The ASPEN adult nutrition support core curriculum third edition. A.S.P.E.N.

Edes TE 등(1990). Dairrhea in tube fed patients: feeding formula is not necessarily the cause. American journal of medicine. 88: 91~93.

Kohn CL 등(1991). The relationship between enteral formula contamination and length of enteral delivery set usage. J Parentera and enteral nutrition. 15: 567~571.

Marcia Nelms 등(2011). Nutrition therapy and pathophysiology 2nd edition, Brooks Cole.

McClave SA 등(2002). North American summit on asipration int he critically ill patients:consensus statement. J Parenteral Enteral Nutr. 26(6suppl): S80~S85.

McClave SA 등(2005). Poor validity of residual volumes as a marker for risk of aspiration in critically ill patients. Crit Care Med. 33(2): 324~330.

Metheny N 등(2006). Tracheobronchial aspiration of gastric contents in critically ill tube-fed patients:frequency, outcomes and risk factors. CCM. 34(4): 1007~1015.

Mondell 등(2015). Cancer cachexia syndrome: pathogenesis, diagnosis, and new therapeutic options. Nutrition and Cancer 67(1): 12~26.

Patel U 등(2009). Acute respiratory failure due to refeeding syndrome and hypophosphatemia induced by hypocaloric enteral nutrition. Nutrition. 25: 364~367.

Rosa Burgos 등(2018). ESPEN guideline clinical nutrition in neurology. Clinical Nutrition 37: 354~396.

Ross, A. Catharine 등(2014). Modern Nutrition in Health and Disease, 11th edition.

Sacks GS 등(2005). Parenteral nutrition implementation and management. The ASPEN Nutrition Support Practice Manual. 2nd edition, American Society for Parenteral and Enteral Nutrition. 108~117.

Stephen A 등(2002). North American Summit on Aspiration in the Critically Ill Patient: Consensus Statement. Journal of Parenteral and Enteral Nutrition 26(6S): S80~S85.

Utpal Patel 등(2009). Acute respiratory failure due to refeeding syndrome and hypophosphatemia induced by hypocaloric enteral nutrition. Nutrition 25: 364~367.

Wall~Alonso E 등(2003). Gastrointestinal and pancreatic disease. Contemporary Nutrition

Support Practice: A clinical guide. 2nd edition, Philadelphia, PA: Saunders. 412~444.

대한당뇨병학회(2010). 당뇨병 식품교환표 활용지침 제3판. https://www.diabetes.or.kr/general/food/sub02.php?idx=3)

식품의약품안전처(2016). 약과 음식 상호작용을 피하는 복약안내서.

식품의약품안전처(2018). 보건의료전문가를 위한 환자용 식품 선택 정보집.

이호선, 경장영양액의 선택. 한국정맥경장영양학회지 제3권 제1호, 2010.

3장

DeBruyne et al. Nutrition & Diet therapy, 9th edition, Cengage Learning. 2016.

Escott-Stump et al. Nutrition and Diagnosis-Related care, 8th edition, Wolters Kluwer.

Fahey et al(2013). Urease from Helicobacter pylori is inactivated by sulforaphane and other isothiocyanates. Biochem Biophys Res Commun. 435: 1~7.

Kim JM et al(2013). Anthocyanins from black soybean inhibit Helicobacter pylori-induced inflammation in human gastric epithelial AGS cells. Microbiol Immunol. 57: 366~373.

Shanks AM and El-Omar E(2009). Helicobacter pylori infection, host genetics and gastric cancer. Journal of digestive disease 10: 157~164.

Silverthorn DU(2013). Human Physiology, the integrated approach. Pearson Education Inc.

민혜선 외(2015). 인체생리학. 양서원.

보건복지부. 보도자료: 속 불편한 한국인...5명 중 1명, 1,000만 명이 소화계통 질환 경험(2016. 02. 27.) http://www.mohw.go.kr/react/al/sal0301vw.jsp?PAR_MENU_ID=04&MENU_ID=0403&CONT_SEQ=329927&page=1(last accessed 2020.10)

이연숙 외(2017). 이해하기 쉬운 인체생리학. 파워북.

임경숙 외(2014). 임상영양학. 교문사.

장유경 외(2016). 이해하기 쉬운 임상영양관리 및 실습. 파워북.

정혜경 외(2011). 우리나라 소화기질환 환자의 질병비용 추계. Korean Journal of Gastroenterology. 58(6): 323~331.

4장

Clarke G et al(2012). Probiotics for the treatment of irritable bowel syndrome-focus on lactic acid bacteria. Alimentary Pharmacology and Therapeutics. 35: 403~413.

DeBruyne, Pinna and Whitney. Nutrition and Diet Therapy, 9th edition, Cengage Learning.

Escott-Stump et al. Nutrition and Diagnosis-Related care, 8th edition, Wolters Kluwer.

Moayyedi P et al(2010). The efficacy of probiotics in the treatment of irritable bowel syndrome: A systematic review. Gut 59: 325~332.

Ruepert L et al(2011). Bulking agents, antispasmodics and antidepressants for the treatment of irritable bowel syndrome. Cochrane Database of systemic reviews. 8, article no. CD003460, doi: 10.1002/14651858. CD003460.pub3.

Sanders ME et al(2013). An update on the use and investigation of probiotics in health and disease. Gut 62: 787~796.

Silverthorn DU(2013). Human Physiology, the integrated approach. Pearson Education Inc.

민혜선 외(2015). 인체생리학. 양서원.

이연숙 외(2017). 이해하기 쉬운 인체생리학. 파워북.

임경숙 외(2014). 임상영양학. 교문사.

장유경 외(2016). 이해하기 쉬운 임상영양관리 및 실습. 파워북.

정혜경 외(2011). 우리나라 소화기질환 환자의 질병비용 추계. Korean Journal of Gastroenterology. 58(6): 323~331.

5장

대한간암학회-국립암센터(2014). 간세포암종 진료 가이드라인.

대한간학회(2013). 비알코올 지방간질환 진료 가이드라인.

대한간학회(2013). 알코올 간질환 진료 가이드라인.

대한간학회(2017). C형간염 진료 가이드라인: 만성 C형간염의 치료.

대한간학회(2017). 간경변증 진료 가이드라인: 복수 및 관련 합병증.

대한간학회(2018). 만성 B형간염 진료 가이드라인.

대한종양외과학회 http://www.koreansso.org/general/general01_6

대한췌담도학회. 급성췌장염 진로 가이드라인.

서울대병원 http://www.snuh.org/health/encyclo/view/15/5.do

서울대학교 간연구소. https://liver.snu.ac.kr/

질병관리청 https://health.cdc.go.kr/healthinfo/biz/health/gnrlzHealthInfo/gnrlzHealthInfo/gnrlzHealthInfoView.do?cntnts_sn=4498

후다닥건강 https://m.whodadoc.com/healthInfo/diseaseDic/%EA%B0%84%EA%B2%BD%ED%99%94/contents/view?id=4617

6장

Escott-Stump. Nutrition and Diagnosis-Related Care, 8th edition, LWW, 2015.

Gade W, Schmit J, Collins M, Gade J. Beyond obesity: the diagnosis and pathophysiology of metabolic syndrome. Clin Lab Sci 2010;23: 51~61.

Kootte RS, Vrieze A, Holleman F. Dallinga-Thie GM, Zoetendal EG, de Vos WM, Groen AK, Hoekstra JB, Stroes ES, Nieuwdorp M. The therapeutic potential of manipulating gut microbiota in obesity and type 2 diabetes mellitus. Diabetes Obes Metab 2012;14(2): 112~120.

Lai ZL, Tseng CH, Ho HJ, Cheung CKY, Lin JY, Chen YJ, Cheng FC, Hsu YC, Lin JT, El-Omar EM, Wu CY. Fecal microbiota transplantation confers beneficial metabolic effects of diet and exercise on diet-induced obese mice. Sci Rep 2018;8(1): 15625.

Mahan and Raymond. Krause's Food & the Nutrition Care Process, 14th edition. Saunders, 2016.

Nelms and Sucher. Nutrition therapy and pathophysiology, 4th edition, Cengage Learning, 2019.

Thomas JG, Bond DS, Phelan S, Hill JO, Wing RR. Weight-loss maintenance for 10 years in the National Weight Control Registry. Am J Prev Med 2014;46(1): 17~23.

Turnbaugh PJ, Ley RE, Mahowald MA, Magrini V, Mardis ER, Gordon JI. An obesity-associated gut microbiome with increased capacity for energy harvest. Nature 2006;444(7122): 1027~1031.

대한비만학회(2018). 비만 진료지침.

대한비만학회(2019). Obesity fact sheet.

대한비만학회(2020). Obesity fact sheet.

7장

DeBruyne et al. Nutrition & Diet therapy, 9th edition, Cengage Learning, 2016.

Escott–Stump. Nutrition and Diagnosis–Related Care, 8th edition, LWW, 2015.

International Association of Diabetes and Pregnancy Study Groups Consensus Panel, Metzger BE, Gabbe SG, Persson B, Buchanan TA, Catalano PA, Damm P, Dyer AR, Leiva Ad, Hod M, Kitzmiler JL, Lowe LP, McIntyre HD, Oats JJ, Omori Y, Schmidt MI. International association of diabetes and pregnancy study groups recommendations on the diagnosis and classification of hyperglycemia in pregnancy. Diabetes Care 2010;33: 676~682.

Korea Diabetes Association. Diabetes fact sheet in Korea 2020.

Mahan and Raymond. Krause's Food & the Nutrition Care Process, 14th edition, Saunders, 2016.

Nelms and Suche. Nutrition therapy and pathophysiology, 4th edition, Cengage Learning, 2019.

Sherwood L. Human Physiology: From Cells to Systems. 8th edition. Belmont, CA: Cengage Learning; 2013.

대한당뇨병학회(2010). 당뇨병 식품교환표 활용지침 제3판.

대한당뇨병학회(2019). 당뇨병진료지침 제6판.

8장

대한고혈압학회. 2018 고혈압 진료지침.

대한뇌졸중학회. 뇌졸중 진료지침. 뇌졸중임상연구센터. 2019. https://www.stroke.or.kr:4454/index.html

보건복지부. 제1차 심뇌혈관질환관리 종합계획(2018~2022).

서울대병원 http://www.snuh.org/health/nMedInfo/nView.do?category=DIS&medid=AA000338

식약처 건강기능식품 기능성 평가 가이드('혈압조절에 도움을 줄 수 있음'편). 2019. 06.

심뇌혈관질환 예방과 관리를 위한 9개 생활수칙 http://www.cdc.go.kr/board.es?mid=a20503050000&bid=0021&act=view&list_no=127698&tag=&nPage=10

질병관리본부 http://health.cdc.go.kr/health/HealthInfoArea/HealthInfo/View.do?idx=2140, http://stroke.amc.seoul.kr/asan/depts/stroke/K/content.do?menuId=2186

9장

Garfinkle MA(2017). Salt and essential hypertension: pathophysiology and implications for treatment. J Am Soc Hypertens. Jun;11(6): 385~391.

Garofalo C, Borrelli S, Provenzano M, De Stefano T, Vita C, Chiodini P, Minutolo R, De Nicola L, Conte G(2018). Dietary Salt Restriction in Chronic Kidney Disease: A Meta–Analysis of Randomized Clinical Trials. Nutrients. Jun 6;10(6).

Inker LA, Astor BC, Fox CH, Isakova T, Lash JP, Peralta CA, Kurella Tamura M, Feldman HI(2014). KDOQI US commentary on the 2012 KDIGO clinical practice guideline for the evaluation and management of CKD. Am J Kidney Dis. May;63(5): 713~735.

Lee SW, Kim YS, Kim YH, Chung W, Park SK, Choi KH, Ahn C, Oh KH(2019). Dietary Protein Intake, Protein Energy Wasting, and the Progression of Chronic Kidney Disease: Analysis from the KNOW–CKD Study. Nutrients. Jan 8;11(1).

Mahan, Kathleen & Raymond, Janice. (2017) Krause's food & the nutrition care process 14th.

Nelms, Marcia(2012). Nutrition Therapy and Pathophysiology 2nd, Cengage Learning.

Nelms, Marcia(2017). Medical nutrition therapy : a case study approach 5th, Cengage Learning.

Palevsky PM, Liu KD, Brophy PD, Chawla LS, Parikh CR, Thakar CV, Tolwani AJ, Waikar SS, Weisbord SD(2013). KDOQI US commentary on the 2012 KDIGO clinical practice guideline for acute kidney injury. Am J Kidney Dis. May;61(5): 649~672.

Rhee CM, Ahmadi SF, Kovesdy CP, Kalantar–Zadeh K(2018). Low–protein diet for conservative management of chronic kidney disease: a systematic review and meta–analysis of controlled trials. J Cachexia Sarcopenia Muscle. Apr;9(2): 235~245.

김원경(2012). '당뇨병성 신장질환 환자의 영양관리 사례'국민영양. 대한영양사협회.

대한신장학회(2015). 임상신장학.

대한신장학회(2019. 09) http://www.ksn.or.kr/

대한영양사협회(2005). 영양사가 알려주는 신장질환식 상차림.

대한영양사협회(2008). 임상영양관리지침서 3판.

대한영양사협회. 임상영양사를 위한 질환별 영양관리과정 사례: 만성콩팥병(투석). 국민영양 1–호, 2019.

10장

Andreas I. Constantinou 등(2005). The soy isoflavone daidzein improves the capacity of tamoxifen to prevent mammary tumours. European. Journal of Cancer 41: 647~654.

DeBruyne Pinna Whitney. Nutrition and Diet Therapy 8th edition. Wordworth Cengage Learning.

Juliette Descoeur 등(2010). Oxaliplatin-induced cold hypersensitivity is due to remodelling of ion channel expression in nociceptors. EMBO Mol Med 3: 266~278.

Mondell 등(2015). Cancer cachexia syndrome: pathogenesis, diagnosis, and new therapeutic options. Nutrition and Cancer 67(1): 12~26.

Neela Guha 등(2009). Soy Isoflavones and Risk of Cancer Recurrence in a Cohort of Breast Cancer Survivors: Life After Cancer Epidemiology (LACE) Study. Breast Cancer Res Treat. November;118(2): 395~405. doi:10.1007/s10549-009-0321-5.

Rolfes Pinna Whitney(2018). Understanding normal and clinical nutrition. 11th edition(pp.853), Boston, MA: Cengage Learning.

Zhanna Livshits 등(2014). An Approach to Chemotherapy-Associated Toxicity. Emerg Med Clin N Am 32: 167~203.

대한민국의약정보센터. http://web.kimspoc.co.kr 2020

세계암연구재단, 미국암연구소(2018). 식사, 영양, 신체활동 보고서: 국제적 관점 (Diet, Nutrition, Physical Activity and Cancer: a Global Perspective).

통계청(2019), 2018년 사망원인 통계.

11장

Krause's Food & The nutrition care process(2017) 14th edition, Elsevier.

Mondell 등(2015). Nutrition and Cancer 67(1): 12~26.

Rolfes Pinna Whitney. Understanding normal and clinical nutrition. 11th edition, Cengage Learning.

국민건강영양조사 2013~2017.

12장

2013 Guideline: Nutritional care and support for patients with tuberculosis. WHO.

Escott-Stump(2008). Nutrition and diagnosis related care, 6th edition, Lippincott.

Fox S(2015). Human Physiology 14th edition, New York, McGrow Hills.

Institute of Medicine(2005). Dietary reference intakes for energy, carbohydrate, fiber, fat, fatty acids, cholesterol, protein, and amino acids. Washington, DC: National Academies Press.

Maggini S, Pierre A and Calder PC(2018). Immune function and micronutrient requirements change over the life course, Nutrients, 10, 1531.

Mars S et al(2013). A guide to the nutritional assessment and treatment of the critically ill patient. The American associtation for respiratory care.

Nelms et al. Nutrition theraphy and pathophysiology, 2nd edition.

WHO Technical Consultation on Nutrient Requirements for People Living with HIV/AIDS (2003: Geneva, Switzerland).

Zilaee M and Hosseini SA(2019). Nutritional recommendations in asthmatic patients, IntehOpen DOI: http://dx.doi.org/10.5772/intechopen.86259.

박현서 외. 고급영양학. 효일.

손숙미 외. 임상영양학 3판. 교문사.

식품의약안전처. 약과 음식 상호작용을 피하는 복약안내서.

이명숙 외 편역. 임상영양사를 위한 영양치료 임상영양학. 양서원.

이미숙 외. 임상영양학 개정판. 파워북.

이보경 외. 이해하기 쉬운 임상영양관리 및 실습. 파워북.

이보경 외. 임상영양관리 및 실습 개정판. 파워북.

이종호 외. 임상영양치료를 위한 병태생리학. 교문사.

임현숙 외. 임상영양학. 교문사.

주은정 외. 임상영양학 개정판. 교문사.

13장

Leide da Silva Nunes, F. Calado Ferreira Pinheiro Gadelha, P. Damasceno de Souza Costa, M. Carolina Ribeiro de Amorim, A. C. Bezerra da Silva Mda, G. Nutritional status and its impact on time and relocation in postoperative complications of abdominal patients undergoing surgery. Nutr Hosp. 30(3): 629~635, 2014.

Moreira E, Burghi G, Manzanares W. Update on metabolism and nutrition therapy in critically ill burn patients. Med Intensiva. 42(5): 306~316, 2018.

Wischmeyer PE, Carli F, Evans DC, Guilbert S, Kozar R, Pryor A, Thiele RH, Everett S, Grocott M, Gan TJ, Shaw AD, Thacker JKM, Miller TE, Hedrick TL, McEvoy MD, Mythen MG, Bergamaschi R, Gupta R, Holubar SD, Senagore AJ, Abola RE, Bennett–Guerrero E, Kent ML, Feldman LS, Fiore JF Jr. American Society for Enhanced Recovery and Perioperative Quality Initiative Joint Consensus Statement on Nutrition Screening and Therapy Within a Surgical Enhanced Recovery Pathway. Anesth Analg. 126(6): 1883~1895, 2018.

14장

Berry GT. Galactosemia: when is it a newborn screening emergency? Mol Genet Metab 2012;106(1): 7~11.

Blau N, Hennermann JB, Langenbeck U, Lichter–Konecki U. Diagnosis, classification, and genetics of phenylketonuria and tetrahydrobiopterin (BH4) deficiencies. Mol Genet Metab 2011;104 Suppl: S2~9.

Camp KM, et al. Phenylketonuria Scientific Review Conference: state of the science and future research needs. Mol Genet Metab 2014;112(2): 87~122.

Doyle CM, Channon S, Orlowska D, Lee PJ. The neuropsychological profile of galactosaemia. J Inherit Metab Dis 2010;33(5): 603~609.

Frazier DM, Allgeier C, Homer C, Marriage BJ, Ogata B, Rohr F, Splett PL, Stembridge A, Singh RH. Nutrition management guideline for maple syrup urine disease: an evidence–and consensus–based approach. Mol Genet Metab 2014;112(3): 210~217.

Lutsenko S. Modifying factors and phenotypic diversity in Wilson's disease. Ann N Y Acad Sci 2014;1315: 56~63.

Nelms and Sucher. Nutrition therapy and pathophysiology, 4th edition, Cengage Learning, 2019.

Singh RH, Rohr F, Frazier D, Cunningham A, Mofidi S, Ogata B, Splett PL, Moseley K, Huntington K, Acosta PB, Vockley J, Van Calcar SC. Recommendations for the nutrition management of phenylalanine hydroxylase deficiency. Genet Med 2014;16(2): 121~131.

Tang M, Odejinmi SI, Vankayalapati H, Wierenga KJ, Lai K. Innovative therapy for Classic Galactosemia – tale of two HTS. Mol Genet Metab 2012;105(1): 44~55.

찾아보기

ㄱ

ㅁ

ㅂ

ㅅ

ㅇ

저자 소개

김유리 Tufts University 영양생화학과 대사 박사
현재 이화여자대학교 식품영양학과 교수

박은주 University of Vienna 임상영양학 박사
현재 경남대학교 식품영양학과 교수

양수진 University of California, Davis 영양생물학 박사
현재 서울여자대학교 식품영양학과 교수

이윤경 The Pennsylvania State University 영양학 박사
현재 제주대학교 식품영양학과 교수

임윤숙 The Ohio State University 인체영양학 박사
현재 경희대학교 식품영양학과 교수

황원선 이화여자대학교 식품영양학과 박사
현재 이화여자대학교 임상헬스케어학과 초빙교수

김보은 이화여자대학교 식품영양학과 박사 수료
이화여자대학교 임상바이오헬스대학원 임상영양전문과정 겸임교수
현재 삼성서울병원 영양팀 차장

임상영양학

2021년 6월 25일 초판 인쇄
2021년 6월 30일 초판 발행

지은이 | 김유리 박은주 양수진 이윤경 임윤숙 황원선 김보은
발행인 | 유제구
발행처 | 도서출판 파워북
주 소 | 경기도 고양시 일산동구 호수로 358-25
동문타워2차 529호
전 화 | (02) 730-1412
F A X | (031) 908-1410
등 록 | 1997. 1. 31 제 2014-000067호

정가 28,000원
ISBN 978-89-8160-453-0 (93590)